普通高等教育“十一五”国家级规划教材
高等学校教材

地理信息系统设计与实现

(第三版)

Design and Implementation of Geographic Information Systems, Third Edition

吴信才　主编
郑贵洲　张发勇　吴　亮　副主编

電子工業出版社
Publishing House of Electronics Industry
北京·BEIJING

内容简介

本书为普通高等教育“十一五”国家级规划教材。全书从近年来GIS设计理论的发展和实际需要出发，以GIS设计和应用为主线，综合考虑信息技术的最新研究成果和作者多年的开发设计成果，系统地介绍了GIS设计的特点、方法、过程和实现技术，详细阐述了GIS的总体设计、功能设计、数据库设计及多个应用实例等内容，具体包括系统分析、系统总体设计、系统功能设计、系统数据库设计、GIS实施与维护、GIS测试与评价、GIS项目管理与质量工程、GIS标准化、GIS开发模式、GIS设计实例等。本书内容安排上首先介绍必需的地理信息系统设计理论和数据库基础理论等方面的基本知识，为后续章节内容的学习奠定必要的基础，再以通俗流畅的语言，结合地理信息系统的实际教学与开发经验，系统地介绍了多个地理信息系统开发实例。此外，每章的后面附有习题，有助于学生抓住重点、难点。本书免费提供配套电子课件，可登录华信教育资源网 www. hxedu. com. cn 注册后免费下载。

本书可作为地理信息系统、土地管理、城市规划等有关专业本科生和研究生的教材，也适合作为地球科学、信息科学以及相关专业学生和研究人员的参考书。

图书在版编目（CIP）数据

地理信息系统设计与实现/吴信才主编．—3版．—北京：电子工业出版社，2015.4
高等学校教材
ISBN 978-7-121-24670-8

Ⅰ．①地…　Ⅱ．①吴…　Ⅲ．①地理信息系统－系统设计－高等学校－教材　Ⅳ．①P208

中国版本图书馆CIP数据核字（2014）第254655号

责任编辑：冉　哲
印　　刷：北京虎彩文化传播有限公司
装　　订：北京虎彩文化传播有限公司
出版发行：电子工业出版社
　　　　　北京市海淀区万寿路173信箱　邮编：100036
开　　本：787×1092　1/16　印张：17.25　字数：450千字
版　　次：2002年3月第1版
　　　　　2015年4月第3版
印　　次：2023年1月第9次印刷
定　　价：38.00元

凡所购买电子工业出版社图书有缺损问题，请向购买书店调换。若书店售缺，请与本社发行部联系，联系及邮购电话：（010）88254888。

质量投诉请发邮件至 zlts@ phei. com. cn，盗版侵权举报请发邮件至 dbqq@ phei. com. cn。

服务热线：（010）88258888。

前　　言

地理信息系统经过近50年的发展，已进入一个新的发展时期，出现了许多著名的商用软件。随着计算机的发展和数字化信息产品在全世界的普及，地理信息系统应用已深入到各行各业，其应用和产业发展已成为势不可挡的国际潮流。在我国，GIS研制与应用起步较晚，但发展势头迅猛，经过几十年的努力，现已建立若干GIS研究机构和实验基地。中国地质大学（武汉）从20世纪80年代开始GIS的研究，率先研制成功中国第一套彩色地图编辑出版软件MAPCAD，实现了彩色地图的输入、编辑、出版全过程计算机化，彻底改变了千百年来繁杂的手工制图状况，引起我国传统地图出版行业的重大变革，荣获国家科技进步二等奖。研制出具有自主版权的以国际最新的“第四代GIS技术”为特征的分布式超大型GIS平台MapGIS，系统采用“面向服务”的最新设计思想，具有“纵向多层、横向网格”的分布式体系架构。打破了长期以来国外GIS软件一统天下的局面，结束了我国在超大型GIS工程上长期依赖国外软件的局面。在国家科技部主持的GIS测评中连续10年名列第一，成为国家推荐的首选GIS平台，再次荣获国家科技进步二等奖及国家重大科技成果奖。率先推出世界上第一个GIS搭建式开发平台，实现了“零编程、巧组合、易搭建”的可视化开发，极大地降低了软件开发门槛，使不懂编程的人员开发软件的梦想成为现实，推动了人们从重视开发技术细节的传统开发模式向重视专业、业务的新一代开发模式转变，引发了GIS开发和应用领域的一场变革。

GIS应用范围的扩大必将推动GIS技术的发展。目前从事GIS研究开发及应用的人员迅猛增加，GIS在我国已显示出巨大的潜在市场，社会对GIS专业人才的需求日益增加。为了适应形势的要求，加速人才培养，中国地质大学（武汉）加快“地理信息系统”专业建设的步伐，在课程建设、师资培养、教材建设、实验室建设等方面都取得了可喜的成绩。本教材的编写是整个学科建设的一部分。本次修订希望能有助于培养地理信息系统高层次开发、管理、应用型人才。

本书第三版对全书的风格和结构做了重大调整，加入了最新的GIS设计方法和内容。并以MapGIS为例，介绍了MapGIS体系架构、地理数据库设计、GIS开发模式和应用型GIS设计实例等内容。参加本书第三版编著的人员还有刘永、余国宏、陶留锋、胡茂胜、陈占龙、左泽均、郭明强等，他们长期从事地理信息系统软件的研究和应用开发，具有丰富的实践经验。

本教材中的案例在“十二五”国家科技支撑计划项目（2011BAH06B00）中得到了验证。

本书免费提供配套电子课件，需要者可登录华信教育资源网 www.hxedu.com.cn 注册后免费下载。

由于时间紧迫，水平有限，难免出现错误和不足，敬请读者提出宝贵意见。

吴信才

目　录

第 1 章　概　　论

人类在 21 世纪已全面进入信息时代，有关地球科学问题的研究需要以信息科学为基础，并以现代信息技术为手段。地理信息系统是与人类生存、发展、进步密切相关的一门信息科学与技术，是地球空间信息科学的重要组成部分，是信息产业的重要支柱，它被广泛应用于国民经济的许多部门，如城市规划设计、资源环境管理、生态环境监测与保护、地质勘探测量、城市管网、配电网、灾害监测防治等领域，越来越受到人们的重视。各国已经制定了不少耗资巨大的地理信息系统研制计划，随着工具型地理信息系统软件的不断成熟，人们开始把目光转向应用型地理信息系统的设计与开发。

1.1　GIS 设计基础

1.1.1　地理信息系统基本概念

1. 信息

信息是近代科学的一个专门术语，已广泛应用于社会各个领域，信息概念已渗入信息论、控制论、生物学、管理科学等许多领域。关于信息有各种不同的定义，狭义信息论将信息定义为“两次不定性之差”，即指人们获得信息前后对事物认识的差别；广义信息论认为，信息是主体与外部客体之间相互联系的一种形式，是主体和客体之间的一切有用的消息和知识，是表征事物特征的一种普遍形式。在信息系统中，信息是向人们或机器提供的关于现实世界各种事实的知识，是经过加工后的数据，是数据、消息中所包含的意义，它不随载体的物理设备形式的改变而改变。

2. 地理信息

地理信息是指与地理空间分布有关的信息，它是表示地表物体和环境固有的数量、质量、分布特征、联系和规律的数字、文字、图形、图像等的总称。

地理信息属于空间信息。它与一般信息的区别在于，它具有区域性、多维性和动态性。区域性是指地理信息的定位特征，且这种定位特征是通过公共的地理基础来体现的，例如，用经纬网或千米网坐标来识别空间位置，并指定特定的区域；多维性是指在二维空间的基础上实现多个专题的第三维结构，例如，在一个地面点上，可取得高程、污染、交通等多种信息；动态性是指地理信息的动态变化特征，即时序特征，从而使地理信息能够以时间尺度划分成不同时间段的信息，这就要求及时采集和更新地理信息，并根据多时相数据和信息来寻找时间分布规律，进而对未来做出预测和预报。

3. 信息系统

信息系统是具有采集、处理、管理和分析功能的系统，它能为企业部门或组织的决策过程提供有用信息。在信息社会中，我们所说的信息系统大部分都由计算机系统支持，信息系统不只是单纯的计算机系统，而是辅助企业管理的人机系统。随着计算技术的发展，不同领域的各种信息系统相继出现，如图书情报信息系统、商业服务管理信息系统、财务管理信息系统、学籍管理信息系统等。

4. 地理信息系统

地理信息系统（Geographic Information System，GIS）这一术语是1963年由Roger F. Tomlinson提出的，20世纪80年代开始走向成熟，但对GIS没有统一的定义。不同的研究方向，不同的应用领域，不同的GIS专家，对它的理解是不一样的。有人认为，GIS是以计算机为工具，具有地理图形和空间定位功能的空间型数据管理系统；也有人认为，GIS是在计算机硬件和软件支持下，运用系统工程和信息科学理论，科学管理和综合分析具有空间内涵的地理数据，以提供对规划、管理、决策和研究所需信息的空间信息系统；中国地质大学吴信才教授认为，GIS是处理地理数据的输入、输出、管理、查询、分析和辅助决策的计算机系统。虽然这些定义不同，但基本内容大同小异。仔细分析一下，会发现所有定义都是从三个方面考虑的：① GIS使用的工具：计算机软、硬件系统；② GIS研究对象：空间物体的地理分布数据及属性；③ GIS数据建立过程：采集、存储、管理、处理、检索、分析和显示。地理信息系统的主要特征是存储、管理、分析与位置有关的信息，因此地理信息系统也可以这样定义：GIS是在计算机软、硬件支持下，以采集、存储、管理、处理、检索、分析和显示空间物体的地理分布数据及与之相关的属性，并以回答用户问题等为主要任务的技术系统。

1.1.2 地理空间数据组成特征

1. 基础性与共享性

人口过剩、环境污染、森林破坏、自然灾害、流行疾病、寻找最适合某种作物生长的土壤、查找最佳行车路线等，都与地理因素有关。据悉，80%的信息都与空间位置相关。地理空间数据是数据库的基础，是其他数据库的一个重要组成部分，也就是说，在进行军事数据库、政务数据库、财经数据库、资源数据库、人口数据库等的建设时，往往离不开地理空间数据。

所有空间信息使用同一种规范或标准进行表达，这使得与空间信息打交道的人员可以使用同一种语言进行交流。在整个互联网环境内搭建一个畅通无阻的流通平台，使信息的交流与共享变得更加便捷，较好地解决了海量地理信息存储的不便，大大扩展了空间信息的共享范围。借助空间数据库系统，空间信息的应用范围更加广泛，实效性更能得到保障，准确性得以提高，信息的共享程度得到加强。

2. 随机性与模糊性

空间数据复杂性的一个特征就是不确定性，即模糊性。模糊性主要指介于有序和无序之间或无序与有序并存的现象，以及介于清楚和模糊之间或清楚和模糊并存的现象，表明事物性态或类属上的亦此亦彼性、中介过渡性，亦即对于事物是否具有某种性态，是否属于某个类别的问题，不能做出非此即彼的明确结论。模糊性几乎存在于各种类型的空间信息中，如空间位置的模糊性、空间相关性的模糊性以及模糊的属性值等。随机性描述事件发生的不确定性（某事件或者将发生或者不发生），数据不确定性是数据“真实值”不能被肯定的程度。传统的不确定性方法存在不足。概率统计通过概率考察随机事件发生的随机可能性，模糊集采用隶属度描述元素对概念的隶属模糊性，粗集则以自己的上近似集和下近似集为基础，把包括二者在内的所有不确定位置之边界集笼统考虑。在空间数据挖掘和知识发现中，是像传统的经典数学一样同时抛弃随机性和模糊性？是像概率统计一样仅仅考虑随机性而不考虑模糊性？还是像模糊集仅仅考虑模糊性而不考虑随机性？或者像粗集一样把随机性和模糊性笼统考虑，而留下一个难以解决的边界集问题呢？因此，需要引入新的理论与有效的方法去研究空间数据所具有的不确定性。同时，数据的属性空间分布、属性不确定性描述指标的建立以及定性数据与定量数据的转换等问题都有待深入探讨。

3. 复杂性与多样性

空间数据源数据量大，时空类型不一致，数据噪声大。它既有空间特征（地学过程或现象的位置与相互关系），又有属性特征（地学过程或现象的特征）。空间数据不仅数据源丰富多样（如航天航空遥感、基础与专业地图和各种经济社会统计数据），而且结构复杂，且空间分辨率不断提高。这些数据源中的数据可能具有不同的数据格式和意义，为有效地传输和处理这些数据，需要对结构化或非结构化数据的集成进行深入的研究。随着对地观测计划的不断发展，每天可以获得上万亿兆字节的关于地球资源、环境特征的数据，使得对海量空间数据组织、处理和分析成为目前 GIS 亟待解决的问题之一。地理信息系统要处理比文字、数字等更复杂的地理空间数据。

4. 区域性与多层性

地理信息系统一般都针对特定的地理区域，或者说与特定的地理区域相联系，以地理空间数据和信息为处理对象；而地理空间数据和信息又通常以区域为单位来组织。因此，区域性是地理空间数据的天然特征，特别是进行区域研究的 GIS，如“陕西省生态环境数据库系统”、“塔里木河水资源管理信息系统”、“西安市房地产管理信息系统”等，系统名称前往往都冠以区域名称，指明了系统的区域性。区域沿地球表面展开，地球表面如此广阔，人们通常将地球表面分成很多的图幅来制图，以致区域的分布及特点常需要若干幅水平相接的地图来表达。这一特点导致地理信息系统的数据处理必须具备图幅接边和读图剪切等功能，而数据组织管理中需要有图幅管理或图库管理的功能。

地理空间数据还具有鲜明的层次性，而且其层次性包含两种含义。第一，不同比例尺的区域层次。地球上的区域层次是很多的，例如，从我国的小村庄，到乡镇、县（市）、地区、省、大区、国家，直到七大洲。不同的区域层次的地图必须采用不同的比例尺。第二，描述不同地理要素的专题层次或图层。专题图层相当于地图学中的专题地图，同一区域或同一图幅可以有多种专题图，如杭州市范围的交通旅游图、环境保护图、土地利用图、城市规划图等。在地理信息系统中，不同要素的地理空间数据也常常分别加以组织，形成同一区域的多重图层或专题数据层次，或用以加强显示的功能和灵活性，或基于它们进行多因子叠合分析。

1.1.3 地理信息系统设计特点

地理信息系统是管理信息系统（MIS）技术的扩展，相对于早期的管理信息系统，地理信息系统涉及更多的学科、更宽范围的综合对象和更复杂的技术，正因为如此，地理信息系统也就涉及更复杂的技术方法和更高质量的数据要求，并对计算机软、硬件也有相对较高的要求。因而，地理信息系统的设计具有其自身独有的一些特点。

（1）地理信息系统处理的是空间数据，具有数据量大、实体种类繁多、实体间的关联复杂等特点。GIS 远比一般的 MIS 更复杂。除一般统计数据外，GIS 的设计更需要处理各种类型的地理空间数据（如遥感影像数据、矢量地图数据、GPS 定点采集数据、图形图像数据和声像等多媒体数据），其设计方法和设计工具也较一般的 MIS 更灵活和多样。因此，在 GIS 设计过程中，不仅需要对系统的业务流进行分析，更重要的是，必须对系统所涉及的地理实体类型以及实体间的各种关系进行分析和描述，并采用相关的地理数据模型进行科学的表达。

（2）地理信息系统处理的数据与地球空间位置有关，也就是说，GIS 必须以地理坐标作为参照构筑整个数据信息的结构框架。而管理信息系统处理的数据大多是属性数据，与空间位置无关，因而，GIS 空间数据库设计必须以位置为参照，考虑空间数据基准和地图投影等其他问题，保证与应用相适应的空间数据精度。

（3）GIS 研究对象是与空间位置有关的空间数据与属性数据，GIS 是对现实世界系统的抽象和表达，由于现实世界系统的多变量、时变性和复杂性，因而 GIS 设计是一项复杂的系统工程，需要面对复杂大系统的分解与协调技术，系统分析方面的工作量非常巨大。

（4）GIS 设计以空间数据为驱动。GIS 从某种意义上说就是一种空间数据库，GIS 的功能是为空间数据库提供服务的，其主要任务是空间数据分析统计处理并辅助决策。因此，与一般软件以业务为导向建设系统的思想不同，GIS 设计以数据为导向进行系统建设，系统的功能设计以提高数据的存储、分析和处理效率为原则。

（5）GIS 工程投资大，周期长，风险大，涉及的部门繁多。因此，在 GIS 设计中，项目计划管理是一个十分重要的部分。在项目计划管理中，需要完成以下工作：估计系统建设的投资效益，评估系统建设的风险性和必要性；确定系统的建设进度安排，保证系统建设的高效性；建立系统建设的组织机构并进行人员协调等。

1.1.4 地理信息系统主要类型

1. 工具型地理信息系统

工具型地理信息系统也称为地理信息系统开发平台或外壳，它具有地理信息系统的通用功能，如对各种地理空间数据进行输入、处理、管理、查询、分析和输出，是可供其他系统调用或允许用户进行二次开发，以建立应用型地理信息系统的操作平台，其特点如下：对计算机硬件适应性强，数据管理和操作效率高、功能强，具有普遍性和易于扩展性，操作简便且容易掌握等。目前，国外已有很多商品化的工具型地理信息系统，如 ArcGIS、GenaMap、MapInfo、MGE、GeoMedia 等。国内近几年正在迅速开发工具型地理信息系统，并取得了很大的成绩，如 MapGIS、SuperMap、GeoStar、Citystar 等。

地理信息系统是一个复杂庞大的空间管理信息系统，用地理信息系统技术解决实际问题时，软件开发任务的工作量很大。如果用户都从底层进行开发，那么对人力、物力、财力是很大的浪费，也会延长软件的开发周期。工具型地理信息系统为地理信息系统的使用者提供一种技术支持，使用户能借助地理信息系统中工具的功能直接完成应用任务，或者利用工具型地理信息系统加上专题模型，完成应用任务。

工具型地理信息系统，特别是先进、技术含量高的流行商品地理信息处理平台，在很大程度上可以满足一般用户的应用要求，但其面向的是 GIS 的理论与技术，对用户的专业问题针对性不强。只有对 GIS 理论和技术方法熟练掌握的专业用户，才能够自如地解决自己的专业应用问题，而一般用户则难以直接使用。

另外，从用户应用角度来看，用户建立自己的 GIS 应用，未必一定要用到专用的工具型地理信息系统。但在实践中，由于地理信息系统毕竟是一类复杂、先进的高技术，开发一个实用的地理信息系统，需要涉及 GIS 的有关理论、技术、方法、技术规范和数据标准等方方面面的内容，还要求掌握软件工程、空间数据结构、空间数据库技术、GIS 应用分析模型及其算法等，因而，除非特别需要，用户从时间、精力、投资、技术力量等多方面考虑，都不会选择从底层做起，而乐于使用专门的 GIS 开发工具。一些长期从事地理信息系统技术开发的企业或组织，则可能利用他们长期的开发经验和技术积累，从事地理信息系统开发方面的技术服务，成为地理信息系统（或基础软件）的专门开发商。

2. 应用型地理信息系统

虽然目前已有众多的工具型地理信息系统软件，但它们通常只具有地理信息系统的一些通用功能，不能满足不同行业应用的需要。随着地理信息系统应用领域的不断扩展，应用型地理信息系统的开发工作日显重要。应用型地理信息系统就是与特定的地理区域相联系的地理信息系统，是根据用户的需求和应用目的而设计的一种解决一类或多类特定应用问题的地理信息系统，除了具有地理信息系统的基本功能外，还具有解决地理空间实体与空间信息的分布规律、分布特性及相互依赖关系的应用模型和方法。它可以在比较成熟的工具型地理信息系统基础上进行二次开发，增加解决一类或多类实际应用问题的应用模型和方法，因而工具型地理信息系统是建立应用型地理信息系统的一条捷径；也可以是为某专业部门专门设计研制的，此类系统针对性明确，专业性强，系统开销小。应用型地理信息系统一般都具有更为明确的应用目的和使用对象。例如，“塔里木河水资源管理信息系统”，明确指明其应用目的就是管理塔里木河的水资源，它的使用对象只能是对塔里木河水资源具有检查、规划、协调与调配权力的国家或地方机构。应用型地理信息系统按研究对象性质和内容又可分为专题地理信息系统和区域地理信息系统。

（1）专题地理信息系统

专题地理信息系统（Thematic GIS）是具有有限目标和专业特点的地理信息系统，为特定专门目的服务。这一类地理信息系统的应用范围、用户对象一般都比较明确，并且有很强的专业针对性，如水资源管理信息系统、矿产资源信息系统、房地产管理信息系统、森林动态监测信息系统、农作物估产信息系统、水土流失信息系统、草场资源管理信息系统等。中地公司研制的地籍管理地理信息系统、土地利用信息系统、环境保护和监测系统、城市管网系统、通信网络管理系统、配电网管理系统、城市规划系统、供水管网系统等都属于应用型地理信息系统。

（2）区域地理信息系统

区域地理信息系统（Regional GIS）主要以区域综合研究和全面信息服务为目标。它一般作为社会公用的信息服务项目，没有针对性很强的专业应用目的和固定的用户对象，并且具有一个大而全面的数据库系统支持，涉及区域的自然、资源、环境和社会经济的方方面面，因而也适用于更多的应用部门和更广泛的用户群体。区域地理信息系统可以有不同的规模，如国家级的、地区级的或省级的、市级的或县级的等，这些系统是为不同级别行政区服务的区域信息系统。另外，也存在以自然分区或流域为单位的区域信息系统，如加拿大国家地理信息系统、日本国土信息系统等是面向全国的，属于国家级的系统；黄河流域地理信息系统、黄土高原重点产沙区信息系统等是面向一个地区或一个流域的，属于区域级的系统；还有许多实际的地理信息系统是介于上述二者之间的区域性专题信息系统，如北京水土流失信息系统、上海市环境管理信息系统、海南岛土地评价信息系统、河南省冬小麦估产信息系统、铜山县土地管理信息系统等是面向地方的，属于地方一级的系统。

1.1.5 地理信息系统应用领域

目前，以空间数据库为核心的地理信息系统的应用已经从解决道路、输电线路等基础设施的规划和管理，发展到更加复杂的领域，地理信息系统已经广泛应用于环境和资源管理、土地利用、城市规划、森林保护、人口调查、交通、地下管网、输油管道、商业网络等各个方面的管理与决策。

1. GIS 在交通领域中的应用

交通信息与地理空间信息息息相关，因此，交通领域必然是 GIS 的重点应用领域之一，交通地理信息系统由此应运而生。GIS－T（Geographical Information Systems for Transportation，交通地理信息系统）是收集、存储、管理、综合分析和处理空间信息及交通信息的计算机系统，它把 GIS 和 ITS（Intelligent Transportation Systems，智能交通系统）有机结合成一体，是 GIS 技术在交通领域的延伸，是 GIS 与多种交通信息分析和处理技术的集成。交通地理信息系统具有精度要求高、规则复杂、动态化、离散化等特点，原有的信息技术已经不能完全满足交通应用的需求，而借助于 GIS 的强大功能，可以适应交通信息化时代的要求。交通地理信息系统凭借其强大的交通信息服务和管理功能，必将促进交通规划、建设、管理以及智能交通的发展。

2. GIS 在市政工程中的应用

GIS 在市政工程建设方面可为政府和企业提供极为有力的管理、规划和决策工具，主要用于公共供应网络（电、气、水、废水）、电信网络、交通领域、区域和城市规划、市区设计、道路工程等。例如，贝鲁特利用 GIS 分析它的电力线路以减少损失、提高电压。GIS 用来模拟能达到最优电力效益的设施布置措施。美国新墨西哥州也利用 GIS 来管理其公众服务设施布局，并维护长达 2500 英里的电力输送。丹麦能源部正在建立全国每幢建筑中能源用量的数据库。这种信息对于规划发电站和设计分布体系非常重要。

3. GIS 在资源评价中的应用

GIS 在土地和资源评价管理中，广泛应用于土地管理、水资源清查、矿产资源评价（矿产预测、矿产评价、工程地质、地质灾害）。例如，埃及人口增长和农业扩张对水资源管理提出了新的要求。埃及政府建立了一个对尼罗河水道、运河、排水沟和泵站进行管理的系统。在美国佛罗里达州，水压计算模型用来减轻公共厕所下水道水量溢出的情况。当暴雨来临时，卫星影像用来估计降雨量并对下水道泵站的工作提供必要的帮助。

4. GIS 在精准农业中的应用

精准农业（Precision Agriculture）是 20 世纪 80 年代初国际农业领域发展起来的一门跨学科新兴综合技术。其特点是通过 3S 技术和自动化技术的综合应用，按照田间每块操作单元上的具体条件，相应调整物资投入，达到减少投入、增加收入、保护农业资源和改善环境质量的目的。地理信息系统便于建立农田管理、土壤数据、自然条件、作物苗情、病虫害发展趋势、作物产量等的空间信息数据库，以及进行空间信息的地理统计、处理分析、图形转换与表达等，为分析差异性和实施调控提供决策方案。将表现土地利用的卫星影像与厄尔尼诺的气象波动模型相结合可以预测对农业的影响。将 GPS（全球定位系统）接收器与便携式 GIS 软件相结合，可以实时、准确地为农业生产提供某地化学物质的浓度。

5. GIS 在生态和环保中的应用

可以充分利用 GIS 技术实现对生态环境各要素的综合与分析，利用 GIS 对生态环境进行数据处理与空间分析，实现生态环境信息分析的空间与属性信息一体化分析与综合处理的功能，实现对生态环境监测与生态环境演变的动态模拟、区域生态环境治理、生态环境动态监测、生态环境评价、生态环境管理与规划、生物多样性研究、水土保持。在肯尼亚，通过 GIS 可以显示出，大型哺乳动物在雨季都散布在热带稀疏草原上，而在旱季则集中在盆地里。理解哺乳动物的季节迁移模式对于管理野生动物和牲畜的水资源分配非常重要。在美国加利福尼亚州的 Santa Catalina 岛，GIS 被用来评估生态成本和泥土路的效益。道路虽然为生态管理提供通路，但同时又破坏了生态景观，因此在生态环境方面它的存在与否很难做出决断。

6. GIS 在环境评价与监测中的应用

在环境评价和监测方面，GIS 主要用于环境影响评价、污染评价、灌溉适宜性评价、灾害监测（森林火灾、洪水灾情、救灾抢险等）、生态系统的研究、生物圈遗迹管理、自然资源管理等。它能够有效地管理具有空间属性的多种环境监测信息，对监测管理和实践模式进行快速和重复的分析测试，从而便于制定决策，进行科学与政策标准评价，有效地对多时期的环境状况及生产活动变化进行动态监测和分析比较，将数据收集、空间分析和决策过程综合为一个共同的信息流，明显提高工作效率，为解决资源环境和保障可持续发展提供技术支持。例如，在加拿大，水力污染运输模型被用来模拟不同情况下多污染源的影响。

7. GIS 在卫生保健中的应用

GIS 作为一种空间分析技术手段，具有强大的时空分析功能，越来越广泛地应用于卫生保健研究领域，使深入揭示疾病病因和健康问题的时空分布规律以及对病情实时监控和决策成为可能。中国的卫生健康部门，适应信息社会及信息高速公路的发展，正在实施“金卫工程”，目标是准确、快速地为人民群众提供各类医疗保健信息。美国加利福尼亚州要求县政府报告门诊患者卫生保健中产生的文化和种族问题，GIS 用来表现地理、社会经济、人口统计以及卫生保健设施的数据。大学里的研究人员也利用 GIS 来分析罕见疾病的流行情况，并估计个人感染的环境危险系数。在美国科罗拉多州，体重过轻的婴儿的百分比高出了全国平均值，GIS 用来调查其原因，如年龄、种族、教育、身高及对公共卫生服务设施的获取情况。卫生保健事业的发展，迫切需要建立综合的公共卫生健康监测与控制系统，这种系统将由于 GIS 技术的介入而面貌焕然一新。

8. GIS 在电信业中的应用

随着电信业务的发展，必须建立一套完善的电信网络资源管理体系，GIS 在电信系统中发挥着重要的作用。在哥伦比亚，光纤干线网络通过 GIS 数据库可以很容易地查看。在该数据库中，每个网络部件要素都被记录在案。在印度尼西亚，用 GIS 研究广播站的位置、听众人数以及设备的维护等，并以此来管理广播电话。电信咨询公司使用土地利用与土地覆盖数据来预测无线通信系统信号衰减情况。

9. GIS 在智能防御中的应用

用信息化提升机械化，最大限度地发挥现有各级武器装备的资源和潜力，是国防建设的重要目标之一。指挥自动化是军队信息化的主体，指挥自动化系统是信息时代军事斗争的基础设施。GIS 通过其强大的数据处理与分析能力，以及图文兼备的分析报告，可以保证指挥员迅速做出决策，提高作战效率。美国空军利用 GIS 技术来管理、维护和可视化数以百万计的气候记录。瑞典军队为改善军事计划，在这一方面做过更深入的工作，他们把军用和民用目标用不同的符号分别表示出来。加拿大军队则有定制的 GIS 软件并将其与陆军的命令系统结合起来应用。

1.2 GIS 的设计方法

1.2.1 结构化程序设计

结构化程序设计被称为软件发展中的第三个里程碑，其影响比前两个里程碑（子程序、高级语言）更为深远。结构化分析是面向数据流开展需求分析工作的一种有效方法。所谓结构化，就是有组织、有计划和有规律的一种安排。结构化系统分析方法，就是利用一般系统工程方法和有关结构概念，把它们应用于地理信息系统的设计。结构化程序设计的基本思想如下。

（1）一般采用自顶向下、逐层分解的演义分析法来定义系统的需求，即先把分析对象抽象成一个系统，然后自顶向下地逐层分解，将复杂的系统分解成简单的、能够清楚地被理解和表达的若干个子系统。也就是将系统描述分为若干层次，最高层次描述系统的总功能，其他层次则一层一层更加精细、更加具体地描述系统功能，直到分解为程序设计语言的语句。它基本上可分为如下三个基本层次。

① 直观目录。用尽可能扼要的方式说明系统的所有功能和主要联系，是解释系统的索引。

② 概要图。简要地表示主要功能的输入、输出和处理内容，用符号和文字表示每个功能中处理活动之间的关系。

③ 详细图。详细地用接近编制程序的结构描述每个功能，使用必要的图表和文字说明，再向下则可进入程序框图。

（2）地理信息系统的开发是一个连续有序、循环往复、不断提高的过程，每个循环就是一个生命周期，要严格划分工作阶段，保证阶段任务的完成。例如，没有调查研究，没有掌握必要的数据，就不可能很好地进行系统分析；没有设计出合理的逻辑模型，就不可能有很好的物理设计。这是系统设计的基本原则。

（3）通过分析系统的每个细节、前后顺序和相互关系，找出各部分之间的数据接口。用结构化的方法构筑地理信息系统的逻辑和物理模型，包括在系统分析中分析信息流程，绘制数据流程图；根据数据的规范编制数据字典；根据概念结构的设计，确定数据文件的逻辑结构；选择系统执行的结构化语言，以及采用控制结构作为地理信息系统设计工具。这种用结构化方法构筑的地理信息系统，其组成清晰，层次分明，便于分工协作，而且容易调试和修改，是系统研制较为理想的工具。

（4）结构化分析和设计的其他一些思想还包括：系统结构上的变化和功能的改变，以及面向用户的观点等，是衡量系统优劣的重要标准之一。

结构化软件设计的特点是，软件结构描述比较清晰，便于掌握系统全貌，也可逐步细化为程序语句，是一种使用相对广泛，也较为成熟和完善的系统分析方法。但结构化分析不适合需求经常改变的系统，因此结构化分析的前提是：面临静态需求。

1.2.2 原型化的设计方法

原型化方法是较常用的一种地理信息系统开发方法。该方法在开发初期不强调全面系统地掌握用户的需求，而是根据对用户需求的大致了解，由开发人员快速生成一个实实在在的初始系统原型。随着用户和开发者对系统理解的加深，不断对原型进行修正、补充和细化，用快速迭代的方法建立最终的系统，并提交给用户使用。这种设计方法的基本步骤如下。

（1）确定用户需求。这是设计初始原型的依据。它不要求完整和完善，只要求有好的设想即可，同时还要大量收集和充分积累信息。

（2）开发初始原型。提出一个有一定深度和广度的宏观控制模型，建立原型的初始方案，并从它开始迭代。建立初始原型所需时间是由系统的规模大小、复杂性、完整程度决定的。

（3）征求改进意见。将初始原型提交给用户，通过与用户的交流取得对系统要求和开发潜力的新的认识，进而开发新的需求，并修改原有的需求。

（4）修改完善原型。通过软件编制不断发现技术上的扩大点，并通过与用户的交流取得对系统需求和开发潜力的新的认识，调整系统方案，修改原型不合适的部分并将它作为新原型开发的基础。若原型基本上满足了用户关键性需求，则开发的原型就可告一段落，此时修改过的原型成为一个运行原型，它可以作为一个新的应用系统。

（5）制定原型完成。根据一定标准判断用户需求是否已被体现，从而决定系统是继续迭代改进还是终止。随着用户对所研究的对象的不断深入和对系统了解的不断深化，可能提出新的需求和应用，这时，在运行原型的基础上，要根据用户关键性的需求是否得以完全体现和满足，来决定迭代过程是否终止，直到满足需求为止。

原型化方法尽管带有一定的盲目性，但对于非专业人员和小规模系统设计来说更为实用，而且有些探索性的系统，并不可能一开始就取得完整的认识，许多专门化的系统，也不一定需要十分复杂的设计。这种软件开发方法，一开始就针对具体目标开始工作，一边工作一边完成系统的定义，并通过一定的总结和调整补偿系统设计的不足，便于用户试用和提出意见，这样也就更有利于吸引用户介入系统设计工作，体现了不断迭代的快速修改过程，因此它是一种动态的软件开发技术。这种方法能够大大减少软件系统的后期维护费用，使系统功能能够正确反映用户的需求。同时这种设计思想对于较复杂和具有不确定性的系统目标有较强的适应性，可以使设计与实施的结合更为紧密。

1.2.3 面向对象的设计方法

面向对象（Object - Oriented）的设计方法是近年来发展起来的一种新的设计技术，其基本思想是：将系统所面对的问题，应用封装机制，按其自然属性进行分类，按人们通常的思维方式进行描述，建立每个对象的领域模型和联系，既模拟信息实体的内在结构又模拟动作机制（如路径选择和图像解释就是矢量数据与栅格数据两类应用的典型范例），使设计出的软件尽可能直接地表现出问题求解的过程。整个系统只由对象组成，对象之间的联系通过消息（Messages）进行。面向对象的设计方法所强调的是在系统调查资料的基础上，针对 OOA（Object - Oriented Analysis，面向对象分析）方法所需要的素材进行归类分析和整理，而不是对管理业务现状和方法的分析。由于采用将数据和操作行为封装在一起的模块化结构，使系统很容易重组，但其他系统就必须重写，这对于结构复杂的系统是难以承受的。因此，面向对象设计方法的优点就是：加强对问题域和系统责任的理解；改进与分析有关的各类人员之间的交流；对需求的变化具有较强的适应性；贯穿软件生命周期全过程的一致性、实用性；有利于用户参与，容易扩充和重组。

所谓面向对象的定义，是指无论怎样复杂的事物都可以准确地由一个对象表示。例如，地图上多边形的一个节点或一条弧段可定义为对象；一条河流，或一个省，也可定义为一个对象。下面是面向对象技术的一些有关概念。

（1）对象（Object）。对象是事物的抽象单位，具有特征的内部状态、性质、知识和处理能力，通过消息传递与其他对象相联系，是构成系统的元素或说是封装了数据和操作集的实体。

（2）消息（Message）。消息是请求对象执行某一操作或回答某些信息的要求，用以统一数据层和操作控制，将对象联系起来。

（3）分类（Classification）。分类是关于同类对象的集合。具有相同属性和操作的对象组合在一起形成类。属于同一类的所有对象共享相同的属性项和操作方法，但每个对象可能有不同的属性值。以一个城市的 GIS 为例，它包含建筑物、街道、公园、给排水管道、电力设施等类型，而中山路 51 号是建筑物类中的一个实体，即对象；建筑物类中可能还有诸如地址、房主、用途、建筑日期等其他属性，并可能需要显示对象、更新属性数据等操作。

（4）概括（Generalization）。在定义类型时，将几种类型中某些具有公共特征的属性和操作抽象出来，形成一种更一般的所谓超类，称为概括（或父类）。例如，饭店、商店、学校、医院等都涉及建筑物，所以可以将建筑物抽象出来，形成一种超类，建立饭店、商店、学校、医院等子类的公共属性项和操作。子类还可以进一步分类，如饭店类可以进一步分为餐馆、旅店、涉外宾馆、招待所等类型。所以一个类可能是某个或几个超类的子类，同时又可能是几个子类的超类。

（5）联合（Association）。在定义对象时，将同一类对象中的几个具有相同属性值的对象组合起来，为了避免重复，设立一个更高层次的对象来表示那些相同的属性值。例如，某农户拥有两块农田，使用同样的耕种方法，种植同样的庄稼，这里农田主、耕种方法和庄稼三个属性相同，因而可把这两个对象（农田）组合成一个新的对象，而新对象中包含这三个属性。

（6）聚集（Aggregation）。聚集有点类似于联合，但聚集是将几个不同特征的对象组合成一个更高层次的对象。每个不同特征的对象是这个聚集的一部分，它们有自己的属性描述数据和操作，这些是不能为聚集所公用的，但聚集可以从它们那里派生得到一些信息。例如，房子从某种意义上说是一个聚集，因为它是由墙、门、窗、房顶等组成的。

（7）传播（Propagation）。传播是作用于联合和聚集的工具，它通过一种强制性的手段将子对象的属性信息传播给高层次的组合对象。也就是说，高层次的组合对象，联合和聚集的某些属性值并不单独存在于数据库中，而是从它的子对象中提取和派生。例如，一个多边形的位置坐标数据并不直接存在于多边形文件中，而是存在于弧段和节点文件中。多边形文件仅提供一种组织对象的功能和机制，即借助于传播工具可以得到多边形位置信息。

面向对象技术具有如下三个性质。

（1）封装性

一个对象即是一个独立存在的实体，对象有各自的属性和行为，彼此以信息进行通信，对象的属性只能通过自己的行为来改变，实现了数据封装。

（2）继承性

相关对象在进行合并分类后，有可能出现共享某些性质，通过抽象后使多种相关的对象表现为一定的组织层次，低层次的对象继承其高层次对象的特性，这便是对象的继承性。

类通过继承定义成不同的层次结构，将相关的特点抽象出来作为父类，子类继承父类，即子类的某些属性和操作来源于它的父类。因此，在同一父类下的子类拥有某些公共属性，并且在继承过程中，还可以将父类的操作和属性遗传给子类的子类。继承是有力的建模工具，有助于进行共享说明和实现几何数据与属性数据的一体化。

（3）多态性

对象的某种操作在不同的条件环境下可以实现不同的处理，产生不同的结果，也就是说，不同类中的对象，对系统发生的同一信息都具有反应能力。例如，发出绘图命令时，不同对象（方形、圆形、椭圆形等）都有反应能力。

面向对象的设计方法，更接近于对问题而不是对程序的描述，软件设计带有智能化的性质，这种形式更便于程序设计人员与应用人员的交流，软件设计也更具有普遍意义，尤其是在地理信息系统的智能化要求和专家系统技术不断提高的形势下，面向对象的软件设计是更有效的途径。

1.2.4 面向服务的设计方法

面向服务的架构（Service - Oriented Architecture，SOA）是最近国内外研究的一个非常热门的领域，目前尚没有一个明确的能普遍接受的定义，以下是一些具有代表性的表述（Eric Newcomer，2006；Thomas Erl，2005）。

（1）SOA 的关键是“服务”的概念，W3C（World Wide Web Consortium，万维网联盟）将服务定义为：“服务提供者完成一组工作，为服务使用者交付所需的最终结果。最终结果通常会使使用者的状态发生变化，但也可能使提供者的状态改变，或者双方都产生变化”。

（2）Service - architecture 网将 SOA 定义为：“本质上是服务的集合。服务间彼此通信，这种通信可能是简单的数据传送，也可能是两个或更多的服务协调进行某些活动。服务间需要某些方法进行连接。所谓服务就是精确定义、封装完善、独立于其他服务所处环境和状态的函数。”

（3）Looselycoupled 网将 SOA 定义为：“按需连接资源的系统。在 SOA 中，资源被作为可通过标准方式访问的独立服务，提供给网络中的其他成员。与传统的系统结构相比，SOA 规定了资源间更为灵活的松散耦合关系。”

（4）METH 将 SOA 定义为：“一种以通用为目的、可扩展、具有联合协作性的架构，所有流程都被定义为服务，服务通过基于类封装的服务接口委托给服务提供者，服务接口根据可扩展标识符、格式和协议单独描述。”该定义的最后部分表明在服务接口和其实现之间有明确的分界。

（5）Gartner 公司则将 SOA 描述为：“客户 - 服务器（Client/Server）的软件设计方法，应用由软件服务和软件服务使用者组成。SOA 与大多数通用的 Client/Server 模型的不同之处在于，它着重强调软件组件的松散耦合，并使用独立的标准接口。”Gartner 相信 BPM（Business Process Management）和 SOA 的结合对所有类型的应用集成都大有助益：“SOA 极大地得益于 BPM 技术和方法论，但是 SOA 面临的真正问题是确立正确的企业意识，即：强化战略化的 SOA 计划（针对供应和使用）并鼓励重用。”

虽然不同组织或个人对 SOA 有着不同的理解，但是仍然可以从上述的定义中看到 SOA 的几个关键特性：一种粗粒度、松耦合服务架构，服务之间通过简单、精确定义接口进行通信，不涉及底层编程接口和通信模型。SOA 不是一种语言，也不是一种具体的技术，而是一种架构模式，它将应用程序的不同功能单元（称为服务）通过这些服务之间定义良好的接口和契约联系起来，这使得构建在各种这样的系统中的服务可以以一种统一和通用的方式进行交互。SOA 要求开发人员跳出应用本身进行思考，考虑现有服务的重用，或思索他们的服务如何能够被其他项目重用，将应用设计为服务的集合。

SOA 作为新一代的软件构架，在未来将给软件产业带来革命性的变化。在 SOA 架构下，无数软件制造者可将它的研制软件功能以“服务”形式提供出来，各功能之间是相互独立的，以一种称为“松耦合 ”的协议机制来组合；因此理论上系统可以无限扩大，而无须担忧负荷过大。在 SOA 时代，任何一个大的应用软件系统，都不再由一个软件开发商独立完成，而是由不同厂商生产的基于基础标准和接口的中间件相互协作完成。

1.3 地理信息系统设计内容

1.3.1 地理信息系统设计原则

地理信息系统设计应当根据系统工程的设计思想，使应用 GIS 系统满足科学化、合理化、经济化的总体要求。一般，应遵循以下基本原则。

（1）完备性。主要是指系统功能的齐全、完备。一般的应用型 GIS 都具备数据采集、管理、处理、查询、编辑、显示、绘图、转换、分析、输出等功能。

（2）标准化。系统的标准化有两层含义：一是指系统设计应符合 GIS 的基本要求和标准；二是指数据类型、编码、图式符号应符合现有的国家标准和行业规范。

（3）系统性。属性数据库管理子系统、图形数据库管理子系统及应用模型子系统必须有机地结合为一体，各种参数可以互相进行传输。

（4）兼容性。数据具有可交换性，选择标准的数据格式和设计合适的数据格式变换软件，与不同的 GIS、CAD、各类数据库之间实现数据共享。

（5）通用性。系统必须能够在不同范围内推广使用，不受区域限制。

（6）可靠性。系统的可靠性包括两个方面，一是系统运行的安全性；二是数据精度的可靠性和符号内容的完整性。

（7）实用性。系统数据组织灵活，可以满足不同应用分析的需求。系统真正做到能够解决用户所关心的问题，为生产实践、科研教学服务。

（8）可扩充性。考虑到应用型 GIS 的发展，系统设计时应采用模块化结构设计，模块的独立性强，模块增加、减少或修改均对整个系统影响很小，便于对系统改进、扩充，使系统处于不断完善过程中。

1.3.2 地理信息系统设计内容

地理信息系统设计的主要内容如下。

1. 系统总体设计

在对建设系统主、客观条件进行深入调查研究、用户信息需求分析等工作的基础上，确定系统目标和任务，设计出系统的总体框架结构、模块子系统、硬件系统组成、软件体系结构、用户界面等。

2. 数据模型设计

依据系统所涉及专业数据及相关信息的特点等，为系统设计适合表达的数据模型及数据分类体系。例如，ArcGIS 用一个高级的通用地理数据模型——地理数据库（GeoDatabase）来表示空间信息，包括空间要素、遥感数据以及其他的空间数据类型。ArcGIS 同时支持基于文件的空间数据类型和基于数据库的空间数据类型。GeoDatabase 是一种采用标准关系数据库技术来表现地理信息的数据模型，它支持在标准的数据库管理系统（DBMS）表中存储和管理地理信息。

3. 数据库设计

设计系统的数据库模型。地理数据库是一种应用于地理信息处理和信息分析领域的工程数据库，它管理的对象主要是地理数据（包括空间数据和属性数据），它要求数据库系统必须具备对地理对象（大多为具有复杂结构和内涵、相互关联的复杂对象）进行建模、操纵、分析和推理的功能。关系数据库系统主要操纵诸如二维表这样的简单对象，无法有效地支持以复杂地理实体对象（如图形、图像）为主体的 GIS 工程应用。目前，较为常用的是文件与关系数据库混合管理模式。但是，采用文件管理系统管理空间数据，数据的安全性、一致性、完整性、并发控制以及数据修复等方面都有很大欠缺，不能说是真正意义上的空间数据库管理系统。ESRI 推出的 GeoDatabase 数据模型基于面向对象技术，在通用的关系型数据库的基础上建立空间数据库，通过空间数据引擎进行访问，这种对象 - 关系数据库管理模式已经在很多领域投入使用，是一种较为优越的高效空间数据库管理模式。

数据库为 GIS 的核心，一个完整的、开放的、柔性的数据库可以保证 GIS 运行的成功。一个数据库采取什么样的结构，是与其应用接口相关的，且要考虑将来的发展需要。GIS 数据库的设计方法，和计算机在其他方面的应用相比较，是一样的方法，其基本原则是：数据应能反映真实世界的情况，具备查询功能，数据要能共享并加以保护，数据库应能扩展，可方便地进行管理与维护，同时数据库的结构应尽量少占存储空间。

数据库的结构可以采用层次结构、网状结构、关系结构中的一种。根据应用目的，综合考虑数据相互的独立性、连接方式、存取速度、存取容量、使用简易性、学习的困难程度等因素，选择其中一种合适的结构来完成一个数据库的建立。

4. 系统功能设计

一个实用的 GIS 系统，要提供对空间数据的采集、管理、处理、分析、建模和显示等功能，但任何功能完备的 GIS 工具软件都不可能在自己的产品中囊括所有用户的所有应用问题。在绝大多数的应用地理信息系统开发中，总还会有少量乃至较多的用户应用问题在所使用的 GIS 工具软件中无法解决。这时，就需要系统开发者通过系统功能设计，开发通用 GIS 不具备的功能。

5. 应用模型设计

应用模型代表了用户通过建立地理信息系统要求最终解决或处理的实际应用问题，它是应用系统开发、建设的根本目的。在一般的 GIS 工具软件中，必须借助于应用系统的开发，通过软件设计实现对工具型地理信息系统的底层功能调用，为系统设计适合表达数据的、解决专业问题的应用模型和主要的空间分析方法。此外，作为应用型地理信息系统，一般都有相对固定的用户群体和一定的专业特点，这必然对应用系统的界面设计有更高的要求，除了配置完善、易于使用的帮助系统外，还要符合相应的专业习惯，使用相应的专业用语，适合相应用户的知识水平。

6. 输入/输出设计

基础数据和专业数据的采集与输入，规划加工后的信息产品输出。

1.3.3 地理信息系统设计过程

地理信息系统的建立过程是一项耗费大量人力、财力、物力和时间的系统工程。为了使系统开发达到预期目标，就必须针对组织、机构管理和计算机信息系统的特点，根据软件工程思想，采用科学的开发步骤和技术，对系统建立的全过程进行控制与协调。通常，开发 GIS 按开发时间序列可划分为 4 个主要阶段：系统分析、系统设计、系统实施、运行维护与系统评价，如表 1.1 所示。在每个阶段按照相应的规范进行工作，并形成一定的文档资料，它是确保整个开发活动成功的关键，也有利于系统的运行和维护。

表 1.1 应用型 GIS 开发阶段及过程

阶段	内容	用户	管理人员	开发人员
系统分析	需求分析	1. 提出所要解决的问题 2. 指出所需要的信息 3. 详细介绍现行系统 4. 提供各种资料和数据	1. 批准开始研究 2. 组织开发队伍 3. 进行必要培训	1. 了解用户要求 2. 回答用户的问题 3. 详细调查现行系统 4. 收集资料和数据 5. 总结和分析
	可行性研究	1. 评价现行系统 2. 协助提出各种方案 3. 选择最适宜的方案	1. 审查可行性报告 2. 决定是否开发	1. 提出多种备选方案 2. 与用户一起讨论各方案的优劣 3. 开发的费用估计和时间估计
系统设计	总体设计	1. 讨论子系统模块的合理性并提出看法 2. 对设备选择发表看法	1. 鼓励用户参加系统设计 2. 要求开发人员多听用户意见	1. 说明系统目标和功能 2. 子系统和模块划分 3. 计算机系统选择
	详细设计	1. 讨论设计和用户界面的合理性 2. 提出修改意见	1. 听取用户有关系统界面的反映 2. 批准转入系统实施	1. 软件设计 2. 代码设计 3. 功能设计 4. 数据库设计 5. 用户界面设计 6. 输入、输出设计
系统实施	编程	随时准备回答一些具体的业务问题	监督编程进度	分头进行编程和调试
	调试	1. 评价系统的总调 2. 检查用户界面的良好性	1. 监督调试的进度 2. 协调用户与开发人员的不同意见	1. 模块调试 2. 分调（子系统调试） 3. 总调（系统调试）
	培训	接受培训	1. 组织培训 2. 批准系统转换	1. 编写用户手册 2. 进行培训
运行维护与系统评价	运行和维护	1. 按系统的要求定期输入数据 2. 使用系统的输出 3. 提出修改和扩充意见	1. 监督用户严格执行操作规程 2. 批准适应性和完善性维护 3. 准备对系统全面评价	1. 按系统要求进行数据处理工作 2. 积极稳妥地进行维护
	系统评价	参加系统评价	组织系统评价	1. 参加系统评价 2. 总结经验教训

1. 系统分析

系统分析的基本意思是从系统观点出发，通过对事物进行分析与综合，找出可行的方案，为系统设计提供依据。它的任务是对系统用户进行需求调查和可行性分析，最后提出新系统的目标和结构方案。系统分析是使设计达到合理、优化的重要步骤，其工作深入与否直接影响到将来新系统的设计质量和实用性，因此必须予以高度重视。

2. 系统设计

一般来说，需求分析阶段的主要任务是确定系统“做什么”，而设计阶段则要解决“怎么做”的问题。通常，设计阶段在明确系统目的、任务、目标等原则问题的基础上，又划分为总体设计和详细设计。总体设计的主要任务是根据系统分析的成果，在明确系统目的、任务、目标等原则问题的基础上，设计系统总体结构，规划系统的规模和确定系统的各个子系统组成部分，并说明子系统在整个系统中的作用与相互关系，规定系统采用的合适技术规范，以保证系统总体目标的实现。详细设计是在总体设计的基础上，结合系统物理实现所进行的详细规划，它描述如何具体地实现系统，并编制系统设计说明书，是系统实现的依据。

3. 系统实施

系统实施是 GIS 建设付诸实施的实践阶段，是在系统设计的原则指导下，按照详细设计方案确定的目标、内容和方法，分阶段、分步骤完成系统开发的过程。该阶段建立 GIS 物理模型，通过编码把系统设计方案加以具体实现。在这一过程中，需要投入大量的人力、物力，占用较长的时间，因此必须根据系统设计说明书的要求组织工作、安排计划。

4. 运行维护与系统评价

系统运行是指系统经过调试和验收以后，交付用户使用。为了保证系统正常运行，必须认真制定并严格遵守操作规则。系统维护是为保证系统正常工作而采取的一切措施和实际步骤。例如，数据的维护使系统数据始终处于相对最新的状态，软件的维护使软件能适应运行环境和用户需求的不断变化，硬件的维护使硬件能经常保持完好和正常运行的状态等。一般，在新系统交付验收时要进行系统评价，在系统经过一段时间的运行后也要对系统进行评价，对系统进行评价的主要工作是对系统运行情况进行检查，并与系统要求的预期目标进行对比，写出系统评价报告。系统评价工作主要由领导、业务人员、系统设计开发人员、系统操作人员及其他相关人员参加。

1.4 地理信息系统二次开发

地理信息系统技术及其产业对于我国国民经济增长和社会发展的基础性、战略性的产业地位，对于其他众多产业的辐射和推动作用，已越来越得到广泛的社会认可和各级政府的重视。随着地理信息系统应用领域的不断扩大，应用趋向于社会化、全球化，应用型 GIS 的开发工作日显重要。目前虽已有众多的 GIS 工具软件，但通常只具有一些 GIS 的通用功能，不能满足不同行业应用的需要。如何针对不同的专业应用领域，选择合适的开发方式和工具，高效地开发出合乎行业需要、操作方便、功能丰富的地理信息系统，已成为应用型 GIS 开发者迫切关心的问题。

1.4.1 GIS 开发模式

GIS 开发是一项十分复杂的系统工程，通常投资大、周期长、风险大、涉及部门多。应用型 GIS 的种类繁多，涉及应用领域广泛，技术要求千差万别。对于功能单一、简单小型的应用型 GIS 系统可直接购买 GIS 商品化软件；但对规模较大、功能复杂、需求不确定性程度比较高的系统，购买商品化软件很难满足要求，必须进行二次开发。应用型 GIS 的开发是采用 GIS 的原理和方法，基于系统化思想指导的工程化建设过程。根据不同应用型 GIS 的要求，其开发模式都应遵循软件工程的原则和要求进行。

1. 自行开发模式

自行开发模式是指由用户依靠自己的力量独立完成系统的设计与开发。自行开发方式需求明确、开发费用低，易于维护，但对用户要求较高。自行开发模式不但要求用户有较强的系统分析、设计和编程能力，还要求具备一定的软件工程的组织管理能力。

2. 委托开发模式

委托开发模式是指由用户委托 GIS 开发商按照用户的需求完成全部设计、开发任务，而用户只配备精通管理业务的人参与开发。委托开发模式相对于自行开发模式来说，用户比较省事，但开发费用高，维护和扩展均要依赖对方。

3. 联合开发模式

联合开发模式是指由用户提供精通管理业务、计算机技术、GIS 技术的开发人员与有丰富经验的专业开发人员共同完成系统的分析、设计、实施、评价、管理和维护工作。联合开发模式折中了前两种开发模式的优点，但增加了系统开发工作中合作和协调的困难。

1.4.2 GIS 开发方式

早期的 GIS 开发和今天的 GIS 开发有很大的不同。早期的 GIS 开发一般是在 UNIX、MS-DOS 操作系统的文字操作界面环境下进行的，当时的 GIS 应用一般只是在具有空间数据输入、显示、分析和处理操作的计算机程序和简单软件系统下所进行的一些应用性的空间数据处理或专题地理制图的有序操作。用户通过输入操作系统内部命令与外部命令的方式（MS-DOS 将可执行程序视为自己的外部命令）与系统进行对话来完成地理信息的输入、显示与分析操作任务，由于地理信息应用的复杂性，用户输入的每条命令行往往需要附带一系列的参数，从而使系统的使用极其烦琐而复杂，中间操作过程中的任何失误都可能导致之前的工作前功尽弃。因此，如何针对具体的应用目标，高效地开发出既合乎需要又美观方便的应用型地理信息系统，就成为了众多二次开发者关注的焦点。目前，GIS 开发可以分为独立开发、宿主开发和集成开发三种方式。

1. 独立开发

独立开发是指不依赖于任何 GIS 工具软件，利用专业程序设计语言开发应用模型，直接访问 GIS 软件的内部数据结构。从空间数据的采集、编辑到数据的处理分析及结果输出，所有的算法都由开发者独立设计，然后选用某种程序设计语言，如 Visual C++、Visual Basic、

Delphi、Java、C#等，在一定的操作系统平台上编程实现。这种开发方式适用于开发商品化的GIS 软件平台，好处在于无须依赖任何商业 GIS 工具软件，独立性强，降低了开发成本。用这种开发方式建立的系统，其各组成部分之间的联系最为紧密、综合程度和操作效率最高。但对于大多数开发者来说，开发难度大、开发周期长、投资大，同时开发出来的系统的功能与稳定性往往比现有的成熟 GIS 系统的功能和稳定性差，很难与商业化 GIS 工具软件相比，而且开发过程中的花费可能会远大于购买 GIS 工具软件所需的费用，因此并不适用于一般的 GIS 开发用户。在 GIS 应用发展的初期，由于 GIS 工具平台功能尚不完善，因此 GIS 应用开发多选择这种方式。

2. 宿主开发

随着 GIS 工具平台的不断完善，一些 GIS 软件提供了可供用户进行二次开发的宏语言和专用开发语言。宏语言编程过程如下：按照预先调试好的对某空间数据集合的处理模式，将在系统下输入的处理命令按照先后顺序写成命令序列并作为文件保存，执行时调入并执行该文件中的命令，就可完成对该空间数据集的程序化操作，以提高处理效率。专用开发语言与宏命令语言最大的不同在于，它比宏命令语言级别低，即不具有宏命令语言“宏”的含义，从而它更支持对系统底层功能的调用，有利于用户进行深入编程。但过于低级的开发语言必然增大了用户学习、掌握的难度。宿主开发指基于现有的成熟 GIS 平台进行应用开发，完全借助于 GIS 工具软件提供的宏语言和专用开发语言进行应用系统开发，以原 GIS 工具软件为开发平台，开发出针对不同应用对象的应用程序。

目前市场上 GIS 工具软件大多提供了可供用户进行二次开发的语言，如 ArcGIS 提供了AML 语言、ArcView 提供了 Avenue 语言、MapInfo 的 MapInfo Professional 提供了 MapBasic 语言等。AML 语言是 ArcGIS Workstation 一个不可或缺的重要组成部分。AML 宏语言发出命令，要求其他程序进行相应的操作。AML 属于解释型高级宏语言，其语法结构简单，解释执行，不需编译，执行和开发效率高；此外，还提供可视化菜单、对话框编辑工具。

MapBasic 语言是在 MapInfo 平台上进行二次开发的专用开发语言。利用 MapBasic 语言进行编程，能够扩展 MapInfo 的功能，简化用户的重复操作，并能使 MapInfo 与其他应用软件集成。MapBasic 是一种类 BASIC 语言，它具有自己的语法规则，对于想要快速建立以地图空间分析为主要功能的企业用户来说，选用 MapBasic 语言进行开发是一种最快也最简单的方式，因为MapBasic 集成程度很高，并提供很多复杂的地图分析。通过集成方式，用户也可使用诸如Visual Basic、C ++ 、PowerBuilder 和 Delphi 等语言编写应用软件。目前，MapBasic 语言已经被世界上数百个第三方厂商认可。

宿主开发方式简单易行，开发周期短，系统的稳定性和可靠性高，许多功能可以直接从原有的平台软件中引用过来，因而这种开发方式目前采用较多。但这种开发方式也有较多的缺点：移植性差；受开发平台的影响，不能脱离原有系统单独运行；受系统提供的开发语言的功能限制，二次开发的宏语言作为编程语言只能算是二流的，功能一般较弱。GIS 所提供的二次开发语言往往不能与专业程序设计语言相比，难以开发复杂的应用模型，用它们开发出来的系统结构松散，系统显得有些臃肿，功能和效率也较差。总之，用二次开发语言来开发应用程序仍然不尽如人意。

3. 集成开发

集成开发是指利用专业的 GIS 工具软件，如 ArcGIS、MapInfo Professional、ArcView 等，实

现 GIS 的基本功能，以通用软件开发工具尤其是可视化开发工具，如 Visual C ++、Visual Basic、Delphi、PowerBuilder 等为开发平台，采用 OLE/DDE 或 GIS 控件两种方式，通过 ADO 与数据库系统连接，进行二者的集成开发。

(1) OLE/DDE 方式

这种方式采用 OLE Automation 技术或 DDE 技术，用软件开发工具开发前台可执行应用程序，以 OLE 自动化方式或 DDE 方式启动 GIS 工具软件在后台执行，利用回调技术动态获取其返回信息，实现应用程序中的地理信息处理功能。

(2) GIS 组件方式

组件（或称控件）是指那些具有某些特定功能，独立于应用程序，但能够容易地组装起来，以高效地创建应用程序的可重用软件“零件”。GIS 组件方式的基本思想是把 GIS 的各大功能模块划分为几个控件，每个控件完成不同的功能。各个 GIS 控件之间，以及 GIS 控件与其他非 GIS 控件之间，可以方便地通过可视化的软件开发工具集成起来，形成最终的 GIS 应用。控件如同一堆各式各样的积木一样，它们分别实现不同的功能（包括 GIS 功能和非 GIS 功能），根据需要把实现各种功能的“积木”搭建起来，就构成应用系统。

利用 GIS 工具软件生产厂家提供的建立在 OCX 技术基础上的 GIS 组件，在某种可视化编程工具如 Visual C ++、Visual Basic、Delphi、.NET 上实现 GIS 的基本功能，直接将 GIS 功能嵌入其中，实现 GIS 的各种功能。由于 GIS 组件往往以 ActiveX 控件的方式提供，因此可以很简单地被通用的开发工具使用，在此基础上实现 GIS 应用系统的功能。这种建立在 OCX 技术基础上的 GIS 控件又称为组件式 GIS。

GIS 组件的代表作首推 Mapobject 和 MapX 等，其中 Mapobject 由全球最大的 GIS 厂商 ESRI（美国环境研究所）推出，MapX 由著名的桌面 GIS 厂商美国 MapInfo 公司推出。国内也涌现出一些优秀的组件，如中地公司的 MapGIS 组件和超图公司的 GIS 组件。

组件式开发作为 MapGIS 的重要开发手段，必须尽可能地在多个层次上对 MapGIS 的功能进行封装，供用户使用。MapGIS 软件包含众多强大的功能，二次开发函数库提供了上千个函数，要把所有这些功能放在一个组件（控件）中几乎是不可能的，而且可能会带来系统效率低下的问题。根据 COMGIS 设计应遵循应用领域的需求的规则、组件式软件的设计规则和 MapGIS 的体系结构，MapGIS 组件分成数据管理组件、图形显示与编辑组件、工程管理组件、图库管理组件、图例管理组件、图形裁剪组件、图像分析管理组件、投影转换组件、网络分析管理组件、输出排版组件、DTM 分析组件、数据转换组件、空间分析组件等 13 大类。MapGIS 组件不依赖于某种特定的开发语言，可以直接嵌入到某些通用的开发环境（如 Visual Basic 或 Delphi）中进行应用开发，实现 GIS 功能。而其他的专业模型则可以使用这些通用开发环境来实现，也可以插入其他专业性模型的分析控件，各个模块之间既可相互关联共同处理数据，又可在维护修改时独立操作而互不影响。因此，利用 MapGIS 组件进行 GIS 应用系统的开发可以实现高效、无缝的系统集成。

由于独立开发难度大，宿主开发受 GIS 工具提供的编程语言的限制而差强人意，因此，结合 GIS 工具软件与当今可视化开发语言的集成二次开发方式就成为 GIS 应用开发的主流。它的优点是：既可以充分利用 GIS 工具软件对空间数据库的管理、分析功能，又可以利用其他可视化开发语言具有的高效、方便等编程优点，集二者之所长，不仅能大大提高应用系统的开发效率，而且使用可视化软件开发工具开发出来的应用程序具有更好的外观效果，更强大的数据库功能，且可靠性好、易于移植、便于维护。尤其是使用 ActiveX 技术，利用 GIS 功能组件进行集成开发，更能表现出这些优势。

应用型地理信息系统的软件开发环境，对于中小型应用一般选择 MapInfo + MapBasic + SQL Server，对于大型应用一般选择 ArcGIS + Oracle + 编程语言及 MapGIS + Oracle + 编程语言，对于仅用到电子地图功能（如出租车定位系统）的应用可选用组件 GIS，常用组件有 MapInfo 的 MapX 和 ESRI 的 ArcObject 等。

目前，许多软件公司都开发了很多 ActiveX 控件，合理选择和运用现成的控件，将减少开发者的编程工作量，使开发者避开某些应用的具体编程。直接调用控件来实现这些具体应用，不仅可以缩短程序开发周期，使编程过程更简捷，而且用户界面更友好，可以使程序更加灵活、简便。

1.4.3 GIS 模型复用

GIS 应用系统的应用分析功能的不足，已经直接影响到 GIS 应用的进一步推广和深化。如何有效地复用已开发的各类专业应用模型，同时在今后的模型开发中，如何考虑模型与 GIS 系统的易复用、易集成性，以提高 GIS 应用系统的开发效率，缩短开发周期，已成为 GIS 应用系统开发工作者广泛面临的问题。

1. 源代码方式复用

在复用源代码形式的模型时，必须利用 GIS 系统的二次开发语言或其他编程语言，将已开发好的专业模型的源代码进行改写复用，使其从语言到数据结构与 GIS 系统完全兼容，成为 GIS 系统的整体的一部分。这种复用方式非常多见，并且将一直存在，它可以保证 GIS 系统与模型在数据结构、数据处理等方面的一致性。但这种方式只能算是最低级的复用方式，其缺点非常明显：一是 GIS 开发者必须下很大工夫读懂模型的源代码，二是在改写复用过程中常常会出错。

2. 函数库方式复用

对于以库函数的形式保存在函数库中的应用模型，GIS 开发者可以通过调用库函数的方式进行模型复用。函数库包括静态链接库和动态链接库两种，二者的区别在于，动态链接不是在链接生成可执行文件时把库函数链入应用程序，而是在程序运行中需要的时候才链接。函数库方式的优点如下：GIS 系统与应用模型能实现高度无缝的集成；函数库一般都有清晰的接口，GIS 开发者不必费力去研究源代码，使用方便，而且函数库经过编译，不会发生因开发者错误地改动源代码而使模型运行结果不正确的情况。

函数库方式的缺点是：库函数无法与 GIS 数据有效结合，因而不能用于复杂模型与 GIS 的集成；由于开发者不能对库函数进行修改，因此降低了复用的灵活性；函数库的可扩充性差；此外，静态函数的使用还在一定程度上受限于语言，必须依赖于其开发语言。

MapGIS 提供完整的二次开发函数库，用户可以在 MapGIS 平台上运用它开发面向各自领域的应用系统。MapGIS 二次开发库的实现被封装于若干动态链接库（DLL）中，独立于开发工具。API 函数在使用方法上与 Windows 的 API 函数完全一样，无论使用 Visual C ++、Visual Basic 还是 BC ++、Delphi 语言，GIS 应用程序开发者都可以像调用普通的 Windows 的 API 函数一样调用 MapGIS 的 API 函数。

MapGIS 二次开发函数库包括工作区管理函数库、窗口操作函数库、空间分析函数库、图形编辑函数库、图形显示函数库、图像函数库、地图库读取函数库等部分，这些库函数都支持 Windows、UNIX、Linux 等桌面操作系统和 Android、IOS 等移动终端操作系统。

3. 独立可执行程序方式复用

在现有应用模型中，以可执行程序方式存在者居多。这种模型的重用方式之一是，GIS 系统与应用分析模型均以可执行应用程序的方式独立存在，二者的内部、外部结构均不变，相互之间可以切换，二者之间的数据交换通过对共同的统一格式的中间数据文件（如 ASCII 码文件或通用数据库文件等）的操作实现，GIS 系统进一步将中间数据转换为空间数据，以实现 GIS 本身的空间数据操作功能。这种复用方式的优点是：简便，所需编程工作极少。缺点是：第一，系统效率较低，且使用不很方便；第二，界面往往不一致，视觉效果不好。

4. 内嵌可执行程序方式复用

这种复用方式本质上与独立可执行程序方式一样，以 GIS 系统命令驱动应用模型程序，GIS 系统与模型之间的集成通过对共同数据文件的读/写操作实现，GIS 系统则进一步通过进行中间数据与空间数据的转换来实现空间数据的 GIS 操作功能。与独立可执行程序复用方式不同的是，尽管 GIS 系统与模型可能是由不同的编程语言实现的，但是集成系统有基本统一的界面，具有一个无缝集成的操作环境。

Jonkowski 和 Haddock（1996）实现的非点源污染模型系统即是一个采用嵌入可执行程序方式将 GIS 与地学模型相结合的典型，该系统基于 DOS 环境运行，空间数据处理由 Arc Info 通过宏语言 AML 程序实现，农业非点源污染模型（AGNPS）采用 Pascal 语言编程并编译为可执行程序。系统将一组图层数据经 Arc Info 处理后转化为 AGNPS 的一个数据输入文件，经过 AGNPS 模型运行处理后，输出数据再转成 PC Arc Info 的图层，以满足显示制图等需要，其系统结构图如图 1. 1 所示。

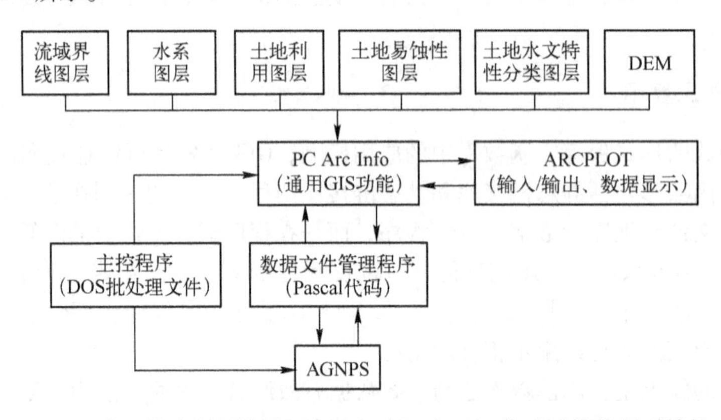

图 1. 1　农业非点源污染模型（AGNPS）与 GIS 集成系统的原型结构

内嵌可执行程序复用方式的优点是：对于开发者，这种复用方式符合软件工程学要求的模块化开发原则，便于开发工作的组织管理，并且系统的运行性能比独立可执行程序方式好；对于用户，这种方式开发出来的集成系统具有基本统一的界面环境，便于操作。这种复用方式的缺点是：开发人员必须理解模型运行的全部过程，并对复杂的模型要进行正确合理的结构分解，以实现模型与 GIS 系统本身之间的数据相互转换及模型对 GIS 功能的调用。相应地，产生的问题是，在分解原模型时可能产生错误。此外，如果需要同时集成多个模型，要进行模型的组合很困难。

5. DDE 或 OLE 方式重用

DDE 指动态数据交换，OLE 指对象链接与嵌入，二者均用于 Windows 应用程序之间的数据传递，可以作为应用 GIS 开发中的一种可执行程序形式应用模型复用方式。在进行 DDE 会话或采用 OLE 方式连接时，必须存在两个主体，一方为客户程序，另一方为服务程序，简单地说，就是要有一方为另一方提供数据服务或更复杂的服务。对于 GIS 与应用模型的集成来说，GIS 就是客户程序，应用模型是服务程序。DDE 或 OLE 方式重用的优点与内嵌可执行程序相似，系统能实现无缝集成，而所需编程不多（如果要进行 GIS 与应用模型程序之间的相互操纵，则要采用 OLE 自动化方式，这种方式需要较多的编程，但这种方式似乎不大可能用于应用模型在应用 GIS 开发中的重用，因为在实际工作中极少需要在应用模型程序中不断地与 GIS 系统之间相互操纵）。这种方式的不足是：系统效率不高，且系统稳定性不是很好。此外，这种方式要求应用模型必须支持 DDE 或 OLE 协议，这是目前绝大多数已开发的各类模型做不到的。

采用 OLE 方式进行应用模型重用的一个实例是张犁（1996）开发的城市洪水分析与模拟信息系统。在这个系统中，城市洪水分析与模拟模型作为服务程序，一个 GIS 工具软件系统作为客户程序，二者以 OLE 方式集成起来。

6. 模型库方式复用

模型库是指在计算机中按一定组织结构形式存储的各个模型的集合体。模型库系统可以有效地生成、管理和使用模型，它可以支持两种粒度的模型（可执行文件与函数子程序），具有完整的模型管理功能，能够提供单元模型（指不需要调用其他模型的模型）和组合模型（指通过调用其他单元模型或组合模型来构成的模型），同时还支持模型的动态调用和静态链接，使系统具有良好的可扩充性。模型库系统尤其符合客户 - 服务器模式的系统的运行方式要求。在客户 - 服务器模式的 GIS 系统中，模型从模型库中被动态地调入内存执行。尽管模型库研究随着决策支持系统的发展在近 10 年来取得了很大的进展，但是，在模型的操作方面，目前并没有形成完整的理论体系，特别是模型的自动生成、半自动生成方面离真正实用化尚有一段距离。

7. 组件模型复用

组件模型指以组件形式存在的应用模型。当前，地理信息系统软件已经或正在发生着革命性的变化，由过去厂家提供全部系统或者有部分二次开发功能的软件，过渡到提供组件由用户自已再开发的方向上来，传统的 GIS 工具软件最终将走向组件化。模型的组件化也将相应成为应用模型开发的主要方式。在组件模型的基础上，还可以进一步制作可复用模型组件库，这将是软件重用技术今后的一个重要发展方向，也将为 GIS 与应用模型的集成提供一种新的技术手段。

应用模型的复用必须根据模型的存在形式，分别采取不同的复用方式。尽管现有 GIS 工具软件不支持使用软件组件进行二次开发，但随着组件式地理信息系统的发展与流行，GIS 应用系统开发者可以使用可视化编程工具，如 Visual C ++ 、Delphi 等语言作为开发平台，利用 GIS 工具组件与模型组件，开发出高效无缝的应用系统。应用模型的组件化，将极大地促进 GIS 与应用模型的集成应用，组件模型符合 GIS 软件组件化这一革命性变化的潮流。因此，组件模型将是最有前途的模型存在形式，而模型组件化将是应用型 GIS 开发中最有效的模型重用手段。

尽管还未见到组件技术应用于地学分析模型开发的实例，但是可以想象，这一技术在地学分析模型开发领域最终会得到广泛应用，并提高 GIS 中的专业模型应用水平，极大地丰富 GIS 的应用分析功能。

习题

1. 地理信息系统包括哪几种类型？试举例说明。
2. 地理信息系统设计主要有哪几种方法？各自有何特点？
3. 地理信息系统主要有几种开发方式？各自有何优缺点？
4. 地理信息系统模型重用主要有哪几种方法？各自有何优缺点？
5. 试述地理信息系统设计的主要内容和过程。

第2章　GIS系统分析

系统分析的基本思想是，从系统观点出发，开发人员和用户一起进行密切接触和合作，在充分了解用户需求的基础上，对系统开发对象进行全面的分析和综合，找出各种可行的方案，为系统设计提供依据。它的任务是对系统用户进行调查研究，对GIS用户进行需求分析和可行性分析，在明确系统目标的基础上，开展对新系统的深入调查研究和分析，最后提出新系统的结构方案。系统分析是使设计达到合理、优化的重要步骤，这个阶段是工程设计和系统开发的基础，直接影响到将来新系统的设计质量，因此必须给予高度重视。

2.1　系统分析

系统分析是指按照系统论的观点，根据GIS用户的要求，对现有的业务流程进行全面的分析和综合，运用科学的方法为系统设计提供依据，是GIS软件开发前期的重要工作。在系统分析阶段，开发人员和用户需要不断地交流、学习和融合，深入现场，多接触用户，随时与用户对系统的整体和细节情况进行沟通，对可能出现的问题提出质疑并给出应对策略，形成若干个解决方案。这个阶段的工作做得越充分，分析得越透彻，考虑问题越全面，规划得越科学，给后期系统设计就越能带来保障，构建的系统所产生的偏差就会越小。

2.1.1　系统分析的任务

系统分析指的是这样一个过程，在此过程中，开发方与用户方需要紧密合作，根据所了解的用户业务情况，包括用户对系统的要求、用户信息化的程度、各种数据资料的现状、用户的经济实力以及要求完成的时间等各种因素，进行分析和综合，将分析研究结果以文档形式记录下来，写出系统实施方案。由于现实情况的限制，有时可能需要设计出几套方案供用户选择。

系统分析的主要工作是进行用户需求分析和系统的可行性分析，系统分析的任务是在此工作的基础上写出系统实施方案，系统实施方案由需求分析文档和可行性报告组成，系统分析的过程如图2.1所示。在系统分析的整个阶段中，开发方的每步工作都和用户方的用户需求有关联，只有全面了解用户需求，才能写出切实可行的系统实施方案，为系统的总体设计奠定基础，为后面的系统开发减少由理解层面上带来的偏差。

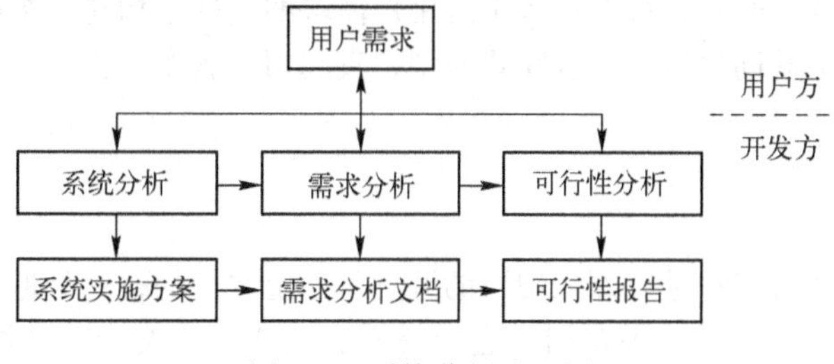

图2.1　系统分析流程图

2.1.2 系统分析的要求

对现实事物的认识有一个由浅入深的过程。同样，在系统分析中，要全面深入地去认识将要构建的系统，这样就要求开发者搞清楚用户需要一个什么样的系统，内容涉及：用户现有数据的利用和数据的转换，用户历史累积的图表文档资料的利用，用户业务逻辑如何更好地转化成系统功能模块，如何计算系统的成本以及后续完善需要的所有经费，如何保障系统能具有一定的可扩充性以适应不断变化的环境。

在系统分析阶段对系统分析员有以下要求。

1. 熟悉用户的业务流程

在前期工作中多接触用户，多深入实际，把开发人员当成其中的一员，就能够真正了解用户的需求，从而做出合适的设计。因此系统分析员除了要具有 GIS 二次开发的经验外，还要通过用户需求分析，熟悉用户的业务流程以及相关的业务知识，这样才能更好地在用户需求和系统实现之间架起一座桥梁，优化和实现用户的要求。

2. 与用户建立良好的合作能力

合作需要双方的沟通和理解，这是一个相互配合、相互学习的过程。开发方的系统分析员应尊重用户的意见，虚心学习用户的相关业务知识，树立“一切为了用户”、“用户第一”的思想，站在用户的思维角度进行考虑，做出的需求分析就会更加贴近用户、更加合理；而用户方的专业技术人员也要积极配合，除了提供详实的调查资料和相关背景知识外，还要了解和学习有关 GIS 的知识，才能为参与系统分析和系统设计提供较好的合理化建议，同时用户方代表还要熟悉系统使用的相关操作，为将来系统的使用和维护做好准备。

3. 较好的分析和综合能力

系统分析员要能将用户的需求进行分析和综合，抓住主要需求，科学地归纳合并相关需求，将用户需求划分成相应的一级模块和二级模块，构造出系统的逻辑模型，确定其逻辑功能需求。综合过程中要使得各模块相对独立，尽量减少各模块间数据的耦合和数据的冗余。为了用户的功能需求、运行环境需求和经济成本方面的需求，分析综合过程可能要反复多次，以便综合得出相对合理的解决方案，直到双方都满意为止。

4. 循序渐进的阶段性工作思路

系统的构建需要时间，而用户的需求随时在变化。由于系统的需求是在系统分析过程中逐步明确的，因此，需要采用总体规划、由粗到细、分阶段实现的工作策略，即基于原型法的螺旋模型来开展系统设计。开发人员在初步了解用户需求的基础上构建一个应用系统模型，用户和开发人员在此基础上共同探讨，逐步完善原型，直到用户满意为止。

2.2 需求分析

系统需求分析是在对用户进行深入细致的调查基础上进行的，它是地理信息系统设计的基础，通过多次与系统用户或系统潜在用户进行书面交流或口头交流，在明确用户要求的基础上，将收集的信息根据软件设计的要求归纳整理后，得到对系统概略的描述和可行性分析的论证文件。全面深入地了解并掌握用户需求是设计一个优良系统的关键，也是系统生命力的保证，需求分析使 GIS 开发者可以明确地了解用户对将要设计的系统从内容到行为的期望和需求。

需求分析的过程实际上是一个继承与发展的过程。“继承”是指首先要求全面调查，了解目前组织机构内的常规工作，理解其间的运作及关键性步骤。继承的过程是一个学习和认识的过程，这个过程的工作以对各类数据内容和行为进行调查的方式为主。“发展”则是指在基于对现有的数据和机构组织理解的基础之上，用新的观点和 GIS 的技术来更有效地完成同样的日常任务。有时这种发展的过程只是简单地提高工作效率，而有时可能会引起天翻地覆的变化，甚至会引起整个机构全面改革，所以发展是一个改革和创新过程，该过程以分析和创造为主。需求过程分为需求调查、需求分析和需求文档编写三个阶段。

2.2.1 需求调查

需求调查也称需求收集，由于系统设计阶段往往有很多不明确的用户需求，因此开发方需要调查用户的实际情况，明确用户需求。比较理想化的调查活动需要用户的充分配合，而且还有可能需要对调查对象进行必要的培训。调查内容则需要开发方和用户方的共同认可。调查的形式可以是面谈、电话访谈、现场参观、调查问卷、索取资料、GIS 专题报告等 6 种方式。

一般来说，应该以现场参观和面谈开始。现场参观不仅可以对用户方的组织和运作得到感性的体会，还可以找到较适合的接洽人以便各种后续工作的开展。在参观之前，开发方的系统分析员应该准备出一套表格和备忘录，以便在参观过程中一一了解。参观的目的是为了对一个机构的总体情况做一个粗略但全面的调查，然后可以根据参观的结果和所取得的材料确定下一步应采取的方案，详细的问卷调查方式和面谈方式又常常是更详细地了解具体情况的好办法。这两种方式均要求系统分析员将参观了解到的各种信息分门别类地加以组织，然后确定出新的访谈题目，由用户方的各类有关人员帮助详细作答。这种问题的提出常常需要有经验的系统分析员来设计，问题提出的质量直接关系到信息获得的质量。

面谈和电话访谈又要求 GIS 专业人员具有很好的人际交流水平。对于特定客户，需要和他们直接沟通交流。和客户交流要注意方式方法，不能盲目约见。索取资料是可以多次使用的一种方式，它可以贯穿在整个需求分析过程中，参观、访谈之后均可能需要或多或少地索取相应的文件和资料。

前 5 种方式均是 GIS 专业人员向 GIS 数据库的需求机构了解和获取信息，而第 6 种 GIS 专题报告则是由 GIS 专业人员输出信息。这一步通常是极为必要的，尤其是在大型数据库的建设过程中要求有多个部门参加的机构。通过报告，GIS 专业人员可以将 GIS 的基础知识、各种功能、优点介绍给用户，使他们对 GIS 有一个清楚的了解。该步骤通常应发生在面谈和问卷以前、参观之后。GIS 专业人员可以在报告过程中使用各种报告讲演技术，也可以用多媒体形式或三维动画形式展示以往成功的案例，给用户更感性的认识。在报告过程中应鼓励用户提出各种问题，并以通俗的语言作答，同时报告会的参加人数不应太多，以便确保效果。

1. 用户情况调查

(1) 用户类型

应用型地理信息系统是面向用户的，有其特定的目的，应用情况不同，对 GIS 有不同的要求。用户按其专业可做如下分类。

① 具有明确而固定任务的用户。这类用户希望用 GIS 来实现现有工作业务的现代化，改

善数据采集、分析、表示方法及过程，并用以对工作领域的前景进行评估，以及对现有技术方法更新改造等。这类用户是一些典型的测量调查和制图部门，他们已投入大量资金来开发应用软件，一旦开始就不会改变。这类用户对 GIS 软件公司有很大吸引力，并形成了特殊的用户集团。他们所要解决的问题确定无疑，而且可以解决。

② 部分工作任务明确且固定的用户。这类用户有大量业务有待开拓与发展，因而需要建立 GIS 来开拓他们的工作，他们的信息需求和对 GIS 的要求只能是部分已知的。这类用户以行政或生产管理部门为主，也包括进行系列专题调查的单位，例如开展全国性土壤调查、森林调查、水资源调查等的单位，以及进行特殊项目调查和研究的工作单位。这些单位或部门是 GIS 的潜在用户，因为他们很想把空间数据组织在一起，形成统一的系统供各职能机构使用。其中一些用户的基本要求是建立大型地理信息系统，该系统除供本部门使用外，还能供第一类用户使用。但数据标准、数据结构和精度等问题却很难解决，各部门的侧重点不同，数据形式不同，业务处理流程不同，对系统功能的要求也各异。另外，软件公司通常不打算把大量资金投放到建立销售量较小的应用型 GIS 上去，除非买方付给巨额经费去建立特殊的系统。再者，由计算机专业人员独立完成的行业应用系统也往往是闭门完成的，难以实用。可行的办法是应用部门聘用自己的软件人员或与 GIS 开发者合作，对通用 GIS 进行二次开发与改造。

③ 工作任务不确定的用户。由于各项工作的要求不同，导致对信息的需求是未知的或是可变的。高等院校和科研机关多属这种情况。他们将地理信息系统作为科学研究工具，或者是为了开发新的地理信息系统技术等。这类用户所需要的 GIS 差别较大，有的希望有功能全面的 GIS 来从事各种科研工作，有的则希望在功能一般的 GIS 基础上开发和研制成多功能的应用型 GIS。

综上所述，可将目前国内地理信息系统领域主要涉及的部门或行业大致分为如下三类。

① 基层生产管理部门。他们使用地理信息系统对资源与环境信息及社会经济统计信息进行存储管理和规划决策。

② 地学科研人员。他们使用地理信息系统对资源与环境信息进行系统综合分析和模拟实验，以发现自然规律，特别是空间规律。

③ 地理信息系统科研和教学部门。他们开展 GIS 的理论和方法研究以及教学实践活动等。

（2）用户范围及其应用期限

用户所需要的 GIS 类型很大程度上取决于 GIS 应用的工作性质、工作领域。人们在设计应用型地理信息系统时，必须严肃认真地考虑建立 GIS 的应用范围及其应用期限。

全国性地理信息系统需致力于陈旧数据的更新、严格控制数据采集的格式和精度、数据处理标准化等。全国性的地理信息系统有两种不同的情况：一种是国土面积不大的国家，在建立全国性系统时，可按区域性要求甚至按各行业部门的要求，建立国家级系统，该系统处理全国的业务。另一种是国土面积较大的国家（如中国），全国性系统并不意味着整个国家只有一个地理信息系统，而是按基本相同的系统组织和结构，以及绝对一致的数据格式和精度，建立多个系统，分片处理相同的业务。全国性的地理信息系统还有一种解释，即以分级结构的形式建立包罗万象的系统，从中央系统到各级地方系统，数据的详细程度不断增加，无论中央系统还是地方系统都处理各种业务。

只用于短期项目的系统，应具有数据采集、数据输入、数据分析处理及信息输出的特点和能力，但不要求包括大型而复杂的数据库管理与维护方面的功能。用于长期项目的系统，一般包括大型数据库，就目前的技术条件来讲未必能在任何时候对数据库的任何部分进行访问，也许将来使用新的存储介质和存储方法后能解决这一问题。在问题没有解决之前，只要求 GIS 能按一定的精度方便地处理整个调查区域内的各类数据。当长期使用项目的系统用于特殊项目时，不应改变长期使用目标，而应在此基础上按特殊项目的要求发展专用软件。应着重强调的是，开发新的应用软件对任何一个 GIS 来说是必不可少的。

具有长期应用目标的地理信息系统，还会遇到硬件和软件更新的问题。硬件设备（包括计算机本身）从新型号推出算起，大约能维持 5 年的优势，之后，更先进的硬件设备又将问世，原设备不仅在技术上显得落后，而且工作效率也开始降低。计算机软件的发展更是快得惊人，虽然软件发展的明显趋势是改善编程系统，并使计算机软件很容易地从一台计算机传送到其他机器上，但目前计算机软件市场上的大多数软件包是针对某一特定机型和它的操作系统设计的，或是根据特定的应用目的而设计的，使正在筹建 GIS 的用户，稍有不慎就可能造成经济损失。每个地理信息系统都有本身的软件控制的数据结构，如果软件改变，数据结构也不得不改变。对全国性资源调查来说，这个问题引起的数据转换工作量是很大的，而这种转换又必不可少，没有人愿意将好不容易收集起来的数据置之不用而去重新采集。

（3）用户研究领域

此项调查的重点是了解用户的研究领域状况，用户研究的方向和深度，用户希望 GIS 解决哪些实际应用问题，以确定系统设计的目的、应用范围和应用深度，为以后总体设计中系统的功能设计和应用模型设计提供科学、合理的依据。例如，如果用户对象是政府领导层或管理决策人员，则系统的目的应当是评价、分析和决策支持系统；如果用户是政府领导层中的土地管理部门，系统应是土地信息管理与规划系统；如果系统的用户是地质找矿部门的科技人员和地学科学管理人员，系统应是矿产预测与评价系统。当然，有时系统用户是多方面的，这就需要设计通用型 GIS，以满足多用途的需求。例如，对于区域性的地学信息系统而言，其用户包括了地学领域的各个方面，如地质勘探与找矿、水资源勘查与评价、地球物理勘探、地球化学勘探、地质构造研究等，而所涉及的用户既有部门管理决策人员、科学研究人员，又有地矿职业部门的技术和生产人员等。这样的地学信息系统就应当考虑多种用户的需求，系统的设计应向着通用型、多功能、综合型方向发展，以满足广泛的要求和应用。

（4）用户数量调查

调查有哪些人要使用该应用型地理信息系统，使用该应用型 GIS 的人员、部门有多少，以便确定系统的开发规模。

（5）用户基础状况

设计应用型地理信息系统，还要分析用户的人力状况，包括用户的知识结构、科学水平、对 GIS 了解和掌握的程度等。此项调查的目的在于确定系统的开发环境和采用什么样的开发工具。现代地理信息系统的发展趋势是随着面向对象设计技术的引入，使用户界面向着用户友好、“傻瓜型”GIS 方向发展。用户不需要深入了解 GIS 的结构和内部数据是如何交流的，也不需要了解程序是怎样运行的，只须按照自己的意图和需求，了解自己应当做什么和怎么做。类似的“傻瓜型”GIS 的服务对象主要是面向 GIS 知识不足或几乎不了解 GIS 的用户的。要想用 GIS 解决科学研究中的重大问题，就应当对 GIS 系统有较深入的了解和掌握。

引进和开发应用任何先进的现代技术，都必须拥有掌握该技术的人才。地理信息系统的建立和应用是实现地理分析、环境分析、土地及城市规划与管理、合理利用资源的现代技术手段。要使 GIS 有效地运行，必须有既懂得本行业专门知识和技术，又懂得 GIS 知识和技术的熟练工作人员。

（6）组织机构

通过对现行系统组织机构进行调查，包括现行机构的组织结构、有关部门、各组织的职责及执行的任务等，指出现行机构存在的不足和缺陷，作为待建 GIS 的突破口。

2. 数据源调查

数据是地理信息系统的核心，数据源调查的主要内容包括：能获得哪些数据；这些数据可划分为几种类型，它们之间有何联系；哪些是基础数据，哪些是可以由基础数据生成的合成数据和综合数据。在进行业务现状和数据现状分析的同时，也应估计其不远将来的变化与发展。源数据可能包括很多种类型的数据，如各类地图、航空像片、卫星图像、文字报告、统计数据等。从表现形式上看，数据可划分为字符型数据、数值型数据、日期型数据和图形型数据等 4 类；从数学性质上看，数据可划分为名义型数据、有序型数据、间隔型数据和比例型数据等 4 类。

（1）字符型数据

字符型数据是定性数据的表现形式，也可以是定量数据的概括和归纳。它可以用汉字、拼音字母和外文字母的形式书写、存储和处理，在特殊情况下也可以用数字或数字与字母混合书写、存储和处理。它包括名义型和有序型两种不同数学性质的数据。

① 名义型数据

名义型数据没有量的概念，只是客观地表达研究对象的某些性质，而不包含相对重要性或相对幅度。例如，矿体和煤层的编号、岩石和矿物的名称、岩石和矿物的用途分类、岩石和矿物的颜色、矿体和煤层的形态以及可以用“非”、“有”、“无”来表达的各种二态变量等。

② 有序型数据

有序型数据相互之间有程度上的差别，而无比例关系。例如，水体混浊度、地下水质量级别、煤的变质程度和煤级、矿床和矿体的规模和级别、矿产储量和资源量的类别和级别等。

字符型数据一般是离散型的，易于存入计算机中（可通过代码进行信息转换），但不便于进行数值运算。只有当设法将其转化或分解为数值型数据时，才能进行数值运算。

（2）数值型数据

数值型数据首先是定量数据的表现形式，也可以是定性数据的转换形式，主要包括间隔型数据和比例型数据两种。数值型数据都是用数字来表达的。

① 间隔型数据

间隔型数据的特点是，彼此之间不仅有大小和程度之别，而且其差异是相等的，并且没有自然零值。例如，钻孔及地质点的坐标与高程、地温、气温及水温等。

② 比例型数据

比例型数据是具有绝对零值的间隔型数据，这种数据不可能有负值存在。它们所反映的数量概念最完整，意义最明确，不仅可以计算出同种数据之差，还可以计算出差的倍数。例如，矿体、煤层和地层的厚度，地球化学勘查数据，岩石和矿物的化学成分测定成果，矿石和围岩的物理性质及力学参数测定成果等。

（3）日期型数据

日期型数据专指那些以三段式字符型描述和存储的数据，如用于标识日期的“年/月/日”、用于标识具体时间的“时/分/秒”、用于标识角度和地理经纬度的“度/分/秒”等，都可归入此类。这类数据量较少但很重要，存储和处理都较为麻烦。目前，一般的数据库管理软件除“年/月/日”可以进行数值转换处理外，其他都只能当作字符串来整体存储和调出，否则必须先化为十进制数值型数据。在可能的情况下应当开发相应的数值转换处理程序。

（4）图形型数据

图形型数据是指那些观测时直接以图形形式记录下来的数据，例如，模拟地震及模拟测井数据。有些图形，如用数字地震和数字测井数据形成的剖面图和曲线图，在实际工作中的应用比其原始数值数据本身还要广泛，因此也归入图形型数据类。另外，有些图形，例如，历年来地质矿产勘查报告所附的各种图件，由于是采用人工方式编绘的，除了用计算机辅助编绘系统重新编绘之外，只能作为图形数据看待。图形数据通常采用手工数字化或电子扫描数字化的方式输入，以数值型数据集中存储和管理，然后用专门的图形编辑软件进行编辑处理，形成可供实际使用的电子图件。如果所输入的每个像元都有定义，则图形处理比较方便，可任意提取局部信息进行统计、转换和成图。

3. 数据评价

数据的来源多种多样，内容丰富但质量可能参差不齐，是否可用，需要一个评价的过程。通常，数据评价与该数据的使用目的及概念化的数据库设计有直接的关系。数据评价主要从三个方面进行：数据的一般状况、数据的空间特征和数据的属性特征。

（1）数据一般状况评价

数据一般状况评价主要包括以下几个方面。

① 数据的目前状态。包括数据是否有电子版，或是否有机构正在生产数据电子版。

② 数据是否是一种标准形式。主要指该类数据是否在各政府机构或商业团体生产数据的标准化之列。例如，分类的标准、属性的标准等是否符合该数据库的要求、条件，点、线、面形式是否与设计一致。

③ 数据是否可以直接被 GIS 使用。某些数据需要经过一定的处理以后才能与数据库中定义的数据相符合，这样便可能会对整个数据库的实施带来影响。

④ 数据的原始性。有些数据是由其他更原始的数据推导、综合而来的，这时应该更注重使用更原始的数据，即第一手数据。

⑤ 数据的可替代性。对一种所需要的数据来说，常常会有多种来源，有些容易获得，有些则较难获得。在决定使用哪一种数据源时，应该将各种可能来源的数据均加以收集并仔细比较，再做定论。

⑥ 数据与其他数据的一致性。包括覆盖的地区是否一致，比例尺是否相同，数据的地理控制点是否符合数据库的要求，在整个地区是否一致，投影是否符合要求等。

⑦ 数据共享性。数据能否被其他系统使用，是否可以进行格式转换。

（2）数据空间特征的评价

① 空间特征的表达方式。例如，城市既可以作为点，又可以作为多边形。地形数据既可以是等高线式的矢量表达方式，又可以是栅格的数字高程模型。因此要比较各种特征是否符合特定的要求。

② 空间特征的连续性和闭合性。在很多数字形式的 CAD 数据中，很多线性特征的表达是不连续的，例如，铁路线的表达，有些面状的地理特征是不封闭的。因此空间特征的连续性和闭合性应该加以考察。对于不连续、不闭合的情况，需要自动或半自动地进行处理，以保证各个特征的连续性和闭合性。

③ 表示规则的比较。不同数据集在对同一类型的地理特征进行表示时，可能使用不同的规则。例如，河流信息，有些用双线表示，有些则只用单线表示。对于油井，有些用多个点聚集表达，有些则用多个多边形表达其覆盖的范围。在进行数据库详细设计过程中，对于不同的

表达方式，要根据应用目的加以斟酌处理。

④ 空间数据地理控制信息的比较。不同数据集使用不同类型的大地控制系统，通常使用的大地控制信息有：GPS 点；大地控制测量点；人为划分的地理位置点，例如，图幅角点等；道路等线性特征的交叉点。不同的方法代表不同的精度，在详细设计过程中，控制点和精度的比较和评价是重要的一环。

⑤ 空间地理数据的系列性。在空间数据收集过程中，经常会遇到这种情况，即不同地区的同一类数据比例尺不同，或覆盖，或有交叉重叠。在这种情况下要决定不同地区的信息的衔接问题。边界匹配有可能会出现问题，各类问题均可能要求设计者做各种决策。这种决策又经常是按主观经验而定的，不仅要考虑到整个数据库的质量，又要兼顾实施的难易程度。

⑥ 分类方法的比较和评价。不同数据集对同一类型的数据通常使用不同的分类方法。例如，同样是道路，不同的生产厂家会根据其要求进行级别分类。有时两种数据的这种差异不论是从空间图形的角度，还是从属性信息的角度，都可能会大到几乎无法匹配的地步，因此分类方法是详细设计过程中应该引起重视的一项。另外，即使同一种分类方法，随着时间的迁移，也会有不同的变化。

⑦ 地理参考系统的一致性。同一地区，不同地理特征的地理参考系统可能会由于比例尺、原始信息、年代的不同而出现不匹配的效应。例如，一个流域的山谷脊线应与一个地区的等高线走向一致。又如，一条河流作为行政边界时，它将会出现在水系层和行政边界层上，但若两者的地理参考不匹配，则会产生出很多冗余信息。这种冗余信息在真正的数据库中应该去除。消除冗余信息通常有以下 5 种方法：选择其中更为精确的信息取代另外一层的信息；根据冗余面的大小，设定一个域值来消除（自动的方法）；在数字化过程中，自动消除冗余多边形（可半自动或全自动）；在地图数字化之前，便将冗余多边形消除；使用拉伸法，在差异很大时，这种方法会有效。

（3）数据属性特征的评价

数据属性特征的评价主要包括以下 4 个方面。

① 属性的存在性。很多空间数据并不具有属性数据或不直接拥有所需要的属性数据。在详细设计过程中，对各数据层均要评价其属性数据的存在性。

② 属性数据与空间位置的匹配。很多属性数据以表格报告的方式存在，而没有图形信息与其直接匹配，所以有时需要使用编码的方法将属性数据的位置数据自动或半自动地产生出来。

③ 属性数据的编码系统。不同来源的同一类数据的编码系统常常不同，需要加以比较，并根据应用的要求来决定使用哪一种。有时也可能要求结合起来使用。

④ 属性数据的现势性。各类属性数据随着时间的变化有所变化，在数据库详细设计过程中，对每层数据的属性数据的现势性应加以严格考虑，以保持整个数据库的现势性。

2.2.2 需求分析

需求调查结束后，就要进入需求分析阶段。需求分析的任务是解决“做什么”的问题，也就是要全面地理解用户的各项要求，并准确地表达所接收的用户需求。此阶段的任务主要是对需求进行过滤、分类整理，要对每个需求进行分析，确定这个需求将来做不做，以及实现的优先级是什么（高、中还是低）。这一阶段对分析人员的要求比较高，要纵观全局来考虑，充分考虑到每个需求点对整个系统的影响等，最终形成需求规格说明书。

1. 需求的整理和分析

（1）对需求的深入理解

深入理解用户的业务需求，才有把握系统的能力，全面地编写出需求规格。

（2）正确表达所描述的需求

需求规格作为设计阶段的依据，首先要保证其正确性，对每个需求都应有一种合理正确的解释，不能存在二义性。分析人员在表达需求时要认真严谨，不能模棱两可，更不能含糊其辞。

（3）完整表达所描述的需求

完整性是需求规格的重要特征之一，需求规格只是宏观的描述，为设计阶段划定范围，不应该包含不确定因素在里面，要么做，要么不做，不能遗留任何待解决的问题，而且还要保证需求的完整性。

（4）对优先级的排列

任何需求在整理过程中都要分优先级，即问题的重要程度、解决时的优先顺序。在需求收集过程中会汇总大量的客户需求，在这些需求当中，有些是客户急需解决的，有些是起锦上添花作用的，这时就需要分析人员结合软件的现状，根据问题的急缓来划分将来处理问题的优先顺序，以便为设计和开发阶段的相关人员提供可参照的依据。

（5）分析与综合

逐步细化所有的软件功能，找出系统各元素间的联系、接口特性和设计上的限制，分析它们是否满足需求，剔除不合理的部分，增加需要的部分。最后，综合成系统的解决方案，给出要开发的系统的详细逻辑模型（做什么的模型）。需求分析是构建软件系统的一个重要过程。

2. 需求的分类

一般，把需求类型分成业务需求、用户需求和功能需求三个层次。

（1）业务需求（business requirement）。业务需求文档反映了组织机构或客户对系统、产品高层次的目的要求，它们在项目视图与范围文档中予以说明。

（2）用户需求（user requirement）。用户需求文档描述了用户使用产品必须要完成的任务，这在使用实例文档或方案脚本说明中予以说明。

（3）功能需求（functional requirement）。功能需求文档定义了开发人员必须实现的软件功能，使得用户能完成他们的任务，从而满足业务需求。

业务需求和用户需求是软件需求分析的基础，也是软件构建的前提。系统分析员通过对业务需求和用户需求的分解，将其转换成形式化描述的软件功能需求。开发软件系统中最为困难的部分，就是准确说明开发什么。这需要在开发的过程中不断地与用户进行交流与探讨，使系统分析更加详尽，准确到位。

2.2.3 需求文档编写

软件需求规格说明阐述一个 GIS 系统必须提供的功能和性能，以及它所要考虑的限制条件。它不仅是系统测试和用户文档的基础，也是系统功能模块规划、设计和编码的基础。它应该尽可能完整地描述系统预期的外部行为和用户可视化行为。除了设计和实现上的限制外，软件需求规格说明不应该包括设计、构造、测试或工程管理的细节。

需求规格说明书一般包括以下内容：概述、数据描述、性能描述、功能描述、参考文献、目录等。其中，概述从系统角度描述系统实现的目标和任务；性能描述说明系统应达到的性能和应该满足的限制条件、检测的方法和标准；功能描述中描述为解决用户问题所需要的每项功能的过程细节。

需求文档还包括需求调查中所需要的表和清单，说明如下。

1. 用户情况调查表

调查表应包括用户类型、用户范围、研究领域、用户数量、基础状况等内容。

2. 现有机构的组织结构图及部门功能清单

不同的机构在实际工作中所起的作用是各不相同的，各种机构间可能是树状分布的或并行排列的，工作间相互渗透、有机联系。因此组织结构图可以用树状、网状或平行排列等方式表示，也可用客户直接提供的资料。

部门功能清单列出所有参与的部门及它们的主要功能。通常，这些信息均可以从用户处获得，只要将所有获得的信息全部列出即可。表 2.1 是该清单的样本。

表 2.1　部门功能清单

部　　门	联 络 人	联 络 信 息	下 属 部 门	主 要 任 务	日常责任范围
城规	张 ××		规划	城市规划	…
	刘 ××		制图	…	…
测量	王 ××		…	…	…
…					

3. 现有机构人员组织清单

现有机构人员组织清单是机构内专业技术人员的一览表，主要包括人员名称、所属部门职务、主要职责范围、技术优势、经验层次、目前工资等。记录各专业人员的工资层次对于了解专业人员的技术潜力和项目预测时均会起到重要的参考作用。

4. 现有数据及来源清单

数据来源清单列出一个机构内所有数据的来源、格式、目前的完善程度等有关信息。样本如表 2.2 所示。

表 2.2　数据来源清单

编号	数据名称	部门来源	主要形式	数据格式	完整性	主要特征	主要属性	来源比例尺	数据量	地图投影	精度	元数据	备注
1	土地利用	土地利用	地图	MapGIS	中等								需更新
2	等高线	基础部	航空像片	DXF	很好								
3A	普查北京	普查组	图表	DBF	很好								
3B	普查上海	普查组	图表	DBF	很好								
4	…	…	…	…	…								

从表 2.2 中可以看到，同一类型的数据集可以使用同一主编号，例如普查数据都用 3 为主编号，各不同地区用英文字母区分，这样可以使后续分析更简便。该表还可以提供有关部门生产数据的信息。

5. 现有数据及功能参照表

顾名思义，该表表示各类功能与各种数据之间的关系，样本如表 2.3 所示。

表 2.3　数据功能参照表样本

功　能	总体规划	地 籍 图	土地利用图	土地发展规划	街 区 图	交通规划图	税务数据库	火 警 站
土地利用规划	O		O	I			I	
交通规划						O		
火警服务								I
地籍管理		I/O						
税收		I					I/O	
城市规划			O					

注：I 代表 Input，即输入；O 代表 Output，即输出；有时某数据可能既是某功能的输入又是其输出，这时用 I/O 表示。

数据功能参照表可以帮助分析数据重要性的优先程序。只要功能的优先程度得以确定，那么从表中就很容易得知相应数据的优先程度。该表在制作过程中也应与有关部门进行交流讨论。

6. 现有软、硬件资源表

硬件资源表可列出现有的硬件资源清单，通常包括下列内容：硬件名称、操作系统、主要功能、所属部门、运行状况等。

软件资源表列出现有的或未来的软件资源清单，通常包括下列内容：软件名称、所属单位、操作平台、主要功能、典型应用、运行状况等。

2.3　可行性分析

可行性分析是在对用户初步需求分析的基础上，从社会因素、技术因素和经济因素三大方面对建立应用型地理信息系统的必要性和实现系统目标的可能性进行分析，以确定用户实力、系统环境、原始数据、数据流量、存储空间、软件系统、经费预算以及时间分析和效益分析等。通常要考虑的因素如下：

① 效益分析。

② 经费问题。

③ 进度预测。

④ 技术水平。

⑤ 有关部门和用户的支持程度。

在实际工作中，这项工作是与用户需求调查工作同时进行的。在进行大量的现状调查基础上论证地理信息系统的自动化程度、涉及的技术范围、投资数量以及可能收到的效益等，然后确定 GIS 的基本起始点，从这个起始点出发就能逐步向未来的目标发展。此外，这项工作还与数据源的调查和评估有密切关系。

2.3.1 理论分析

从理论上分析 GIS 实现的可行性涉及两方面的内容。

① GIS 系统提供的数据结构、数据模型与应用所涉及的专业数据的特征和结构的适宜性分析。一般来讲，凡是具有空间特征的信息均可用 GIS 技术处理和分析，但是通用的工具型 GIS 仅仅提供一种或两种数据结构（如矢量结构和栅格结构）和常用的几种空间分析方法，往往不能满足用户对于解决具体应用问题的需求。因此，对应用型 GIS 设计人员来讲，应在详细地分析研究区域的地理信息种类、特征、分类的基础上，设计合适、科学的数据结构，进而选择工具型 GIS 平台。

② 分析方法和应用模型与 GIS 技术结合的可能性分析。依据各专业的理论，研究解决对于应用问题的新的空间分析方法和应用模型，也是从理论上分析 GIS 在特定领域内应用的可能性和可行性的内容之一。一个良好的应用型 GIS 的设计和应用，在很大程度上取决于应用模型的理论水平和应用水平。分析研究什么样的数据能变换成需要的信息，还要对现有数据形式、精度问题、流通程度进行分析，以确定它们的可用性和欠缺数据的采集方法等。

2.3.2 技术水平

1. 计算机系统功能和寿命的限制

GIS 系统功能的实现在很大程度上受到计算机系统功能和寿命的限制，例如，微型机 GIS 与工作站 GIS 在功能上有一定的差别，这主要取决于计算机 CPU 的运算速度、内存容量、存储介质等硬件技术条件。从现代 GIS 的发展状况看，目前工作站是 GIS 的主流机，但随着微机性能的改进和普及，高档微机大有取代工作站而成为应用 GIS 的主流机趋势。计算机硬件的寿命从某种程度上讲，也限制了 GIS 功能的开发。现代计算机硬件发展很快，淘汰周期大约为 3～5 年，而 GIS 软件的更新周期一般为 5～10 年，因此，在选择 GIS 的硬件设备时，除了重点考虑性能价格比等因素以外，还应注意系统的发展。

2. 技术方法

GIS 系统是一个空间信息系统，开发应用型 GIS 系统时，应该选择先进的开发技术和方法，应当注意研究信息系统中新的技术和新方法的发展，尽量吸收一些新的技术和手段，如面向对象的开发技术等，以保证 GIS 技术的先进性。

3. 技术力量

在 GIS 的设计和开发过程中，人是决定性因素。由于 GIS 技术是在计算机科学、地球科学（地质、地理、测绘等）、航天航空技术、人工智能和专家系统技术等科学与技术之上而发展起来的一门边缘学科，所以设计和开发 GIS 的技术和组织人才在知识结构上应是综合型的。而中国现有的人才技术结构多是单一性的，很难找到既有比较高的地学专业知识又有丰富的计算机系统设计与开发经验和 GIS 理论水平的综合型人才，这就需要组织各方面的专家学者联合攻关。优秀的应用型 GIS 开发和设计机构的人员组成是：高水平的学科专业人员 +GIS 专家 +计算机开发技术人员 +系统工程管理人员。

2.3.3 经费估算

在应用型 GIS 的设计过程中，所需的经费包括：

① 资料、数据地图等的收集、输入、处理的经费。

② 软、硬件购置与维护经费。

③ 系统开发费用，包括设计、开发人员的工资。

④ 差旅费和消耗品费用。

经费是制约系统目标的主要因素之一。建设一个地理信息系统需要大量的投入。在中国当前情况下，争取足够的经费是相当困难的，因此在确定系统目标时，只能量体裁衣。如何在有限的经费条件下，设计出较高水平的 GIS 是一个非常重要的技术问题。这不仅要求 GIS 的设计人员具有娴熟的业务技能，也要求其具有企业家的管理能力。在领导决策部门对于 GIS 经费的保证和组织上予以支持的前提下，设计人员应当合理地计划开支，做好经费预算。在投入方面，国外的统计数字表明：用于 GIS 软件、硬件、建库的资金比例为 1:2:10。

当然，系统运行后会带来一定的收益，而且由于系统运行所显示的效果还可能引起新的投资兴趣，这些因素在确定系统目标时也应考虑在内。

2.3.4 财力状况

财力支持是关系到 GIS 成败的主要决定性因素。下面对用户财力状况进行分析，按照财力状况将用户分为三类。

1. 用户财力状况分析

（1）资金丰富。财力支持有充分保证，因此可以建立任何形式和规模的地理信息系统。

（2）资金有限。财力支持没有充分把握，需对设计中的 GIS 进行仔细论证。

（3）资金相当有限。对 GIS 的财政支持将是某种程度的冒险。

2. 用户类别

（1）1 类用户（豪华型用户）。对任何一个国家来说，都是只有军事部门才享有这种使用资金的至高无上的权利。

（2）2 类用户。大多数 GIS 用户认为自己属于 2 类用户，他们争取到的资金刚好满足设计中的 GIS 的最低标准。

（3）3 类用户。由于商业性的 GIS 系统费用很贵，许多用户特别是高等教育部门中的用户不得不把自己排在 3 类用户中。实际上也确实是这样，越是发达的国家越重视教育，而越不发达的国家越没有资金来发展教育。国家要考虑它的优先发展项目，学校也要为最有效地使用有限的经费而精打细算。

在确定 GIS 的发展计划时，首先要尽可能准确地确定任务要求，然后在预算范围内提出满足任务要求的可采用的硬件和软件，并提出一个经过充分论证的可行性报告，这有利于开展 GIS 的研制和应用。

2.3.5 社会效益

社会效益分析指应用型 GIS 建立以后可能产生的社会效益预测。它包含两个方面的内容：

社会经济效益和科学技术效益。社会经济效益主要是指投入与产出的比率；科学技术效益是指在科学和技术上达到的水平以及对社会产生的影响。效益分析应当本着实事求是的原则，对GIS产品所带来的社会经济效益和科学技术效益进行合理的预测。

现以国外早期某地理信息系统的设计为例，说明可行性分析的内容和工作。为进行可行性分析，该系统先后两次进行了原始数据的调研和经济效益的比较分析。通过对原始数据的调研，估算出可供输入系统的地图数量达到1600~3000幅，如表2.4所示。

表2.4　某地理信息系统图幅数据调研表（单位：幅）

地图内容	调研时间	
	1963年	1965年
农　业	135~400①	135~400①
森　林	200	200
野生生物	135~150	135~150
娱　乐	135~150	135~150
人口统计	500②	500②
气　候	2~14③	2~14③
土地利用	400~500	1200~1500②
估计总数	1600~1700	2500~3000

注：① 指比例尺为1:50 000~1:250 000的地图；② 指比例尺为1:50 000~1:500 000的地图；
③ 指比例尺为1:2 000 000的地图；无标注者均为比例尺大于1:50 000的地图。

这些地图主要来自土地调查局、国家统计局、某些地理研究所、能源矿产和资源部门。不仅有地图资料、统计资料，还有可直接输入计算机的人口统计磁带。

为了对计算机系统进行经济可行性分析，分别采用了三种不同的方法，测试在70万平方千米面积内由两种基本要素得出的30项统计数据所需要的费用、时间和人力，如表2.5所示。证明了计算机地图量算和分析方法大大优于手工方法，而且原始数据经过编码，可以供进一步处理和分析应用。通过分析，估算出建立该系统的数据所需要的时间大约为2年，如表2.6所示，系统每年的经费投资为50万美元，总投资大约为100万美元。

表2.5　地理信息系统设计经济可行性分析表

测试方法	费用（美元）	人工（人）
在1:250 000地图上进行手工地图量算	879 292	58
在1:50 000地图上进行手工地图量算	8 414 145	556
在1:50 000地图上进行计算机地图量算	1 112 202	13~27

表2.6　地理信息系统设计时间估算表

来　源	图幅数量	比例尺	完成年限	速　度
1963年技术可行性报告	1600~1700	大比例尺	2年	1000幅/年
1965年经济可行性报告	2500~3000	大比例尺	3年	1200幅/年
1966年GIS项目讨论	22 000	1: 50 000	5年	4400幅/年
1971年地图生产估计	2365	1: 250 000	2年	50幅/年
1973年加拿大环境部	2420	1: 250 000	—	60~70幅/月

2.3.6 支持程度

支持程度主要包括：用户支持程度；部门管理者、工作人员对建立 GIS 的支持情况；人力支持状况，包括有多少人力可用于 GIS 系统，其中有多少人员需要培训等；财力支持情况，包括组织部门所能给予的当前投资额及将来维护 GIS 的逐年投资额等。

2.3.7 进度预测

地理信息系统的建设是一项复杂的系统工程，一般需要较长的时间。但是如果将系统建设时间规定得很长，不易为领导和用户所理解和接受。因此建设时间也就成了影响系统目标的一个因素。对于大的系统，只能考虑分阶段实施的方案。

2.4 系统分析的工具

需求分析是系统分析的基础，对需求调查结果的分析，需要利用统一的、直观的表达方法和表达工具对系统需求分析结果进行描述。面向 GIS 数据流而进行的需求分析过程一般采用 GIS 数据流程图来模拟 GIS 数据处理过程。数据字典是数据流图中用来严格定义要素的工具。

2.4.1 数据流程图

数据流程图（Data Flow Diagram，DFD）是系统分析的重要工具，也是结构化系统分析方法中重要的模拟工具。它的作用有两点：一是给出了系统整体的概念，二是划分子系统的边界。数据流程图描述了数据流动、存储、处理的逻辑关系，也称为逻辑数据流程图。

1. 数据流程图的基本组成

系统部件包括系统的外部实体、处理过程、数据存储和系统中的数据流 4 个组成部分，如图 2.2 所示。系统分析时用数据流程图来模拟这些部件及其相互关系。数据流程图中用特定的符号来表示这些部件。

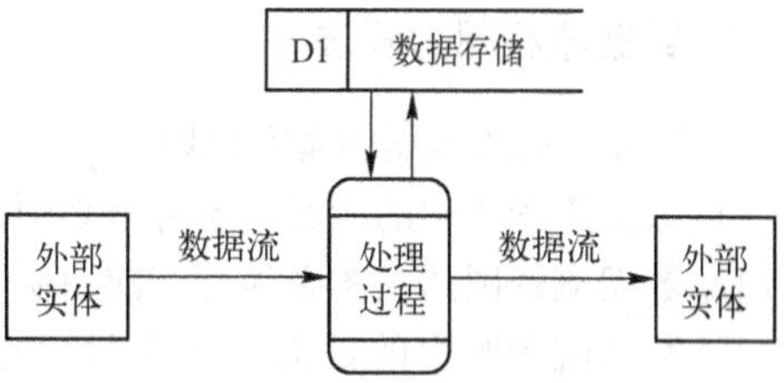

图 2.2　数据流程图基本组成

（1）外部实体

外部实体是指系统以外但又和系统有联系的人或事物，它说明了数据的外部来源和去处，属于系统的外部和系统的界面。例如，用户单位中的其他用户或与系统有关的其他人员属于外部实体。外部实体是支持系统数据输入或数据输出的实体，支持系统数据输入的实体称为源点，支持系统数据输出的实体称为终点。需要指出的是，在数据流程图的最高层上，所有的源点和终点都是构成系统环境的因素。通常，外部实体在数据流程图中用正方形框表示，框中写上外部实体的名称。为了区分不同的外部实体，可以在正方形的左上角用一个字符表示，同一外部实体可在一张数据流程图中出现多次，这时在该外部实体符号的右下角画上小斜线表示重复，如图 2.3 所示。

（2）处理过程

处理是指对数据的逻辑处理，也就是数据变换，它用来改变数据值。低层处理是单个数据上的简单操作，而高层处理可扩展成一张完整的数据流程图。例如，数据分析是一系列系统流动，即一系列系统处理的集合。而每种处理又包括数据输入、数据处理和数据输出等部分。在数据流程图中，处理过程用带圆角的长方形表示，长方形分 3 个部分，如图 2.4 所示，标识部分用来标识一个功能，功能描述部分是必不可少的，功能执行部分表示功能由谁来完成。

（3）数据流

数据流是指处理功能的输入或输出。它用来表示数据流值，但不能用来改变数据值。数据流是模拟系统数据在系统中传递过程的工具。在数据流程图中，数据流用一个水平箭头或垂直箭头表示，箭头指出数据的流动方向，箭头线旁注明数据流名。

（4）数据存储

数据存储表示数据保存的地方，它用来存储数据。系统处理从数据存储中提取的数据，也将处理的数据返回数据存储。与数据流不同的是，数据存储本身不产生任何操作，它仅仅响应存储和访问数据的要求。在数据流程图中，数据存储用右边开口的长方条表示，在长方条内写上数据存储名字。为了区别和引用方便，数据存储左端加一个小格，其中再加上一个标识，由字母 D 和数字组成，如图 2.5 所示。

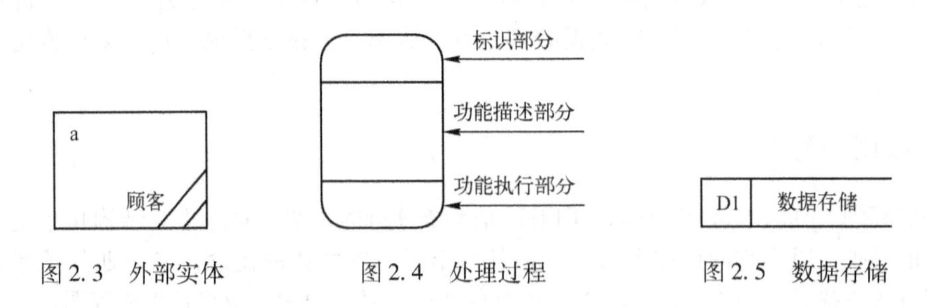

图 2.3　外部实体　　图 2.4　处理过程　　图 2.5　数据存储

2. 数据流程图的画法

（1）画数据流程图的基本原则

① 数据流程图中的所有图形符号必须是前面所述的 4 种基本元素之一。

② 数据流程图的主图必须含有前面所述的 4 种基本元素，缺一不可。

③ 数据流程图中的数据流必须封闭在外部实体之间，外部实体可以是一个，也可以是多个。

④ 处理过程至少有一个输入数据流和一个输出数据流。

⑤ 任何一个数据流子图必须与其父图上的一个处理过程相对应，两者的输入数据流和输出数据流必须一致，即所谓“平衡”。

⑥ 数据流程图上的每个元素都必须有名字。

（2）画数据流程图的基本步骤

总的来说，在了解系统要求的前提下，从当前系统（人工系统）出发，由外往内，自顶向下，对当前系统进行描述，然后再按照系统的目标要求逐步修正，使其功能完善化、处理精细化，大致可分为以下 7 个步骤。

① 把一个系统视为一个整体功能，明确信息的输入和输出。

② 找到系统的外部实体。一旦找到外部实体，系统与外部世界的界面就可以确定下来，系统的数据流的源点和终点也就找到了。

③ 找出外部实体的输入数据流和输出数据流。

④ 在图的边上画出系统的外部实体。

⑤ 从外部实体的输入流（源）出发，按照系统的逻辑需要，逐步画出一系列逻辑处理过程，直至找到外部实体处理所需的输出流，形成数据流的封闭。

⑥ 将系统内部数据处理分别视为整体功能，其内部又有信息的处理、传递、存储过程。

⑦ 如此一级一级地剖析，直到所有处理步骤都很具体为止。

（3）画数据流程图的注意事项

① 关于层次的划分

逐层扩展数据流程图，是对上一层图中某些处理框加以分解。随着处理的分解，功能越来越具体，数据存储、数据流越来越多。究竟怎样划分层次，划分到什么程度，没有绝对标准，一般认为展开的层次与管理层次一致，也可以划分得更细。处理框的分解要自然，注意功能完整性，一个处理框经过展开，一般以分解为 4 ~ 10 个处理框为宜。

② 检查数据流程图

对一个系统的理解，不可能一开始就完美无缺，开始分析一个系统时，尽管对问题的理解有不正确、不确切的地方，但还是应该根据自己的理解，用数据流程图表达出来，进行核对，逐步修改，获得较为完美的图纸。

③ 提高数据流程图的易理解性

数据流程图是系统分析员调查业务过程、与用户交换思想的工具。因此，数据流程图应简明易懂。这也有利于后面的设计，有利于对系统说明书进行维护。

2.4.2 数据字典

数据流程图中对所有的图形元素进行了命名。这些名字是一些属性和内容抽象的概括，没有直接参加定义的人对每个名字可能有不同的理解。在开发一个大型软件项目时，如果对数据流程图上的命名有不同理解，将给以后的开发与维护工作带来困难。为此，还需要其他工具对数据流程图加以补充说明，数据字典就是这样的工具之一。

数据字典是各类数据描述的集合。对数据库设计来讲，数据字典是进行详细的数据收集和数据分析所获得的主要结果，因此在数据库设计中占有很重要的地位。

一个好的数据字典是一个数据标准规范，可以使数据库的开发者依此来实施数据库的建设、维护和更新，从而减低数据库的冗余度并增强整个数据库的完整性。

1. 数据字典内容

数据字典通常包括数据元素、数据结构、数据流、数据存储和处理过程 5 个部分。其中数据元素是数据的最小组成单位，若干个数据元素可以组成一个数据结构，数据字典通过对数据元素和数据结构的定义来描述数据流、数据存储的逻辑内容。

（1）数据元素

数据元素是最小的数据组成单位，也是不可再分的数据单位，对数据元素的描述通常包括数据元素名、别名、数据类型、长度、取值范围、取值含义。

（2）数据结构

数据结构反映了数据之间的组合关系。一个数据结构可以由若干个数据元素组成，也可以由若干个数据结构组成，或由若干个数据元素和数据结构混合组成。对数据结构的描述通常包括数据结构名、说明和结构，其中，结构包括若干个数据元素或数据结构。

（3）数据流

数据流是数据结构在系统内传输的路径。对数据流的描述通常包括数据流名、说明、数据流来源、数据流去处、数据流组成、平均流量、高峰期流量。其中，数据流组成指数据流所包含的数据结构。一个数据流可包含一个或多个数据结构。

（4）数据存储

数据存储是数据结构停留或保存的地方，也是数据流的来源和去向之一。对数据存储的描述通常包括数据存储名、说明、编号、流入的数据流、流出的数据流、组成、数据量、存取方式。其中，数据量是指每次存取多少数据、每天（或每小时、每周等）存取几次等信息。存取方法包括：是批处理还是联机处理；是检索还是更新；是顺序检索还是随机检索等。另外，流入的数据流要指出其来源，流出的数据流要指出其去向，组成指数据存储所包含的数据结构。

（5）处理过程

一般来说，只要对数据流程图中不再分解的处理过程进行说明就可以了，数据字典中只需要描述处理过程的说明性信息，这些信息通常包括处理过程名、编号、简要说明、输入、输出、处理。其中，简要说明主要说明该处理过程的功能及处理要求，功能是指该处理过程用来做什么（而不是怎么做）。处理要求包括处理频度要求，如单位时间里处理多少事务，多少数据量，以及响应时间要求等。这些处理要求是后面物理设计的输入及性能评价的标准。

（6）外部实体

外部实体是数据的来源和去向。在数据字典中，对外部实体的定义包括外部实体名称、说明、输出数据流、输入数据流、外部实体的数量。

2. 数据字典的功能和用途

数据字典的功能可以表现在以下几个方面：

（1）给管理者和用户提供可利用数据的线索。

（2）为系统分析人员提供数据是否存在的信息。

（3）为编程工作提供数据格式及数据位置。

例如，MapGIS 系统的数据字典有以下功能：

（1）数据标准化的出发点。

（2）辅助应用程序设计。

（3）辅助数据库设计。

（4）加强对数据的了解。

（5）消除冗余数据。

（6）改善数据的完整性。

数据字典的用途是多方面的，它在数据的整个生命周期里都起着重要的作用。具体可归纳为以下几点：

（1）在系统分析阶段，数据字典用来定义数据流程图中各个成分的属性与含义。

（2）在设计阶段，数据字典提供一套工具以维护对系统设计说明的控制，保证设计人员在早期阶段所确定的需求与实现阶段一致。

（3）在实现阶段，提供元数据描述（数据的数据）的生成能力。

（4）在调试阶段，辅助产生测试数据，提供数据检查的能力。

（5）在运行和维护阶段，可帮助数据库的重新组织和重新构造。

（6）在使用阶段，可以作为“用户手册”。

习题

1. 地理信息系统需求分析和可行性分析应考虑哪些因素？各有何实际影响？
2. 何谓“数据字典”？它有何作用？
3. 系统分析的要求是什么？
4. 试述数据流程图的基本组成及画法。

第3章　GIS总体设计

在深入需求分析和可行性研究之后，需要进行GIS的总体方案设计。系统的总体方案设计是系统建设中最重要的总控文件，在进行总体设计时，务必坚持系统工程的设计思想和方法，把握方向，在重大问题上给予定性考虑，着重确定原则，避免过早陷入细节问题而忽略总揽全局的问题。

系统总体设计的目的是回答“系统应如何实现”这一问题，其主要任务是划分出各物理元素的构成、联系及其定义描述，并且根据系统确定的应用目标，配置适当模型和一定数量的硬件、软件，确定计算机的运行环境。当系统的运行环境确定以后，根据应用模型和应用目的设计GIS数据库的数据模型，并根据系统的数据模型、应用和分析模型、数据处理模型等，对数据的标准和质量要求等做出相应的定义和规定。

3.1　系统设计目标

GIS是一个实施面和受益面广、应用性强的空间信息系统。要实现一个结构完整、功能齐全、技术先进、适合行业管理特点、实用性好的信息系统，必须经过较长时间的努力。因此，科学合理地确定系统的建设目标是非常必要的。

3.1.1　确定目标的原则

系统的目标是概括全局，决定全面的东西。只有在充分掌握了各种有关的信息并进行综合分析比较后，才能正确地确定系统的目标。对地理信息系统而言，无论是从信息存储量上还是从功能划分上都包含着广大的范围。从数据看，其范围可以大到一个现代化大城市或一个地区甚至国家的综合信息系统，小到某个专业部门的管理与维护信息系统；从功能上看，也有一个延伸到两个极端的连续范围，即从完全不具备辅助决策功能到非常强调辅助决策功能之间的广阔范围。

因此，在这样一种广泛的可能性中，要确定比较适宜的系统目标，就需要首先确定目标原则。当前，在确定GIS软件目标时，通常遵循以下原则。

1. 针对性

系统的目标应以提高信息管理的效率，提高信息质量，为决策者提供及时、准确、有效的信息，向社会提供所需信息为出发点。对具体的专业应用要有具体的设计目标。例如，对城市环境信息系统，除考虑完成日常城市环境规划、管理、决策等工作的数据处理之外，还应能对污染源及环境质量的现状进行评价和预测等，此外，还应能利用航天和航空遥感数据等。

2. 实用性

根据我国现行地理信息系统发展状况，大多数单位（或城市、地区）都难以在短期内建成一个完善的系统，为充分发挥系统的经济效益和社会效益，应注重实用性。初期建设重点在数据建库、处理与查询等工作上。所谓实用系统，是指不仅要考虑诸如算法设计、软件开发、模型建立等方面的方法和手段，而且还要考虑大量数据的存储、维护与更新的方法。系统的生命周期应该包括系统的运行与维护阶段，是一个相当长的时期，而不是仅到系统建成之日为止的相对短的时期。

3. 预见性

要充分考虑国家对有关专业管理的政策、方针和立法以及当今信息技术的快速发展，在系统功能设置时应留有发展余地和良好的接口。系统的功能、系统管理的数据、系统的应用领域以及硬软件均应可扩展，尽量建成一个可扩展的系统。

4. 先进性

要考虑计算机及外设、基础软件的新版本、新的操作系统等先进设备、先进技术的应用。

3.1.2 具体目标确定

一个完善的 GIS 的建立需要较长的时间，通常持续几年的项目并不少见，为使系统能尽早地发挥其社会和经济效益，可以分阶段设立系统的近期目标和远期目标。应该说明，不同的行业、不同的要求以及不同的条件，对选择的系统目标肯定也是不同的。这里拟通过一个例子说明选择近期目标和远期目标的考虑因素和角度。

某土地管理部门拟建立土地信息系统，经过调查研究后决定其系统建设的目标可分为近期目标和中远期目标。

1. 近期目标

建成一个以土地信息的规范化管理为基础，以信息的存储、管理、查询与分析为基本功能，为各级土地管理部门的管理工作服务的计算机网络系统，实现土地信息的手工作业管理向计算机管理的转换。具体目标如下：

（1）土地信息管理的标准化和规范化，包括制定土地信息的指标体系、分类编码体系，调整信息收集渠道和采集方式。

（2）建立各级土地管理的共享数据库。

（3）建立各行业的专业分析模型。

（4）连网形成分布式土地信息系统。

（5）实现对土地利用现状变化的动态监测。

2. 中远期目标

系统建设采用先进的技术，进行更广泛、更快捷的信息采集，对土地信息资源进行深度利用，为土地规划、计划和决策支持服务。

（1）扩展和完善土地信息系统的网络化，建成对土地资源实施动态监测的业务运行系统。

（2）建立和完善基础数据库、专题数据库、方法库和模型库。

（3）建立面向土地全程管理的决策支持业务系统。

最后形成一个高度协调化、信息交流网络化和信息分析智能化的系统。

3.2 总体设计原则

系统总体设计应当根据系统工程的设计思想，使应用 GIS 系统满足科学化、合理化、经济化的总体要求。一般应遵循以下基本原则。

（1）完备性

完备性主要是指系统功能的齐全、完备。一般的应用型 GIS 都具备数据采集、管理、处理、查询、编辑、显示、绘图、转换、分析、输出等功能。

（2）标准化

系统的标准化有两层含义：一是指系统设计应符合 GIS 的基本要求和标准；二是指数据类型、编码、图式符号应符合现有的国家标准和行业规范。

（3）系统性

属性数据库管理子系统、图形数据库管理子系统及应用模型子系统必须有机地结合为一体，各种参数可以互相进行传输。

（4）兼容性

数据具有可交换性，选择标准的数据格式和设计合适的数据格式变换软件，实现与不同的 GIS、CAD、各类数据库之间的数据共享。

（5）通用性

系统必须能够在不同范围内推广使用，不受区域限制。

（6）可靠性

系统的可靠性包括两个方面：一是系统运行的安全性；二是数据精度的可靠性和符号内容的完整性。

（7）实用性

系统数据组织灵活，可以满足不同应用分析的需求。系统真正做到能够解决用户所关心的问题，为生产实践、科研教学服务。

（8）可扩充性

考虑到应用型 GIS 发展，系统设计时应采用模块化结构设计，模块的独立性强，模块增加、减少或修改均对整个系统影响很小，便于对系统进行改进和扩充，使系统处于不断完善的过程中。

3.3 体系结构设计

GIS 的体系架构发展大概经过了三个阶段，如图 3.1 所示。第一个阶段是面向过程的架构技术，即 POA 技术阶段，称为个体经济阶段。第二个阶段是面向系统的架构体系，即 EOA 技术阶段，称为计划经济阶段，该阶段面向系统，面面俱到，所有东西都管起来。例如，高校就是一个小系统，在计划经济时期，该系统什么都有，如食堂、幼儿园、医院、车队等，怎会办得好呢？目前大多数系统是面向系统这种架构技术的，所以到了难以支撑的地步，唯一的出路是使用面向服务的架构技术。所以说面向系统的架构体系阶段是非常形象

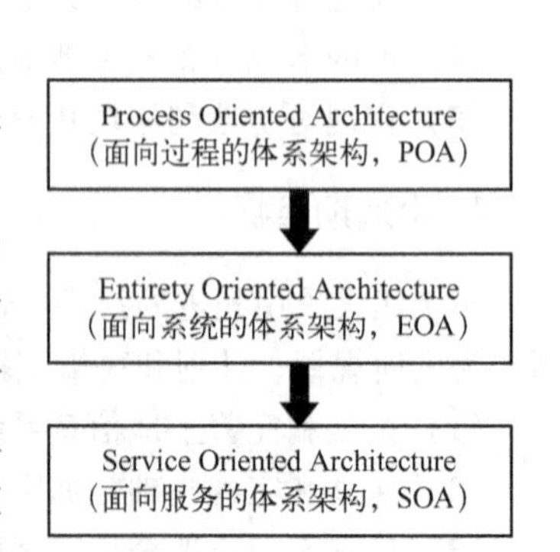

图 3.1　体系结构发展图

的计划经济阶段。第三个阶段是面向服务的SOA技术，称为市场经济。谁做得好，谁提供服务，这就是市场经济。

3.3.1 面向过程的体系结构

面向过程的体系结构图如图3.2所示。在这个阶段，正是微机高速发展的时期。GIS软件平台具备了理论上的基本功能，属性管理和空间分析功能齐全，但没有管理网络数据的能力，多个用户只能通过文件形式实现数据共享。

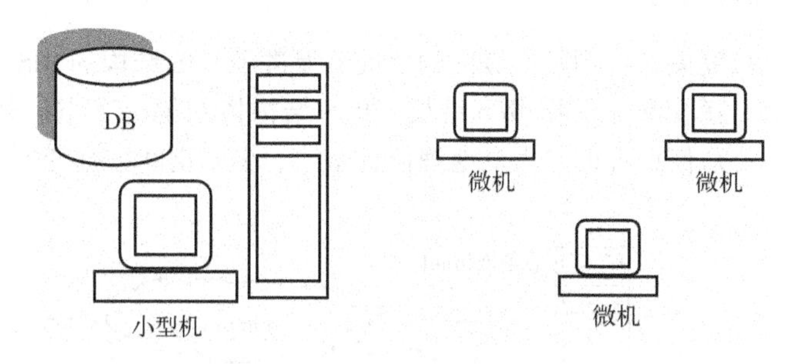

图3.2 面向过程的体系结构图

在这种架构下，只能采用面向业务的设计思想及过程化、结构化的程序设计技术，且资源不能共享，不能协同工作。

3.3.2 面向系统的体系结构

这种体系结构在具体实施时又分为Client/Server（客户－服务器，简写为C/S）结构和Brower/Server（浏览器－服务器，简写为B/S）、C/S混合结构两种。

1. C/S结构

由于网络技术的发展，特别是局域网的发展，促进了客户－服务器结构的GIS平台的发展，其体系结构图如图3.3所示。在这个阶段，GIS软件平台具有管理网络空间数据和属性数据的能力，具备多用户并发访问数据的能力，包括并发查询、并发修改。所有数据集中在一台数据库服务器中，所有客户直接连接到服务器。

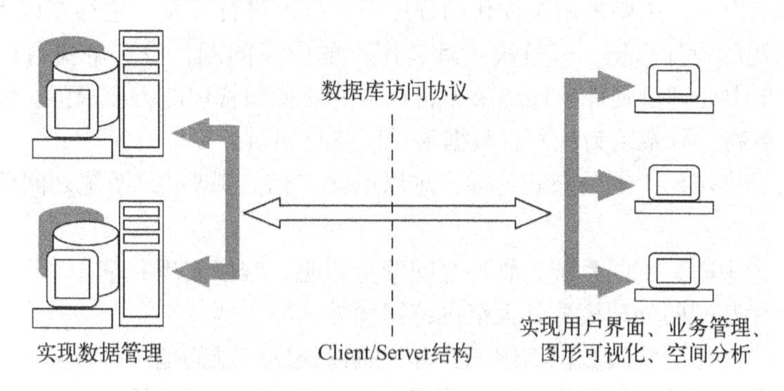

图3.3 面向系统的体系结构图（C/S结构）

在这种体系结构下，主要采用面向对象的程序设计技术进行开发，因而存在以下问题。

（1）数据集中，脱离了数据的生产、维护和应用部门具有地理分布的现实，不利于数据的及时更新和维护。

（2）所有客户连接到一台服务器上，极容易形成网络阻塞和服务器事务阻塞。对物理网络的通信能力和服务器的性能要求很高，且系统性能随访问量的变化而变化，性能很不稳定。

（3）只能在局域网内，不能适应 Internet 环境，不具备基于 Web 的集成能力。不能通过 Web 把用户的各种业务和办公自动化等与 GIS 进行有效集成。

2. B/S、C/S 混合结构

网络技术的进一步发展，特别是广域网的发展，促进了 B/S 结构的 GIS 平台的发展，其体系结构如图 3.4 所示。互联网上使用 B/S 结构，B/S 结构体系解决了空间数据的远程应用问题，便于数据发布、公众信息查询、大众地理信息系统、少量空间数据变更等。

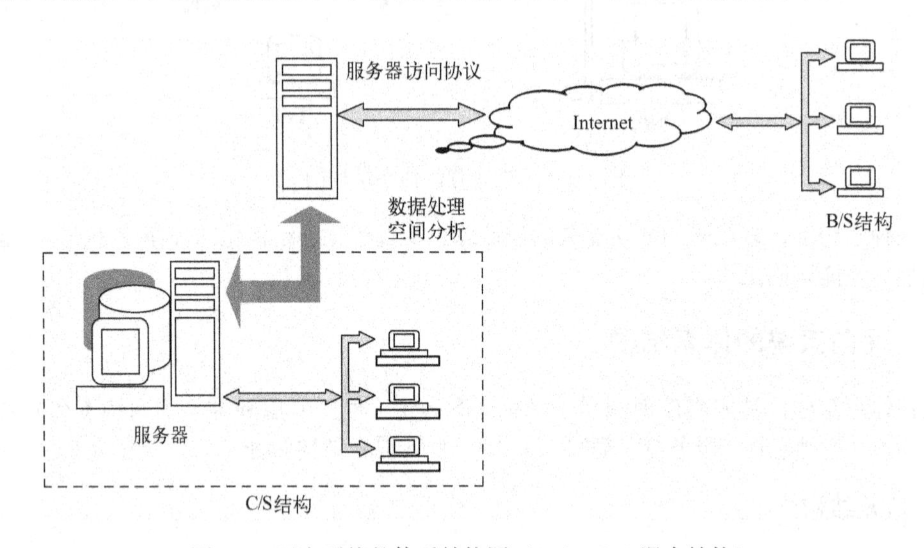

图 3.4　面向系统的体系结构图（B/S、C/S 混合结构）

局域网上使用 C/S 结构，便于数据建库、数据维护、空间数据可视化交互编辑、大量数据更新。

在这种体系结构下，主要采用组件化的程序设计技术进行开发，它存在以下问题。

（1）面向系统的设计思想，只解决了远程用户的应用问题，没有解决数据集中更新、维护的困难问题。集中处理对硬件条件要求高，对系统处理和管理能力要求强。特别是用户量大时，对系统要求更高。以系统为核心，数据移动网络负担重。

（2）不能实现广域网上的分布式处理，难以消除“信息孤岛”，系统之间信息不通，不能共享。

（3）以系统为中心，不同系统、软件之间壁垒分明，难以实现共享。

（4）以图层为基础的处理模式，大范围跨图幅处理能力弱。

（5）基本上是二维的空间数据组织和管理，难以处理三维问题。

（6）静态、单时相的空间数据组织和管理，限制了动态分析决策。

（7）空间数据尺度割裂，单一比例尺数据处理。

（8）组件化程序设计技术对程序员要求高，不利于开发。

3.3.3 面向服务的体系结构

1. SOA 的组成

（1）SOA 的体系结构

SOA（面向服务的体系结构，Service Oriented Architecture）是一个组件模型，它可将应用程序的不同功能单元（称为服务）通过这些服务之间定义良好的接口和契约联系起来。接口是采用中立的方式进行定义的，它应该独立于实现服务的硬件平台、操作系统和编程语言。这使得构建在各种这样的系统中的服务可以以一种统一和通用的方式进行交互。这种具有中立的接口定义（没有强制绑定到特定的实现上）的特征称为服务之间的松耦合。松耦合使系统可以更好地适应业务的需要而灵活变化。

面向服务的体系结构提供了一种方法，通过这种方法，可以构建分布式系统来将应用程序功能作为服务提供给终端用户应用程序或其他服务。其组成元素可以分成功能元素和服务质量元素。图 3.5 展示了体系结构堆栈以及在一个面向服务的体系结构中可能观察到的元素。

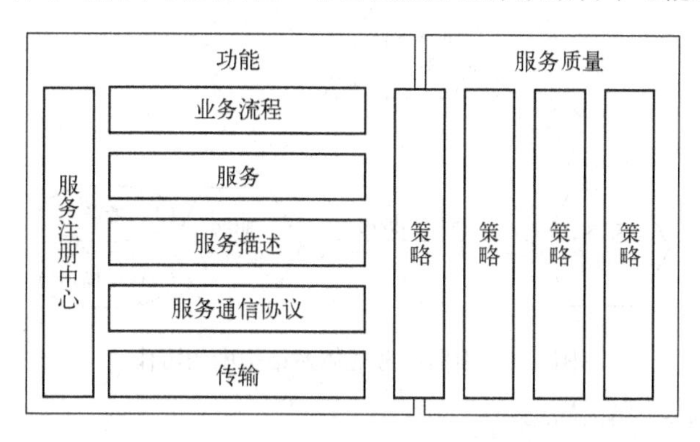

图 3.5　SOA 的体系结构元素

体系结构堆栈分成两部分，左边的部分集中于体系结构的功能性方面，而右边的部分集中于体系结构的服务质量方面。这些元素详细描述如下。

1）功能性方面

① 传输是一种机制，用于将来自服务使用者的服务请求传送给服务提供者，并且将来自服务提供者的响应传送给服务使用者。

② 服务通信协议是一种经过协商的机制，通过这种机制，服务提供者和服务使用者可以就将要请求的内容和将要返回的内容进行沟通。

③ 服务描述是一种经过协商的模式，用于描述服务是什么、应该如何调用服务以及成功地调用服务需要什么数据。

④ 服务是实际可供使用的服务。

⑤ 业务流程是一个服务的集合，可以按照特定的顺序并使用一组特定的规则进行调用，以满足业务要求。注意，可以将业务流程本身看作服务，这样就产生了业务流程可以由不同粒度的服务组成的观念。

⑥ 服务注册中心是一个服务和数据描述的存储库，服务提供者可以通过服务注册中心发布它们的服务，而服务使用者可以通过服务注册中心发现或查找可用的服务。服务注册中心可以给需要集中式存储库的服务提供其他的功能。

2）服务质量方面

① 策略是一组条件和规则，在这些条件和规则之下，服务提供者可以使服务可用于使用者。策略既有功能性方面，也有与服务质量有关的方面，因此在功能和服务质量两个区中都有策略功能。

② 安全性是规则集，可以应用于调用服务的服务使用者的身份验证、授权和访问控制。

③ 传输是属性集，可以应用于一组服务，以提供一致的结果。例如，如果要使用一组服务来完成一项业务功能，则所有的服务必须都完成，或者没有一个完成。

④ 管理是属性集，可以应用于管理提供的服务或使用的服务。

（2）SOA的协作

图3.6所示为面向服务的体系结构中的协作（即运行机制）。这些协作遵循“查找、绑定和调用”范例，其中，服务使用者执行动态服务定位，方法是查询服务注册中心来查找与其标准匹配的服务。如果服务存在，注册中心就给使用者提供接口契约和服务的端点地址。

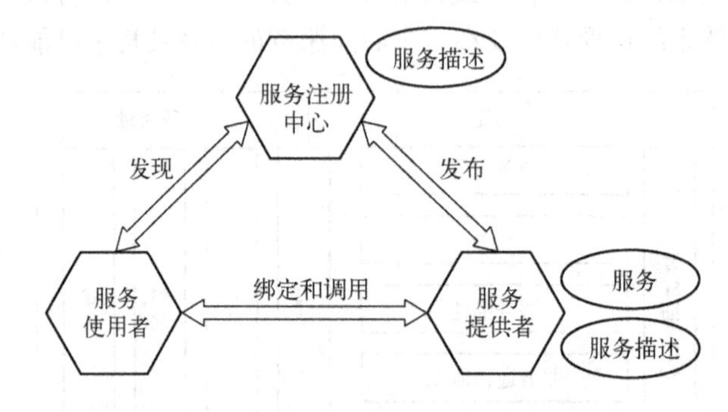

图3.6　面向服务的体系结构中的协作

1）面向服务的体系结构中的角色

① 服务使用者（Service Consumer）：服务使用者是一个应用程序、一个软件模块或需要一个服务的另一个服务。它发起对注册中心中的服务的查询，通过传输绑定服务，并且执行服务功能。服务使用者根据接口契约来执行服务。

② 服务提供者（Service Provider）：服务提供者是一个可通过网络寻址的实体，它接收和执行来自使用者的请求。它将自己的服务和接口契约发布到服务注册中心，以便服务使用者可以发现和访问该服务。

③ 服务注册中心（Service Registry）：服务注册中心是服务发现的支持者。它包含一个可用服务的存储库，并允许感兴趣的服务使用者查找服务提供者接口。

面向服务的体系结构中的每个实体都扮演着服务提供者、使用者和注册中心这三种角色中的某一种（或多种）。

2）面向服务的体系结构中的操作

① 发布（Publish）：为了使服务可访问，需要发布服务描述以使服务使用者可以发现和调用它。

② 发现（Find）：服务使用者定位服务，方法是查询服务注册中心来找到满足其标准的服务。

③ 绑定和调用（Bind and Invoke）：在检索完服务描述之后，服务使用者继续根据服务描述中的信息来调用服务。

3）面向服务的体系结构中的构件

① 服务：可以通过已发布接口使用服务，并且允许服务使用者调用服务。

② 服务描述：服务描述指定服务使用者与服务提供者交互的方式。它指定来自服务的请求和响应的格式。服务描述可以指定一组前提条件、后置条件和服务质量（Quality of Services，QoS）级别。

2. SOA 的优点

SOA 架构是一个悬浮倒挂式平台架构，理论上可允许无数厂商独立提供它们的功能，它与传统的奠基式向上支撑的平台架构有本质的区别。奠基式向上支撑的平台架构是一种紧耦合的面向系统的体系架构，也称为钢性架构，这种架构是十分脆弱的，也就是说，在这种体系架构下开发的系统不牢固，同时容易形成信息孤岛；即使是统一平台开发出的系统之间也只能做到数据共享而功能不能共享。悬浮倒挂式平台架构是一种松耦合的、面向服务的体系架构，也称为柔性架构，这种架构是十分坚韧的，也就是说，在这种体系架构下开发的系统牢固可靠的，同时也是绝对可做到数据、功能共享。

SOA 优点具体介绍如下。

（1）编码灵活性

可基于模块化的低层服务、采用不同组合方式创建高层服务，从而实现重用，这些都体现了编码的灵活性。此外，由于服务使用者不直接访问服务提供者，这种服务实现方式本身也可以灵活使用。

（2）明确开发人员角色

例如，熟悉 BES（Bucode Enterprise Solution）的开发人员可以集中精力在重用访问层上，协调层开发人员则无须特别了解 BES 的实现，而将精力放在解决高价值的业务问题上。

（3）支持多种客户类型

借助精确定义的服务接口和对 XML、Web 服务标准的支持，可以支持多种客户类型，包括 PDA、手机等新型访问渠道。

（4）更易于集成和管理

在面向服务的体系结构中，集成点是规范而不是实现，这提供了实现的透明性，并将因为基础设施和实现发生的改变带来的影响降到最低限度。通过提供针对基于完全不同的系统构建的服务规范，使应用集成变得更加易于管理。特别是当多个企业一起协作时，这会变得更加重要。

（5）更易维护

服务提供者和服务使用者的松散耦合关系及对开放标准的采用确保了该特性的实现。

（6）更好的伸缩性

依靠服务设计、开发和部署所采用的架构模型实现伸缩性。服务提供者可以彼此独立调整，以满足服务需求。

（7）降低风险

利用现有的组件和服务，可以缩短软件开发生命周期（包括收集需求、设计、开发和测试）。重用现有的组件降低了在创建新的业务服务的过程中带来的风险，同时也可以减少维护和管理支持服务的基础架构的负担。

（8）更高的可用性

该特性在服务提供者和服务使用者的松散耦合关系上得以体现。使用者无须了解提供者的实现细节，这样服务提供者就可以在 WebLogic 集群环境中灵活部署，使用者可以被转接到可用的例程上。

SOA 可以看作 B/S 模型、XML/Web Service 技术之后的自然延伸。SOA 将能够帮助开发者站在一个新的高度理解企业级架构中的各种组件的开发、部署形式，它将帮助企业系统架构者更迅速、更可靠、更具重用性地建立整个业务系统的架构。较之以往，采用 SOA 架构的系统能够更加从容地面对业务的急剧变化。

3.3.4 MapGIS 体系架构

MapGIS 采用面向 SOA 的多层体系结构示意图（见图 3.7），该多层结构提供了灵活的系统伸缩性，在数据服务层、Web 服务层、应用逻辑层以及表示层之间建立符合国际标准的访问接口；实际应用部署时，某个 Web 服务器可以调用多个应用服务器提供的功能；应用服务器可以是针对某个专题的专用服务器，也可以是针对主题或领域的集成服务器；应用服务器与不同的专题数据库服务器连接，根据应用逻辑获取、更新专题数据库中的数据，并完成相应的功能，其系统架构全局图如图 3.8 所示。

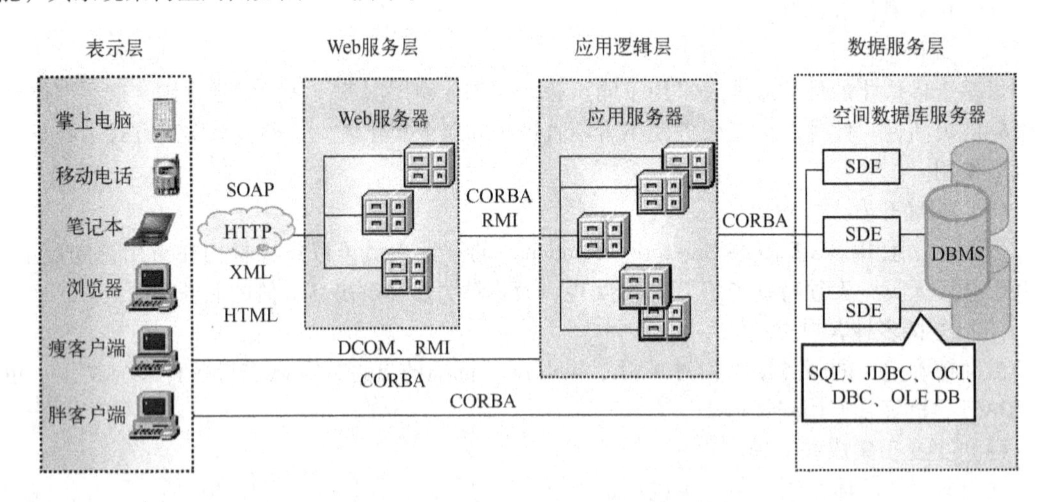

图 3.7 MapGIS 面向 SOA 的多层体系结构

1. 数据服务层

数据服务层由空间数据库引擎和大型商用数据库构成，在 DBMS 基础上建立空间数据库，用于建立空间数据库，存储、管理和维护各类数据，建立并维护空间、非空间索引。采用两种技术路线实现对空间数据的存储、管理、检索和维护，一种是通过扩展关系数据库存储过程，直接基于关系建立空间数据库；另一种是利用某些数据库提供的空间对象，建立空间数据库。空间数据库引擎负责建立适应海量数据存储管理的空间数据组织机制和空间索引机制，结构如图 3.9 所示。

数据服务层提供以下基础性的空间数据服务。

① 物理地存储各种专题数据，包括空间数据和非空间数据，如矢量地图、遥感影像、空间元数据、栅格、地理编码标准、空间信息可视化规范等。

② 维护空间数据的一致性。

③ 建立和维护低级空间索引以及非空间索引。

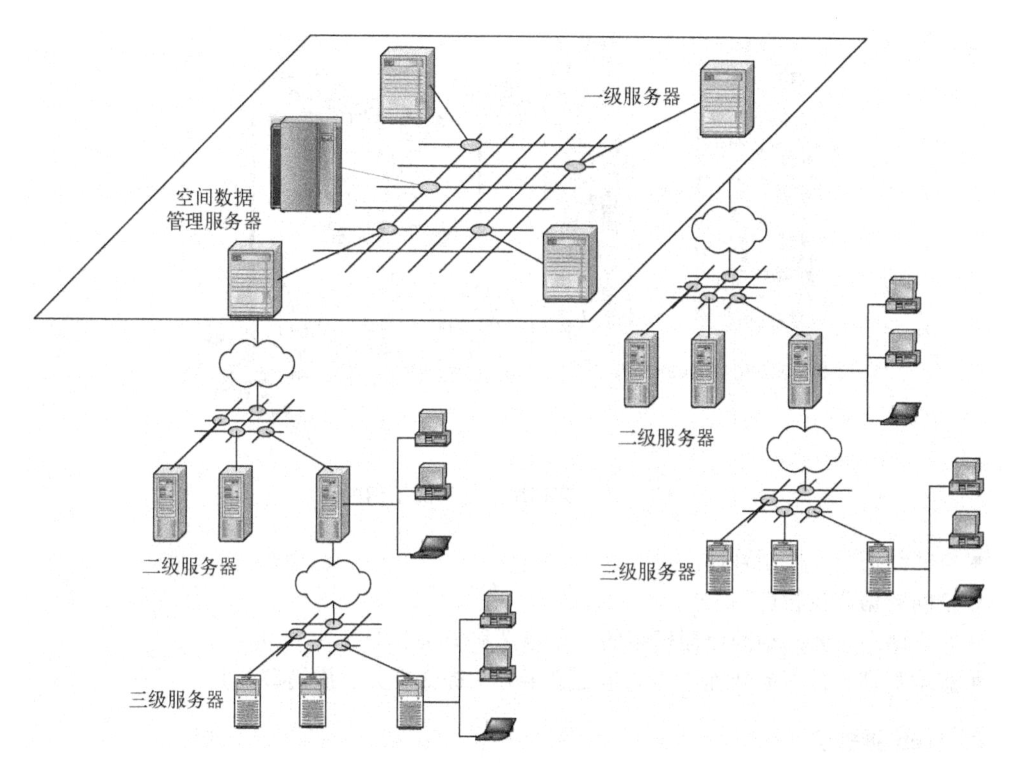

图 3.8　MapGIS 系统架构全局图

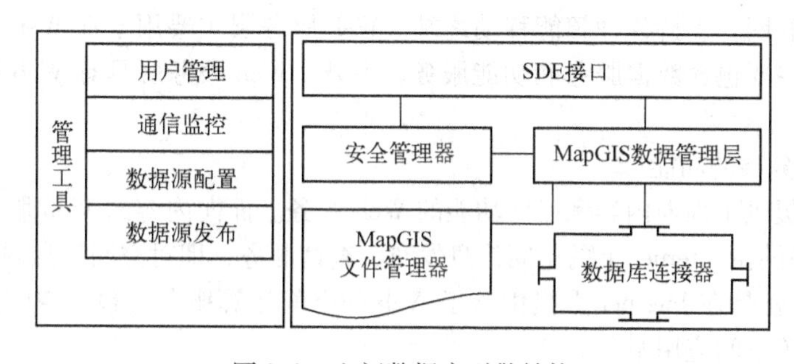

图 3.9　空间数据库引擎结构

④ 提供基于用户和角色的安全管理。

⑤ 接受保存和更新数据的请求，对数据进行基本检查，保存数据，返回结果。

⑥ 接收查询请求，抽取或裁剪数据，返回数据子集。

数据服务层按照图 3.10 所示的结构，建立下列对象，以提供相应的服务功能。

- 创建空间数据库。
- 空间数据对象管理（建立和维护空间数据对象字典等）。
- 空间数据索引管理（建立或删除空间索引）。
- 空间数据安全性管理（创建和管理空间数据登录、用户、角色等）。
- 空间数据权限管理（根据用户授权和根据对象授权）。
- 空间数据锁信息管理（对空间数据提供加锁和解锁，以及锁监控，锁的范围可以是单个图元、矩形范围、某些层或全部）。
- 空间数据备份/恢复管理。

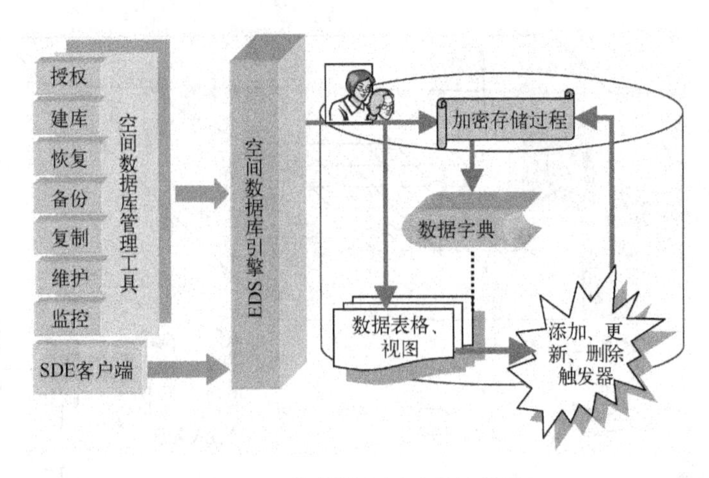

图 3.10 数据服务层功能结构图

- 空间数据同步复制管理。
- 空间数据监控管理。
- 基于面向实体的空间数据模型的对象定义和操作。
- 版本管理及长事务处理（显式地定义事务、提交事务、撤销事务）。

2. Web 服务层

Web 服务层提供开发与空间服务进行通信的 Web 页面和进行站点管理的工具；系统支持互联网和无线互联网，支持各种智能移动终端。Web 服务层主要用于在 Web 上提供 GIS 空间信息服务，服务主要包含数据服务和功能服务。另外，Web 服务层具有 Web 站点管理、负载均衡等功能。

（1）Web 服务层的功能

Web 服务层提供了面向内容和面向功能的 Web 服务。面向内容的 Web 服务就是通常所说的 WebGIS，它提供在 Internet 上的空间信息发布、查询服务，即对空间信息内容的查询。面向功能的 Web 服务就是在 Internet 上提供基于 Web 的空间运算服务，包括空间数据的存取、交换、分析、查询等空间应用服务。

1）面向内容的 Web 服务

主要包括基本的空间数据制作服务、查询分析服务等目前 WebGIS 所提供的功能，即在 Internet 上实现空间信息共享和发布。

新一代 GIS 应采用栅格和矢量等信息发布模式，以适应不同的应用需求，采用分布式组件技术和高效空间数据压缩还原技术解决服务器负载均衡并减少信息传输量，支持构建 B/S 业务应用和大用户量并发访问。

2）面向功能的 Web 服务

新一代 GIS 应提供基于 SOAP/XML 协议的分布式空间信息服务机制，对空间数据的查询、访问、制图、分析等都以服务的形式提供。具体应提供以下几个方面的 Web 服务功能。

- 通用数据访问服务（Common Data Access Services）。
- 查询服务（Query Services）。
- 空间分析服务（Spatial Analyze Services）。
- 制图服务（Render Services）。

● 投影转换服务（Projection Services）。
● 空间元数据发布服务（Spatial Metadata Publication Services）。
● 空间定位服务（Spatial Position Services）。

（2）Web服务层的软件模块结构

Web服务层的软件模块结构如图3.11所示，主要由Web服务接口、安全管理器、Web服务对象层、数据管理层、服务连接器和数据连接器组成。另外还包括用户管理、服务监控等管理工具。服务连接器用于连接Web服务器到应用服务器，数据连接器连接Web服务器到数据库。

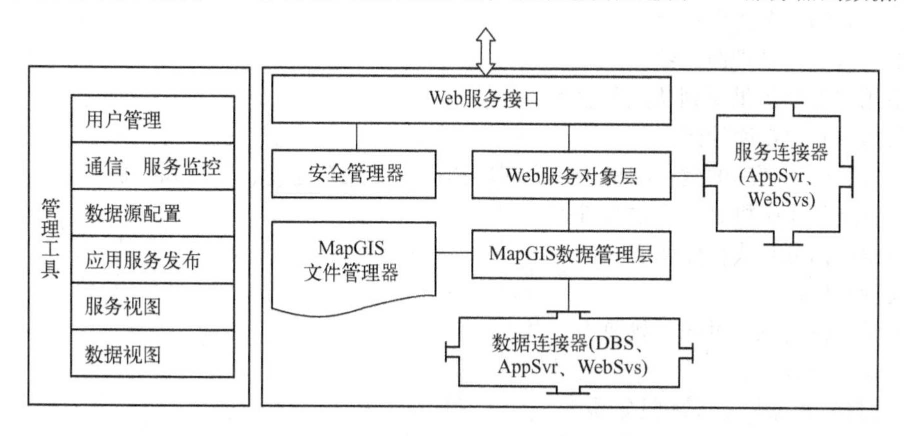

图3.11　Web服务层的软件模块结构图

数据库服务器、应用服务器与Web服务器使用相同的内核，具有相同的管理机制。

3. 应用逻辑层

应用逻辑层包括数据驱动层、数据管理层、核心功能层、概念层、接口层等更低的层次，提供了GIS应用处理的主要功能，包括：空间数据的管理与一致性维护、多源数据集成、叠加分析、网络分析等。

应用逻辑层由一到多个应用服务器组成，如多源（元）空间信息综合应用服务器、矢量数据处理服务器、栅格/影像数据处理服务器、数字高程模型应用服务器、空间元数据服务器、Z39.50服务器等。这些服务器根据实际应用情况，可分别部署在不同的物理服务器内，也可集中部署在同一个物理服务器内。应用逻辑层模块结构如图3.12所示。

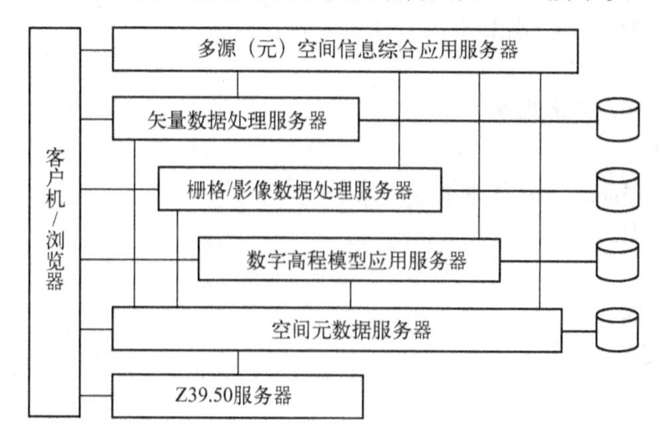

图3.12　应用逻辑层的模块结构

(1) 多源（元）空间信息综合应用服务器

该应用服务器提供下列功能和服务。

- 不同尺度、不同类型（矢量、影像、格网、数字高程模型）间空间实体数据一体化存储、管理和调度机制。
- 不同尺度空间实体数据互动、派生、更新。
- 不同类型空间数据（矢量、影像、格网、数字高程模型）间的互动更新、转换、分析、查询与融合。
- 综合应用分布式事务管理。

(2) 矢量数据处理服务器

该应用服务器提供下列功能和服务。

- 矢量空间数据库的建立。
- 矢量数据规则库的建立和维护，面向实体的空间关系建立、分析和维护。
- 高级空间索引机制的建立和维护。
- 矢量数据分布式存储调度。
- 矢量数据缓存。
- 矢量数据提取、过滤、裁剪。
- 矢量空间分析。

(3) 栅格/影像数据处理服务器

该应用服务器提供下列功能和服务。

- 栅格空间数据库的建立。
- 高级空间索引机制的建立和维护。
- 栅格数据分布式存储调度。
- 栅格数据缓存。
- 栅格数据建模与生产。
- 栅格数据空间分析。

(4) 数字高程模型应用服务器

该应用服务器提供下列功能和服务。

- TIN 模型的建立。
- GRD 模型的建立。
- 高级空间索引机制的建立和维护。
- 数字高程模型 TIN/GRD 分析。

(5) 空间元数据服务器

该服务器提供下列功能和服务。

- 元数据库管理。
- 元数据管理：存储、读取和查询。
- 元数据缓冲管理。
- 搜索引擎。
- 元数据模式管理。
- Z39.50 协议支持。

4. 表示层

表示层包括浏览器、瘦客户端、胖客户端、查询终端、Z39.50 客户端、掌上电脑、移动电话等形式的客户端。

浏览器、瘦客户机或胖客户机形式的表示层主要提供如下功能。

- 向应用逻辑层和 Web 服务层发送服务请求。
- 接收应用逻辑层和 Web 服务层返回的结果数据集合。
- 将应用逻辑层和 Web 服务层提供的基于空间数据的服务或基于空间功能的服务进行可视化的表现。
- 为用户进行 GIS 应用提供友好的人机界面和交互手段。

表示层的软件结构如图 3. 13 所示。

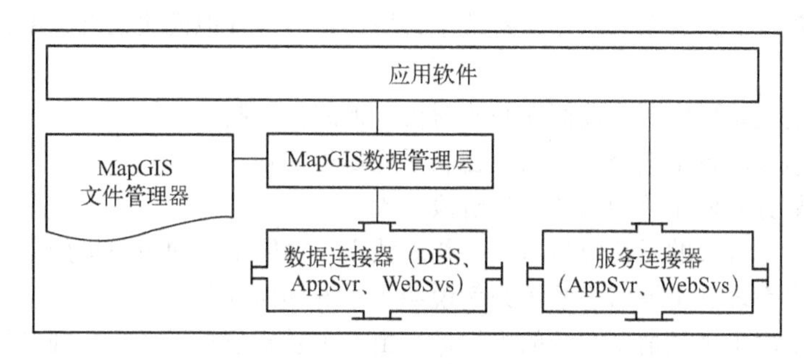

图 3. 13　表示层的软件结构

表示层直接面向客户，提供空间数据表示和信息可视化功能，运行于 Windows 系列操作系统，可以是浏览器、瘦客户或胖客户等。表示层可以直接与数据服务层、应用逻辑层和 Web 服务层建立连接、获取数据和请求服务，分别构成多层结构、三层结构和两层结构以适应不同应用的需要。

客户端为浏览器时，采用 HTTP/HTML 或 SOAP（Simple Object Access Protocol，简单对象访问协议）与 Web 服务层建立连接，发送请求，接收后者提供的 Web 服务，是一种多层的结构体系。Web 服务器则采用 ASP、JSP 或 ASP. net 等技术提供网页发布功能，采用 Web 服务描述语言（Web Services Description Language，WSDL）和统一描述发现集成语言（Universal Description Discovery and Integration，UDDI）提供基于 Internet 的运算服务。

瘦客户或胖客户还可以连接到应用逻辑层，通过远程过程调用（RPC）使用应用逻辑层上的远程服务，应用逻辑层再与数据服务层连接，获取或更新数据库中的数据，应用逻辑层完成任务后将结果返回表示层，这是一种三层结构。

胖客户也可以直接与数据服务层连接，获取或更新数据库中的数据，客户端完成全部分析运算，这种连接方式是典型的两层结构。

3. 4　总体模块设计

要使系统容易扩充，就要使它的结构清楚。为此，需要把系统分成若干个符合一定要求的模块或子系统。子系统设计是独立进行的，在设计过程中不断地吸取用户调查提供的信息，并且将它们与目前生产实践的需要及将来发展的可能结合起来，不断地进行修改。子系统设计均采用由下而上的方法，先从实际调查出发，研究其可能涉及的资料，确定其实体的属性，然后逐级向上综合。子系统的划分给系统的逻辑设计和物理设计打下基础，为整个系统的运行提供保证。通常，子系统的划分应尽量遵守以下原则。

（1）把系统划分为一些模块，其中每个模块的功能简单明确，内容简明易懂，任务清楚明确，以便易于修改。

（2）每个模块都应比较小，每项任务限制在尽可能少的模块中完成，最好是一个模块来完成，这样就可以避免修改时遗漏应修改的地方。

（3）系统分成模块的工作按层次进行。首先，把整个系统视为一个模块，按功能分解成若干个第一层模块，这些模块互相配合，共同完成整个系统的功能，然后按功能再分解第一层的各个模块。依次下去，直到每个模块都十分简单。

（4）每个模块应尽可能独立，尽可能减少模块之间的联系及互相影响，并尽可能减少模块间的调用关系和数据交换关系。当然，系统中模块不可能与其他模块没有联系，只是要求这种联系尽可能少。

（5）模块间的关系要阐明，以便在修改时可以追踪和控制。

（6）模块所包含的各个过程之间的内在联系应尽可能强。

（7）模块的划分应便于总的系统设计阶段实现。

总之，一个易于修改的系统应该由一些相对独立、功能单一的模块按照层次结构组成。下面以城市地理信息系统和土地信息系统为例说明子系统如何划分。

一个较全面的城市地理信息系统的组织体系由城市基础信息子系统、规划管理子系统、用地管理子系统、道路管理子系统、综合管线管理子系统、人口管理子系统、经济信息子系统等构成，具有图文显示、空间查询、空间分析、统计分析和制图输出等功能，能广泛地应用于城市资源、环境、道路交通、人口、土地、市政工程等有关城市规划、管理的各个领域。系统总体结构及其功能模块如图 3.14 所示。

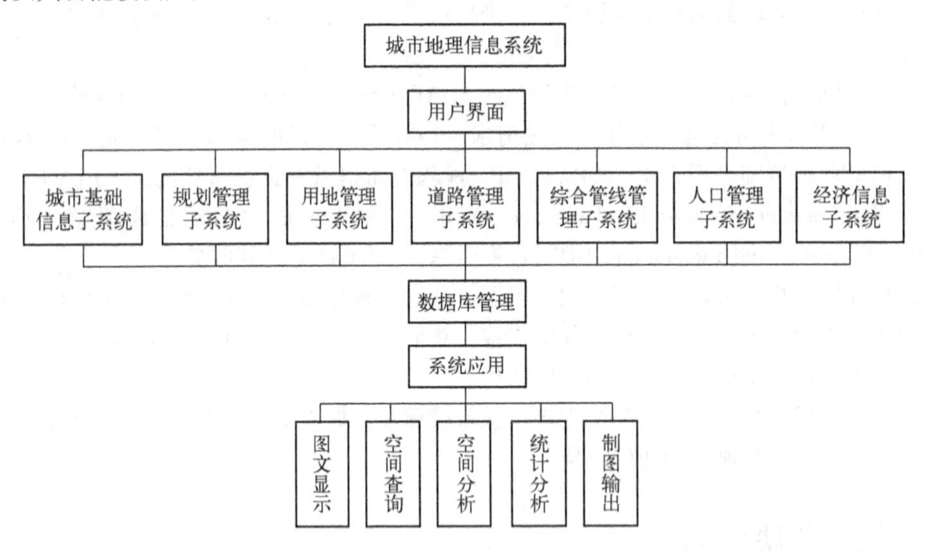

图 3.14　城市地理信息系统总体结构及其功能模块图

应该说明，各级地理信息系统子系统的规模和功能因所处级别管理职能不同而有所差异，各级系统的功能主要从各级子系统的功能体现出来。例如，在一般情况下，国家级和省（区）级主要进行宏观管理，很少实施行业管理的具体业务，而县（市）和地（市）级则经常要大量处理最基础的管理业务。所以对子系统进行划分时，可以划分成国家级、省（区）级信息系统的子系统和地（市）级、县（市）级的子系统两种方案。如图 3.15 和图 3.16 所示为某土地信息系统的子系统结构示意图。

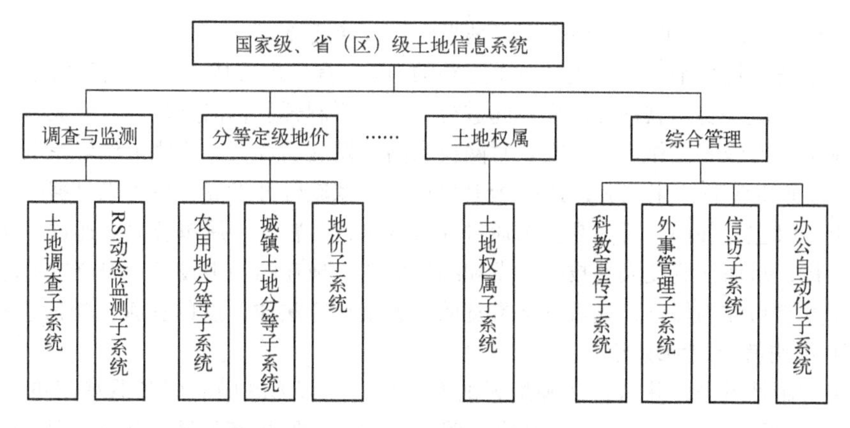

图 3.15　国家级、省（区）级土地信息系统子系统结构示意图

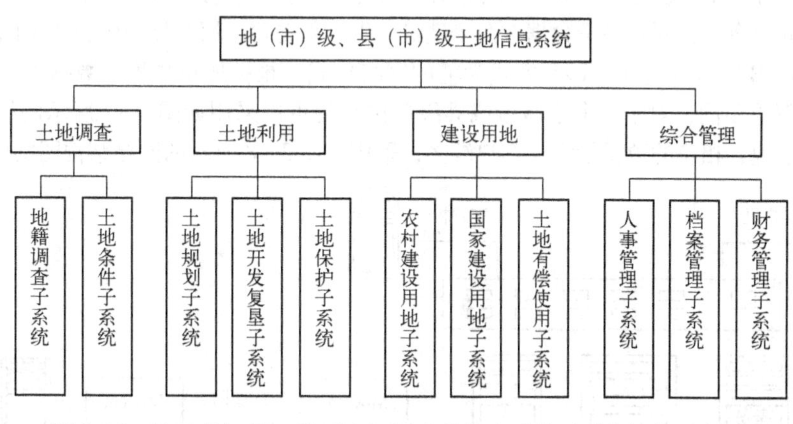

图 3.16　地（市）级、县（市）级土地信息系统子系统结构示意图

3.5　软件、硬件配置

3.5.1　系统组网方案

目前在 GIS 中，大多数都采用简单的 C/S 技术构架，这样的网络运行模式已经不能满足当前工作的需要。纯 C/S 的网络运行模式的不足主要表现在系统维护要求高、操作复杂等方面，这样，对于一般的使用部门，往往会出现因为管理人员的维护不当而使系统出错甚至崩溃的情形。C/S 方式对网络要求比较高，一般适用于局域网内部使用，对于分机构和下属单位，如果要进行信息化建设，则必须通过广域网与总部或上级机构的服务器连接。

随着 Web 技术的成熟，网络带宽的不断增大，采用 B/S 网络结构建立 GIS 完全成为可能。采用这种胖服务器、瘦客户端的运行模式，主要的命令执行、数据计算都在服务器中完成，应用程序在服务器中安装，客户机中不用安装应用程序，所有日常办公操作可通过浏览器来完成。采用这种 B/S 结构，大大减轻了系统管理员的工作量，而且这种方式对前端的用户数没有限制，土地部门可公开发布信息，普通市民也可通过浏览器进行查询。

当然，B/S 方式和 C/S 方式各有优缺点。例如，在交互性方面，C/S 方式与 B/S 方式相比，对图形数据具有很强的编辑处理能力，对空间数据的存储效率较高。因此，采取以 B/S

方式为主、C/S 方式为辅的网络结构模式是当前的最佳选择。

对于一个普通用户来说，要建立一个完整的 GIS，首先需要成立一个负责信息化建设和维护的机构，接着就是要与软件开发商一起进行系统的研制开发，信息化系统完成后还得进行长期系统的维护、升级等工作。其实在互联网技术高速发展的今天，这些工作可完全交给第三方 ASP（应用服务供应商）来完成，这个 ASP 可以是一家软件开发商，也可以是拥有专门系统维护机构的上一级主管部门，所有数据都通过互联网进行传输。下属单位只需通过互联网进行正常的业务操作，从而摆脱庞大的技术开发和维护机构。现在的网络技术、安全技术已经给数据安全提供了非常可靠的保证，随着网络带宽的增大及相应法律制度的完善，相信这种针对 GIS 服务的 ASP 很快就会成为现实。

从经济实用性考虑，并综合多种配置的性价比，建议 GIS 中心服务器采用单机备份的方式，可以逐步配置，也可以一步到位。服务器内存要求 1024MB 以上，处理能力达到 9000tpmC①。为了保证数据的安全性，服务器应具有镜像、热备份、容错功能。为确保备份数据存储在单独的硬盘中，同一备份数据在两个硬盘中做镜像备份，服务器应配备 4 个以上硬盘。

系统采用 B/S 方式为主、C/S 方式为辅的网络模式，根据城市规模、数据大小不同，相应的网络结构图也不同，对于一个小城市或县级单位来说可以采用如图 3.17 所示的结构图；而对于大中城市来说，相应的数据量大，客户端多，采用如图 3.18 所示的网络结构图则比较合适。

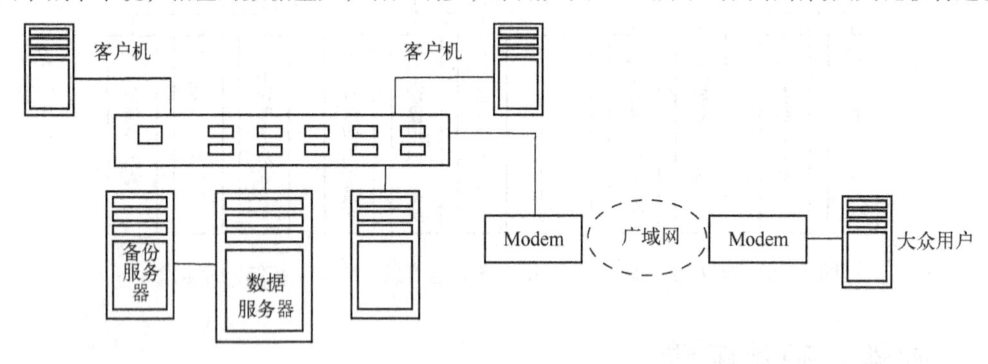

图 3.17　小城市采用的网络结构图

3.5.2　硬件配置

硬件包括计算机、存储设备、数字化仪、绘图仪、打印机及其他外部设备，要清楚其型号、数量、内存等性能指标，并画出硬件设备配置图。

硬件配置的选择取决于系统的任务性质和经费条件。为了减轻用户负担并使系统具有更广泛的适用性，建议选择最常见的机型和操作系统。

硬件设备的投资在 GIS 总投资中往往占较大比重，除按预算金额提出设备清单外，还要考虑投资使用的优先顺序，应该把工作开始时绝对需要的设备和一段时间以后绝对需要的设备作为优先和次优先购置的项目，今后有用而暂时不用的设备留待以后购置。在一般情况下，选择主流配置的微机，使用 A3 幅面数字化仪或 A3 幅面工程扫描仪进行矢量化，并以彩色打印机作为输出设备，其经费对一般的中小单位来说是承担得起的。

硬件设备的选择还要根据软件的要求和软件的类型购置。一般，软件的设计是按特定机型和外围设备设计的，只能支持一定型号的硬件设备，因此在选择硬件时，要清楚软件能否支持

① tpmC 指每分钟内系统处理的新订单个数——编者注。

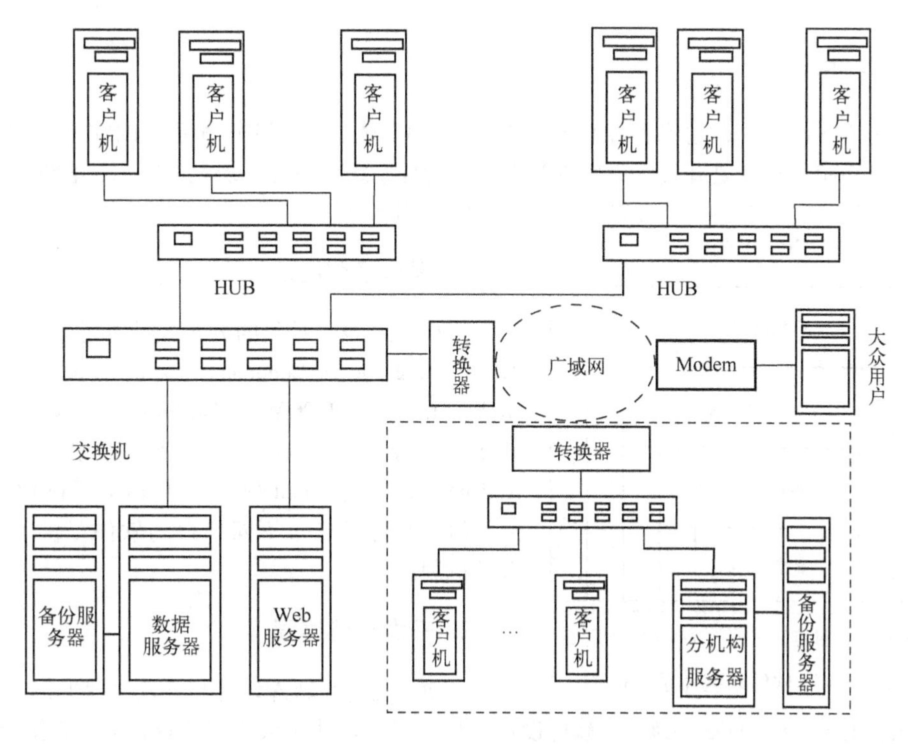

图 3.18　大中城市采用的网络结构图

这些硬件、会不会造成运行困难等。

在一般情况下，选择配置主流微型计算机，使用 A3 幅面数字化仪或 A3 幅面工程扫描仪进行矢量化，并以彩色打印机作为输出设备，其费用对一般的中小单位来说是承担得起的。

- 主机：Intel 酷睿 i5 以上系列或其兼容机，内存 2GB 以上。
- 硬盘：200GB 以上或单独加配 128GB 固态硬盘。
- 17 寸以上高分辨率彩色显示器。
- 一个以上 USB 2.0 接口。
- 数字化仪（A0 ~ A3）：可配置 Calcomp、HP 等主流设备。
- 绘图仪（喷墨）：可配置 Canon、HP、Epson 等主流设备。
- 彩色或黑白点阵打印机：可配置 Canon、HP、Epson 等主流设备。

由于 GIS 是相当复杂的系统，因此可把 GIS 分成输入、输出和分析处理等组成部分。硬件配置时分别按功能、价格等做比较。例如，数字化仪脱离主机，与微机连接起来进行工作，花费的资金并不太多。扫描仪的选购应慎重考虑，仅在必须对大量高质量线数据（如等高线图）进行数字化时才值得购置。非空间的属性数据输入用文本文件形式最容易，也可在微机中用标准字处理软件来输入。空间数据与属性数据的连接与建立拓扑多边形的原理一样，可由专门的软件来完成。投影变换可在配置较低的微机中实现。如果用特殊的阵列处理器来进行投影变换，处理时间可大大缩短，当然硬件费用会很高。数据输出必须满足用户所需要的输出形式和输出质量。这虽然与硬件设备有关，但未经专门训练的工作人员也能进行高质量的绘图操作，而要生产出高质量的产品，还必须有熟练制图技能的工作人员。质量非常高的光学绘图或高精度胶片记录产品并不常用，如果需要这类输出，借用或租用一下有关部门的相应设备可以省去大笔投资。

3.5.3 软件配置

软件是 GIS 的核心，它代表着 GIS 功能。图 3.19 显示了 GIS 软件系统的体系结构。系统内核是操作系统，往外是开发工具软件和数据库管理系统，再外一层是 GIS 系统软件，最外层是 GIS 应用软件。

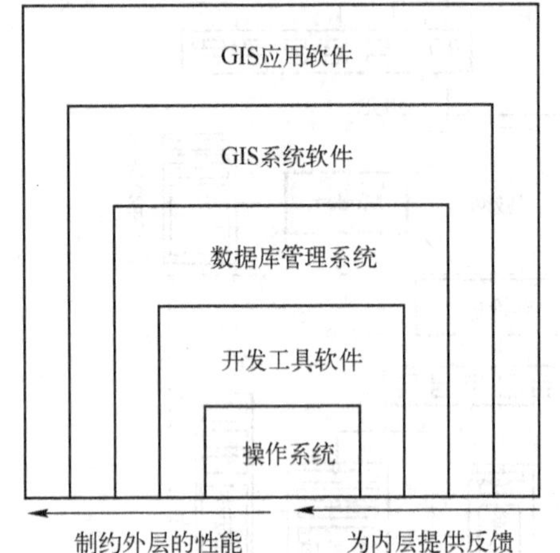

图 3.19　GIS 软件系统体系结构图

1. 操作系统层面

直接支持面向对象的分布式计算已是大势所趋。基于 CORBA（Common Object Request Broker Architecture）和 DCOM（Distributed Component Object Model）的系统软件陆续进入操作系统，如微软的 ActiveX、IBM 的 OpenDOC 等。CORBA 和 DCOM 为使用、组织和管理来自不同平台的软件提供了完整的有效机制。

2. 开发环境层面

目前，在 GIS 软件设计与开发过程中，比较流行的开发语言有 C++、Java、C#等。软件设计人员可根据软件需求合理选择相应语言进行开发，以期提高开发效率。

3. 数据库管理系统软件

信息系统的最大技术支撑就是数据库技术。各种数据库管理系统软件已成为当今人们必备的、最常用到的系统软件之一。地理信息系统的空间数据与属性数据管理同样需要用到各种数据库管理软件，如 Oracle、SQL Server、MySQL 等。

4. GIS 基本功能软件包

GIS 基本功能，就是能够对地理空间信息进行输入、编辑、拓扑关系生成、属性数据库建立、空间信息查询及空间信息、属性信息交叉查询和多格式地理信息显示、地图量算、基本空间关系分析、专题地图制作与输出等。

GIS 基本功能软件包，就是集以上各种功能于一体、体系科学、结构完整的功能软件包。这是 GIS 基础软件的核心。

5. GIS 应用软件包

GIS 应用软件包是基于 GIS 基本功能软件包，针对用户特定问题而建立的，它是能对用户经常遇到的专业应用问题进行集中解决的模型库或方法库。

在用户开发的 GIS 或专业 GIS 开发机构为用户开发的 GIS 中，应用软件包是非常重要的方面。因为它既反映了用户的实际需要，也体现了应用系统所具有而其他类似系统所不具有的系统功能。

6. 其他图形图像处理软件

在 GIS 的数据处理中，往往需要许多其他软件的配合，如 AutoCAD、Photoshop、3ds Max 等。

在系统的选型问题上，与硬件相比，系统软件的选择更具有重要意义。软件选择得合理与否，对于系统的设计、开发与实施等各个阶段都具有深刻的影响，甚至可以说它是 GIS 系统成败的关键因素之一。

（1）选择软件的基本原则

- 性能满足建立系统的需要。
- 具有较好的开放性和兼容性。
- 具有良好的扩充性能。
- 具有良好的用户界面和汉化条件。
- 性价比高。

（2）选择软件的方法步骤

- 广泛调查：包括资料收集、参加厂家的展示、老用户访问等。
- 选择重点：在广泛调查的基础上，形成重点调查对象，一般选 4 ~ 5 个为宜。
- 功能分析：按事先拟定的调查大纲，对重点对象的软件功能进行逐项分析，并认真填写分析表。
- 实际操作：争取软件提供厂家的支持，以借用或租用的形式进行软件试运行，以自己的数据和典型操作方式上机运行被调查的软件。
- 性能测试：在对软件进行了一般性了解的基础上，对软件提供的每项应用型 GIS 将要用到的功能和性能进行测试，认真填写性能测试表。
- 拟写调查报告和建议：通过书面调查报告提出科学的分析报告和合理建议。

（3）选择软件的注意事项

由于目前 GIS 软件层出不穷，市场上销售的系统多达几百种，而且新近推出的软件大多比较复杂，又无应用的实例，短期内不易了解和掌握，因而会给调查带来一定困难。因此在选择软件时应注意以下几点：

- 技术人员应当研究国际国内 GIS 软件的发展现状和软件应用方面的动态，对现有软件市场有一个比较清楚的了解。
- 掌握厂家对软件性能测试的研究报告和对厂家提供的性能指标的研究。厂家往往夸大优点而掩饰不足，因此必须亲手测试或通过老用户进行了解。

要根据经济承受能力选择合适的软件，避免盲目追求高指标、高性能，避免功能闲置而造成的浪费。

3.6 应用模型设计

地理信息系统以数字世界表示自然界，具有完备的空间特征，可以存储和处理大量的空间数据，并具有极强的空间系统综合分析能力，因此从应用角度看，地理信息系统不仅要完成管理大量复杂的地理数据的任务，更为重要的是要实现对空间数据的分析、评价、预测和辅助决策。因此发展应用分析模型是地理信息系统走向实用化的关键，国内外学术界投入了大量精力，从事这方面的研究，其研究成果大大拓宽了地理信息系统的应用范围。

地理信息系统应用依赖于 4 个方面的要素：① 足够的地理数据和合理的数据结构；② 合适的应用分析模型；③ 系统用于组织和实现应用模型的功能；④ 使用者与系统的交流。

3.6.1 应用模型特点

GIS 中的应用模型大多数为数学模型，它们除了具有数学模型的一般特征外，GIS 的性质和任务决定了它们还具有其他一些突出的特点。

（1）空间性。GIS 应用模型所描述的现象或过程往往与空间位置、分布以及差异有密切关系，因此需要特别注意模型的空间运算特征。

（2）动态性。GIS 应用模型所描述的现象或过程也与时间有密切的联系。具有不同动态性的模型在系统中使用的效率有较大的差别，所以，在模型设计时需要考虑时间对模型目标的影响及数据的可能更新周期等问题。

（3）多元性。通常，GIS 应用模型会涉及自然、社会、经济、技术等多种因素，如地理环境、资源条件、人口状况、经济发展、政策法规等，应注意通过因素分析去调整模型状态。

（4）复杂性。GIS 所需要处理的问题可能是相当复杂的，而且往往存在人为的干预与影响，很难用数学方法全面、准确、定量地加以描述，所以 GIS 应用模型常采用定量与定性相结合的形式。为此，在模型设计时，应给人为干预留出一定的余地。

（5）综合性。一个实用的 GIS 应用模型往往涉及多种模型方法，且与多个子系统中的数据有关。

3.6.2 应用模型作用

目前地理信息系统技术的推广应用遇到了三个方面的困难：① 硬件环境特殊，不易配备；② 地理信息系统知识未被许多用户掌握；③ 缺乏足够的专题分析模型。而最重要的因素在于，地理信息系统是否具有实用价值，实用性则必须依靠正确地应用专题分析模型。

（1）应用模型是联系 GIS 应用系统与常规专业研究的纽带

模型的建立虽然是数学或技术性问题，但它必须以广泛、深入的专业研究为基础。专业研究的深入程度决定了所建模型的质量与效果。从这种意义上讲，模型把 GIS 应用系统和常规专业研究紧紧地联系在一起。

（2）应用模型是综合利用 GIS 应用系统中大量数据的工具

在系统中存储有数量巨大、来源不同、形式不同的数据，它们的综合分析处理和应用，主要是通过系统中模型的使用而实现的。因此，系统中数据使用的效率和深度，在很大程度上取决于模型的数量和质量。

（3）应用模型是 GIS 应用系统解决各种实际问题的武器

由于应用模型是客观世界中解决各种实际问题所依赖的规律或过程的抽象或模拟，因此能有效地帮助人们从各种因素之间找出其因果关系或者联系，促进问题的解决。但是由于许多问题十分复杂，完全靠定量方法很难圆满解决，所以系统还要给人为干预留下较大的余地，使定性方法也能发挥一定作用。

（4）应用模型是 GIS 应用系统向更高技术水平发展的基础

大量模型的发展和应用，实际上集中和验证了该应用领域中许多专家的经验和知识，这无疑是一般 GIS 应用系统向专家系统发展的基础。

（5）应用模型有利于信息交流

模型是表达思维对自然界认识的工具，因此 GIS 的各种分析模型有利于完整准确地表达使用者对问题的认识和处理方法，既利于使用者与系统设计者之间的交流以发展系统功能，又利于使用者之间的交流以增强系统的共享性。

3.6.3　应用模型分类

1. 按应用模型结构分类

按模型结构划分，应用型 GIS 应用模型可分为数学模型（又称理论模型）、统计模型（包括一些经验模型）和概念模型（又称逻辑模型）。

（1）数学模型

数学模型是应用数学的语言和工具（如由常数、参数、变量和函数关系组成的表达式）对部分现实世界的信息（现象、数据）加以翻译、归纳的产物，反映了地理过程本质的物理规律，它源于现实，又高于现实。数学模型经过演绎、推导，给出数学上的分析、预报、决策或控制，再经过解释回到现实世界。最后，这些分析、预报、决策或控制必须经受实际的检验，完成"实践—理论—实践"这一循环，如图 3.20 所示。

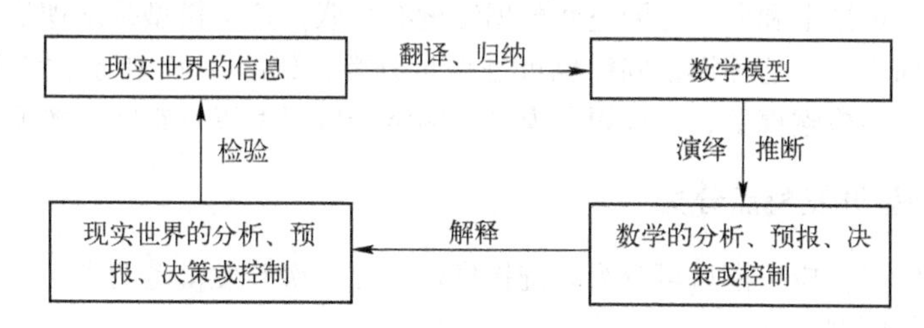

图 3.20　现实世界与数学模型的关系

（2）统计模型

统计模型是通过数理统计方法，用大量观测实验得到的数据，用定量方法建立模型，模拟过程的规律。这类方程简单实用，在地理信息系统应用模型中占有一定比例，如回归方程、聚类分析等。

（3）概念模型

概念模型是由实践中总结归纳提炼得到的文字性描述，形成知识库，通过专家系统推理机来求解问题。其中最简单的情况可直接用文字加逻辑运算符组成的逻辑表达式来描述。

2. 按应用模型空间特性分类

系统中应用模型可根据模型的空间特性分为两大类，即非空间模型和空间模型，如图 3.21 所示为用于解决社会经济领域中一些问题的应用模型分类。由于空间和非空间两类模型在运算方式、所用数据、结果形式以及管理方法等方面均有较大差别，因此把它们分开对系统统计及模型管理会有许多方便之处。

（1）非空间模型

非空间模型把地理信息系统中的属性数据作为显式数据源，把空间数据作为隐式数据源，对系统中的各种属性数据进行运算来分析区域中的社会、经济、生态及资源等问题，并进行评价、预测和规划。非空间模型根据具体模型建立与求解方位，还可做进一步的分类，如图 3.21 所示，非空间模型又可分为投入产出模型、计量经济学模型、经济控制论模型及系统动力学模型。

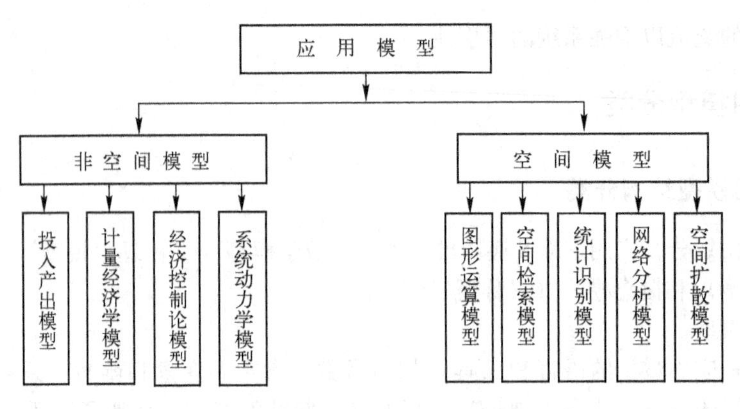

图 3.21　GIS 中应用模型的分类

（2）空间模型

空间模型同时使用属性数据和图形数据组成模型，它需要对系统中的图形和属性两种数据进行运算。因此从理论上和方法上同空间数据结构有关联，这类模型是地理信息系统研究的重点和主要发展方向之一。这种模型同样也可进一步分类，如图 3.21 所示，空间模型又可分为图形运算模型、空间检索模型、统计识别模型、网络分析模型以及空间扩散模型。

3. 按应用模型开发特点分类

按模型开发特点，应用模型可分为系统提供模型和二次开发模型两类。

（1）系统提供模型

系统提供模型是地理信息系统商品为用户提供的应用模型，它们是由系统设计者在分析地理信息系统的特点及应用后，为用户提供的通用型模型，如逻辑检索模型、DTM 模型等。

（2）二次开发模型

二次开发模型是地理信息系统的用户自行开发的分析模型。随着地理信息系统应用面的日益拓宽，系统设计者不可能为用户提供各种专业应用模型，但是，作为一个有生命力的地理信息系统软件，通常会为用户提供二次开发接口，使用户可以根据自己的专业特点，开发用户模型，从而解决专业问题。

用户开发模型又可分为内部模型和外部模型两种。

① 内部模型。内部模型是指通过地理信息系统提供的工具（如宏语言）开发的应用模型，这种模型能充分利用地理信息系统本身具有的资源。

② 外部模型。外部模型是指通过直接或间接调用地理信息系统中的空间数据库来建立的用户模型，其中采用直接调用方式开发的模型可同地理信息系统共享数据库，这种模型只能通过中间文件与空间数据库相联系。

4. 按应用模型内容及所解决问题分类

应用模型依据模型内容及所解决问题，又可分为基础模型（构成基础模型库）和专业模型（构成专业模型库）。

（1）基础模型

基础模型是指那些对各种部门专业都具有普遍意义的、通用性较强、应用面较广的模型，如采用数理统计方法对实验数据进行回归拟合而产生的统计模型，以及结合专家知识、逻辑方法建立的模糊数学模型等。

（2）专业模型

专业模型是指在对系统所描述的具体对象与过程进行大量专业研究的基础上，总结出来的客观规律的抽象或模拟，是将系统数据重新组织，得出与目标有关的更为有序的新的数据集合的有关规则和公式。这种模型的发展不仅是建立 GIS 应用系统的主要内容之一，而且也是决定该系统解决实际问题的能力、效率和最终取得实际效益的关键所在，是应用型地理信息系统进行生产和科研的重要手段，已受到人们日益广泛的关注和重视。由于各种应用系统的服务对象、所解决的问题以及复杂程度有很大差异，不同的理论观点、不同的体系可以产生不同的专业模型。

5. 按模型空间过程模拟方法分类

按模型空间过程模拟方法不同，地学空间过程模拟模型基本上可分为动力学过程模拟模型和随机过程模拟模型两种类型。

（1）动力学过程模拟模型

过程研究的动力学方法假设系统运动的物理规律已知。根据过程物理规律，可以建立过程模拟的数学模型，即动力学过程模拟模型。这些模型常常是系统运动初始条件与边界条件约束的一组偏微分方程组。

动力学过程模拟模型的建立与解算一般是在非语义空间单元（网格单元或不规则三角形单元）上进行的。模型的输入数据一部分作为模型操作数据直接操作，另一部分则用作计算模型的控制参数。这些数据的时间分辨率一般要求不高，只有当这些数据的变化已经达到使过程模拟模型不能较好地代表系统行为时才需要更新，即重新计算控制参数并输入当前时刻的系统状态实测数据。但模型计算产生的数据集常常是时间分辨率（计算步长）较高的数据层序列。另外，这类模型常常会是三维模型，如三维气候过程模拟模型、三维泥沙数学模型等。

（2）随机过程模拟模型

过程研究的随机过程方法一般用于事先并不知道过程运动规律的过程，如土地利用变化等。为此，研究必须首先在不同的过程时间断面上进行状态观测，获得多时相的过程断面数据，然后，利用统计学与随机过程理论建立随机过程模型。随机过程模拟模型一般是不同时刻状态变量的联合分布函数，而且常常针对每个空间单元进行。计算模型控制参数所需数据集与模型操作数据集一般是相同的，模型输出数据是基于条件分布或其他统计分析方法产生的新的时间断面上的状态数据。

这类模拟模型的操作单元常常是具有明确语义的区域（Area 或 Region），如土地利用类型或土地性质或非语义的空间单元，但很少用这种方法处理三维过程。

3.6.4 模型建立方法

模型的建立过程可由下式表示：

$$XOY = M$$

其中 X 表示某个体系，可以视为地理系统中被主观选取的一个局部；Y 表示某种介体，具体讲就是某种模型化方法；O 代表 Y 对 X 产生的作用；M 是体系 X 通过介体 Y 产生的作用 O 所建立的模型。

通常，我们需要综合各种方法。概念模型比较灵活，可以引入许多模糊概念，适用范围很广，易于为多数人接受，但难以进行精确定量分析；数学模型因果关系清楚，可以精确地反映系统内各要素之间的定量关系，易于用来对自然过程施加控制，但通常难以包括太多的要素，而常常是大大简化的理想情形，削弱了其实用性；统计模型可以通过大量的实践建立，具有简单实用、适用性广、可以处理大量相关因素的特点，缺点是过程不清，一般采用“黑箱”或“灰箱”方法建立。

因此，一般规则如下：首先在实践中不断观察总结，形成越来越丰富的概念模型，在积累经验的基础上采用数据统计方法摸索统计规律，之后上升到理论模型，再采用综合方法建立实用的分析模型。

运用综合方法建立地理信息系统分析模型可采用以下步骤。

① 系统描述与数据分析。对模型所要分析的系统，选择可以描述系统的状态、与外部的关系及随时间变化等方面的数据，构造该系统的数据体系。

② 理论推导。根据地理规律和系统的特点，进行理论推导，确定上述数据体系中多因子之间的量纲关系，作为分析模型的基本框架。

③ 简化表达。根据理论分析和具体应用要求，筛选去除影响相对较小和不重要的要素，或采用主成分分析法等数学方法简化表达形式，使模型接近实用。

④ 参数确定。模型参数的确定可采用参数试验方法，或采用层次分析法（AHP）、专家打分法、确定模糊隶属度等方法。形式和参数确定后，分析模型可在应用中完善。

由于理论和实践方面的原因，有时可采用递归模型。递归模型便于导出地理系统在任一演变时期的状态和演变过程，在较短的间隔周期内可以作为线性问题处理，并且可以参照假设条件的变化随时间调整模型参数。

3.7 地理编码设计

地理编码是指在地理数据分类的基础上，以易于计算机和人识别的代码来唯一地标识地理实体的类型，这种代码是用来表征客观事物的一个或一组有序的符号。任意一种地理实体在平面上都可以用点、线、面（或多边形）三种基本图形要素来描述，而每种图形要素又可以通过不同的方法进行编码和量化，以便存入数据库，提供应用。所谓地理编码，是指为识别点、线、面的位置和属性而设置的编码，它将全部实体按照预先拟定的分类系统，选择最适宜的量化方法，按实体的属性特征和几何坐标的数据结构记录在计算机的存储设备中。地理编码可以反映空间实体的几何特征和属性特征（类型、等级和数量特征等）。空间数据的地理编码是GIS设计中最重要的技术步骤，是现实世界和信息世界之间的转换接口。

3.7.1 地理编码的作用

通过地理编码，建立统一的经济信息语言，有利于提高通用化水平，使资源共享，达到统一化；有利于采用集中化措施以节约人力、加快处理速度并便于检索。具体地讲，地理编码有以下功能。

（1）鉴别功能

这是地理编码最基本的特性。任何编码都必须具备这种基本特性。在一个信息分类编码标准中，一个编码只能唯一地标识一个分类对象，而一个分类对象只能有一个唯一的编码。

（2）分类

当按分类对象的属性（如工艺、材料、用途等）分类并分别赋予不同的类别编码时，编码又可以作为分类对象类别的标识。这是利用计算机进行分类统计的基础。

（3）排序

当按分类对象产生的时间、所占空间或其他方面的顺序关系分类并赋予不同的编码时，编码又可以作为排序的标识。

（4）专用含义

当客观上需要采用一些专用符号时，编码可提供一定的专门含义，如数学运算的程序、分类对象的技术参数、性能指标等。

3.7.2 地理编码的原则

地理编码必须遵循以下基本原则。

（1）唯一性

一个地理对象可能有多个名称，也可按不同的方式对它进行描述。但在一个编码体系中，一个地理对象只能被赋予一个唯一的地理编码；反之，一个地理编码只能唯一地标识一个地理对象，不允许重码、乱码、错码。

（2）合理性

地理编码结构应与相应的分类体系相对应。

（3）可扩充性

地理编码应留有充分的余地，以备将来不断扩充的需要。

（4）简单性

地理编码的结构应尽可能简单，尽可能短，以减少各种差错。

（5）适用性

地理编码应尽可能反映对象的特点，以便于记忆和填写。

（6）规范性

国家有关编码标准是编码设计的重要依据，已有标准的必须遵循。在一个编码体系中，编码结构、类型、编写格式必须统一。

（7）系统性

地理编码应有一定的分组规则，从而在整个系统中具有通用性。

3.7.3 代码的种类

地理编码的直接产物就是代码，代码由字符（数字或字母）构成，用来代替某一个名词、术语，甚至某一个特殊的描述短语。它是人机的共同语言，是进行信息分类、校对、统计和检索的关键。由于当前计算机只能识别以二进制为基础的数字、英文、汉字及少数特殊符号，因此，代码设计就是如何合理地把被处理对象数字化、字符化的过程。代码设计是一项复杂的工作，需要多方面的知识和经验。涉及面广的代码设计，一般要由几方面人员在标准化部门组织下进行，制定后要正式颁布，统一贯彻。图3.22列出了最基本的代码。在实际应用中常常根据需要采用两种或两种以上基本代码的组合。下面介绍几种常用的代码。

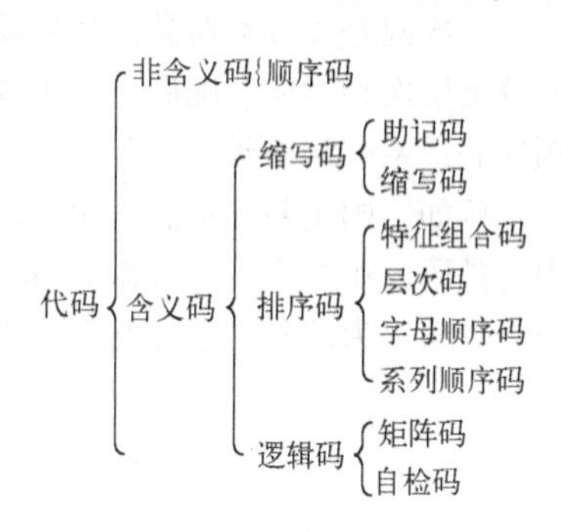

图3.22 代码种类

1. 顺序码

顺序码主要由按顺序排列的数字组成，有时也由按顺序排列的字母组成。每组编码只作为分类对象的唯一标识，只代表对象名称，代表描述对象属性在整个属性系列中的顺序，而不提供对象的任何其他信息。在地矿信息系统中最典型的例子是岩层序号，从钻孔孔口开始由上而下累计。作为编码，要求长度统一，因此编码时应事先估计可能出现的最大长度，然后确定编码的位数。顺序码最为简单明了。顺序码也常用于描述某些并列属性，在各种信息系统中使用十分频繁，几乎每种编码都有它的影子，但都只有局部性意义。由于其本身的特点，决定了顺序码在信息系统中不可能形成独立的编码体系。

顺序码的优点是编码简短，使用方便，易于管理，易添加，对分类对象无任何特殊规定。缺点是编码本身没有给出对象的任何其他信息。通常，非系统化的分类对象常采用顺序码。

2. 矩阵码

矩阵码是一种逻辑码。所谓逻辑码，是指按照一定的逻辑规则或者程序算法编写的编码。矩阵码是建立在二维空间坐标(x, y)基础上的编码，编码的值是通过坐标(x, y)的数值构成的。

3. 自检码

自检码由原来的编码（本体部分）和一个附加码组成。附加码用来检查编码的录入和转录过程中是否有差错。附加码也叫检验码，它和编码本体部分有某种唯一的关系，它是通过一定的数学算法得到的。

4. 系列顺序码

系列顺序码是排序码的一种。排序码把对象按预先选择的某种顺序排列，分别赋予编码。

系列顺序码是一种特殊的顺序码。它将顺序编码分为若干段，并与分类对象的分段一一对应，给每段分类对象赋予一定的顺序编码。

例如，国家标准《国务院各部、委、局及其他机构名称代码》（GB4657—84）采用的就是系列顺序码，用三位数字表示一个机构，第一位数字表示类别标识，第二位和第三位数字表示该机构在此类别中的数字编码，如300~399为国务院各部，700~799表示全国性的人民团体。

这种编码的优点是能表示一定的信息属性，易于添加；缺点是空码较多时，不便于机器处理，不适用于复杂的分类体系。

5. 层次码

层次码是以分类对象的从属层次关系为排列顺序的一种编码。编码分为若干层，并与对象的分类层次相对应。编码左端为高位层次编码，右端为低位层次编码。每个层次的编码可采用顺序码或系列顺序码。

例如，国土基础信息采用5层的层次码，共由6位数字组成，其结构如图3.23所示。其中大类码、小类码、一级编码和二级编码分别用数字排列；识别码由用户自行定义，以便扩充。表3.1为部分要素分类编码举例。

×	×	× ×	×	×
大类码	小类码	一级编码	二级编码	识别码

图3.23 国土基础信息层次码

表 3.1 要素分类编码示例

特征码	制图要素名称	特征码	制图要素名称
6	境界	7	地形与土质
61000	行政区划界	71000	等高线
61010	国界	71010	实测等高线
61011	界桩、界碑	71020	草绘等高线
61012	同号双立的界碑	72000	高程
61013	同号三立的界桩、界碑	72010	高程点
61020	未定国界	72020	特殊高程点
61030	省、自治区、直辖市界	72021	最大洪水位高程点
61031	界桩、界标	72022	最大潮位高程点
61040	自治州、地区、盟、地级市界	72023	溢洪道口底面高程点
61050	县、自治区、旗、县级市界	72024	坝顶高程点
61060	乡、镇、国营农场、林场、牧场界	72025	堤顶高程点
62000	其他界线	72026	井口高程点
62010	特殊地区界	72027	水位点
62020	自然保护区界	72028	桥面高程点
		72030	比高
		73000	冰川地貌
		73010	粒雪原
		73011	雪崩锥

层次码应用广泛。其优点是能明确标出对象的类别，有严格的隶属关系，编码结构简单，容量大，便于机器汇总。但是，当层次较多时，层次码的弹性较差。

6. 助记码

助记码是把编码对象的原始表示（如名称、规格等）作为编码的一部分而构成的编码，它比较容易记。最常见的是采用描述对象属性的汉字拼音或外文单词的首位字母来组成助记码，如 PC－586、TV－C21 分别表示 586 个人计算机及 21 英寸彩色电视机等。助记符适用于数据项目较少的情况，否则可能记忆出错。

助记码的缺点是容量有限，很容易发生重码、乱码现象。对于基层单位和个人使用的微型数据库，助记码用起来很方便；但对于具有共享性质的数据库，特别是对于准备纳入信息系统网络的大型数据库，应当谨慎使用助记码。

7. 特征组合码

特征组合码由代表描述对象各种属性特征的几位字母或数字排列组合而成，通常一个字母或数字代表描述的一种属性特征。例如，岩石和矿物的颜色可用三位数字来表示：

- 第一位代表色调的深浅：“0”不清楚，“1”浅色，“2”正常色，“3”深色。
- 第二位代表配色：“0”不清楚，“1”红，“2”黄，“3”褐，“4”绿，“5”蓝，“6”紫，“7”灰，“8”白，“9”黑。
- 第三位代表主色：“0”不清楚，“1”红，“2”黄，“3”褐，“4”绿，“5”蓝，“6”紫，“7”紫，“8”白，“9”黑。

于是，浅灰绿色可表示为“174”，深褐黄色可表示为“332”，其余类推。

特征组合码通常用于各个单位和个人所开发的应用数据库和数据、图形处理系统。其优点是简单明了，易记易用；缺点是位数太少时容量有限，易发生重码，而位数多时又不易掌握，容易产生混乱。当然，最大的缺点还在于难以进行标准化处理，不可能以此为基础实现信息共享，在专题数据库和信息检索系统（网络）中不宜独立使用。

8. 混合码

混合码是将特征组合码、顺序码、助记码和分类码按一定的规则联结起来的编码。例如，国家标准《地质矿产名词术语分类代码》采用了一种以混合码为结构的分类方法。

该编码系统将编码分为数据项和文字值（字符值）两个层次，其中，数据项编码由6个英文字母（严格地说，是2个拼音字母和4个英文字母）组成，文字值编码由1～8个阿拉伯数字组成。数据项编码的第一位、第二位是地质学二级学科名前两个字的汉语拼音缩写，兼有分类码和助记码的性质。例如，岩石学取YS、矿床学取KC、煤地质学取MD、石油地质学取SY、水文地质学取SW、工程地质学取GC、构造地质学取GZ等。从第三位开始，都是按A～Z顺序排列的英文字母，其中第三位和第四位通常是二级学科内的层次分类，兼有分类码和顺序码的性质，例如，YSA是岩石学序言、YSB是岩石成分、YSC是岩石结构、YSD是岩石构造，而YSBB是岩石的其他物质组分、YSBC是沉积岩结构组分等。第五位代表组合数据项或数据项，例如，YSBCA代表碎屑颗粒、YSBCB代表碳酸盐异化粒、YSBCD代表碎屑岩胶结物，也兼有分类码和顺序码的性质。第六位必定是数据项，例如，YSBCBA代表碳酸盐异化粒的内碎屑、YSBCBB代表碳酸盐异化粒的球粒、YSBCBC代表碳酸盐异化粒的团块、YSBCBD代表碳酸盐异化粒的包粒等，通常是顺序码。有时，二级学科内层次分类较少且最后一层数据的量又过大，也可采用第五位、第六位顺序组合的编码方式，即由第五位、第六位联合起来描述一个具体的属性。如果二级学科内的层次分类很少，可以第四位就是属性的顺序码。

字符值编码可长可短，通常只用1～2位阿拉伯数字的顺序码。但是，在某些二级学科中，由于内部层次结构复杂，数字值又太多，也有采用4～8位阿拉伯数字作为补充混合码的，例如，矿物学、岩石学和古生物学就是如此。在矿物学编码中，头两位编码代表矿物的化学类型，例如，01是单质、02是碳化物－硅化物－氮化物和磷化物、06是氧化物；第三位编码代表矿物的晶体结构类型，例如，001是单质配位基型、013是单质环状基型、015是单质链状基型等；第四位代表晶体结构的复杂程度，例如，0611是简单的配位基型氧化物、0612是复杂的配位基型氧化物；第五位、第六位代表矿物的族分类，例如，061101是简单的配位基型氧化物的方钍石族、061102是简单的配位基型氧化物的斜锆石族、061201是复杂的配位基型氧化物的晶质铀矿族、061202是复杂的配位基型氧化物的褐钇铌矿族，以上6位码均兼有分类码、特征组合码和顺序码的性质；第七位、第八位码代表具体的矿物，例如，06110101是简单的配位基型氧化物方钍石族的方钍石矿、06110201是简单的配位基型氧化物斜锆石族的斜锆石矿、06120101是复杂的配位基型氧化物晶质铀矿族的晶质铀矿、06120201是复杂的配位基型氧化物褐钇铌矿族的褐钇铌矿，这末尾两位码均为联合顺序码。

混合码的最大优点是唯一性好，而作为国家标准，唯一性是首先必须考虑的。

3.7.4 代码的类型

代码的类型是指代码符号的表示形式，一般有数字型、字母型、数字字母混合型。

数字型代码是用一个或多个阿拉伯数字表示的代码。这种代码结构简单，使用方便，也便于排序，易于在国内外推广。这是目前各国普遍采用的一种形式，如《人的性别代码》、《国土基础信息代码》等国家标准中都采用数字码。这种代码的缺点是对对象特征的描述不直观。表3.2是数字型代码的不同权和模的检错率列表，可见，这种代码结构单一，容易出错。

表3.2 数字型代码的不同权和模的检错率

模	权	抄写错检错率	易位错检错率	隔位易位错检错率	随机错检错率
10	1，2，1，2，1，2	100%	98%	0%	
10	1，3，1，3，1，3	100%	89%		
10	7，6，5，4，3，2	87%	100%		90%
11	9，8，7，4，3，2	95%	100%	89%	
11	1，3，7，1，3，7	100%	89%		
11	7，6，5，4，3，2	100%	100%	100%	

字母型代码是用一个或多个字母表示的代码。例如，铁道部制定的火车站站名字母缩写码中，BJ代表北京，HB代表哈尔滨。这种码的优点是便于记忆，符合人们的使用习惯。另外，与同样长度的数字码相比，这种代码容量大很多。一位数字最多可表示10个类目，而一个字母可表示26个类目。这种代码的缺点是不便于机器处理，特别是编码对象多、更改频繁时，常会出现重复和冲突。因此，字母型代码常用于分类对象较少的情况。

数字字母混合型代码是由数字、字母、专用符号组成的代码。这种代码基本上兼有前两种代码的优点。但是这样代码组成形式复杂，计算机输入不便，录入效率低，错误率高。

综上所述，三种类型的代码各有所长，各有所短。因此，在选用合适的代码类型时，应根据使用者的要求、信息量的多少、信息交换的频度、使用者的习惯等各方面综合考虑。

3.7.5 地理编码步骤

地理编码设计可按下列步骤进行。

（1）确定编码对象。

（2）考查是否已有标准编码。如果国家标准局、某个部门对某些事物已规定了标准编码，那么应遵循这些标准编码。如果没有标准编码，那么在编码设计时要参考国家标准化组织、其他国家、其他部门、其他单位的编码标准，设计出便于今后标准化的编码。

（3）根据编码的使用范围、使用时间，根据实际情况选择编码的种类与类型。

（4）考虑检错功能。

（5）编写编码表。

3.8 用户界面设计

用户界面就好比是商品的包装设计、商品的橱窗布置，它能给用户一个直观的印象。因此，用户界面设计的好坏，会影响到用户对系统的态度及对系统的接受程度，进而影响系统的应用和推广。友好的用户界面，是应用型GIS成功的条件之一。

3.8.1 用户界面的设计原则

（1）在同一用户界面中，所有的菜单选择、命令输入、数据显示和其他功能应保持风格的一致性。风格一致的人机界面会给人一种简洁、和谐的美感。

（2）对所有可能造成损害的动作，坚持要求用户确认，例如，提问“你肯定……?”等，对大多数动作应允许恢复（UNDO），对用户出错采取宽容的态度。

（3）用户界面应能对用户的决定做出及时的响应，提高对话、移动和思考的效率，最大可能地减少击键次数，缩短鼠标移动距离，避免使用户产生无所适从的感觉。

（4）人机界面应该提供上下文敏感的求助系统，让用户及时获得帮助，尽量用简短的动词和动词短语提示命令。

（5）合理划分并高效使用显示屏。仅显示与上下文有关的信息，允许用户对可视环境进行维护，如放大、缩小图像；用窗口分隔不同种类的信息，只显示有意义的出错信息，避免因数据过于费解造成用户烦恼。

（6）保证信息显示方式与数据输入方式的协调一致，尽量减少用户输入的动作，隐藏当前状态下不可选用的命令，允许用户自选输入方式，能够删除无现实意义的输入，允许用户控制交互过程。

上述原则都是进行人机界面设计应遵循的最基本的原则，除此之外还有许多设计原则应当考虑，例如，如何正确地使用颜色等。

3.8.2 用户界面的主要风格

这里所指的界面的风格，是指计算机系统的用户界面控制输入的方法。界面风格大致经过了四代演变。

1. 命令语言

在图形显示、鼠标、高速工作站等技术出现之前，现实可行的界面方式只能是命令和询问方式，通信完全以正文形式并通过用户命令和用户对系统询问的响应来完成。这种方式使用灵活，便于用户发挥其创造性，对熟练的用户有很高的工作效率，但对一般用户来说要求高，易出错，不友善并难于学习，它的错误处理能力也较弱。

2. 菜单选项

这种方式与命令行方式相比不易出错，可以大大缩短用户的培训时间，减少用户的击键次数，可以使用对话管理工具，错误处理能力有了显著提高。但使用起来仍然乏味，可能出现菜单层次过多及菜单选项复杂的情形，必须逐级进行选择，不能一步到位，导致交互速度显得太慢。

3. 面向窗口的点选界面

此类界面亦称 WIMP 界面，即窗口（Windows）、图标（Icons）、菜单（Menus）、指示器（Pointing Device）四位一体，形成桌面（Desktop）。这种方式能同时显示不同种类的信息，使用户可在几个工作环境中切换而不丢失几个工作之间的联系，用户可通过下拉式菜单方便执行控制型和对话型任务，引入图标、按钮和滚动杆技术，大大减少键盘输入，对不精于打字的用户无疑提高了交互效率。

4. 自然语言

使用自然语言与应用软件进行通信，把第三代界面技术与超文本、多任务概念结合起来，使用户可同时执行多个任务（以用户的观点）。

随着文字、图形、语音的识别与输入技术的进一步发展，多媒体技术在人机界面开发领域内进一步发展，自然语言风格的人机界面将得以迅速发展，最终走向实用化。

3.8.3 用户界面的设计过程

用户界面的设计过程可分为以下几个步骤。

（1）创建系统功能的外部模型。设计模型主要考虑软件的数据结构、总体结构和过程性描述，界面设计一般只作为附属品，只有对用户的情况（包括年龄、性别、心理情况、文化程度、个性、种族背景等）有所了解，才能设计出有效的用户界面；根据终端用户对未来系统的假想（简称系统假想）设计用户模型，最终使之与系统实现后得到的系统映像（系统的外部特征）相吻合，用户才能对系统感到满意并能有效地使用它；建立用户模型时要充分考虑系统假想给出的信息，系统映像必须准确地反映系统的语法和语义信息。总之，只有了解用户、了解任务才能设计出好的人机界面。

（2）确定完成此系统功能的人和计算机应分别完成的任务。任务分析有两种途径：一种是从实际出发，通过对原有处于手工或半手工状态下的应用系统进行剖析，将其映射为在人机界面上执行的一组类似的任务；另一种是通过研究系统的需求规格说明，导出一组与用户模型和系统假想相协调的用户任务。逐步求精和面向对象分析等技术同样适用于任务分析。逐步求精技术可把任务不断地划分为子任务，直至对每个任务的要求都十分清楚为止；而面向对象分析技术可识别出与应用有关的所有客观的对象以及与对象关联的动作。

（3）考虑界面设计中的典型问题。设计任何一个用户界面时，一般必须考虑系统响应时间、用户求助机制、错误信息处理和命令方式4个方面。系统响应时间过长是交互式系统中用户抱怨最多的问题，除了响应时间的绝对长短外，用户对不同命令在响应时间上的差别亦很在意，若过于悬殊，则用户将难以接受；用户求助机制宜采用集成式，避免叠加式系统导致用户求助某项指南而不得不浏览大量无关信息；错误和警告信息必须选用用户明了、含义准确的术语描述，同时还应尽可能提供一些有关错误恢复的建议。此外，显示出错信息时，若再辅以听觉（铃声）、视觉（专用颜色）刺激，则效果更佳；命令方式最好是菜单与键盘命令并存，供用户选用。

（4）借助CASE工具构造界面原型，并真正实现设计模型。软件模型一旦确定，即可构造一个软件原型，此时仅有用户界面部分，此原型交用户评审，根据反馈意见修改后再交给用户评审，直至与用户模型和系统假想一致为止。一般可借助于用户界面工具箱（User interface toolkits）或用户界面开发系统（User interface development systems）提供的现成的模块或对象创建各种界面基本成分。

3.8.4 用户界面的主要类型

1. 用户界面的主要类型

（1）对话框

对话框是含有一组控件的矩形窗口，一般用于程序执行的特定环境条件，用来接收和处理用户的输入。各种对话框可以出现在系统执行时不同层次的各个过程中，执行完有关的操作后即退出界面。优点是简单、明了，并可以进行一组相关内容的选择或输入，而且不占用系统的主界面。

使用对话框作为系统主要功能界面的情况很少见，一般是在开发小型的应用系统或简单的地理信息查询系统时使用。

（2）单文档界面

所谓单文档，是指程序在某一时刻只能打开一个文档进行处理，如 Windows 自带的“画图”、“记事本”、“写字板”等都是典型的单文档界面软件。

地理信息系统处理数据量大，同时调入并处理多个地理数据库的情况很少，所以地理信息系统的设计，特别是专题型的地理信息系统的设计，一般都不需要同时处理多个地理数据文件，而单文档界面很适合这样的设计。

（3）多文档界面

多文档界面就是能同时打开并处理多个文档的应用程序。

2. 主要的用户界面技术

（1）菜单（menu）

菜单提供一组执行命令的列表，供用户进行各种选择，从而完成相应的系统功能。

菜单有普通菜单、下拉式菜单、弹出式菜单等类型。在软件主界面的设计中，一般按类型和层次将主要的功能操作组织为一个下拉式菜单组，并呈条状在窗口上方排列，称为菜单条。菜单条占用很小的界面空间，但却可以逻辑分明、排列有序地集中系统的大部分功能表项，是当代软件界面设计的主要手法之一。

（2）工具栏（toolbar）

工具栏一般位于主框架窗口的上部，上面有一些图形按钮。当用户用鼠标在某一按钮上单击时，程序就会执行相应的命令；当鼠标在按钮上停留片刻后，就会弹出一个小窗口并显示工具栏提示。按钮的图形是它所代表功能的形象表示，由于人们对图形的辨别速度要快于抽象文字，因此工具栏提供了一种比菜单更快捷的用户接口。在一个标准的 Windows 应用程序中，工具栏的大部分按钮执行的命令与菜单命令相同，以同时提供形象和抽象的接口方便用户使用。

（3）状态栏（status bar）

状态栏是位于应用程序主窗口底部的典型窗口。在状态栏中一般只显示文本信息，以便用户随时了解应用程序的当前状态。GIS 软件一般在状态栏中显示当前活动层、比例尺以及光标的位置信息等。

（4）目录树（tree view）

所谓目录树，是指采用树形图来管理一组类似信息，树的节点可折叠或展开，如图 3.24 右侧窗口中所示。

（5）分式窗口

所谓分式窗口，是指可被拆分为两个到多个单独的、可滚动面板的窗口。在 GIS 中，通常要同时打开几个窗口，如地图窗口、表格窗口、图层管理窗口、图例窗口等。使用分式窗口，可动态调整各个窗口的大小，同时又可使各窗口不重叠覆盖。

（6）导航器

导航器又称“鹰眼”，其功能主要是为主地图窗口建立一个全局的图形索引，即将当前地图窗口中的显示范围简明地标注在索引地图窗口（称为导航器）中的相应位置，并实现二者的同步互动。一方面，用户可以通过导航器中方框的移动改变地图主窗口的显示范围；另一方面，用户对地图主窗口的任何缩放和漫游操作，也可实时反映在导航器的地图窗口上。

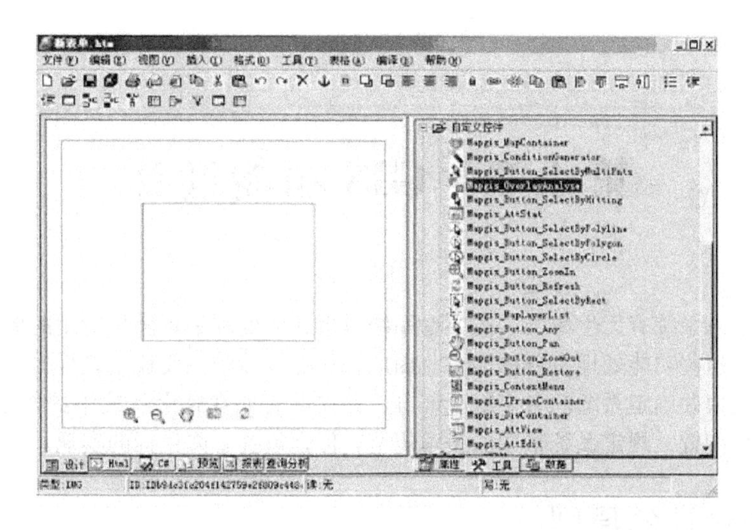

图 3.24　WebGIS 搭建过程界面图

3.8.5　用户界面设计评价

如何评价一个用户界面设计质量的优劣，目前还没有统一的标准。一般来说，评价可以从以下几个主要方面进行考虑：① 用户对界面的满意程度；② 用户界面的标准化程度；③ 用户界面的适应性和协调性；④ 用户界面的应用条件；⑤ 用户界面的性价比。

目前，人们习惯于用“界面友好性”这一抽象概念来评价一个用户界面的好坏，但“界面友好”与“界面不友好”恐怕无人能定一个确切的界限。一般认为，一个友好的用户界面应该至少具备以下特征：① 操作简单，易学，易掌握；② 界面美观，操作舒适；③ 快速反应，响应合理；④ 用语通俗，语义一致。

需要指出的是，一个用户界面设计质量的优劣，最终还要由用户来判定，因为软件是供用户使用的，软件的使用者才是最有发言权的人。

习题

1. 简述 GIS 总体设计的主要内容。
2. 简述 GIS 总体设计的基本原则。
3. GIS 有哪几种组网方案？各有何特点？
4. 简述 GIS 体系结构的发展过程。
5. 面向服务的体系结构有哪些主要的优点？
6. GIS 软件系统通常都包括哪几类常用软件？
7. 应用模型的主要作用是什么？
8. 什么是地理编码？常用的地理编码有哪几种？
9. 设计用户界面时主要考虑哪些因素？

第4章　GIS功能设计

一个地理信息系统有无生命力，主要看系统对事务的处理是否满足应用的要求，即系统具有哪些功能以及这些功能处理事务的能力。因此，功能设计的主要任务是根据系统分析的目标来规划系统的规模并确定系统的各个组成部分，并说明它们在整个系统中的作用与相互关系，确定系统的硬件配置，规定系统采用的技术规范，保证系统总体目标的实现。

4.1　功能设计的原则

GIS系统功能设计一般应遵循以下原则。

（1）功能结构的合理性。即系统功能模块的划分要以系统论的设计思想为指导，合理地进行集成和区分，功能特点清楚、逻辑清晰、设计合理。

（2）功能结构的完备性。根据系统应用目的的要求，功能齐全，适合各种应用目的和范围。

（3）系统各功能的独立性。各功能模块应相互独立，各自具备一套完整的处理功能，且功能相对独立，重复度最小。

（4）功能模块的可靠性。模块的稳定性好，操作可靠，数据处理方法科学、实用。

（5）功能模块操作的简便性。各子功能模块应操作方便，简单明了，宜于掌握。

4.2　功能模块设计

4.2.1　总体功能模块设计

地理信息系统研制不但要完成逻辑模型所规定的任务，而且要使所设计的系统达到最优化。如何选择最优的方案，是系统设计人员和用户共同关心的问题。一般而言，一个优化的应用型地理信息系统必须具有运行效率高、控制性能好和可变性强等特点。为了提高系统的可变性，目前较有效的方法是采用模块化的结构设计方法，即先将整个系统视为一个模块，然后按功能逐步分解为若干个第一层模块、第二层模块等。一个模块只执行一种功能，一种功能只用一个模块来实现，这样设计出来的系统才能做到可变性强和具有生命力。

1. GIS总体功能模块

在GIS中，以数据为中心进行考虑，按照数据的处理流程，可以将GIS的功能分成数据输入、数据管理、数据处理、空间分析和数据输出五大功能模块，如图4.1所示。

（1）数据输入模块

数据输入模块的功能是将表征空间位置的图形数据和描述它的对象特征的属性数据，通过数字化仪或扫描仪等输入设备输入到计算机中，建立相关的地理数据库。地理数据库是GIS的核心，数据库设计的好坏、地理数据的完整性与准确性直接关系到GIS各种功能的实现。地理

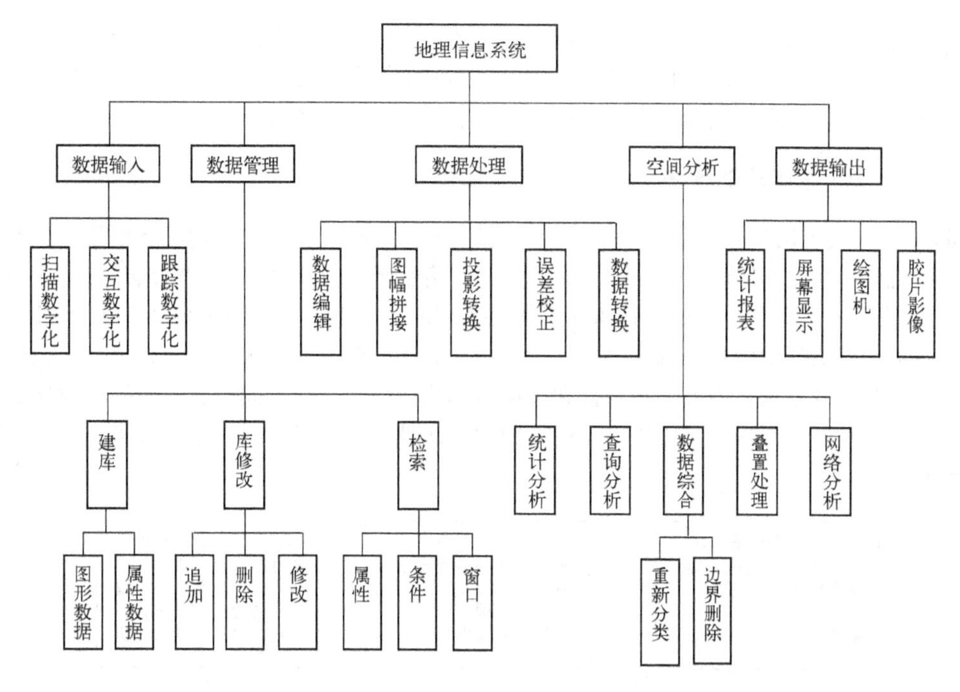

图 4.1　GIS 主要功能模块

数据库可包含多种数据形式，如图件、遥感数据、文字报告、统计资料、照片等，并按照一定的数据格式存储在计算机中。例如，一条道路，除了记录它的地理位置以外，还可存储它的图像、景观特点、行车状况、有多少路口交叉情况等属性信息。

（2）数据库管理模块

数据库管理模块是 GIS 最重要的部分，提供存储、编辑、检索、查询、运算、显示、更新空间数据的能力。它与普通数据库管理系统（DBMS）的不同在于：它不但能管理普通的属性数据库，还能管理地理空间数据，即具备图形和属性特征的地理数据。

（3）数据处理模块

GIS 中对数据的操作提供了对地理数据有效管理的手段。对图形数据（点、线、面）和属性数据的增加、删除、修改等基本操作大多可借鉴 CAD 和通用数据库中的成熟技术；不同的是，GIS 中图形数据与属性数据紧密结合在一起，形成对地物的描述，对其中一类数据的操作势必影响到与之相关的另一类数据，因而操作带来的数据一致性和操作效率问题是 GIS 数据操作的主要问题。

（4）空间分析模块

根据用户的需求对地理空间信息进行统计分析、综合分析、拓扑叠加分析、网络分析、缓冲区分析，或运用各种数学分析模型，进行动态数学模拟、评价和预测，是 GIS 功能中最具开发潜力的部分。例如，进行交通通畅状况评价时，可先建立关于交通流的地理位置、组成、通达度、沿线地物组成等评价因子库，然后代入交通评价模型计算，并将评价结果以直观的形式（符号、色彩）表现在交通流状况评价分布图上。

（5）数据输出模块

GIS 输出的结果应具有很强的可视性，所以 GIS 很重视图形及图像的产生。产生图形时，应针对用途（如一张地形图、一张公路图、一张管线图等）选择最佳的表达特性、合适的比例尺、层次分明的色彩、简明的注解、清晰的标志，用计算机自动绘图，该图能人机交互修改，最后选用合适的输出设备产生打印图、幻灯片、胶片、存储介质等。产生图像时，应根据目的，选择合适的灰度范围、真彩色或伪彩色、不同的视角与光照、二维或三维，还要确定是否加网格，要选用合适的成像输出设备形成胶片、图片、幻灯片等。

2. MapGIS 总体功能模块

MapGIS 是具有国际先进水平的、完整的地理信息系统，它分为“GDB 企业管理器模块”、“地图编辑器模块”、“数据分析与处理模块”、“网络编辑与分析模块”、“GSQL 查询分析器模块”、“栅格分析模块”、“遥感影像处理模块”和“三维建模与分析模块”八大部分，如图 4.2 所示。根据地学信息来源多种多样、数据类型多、信息量庞大的特点，该系统采用矢量和栅格数据混合的结构，力求矢量数据和栅格数据形成一个整体，同时，考虑栅格数据既可以和矢量数据相对独立存在，又可以作为矢量数据的属性，以满足不同问题对矢量、栅格数据的不同需要。

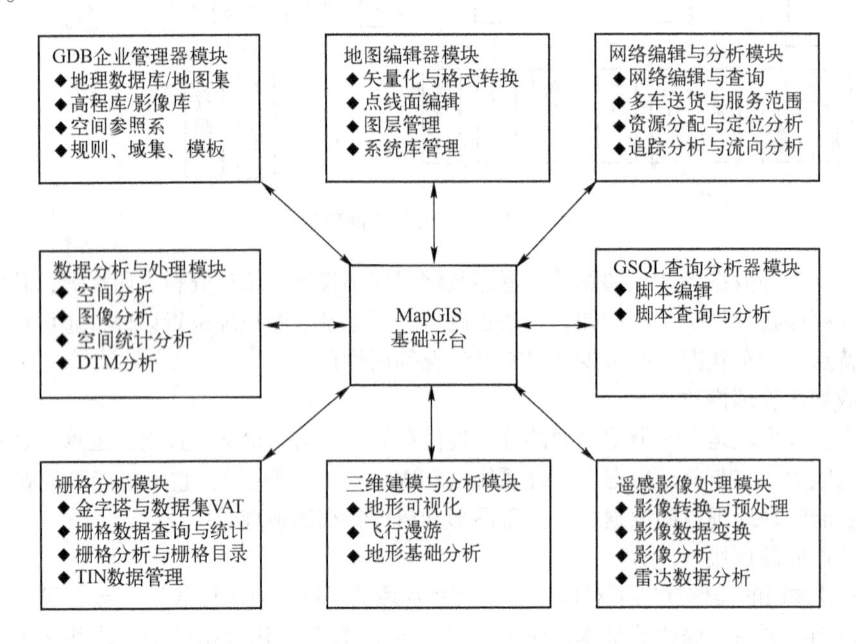

图 4.2　MapGIS 系统总体功能结构图

根据用户的不同需要，可以选择使用 8 个部分内的各个模块功能。一般的处理过程如下：先用地图编辑器模块采集图形、图像、属性等数据，然后通过点线面编辑对输入的数据进行编辑和校准，通过 GD 企业管理器模块进行入库和库维护。接下来就可以通过数据分析与处理模块来进行各种查询、分析、统计等操作，需要输出的图形、图像、专题图等数据通过地图编辑器模块进行输出。

（1）GDB 企业管理器

GDB 企业管理器是管理数据的场所，能根据数据特点，对海量空间数据以及非空间数据进行分类及有序存储管理，支持 TB 级数据的存储与浏览。它集成了地理数据库（GeoDatabase，简称 GDB）创建、管理、浏览等多种功能。通过 MapGIS 的目录树，记录了 GDB 的信息，包括：要素类、对象类、注记类、修饰类、动态类、栅格数据集、元数据库、地图集等。通过内容视窗浏览空间数据和属性数据。

（2）地图编辑器

地图编辑器是一个用户编辑、显示、查询和分析地图数据的以地图为核心的模块，包括图形编辑及建立拓扑、像镶嵌配准、投影变换、误差校正。既是一个面向地理对象的数据输入和编辑分析器，又是一个完整的专业制图系统。在地图编辑器中不仅可以按照要素属性编辑和表现图形，而且可以直接绘制和生成要素数据；不仅可以在数据视图下按照特定的符号浏览地理要素，而且可以同时在版面视图下生成打印输出地图；具有强大的制图编辑功能。

（3）数据分析与处理

数据分析与处理模块协助用户完成一系列的数据分析与处理操作：地图文档的打开、关闭、新建、保存文档、打印等；提供输入图元、修改参数、修改属性、删除、移动等编辑功能；提供矢量数据、属性数据及栅格数据的分析功能，如缓冲区分析、属性汇总、影像分析等分析操作；提供多种数据查询方式，如属性浏览、空间查询、距离量算、面积量算等；提供矢量数据、属性数据及栅格数据的裁剪、变换、影像处理、数据导入/导出等功能；提供图框工具、地图集工具、版本管理工具、离线编辑工具等。

（4）GSQL 查询分析器

GSQL 查询分析器主要的语句类型有查询语句和分析语句。查询语句能够从某个类（可以是要素类、简单要素类和对象类）中提取符合条件的记录，结果形成一个新类；分析语句主要实现 OGC 规定的常用的空间分析功能，如包含、求缓冲区等。该模块主要功能包括脚本编辑和查询与分析。

（5）网络编辑与分析

网络编辑与分析提供了一个获取、存储和分析网络的完整模型，主要用来处理网络类数据。该模块提供丰富的网络编辑和分析功能，包括路径分析、连通分析、流向分析、资源分配、定位分配、网络追踪等。

（6）栅格分析

栅格分析帮助用户创建、处理、分析基于格网的栅格数据。可以将研究区域内的栅格数据有效地组织起来，根据地理分布建立统一的空间索引，快速调度数据库中任意范围的数据，达到对整个栅格数据的无缝漫游和分析处理。同时，栅格数据库与矢量数据库可以联合使用，并可以复合显示各种专题信息，进行矢栅转换处理。TIN 管理与分析插件可将研究区域内相关的栅格数据有效地组织起来，可建立不规则三角网（TIN）模型。所谓 TIN 模型，实质上是将原始的离散数据点按一定规则连接成 Delaunay 三角形，然后在此基础上进行分析。栅格目录将研究区内相关的各种栅格目录有效地组织起来，同时对栅格目录进行一定的分析处理。

（7）三维建模与分析

该模块由三维数据树视图、三维渲染视图构成，包括数据管理、地形可视化、影像叠加、飞行路径编辑、飞行漫游、地形坡度坡向分析、单点查询、表面积量算、体积量算、填挖方计算、两点距离量算、两点通视性分析、可视域分析、洪水淹没分析、地形剖面分析等功能。三维数据树视图负责三维数据层的管理，三维渲染视图负责三维模型的显示。

（8）遥感影像处理

该模块提供功能强大的海量数据存储管理、影像数据的输入/输出、定标、影像可视化、辐射校正、图像增强、几何校正、正射校正、镶嵌、数据融合以及各种变换、信息提取与制图、影像分类、DEM 高程分析、影像分析、雷达分析及高光谱分析处理等完整的遥感数据处理流程。

3. 应用型 GIS 总体功能模块

应用型 GIS 是在一定的工具型 GIS 的基础上，经过二次开发而得到的适合于一定应用目的的 GIS 系统。因此，它基本上继承了工具型 GIS 所提供的所有基本功能。所以应用型 GIS 的功能设计重点并不在于对基本功能的设计和编程，而是根据需求分析的结果，对解决特定应用目的而进行的功能分析、选择合适的工具型 GIS 功能并对其具体化，以满足用户的需要。图 4.3 是地价评估系统总体功能结构图。通过与现有各类地理信息系统的接口或数据转换，城市地价信息系统存储各种与基准地价评估、更新及土地定级有关的空间信息、属性信息，例如，相同比例尺的城市土地分级图或均质地域分布图信息，城市土地利用规划图，城市建设规划图信息，宗地信息图（地籍图），建设用地红线图信息，历次地价评估样点分布图，抽样调查结果属性表，历次基准地价图信息，反映城市交通概貌、主干基础设施分布、环境条件分区和商业分布特征的专题图，以及相关的不同比例尺的地形图。

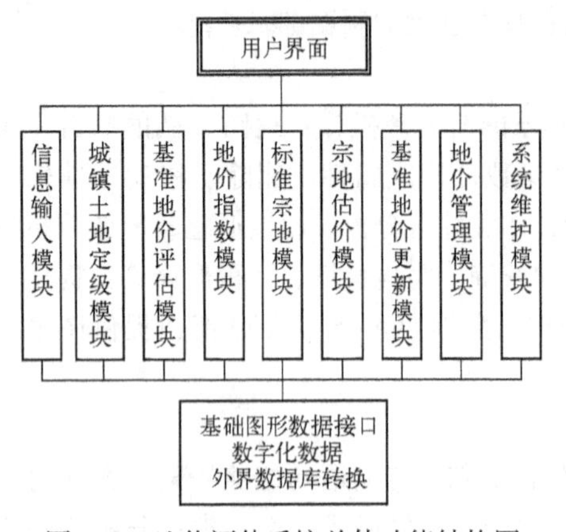

图 4.3　地价评估系统总体功能结构图

功能模块设计中充分利用 GIS 的空间分析功能，如缓冲区分析、网络最短路径计算、空间叠置分析等功能，并与相应的数学模型结合，设计的功能应适用于不同条件、不同类别、不同方法的地价评估程序库，各种类型的抽样调查结果可方便地对号入座进行处理。能准确地进行土地定级、宗地地价评估、基准地价的评估及更新等工作。该系统实现的功能概括如下。

（1）用各种技术、方法实现多层次土地质量评价。

（2）地价信息，其中包括图、册、表、文等的计算机存储、管理、维护和输出。

（3）为不同层次用户提供相应的地价信息和宗地信息的查询、统计与分析。

（4）全面实现与其他系统或数据库的接口。

4.2.2　子功能模块设计

功能模块设计除了总体功能设计外，还要进行子功能模块设计。下面以地价评估系统总体功能结构图中的城镇土地定级模块和基准地价评估模块为例，进行子功能模块的设计。

1. 城镇土地定级模块

城镇土地定级模块的基本功能如图 4.4 所示，其基本功能如下。

（1）确定影响土地级别的各项定级因素。

（2）实现土地定级过程的自动化，科学、准确、客观地确定土地级别。

（3）绘制土地级别图。

（4）建立与土地定级有关的数据库，为基准地价评估和各项地价管理工作提供基础数据。

2. 基准地价评估模块

基准地价评估模块的基本功能如图 4.5 所示，其基本功能如下。

（1）通过级差收益测算法得出不同级别、区域或地段的土地基准地价。

（2）利用各类土地交易数据，计算出各类用地样点地价。

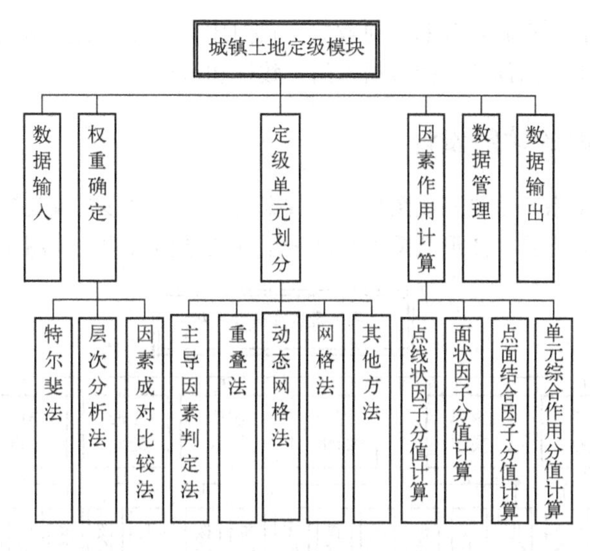

图 4.4　城镇土地定级模块基本功能结构图

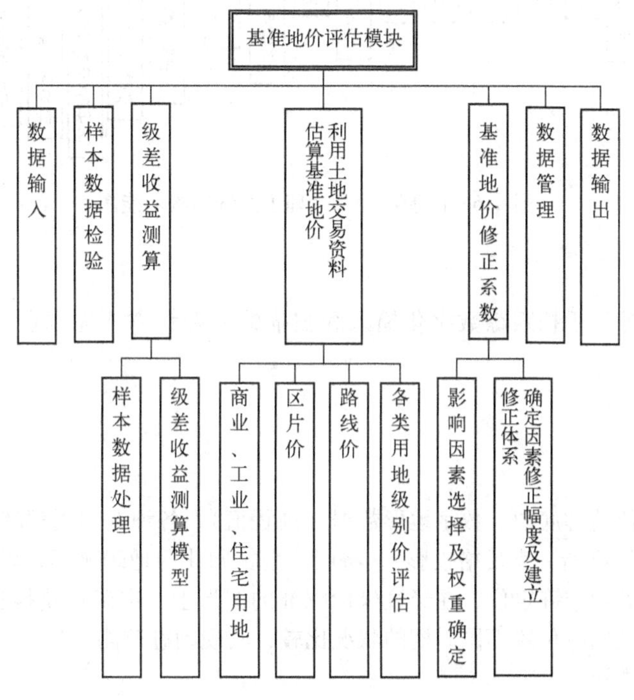

图 4.5　基准地价评估模块基本功能结构图

（3）运用路线价法测算某些地段的基准地价。

（4）利用经过检验、归类的样点数据测算出区域基准地价。

（5）建立各类用地宗地地价修正系数。

4.3　空间数据库功能设计

空间数据库由图形数据库和属性数据库组成，图形数据库中存放和管理着各种空间数据，属性数据库中则存放和管理着各种非空间数据。它们建立在标准的工作规范、统一的编码体系和相应的管理模式之上，以保证空间数据库的一致性和可操作性。

4.3.1 图形数据库的功能设计

图形数据库管理子系统主要完成图形图像数据的输入，图形图像变换、查询、图形整饰输出等功能是系统的核心工具。图形数据库管理子系统的结构与功能如图 4.6 所示。

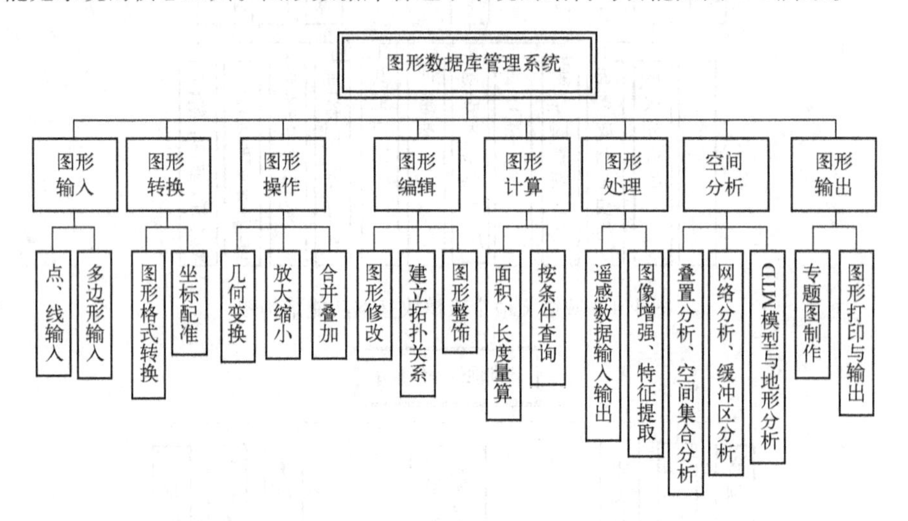

图 4.6 图形数据库管理子系统结构功能图

1. 图形输入

图形输入主要通过手扶跟踪数字化输入和扫描输入两种方式完成点、线、面（多边形）的输入。

2. 图形转换

（1）坐标配准

坐标配准能够使地理底图、数字地形数据（高程值）、各种专题图都转换到统一的坐标系和单位中（我国采用高斯 - 克吕格投影），将图幅坐标归化为地理坐标，以便于做进一步的分析工作。系统能够做到准确定位，在经过坐标配准的图形上，准确地获得它的实际地理位置，实现多幅图的拼接及同一位置不同时期的状况比较，实现动态监测。

（2）图形格式转换

系统能够实现矢量数据结构向栅格数据结构的转换。

3. 图形操作

图形操作主要是指对图形的运算，包括以下几部分。

（1）图形的开窗。

（2）图形的缩放、漫游。

（3）图形的旋转。

（4）图形的叠加。

（5）图形的拼接，消除几何裂隙和逻辑裂隙。

上述各种功能可单独应用或联合应用，以实现用户对图形的不同要求。

4. 图形编辑

图形编辑：图形整饰，包括设计符号与建立符号库，且有自动生成各种符号的工具；图形修改，包括增删、连接、断开、移动、图形复制功能；建立拓扑关系，包括建立图形各要素之间的拓扑关系。

5. 图形计算

图形计算主要是指对图形完成一些诸如长度、周长、边长、点到线距离、面积的量算及按照用户的要求实现的其他操作，如空间与属性的条件查询。

6. 图像处理

为保证系统的动态性和现势性，图像处理可利用遥感技术更新系统数据库的内容。图像处理应包括以下功能。

（1）遥感数据的输入。

（2）画面显示、操作、坐标量测、色调变更等。

（3）几何校正，能从具有几何畸变的图像中消除畸变。

（4）图像增强，能使分析者容易地识别图像内容，按照分析目的对图像数据进行灰度变换、彩色合成等处理。

（5）特征提取，把图像的特征进行量化处理。

（6）栅格数据矢量化处理。

（7）地面定位，能利用地理数据（三角点、地图数据、GPS 数据）与遥感图像匹配。

（8）输出功能，具有胶片输出和数字输出功能。

7. 空间分析

空间分析指图形、属性之间的查询，实现由图形查属性或者由属性查图形的功能。空间分析包括以下功能。

（1）叠置分析。将同一比例尺、同一区域的两组或多组图形要素的数据文件进行叠置，得到新的图形和新的属性统计数据。

（2）缓冲区分析。根据数据库中的点、线、面实体，自动建立其周围一定宽度范围的缓冲区多边形。

（3）空间集合分析。按照两个逻辑子集给定的条件进行逻辑交、逻辑并、逻辑差运算。

（4）网络分析。包括路径选择、资源分配、连通分析、流分析、选址等。

（5）数字地形模型（DTM）。由等高线或不规则三角网（TIN）产生数字高程模型（DEM），可进行高程分析、地面参数计算（坡度、坡向辐照度、地面粗糙度等）、三维立体模型多角度方位显示。

（6）地形分析。包括等高线分析、透视图分析、断面图分析、地形表面面积和挖填方体积计算。

8. 图形输出

图形输出就是将系统处理的结果，按照用户的要求提供各种输出。通常包括以下功能。

（1）在图形输出前，用户可以根据需要添加符号、颜色、注记、图例，并对图廓进行整饰。

（2）具备与多种输出设备的类别（打印、笔式、喷墨、静电、制版等）和型号相兼容的接口软件和绘图指令。

（3）能够向用户提供矢量图、栅格图、全要素图和各种专题图。

4.3.2 属性数据库的功能设计

属性数据库管理子系统是存储、分析、统计、评价、查询、更新、属性制图等的核心工具，也是整个系统的重要组成部分，需要具备对数据库结构操作、属性数据内容操作、数据的逻辑运算、属性数据的检索、从属性数据到图像的查询、属性数据报表输出等功能。用户一方面可以随意地提取数据库中的任何数据参与数据处理、制图、分析、评价，充分发挥数据库中数据的价值；另一方面可以将经图形提取得到的数据及分析、评价、决策模型运算的结果返回数据库，以备其他模型调用或输出，最大限度地发挥属性数据库管理子系统的功能。属性数据库管理子系统设计有数据库结构操作、属性数据输入、数据库操作、属性数据查询统计及输出方式等功能，其功能结构图详见图4.7。

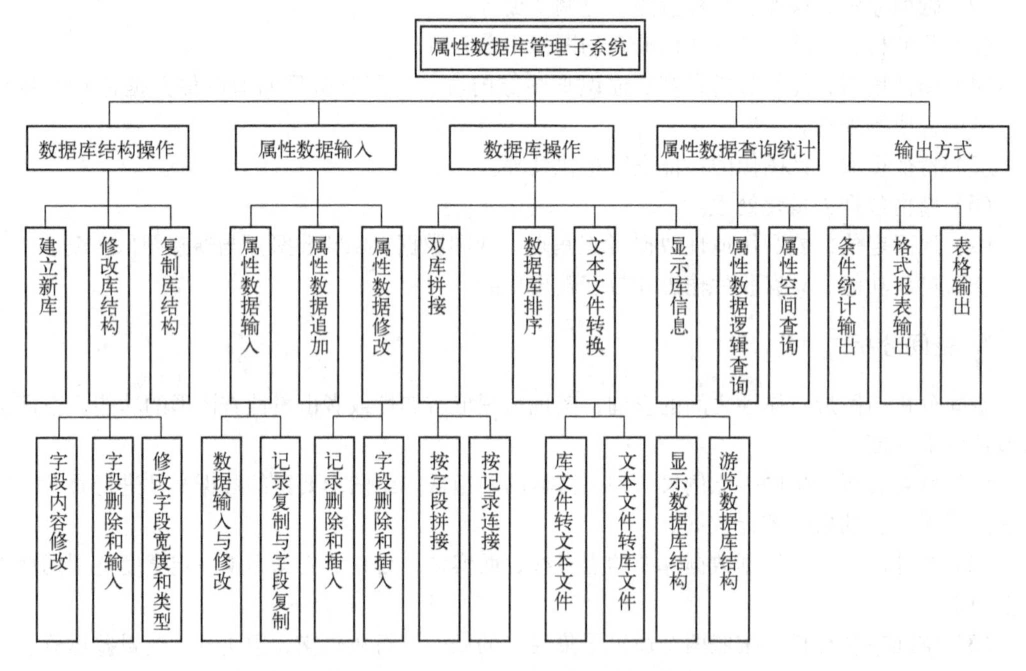

图4.7 属性数据库管理子系统功能结构图

1. 数据库结构操作

数据库结构操作包括以下内容。

（1）建立新库。定义字段名称、字段类型及字段长度，建好一个新库后可直接输入属性数据。

（2）修改库结构。修改库中字段内容、字段类型及字段长度，以及字段的插入、删除。

（3）复制库结构。具有相同字段的库文件可通过复制库结构来建立一个新的库文件。

2. 属性数据输入

属性数据输入包括以下内容。

（1）属性数据输入。包括按一般方法进行数据输入和数据复制，当2个字段的内容或2条记录的内容完全相同时，可以通过复制来完成输入，以提高输入效率。

（2）属性数据修改。包括修改属性内容以及插入记录、删除记录、插入字段、删除字段等。

（3）属性数据追加。数据追加是指在一个原有数据库后边追加新的记录。

3. 数据库操作

数据库操作包括以下内容。

（1）双库拼接。对两个数据库按字段或记录联结。

（2）文本文件转换。把数据库文件转换为文本文件或把文本文件转化为数据库文件。

（3）数据库排序。根据需要把数据库文件按记录或字段根据给定的条件排序。

（4）显示库信息。显示数据库的字段信息或字段内容。

（5）向用户提供定义各类地物的属性数据结构和用户自定义数据结构的功能。

（6）具有对数据结构进行修改、复制、删除、合并等功能。

4. 属性数据查询统计

属性数据查询统计是指利用结构化查询语言（SQL）提供多种灵活的方式进行数据库查询，包括以下内容。

（1）属性数据逻辑查询。对符合指定逻辑条件的数据进行查询。

（2）属性空间查询。对符合逻辑条件的属性，查询其空间图形，它是从数据到图形的查询。

（3）条件统计输出。提供数据计算统计和统计分析功能，按照一定的目的进行逻辑运算，并统计其结果，把查询或统计的结果按一定的格式输出。

5. 输出方式

输出方式主要有报表、饼图、直方图、折线图、立体直方图、立体饼图等几种方式。

（1）格式报表输出。按一定目的设计表头表格形式，以及附加注记等，其结果可进行保存。

（2）表格输出。把事先设计好的表格文件打印输出。

4.4 空间信息可视化与制图功能设计

4.4.1 图形符号库管理与表现

GIS图形符号设计是指在对数字地图以图形方式进行表示的过程中，依据地图设计原理和地图整饰原则，对于诸如符号选择、符号定位、线型选择、区着色、色彩选择、注记配置等所进行的设计。一些工具型GIS中提供一些常用的地图符号库，常用的地图符号已按一定的图例要求符号化；此外，还提供一定的用户自定义符号，用户可以根据输出要求，利用符号库提供的符号组合和设计方法，设计一些比较复杂的符号。

图形符号库管理功能设计包括增加新的图形符号、修改已存在的图形符号、删除已存在的图形符号、图形符号换位、修改符号颜色、更新图形符号库等内容。用户可以根据以上提供的功能，对地图编辑过程中所使用的符号、线划等按出版要求标准化、规范化处理。

图形符号编辑设计包括图形符号自动绘制和交互编辑两部分内容。系统提供自动填充图上各多边形区域的功能，向用户提供以屏幕对话方式选择特定的多边形区域并填充库中的某个图形编号及颜色的功能。图形符号可叠加并自由组合出许多新的图形符号。

例如，MapGIS 提供如下图形符号库管理与表现功能。

（1）提供功能强大、方便灵活、简单易用的符号编辑器。用户只需要简单地拖动鼠标，就可以轻而易举地做出需要的符号，还可以根据专业需要设计新的符号。

（2）系统的符号库可以输出并接收符号交换文件，符号交换文件是基于 XML 的文本格式，用户可以自己编程序读取并绘制符号、建立符号库。

（3）系统的符号表示体系分为线型库、图案库、点状符号库和颜色库。库中的符号采用统一编码，符号可以扩展为栅格符号、矢量符号和专用程序符号三种。

4.4.2 动态可视化

根据属性及相关信息，可定制可视化规则，而根据可视化规则可绘制每个要素。动态可视化设计包括以下内容。

（1）简单符号化绘制：将一个要素类的所有要素用同一种符号表示出来。

（2）要素分类绘制：根据要素属性将要素进行分类，每类用一套可视化参数进行符号化绘制。

（3）通过特定字段值绘制：根据要素属性的某一特定字段值，确定可视化参数，进行符号化绘制。

（4）用字段中符号的名称绘制：根据要素属性字段中的符号名称或编号来绘制要素，这个字段含有以文字表示的符号名称或编号。

（5）要素的数值属性绘制：根据要素属性的数值，用文字在图上的相应位置绘制该数值。

（6）用渐进颜色绘制：用分等级的颜色来表示属性的值。

（7）用分等级的符号来绘制：通过改变符号大小来可视化属性的数值。

（8）多属性绘制：用多个属性字段、多种绘制方法来表达一个要素。

4.5 输入/输出设计

输入/输出设计是地理信息系统功能设计的两个重要部分，用户通过输入模块将各种数据以需要的方式输入系统后，可选择操作界面上的菜单执行相应功能操作，再以用户需要的输出方式将运行成果输出。输入/输出与用户的关系如图 4.8 所示。

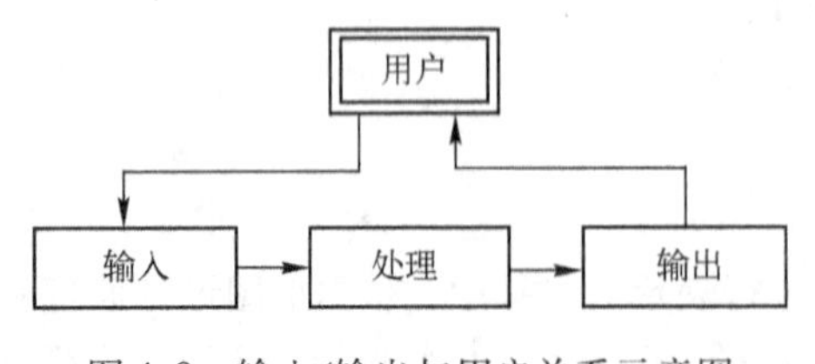

图 4.8　输入/输出与用户关系示意图

输入/输出涉及输入/输出硬件设备、用户数据现状、需要获得的处理成果形式以及现有的硬件水平等方面的内容。

4.5.1 输入设计

通过输入设计，用户可将需要的图形数据和属性数据通过输入设备输入到系统中。系统在运行处理过程中，用户可通过用户界面将操作指令和运行参数输入到系统各个功能模块中。

1. 数据输入方法

（1）GPS 方法

GPS 技术是依靠导航卫星来确定地球上某一位置坐标的技术，它目前已成为一种既便宜又精确的数据采集技术，广泛应用于航海、汽车导航、登山、滑雪等业务或娱乐领域，精度可达到毫米级。

在管线管理信息系统中，常使用高精度 GPS 来测量各管线上的各种部件（水表、接口、阀门等）的位置来精确给定管线的真实位置。这种数据的采集工作可由用户来完成，且数据的采集可随时进行，因而数据具有现势性。

GPS 所采集的数据是（x，y，z）坐标点。这些点的信息可以以文本的形式存储，根据数据库和 GIS 软件的要求，可使用一些很简单的程序将其转换成有拓扑关系的图形加属性信息。

（2）数字测图

- 测量控制资料入库、控制资料查询、区域资料分析、数据资料维护、坐标转换、安全管理。
- 常用的测绘手段有野外数字化测图方法，包括测记法（含电子簿）、内外业一体化数据采集（电子平板）。
- 多种格式的测图数据的导入和导出。
- 适合数字化成图系统的编辑和捕捉功能。
- 完全自动化的实体创建。
- 专为地籍测量定制的地籍测量模块。
- 基于模板的标准图件输出。
- 提供测区管理功能，支持测区图形数据和属性数据的管理。
- 接边处理和批量输出功能。
- 测量成果数据进行三维可视化，实现了地形与地物的叠加。
- 对三维可视化成果进行基本的属性添加、修改、统计和查询。
- 对生成的三维场景能进行路径漫游，并可将漫游过程记录为 .avi 格式的影像文件。

（3）摄影测量方法

各种大比例尺的地图都是使用摄影测量方法制作而成的。它一般使用已知的大量控制测量点来对像片上的各地理特征进行地理参考。摄影测量方法是一种传统而又较成熟的数据采集方法，精度较高。在考虑是否使用摄影测量方法时，主要应当考虑下列几个方面。

① 控制点。如果该地区没有很好的大地控制点，则必须要先建立一种控制点网络后再行使用。

② 比例尺。摄影测量的比例尺与造价关系很大，在确定使用何种比例尺时，应根据数据库精度的要求进行，既不应使用太大的比例尺而使造价增高，也不应使用过小比例尺而失去应有的数据精度。

③ 提取的特征。只提取数据库中所需的特征。

④ 数字正射影像数据。如果时间和费用允许，应尽量产生数字正射影像数据。因为它可

以作为非常好的背景图像使用，对整个数据库的精度检测和美观均有很大作用，它还可以用来作为屏幕数字化的底图。

⑤ 多边形数据的提取。目前商用较广泛的与摄影测量方法有关的软件大多还是 CAD 类型的软件，因此大多数是点、线类型，而没有多边形类型。在 GIS 数据库建库过程中需要将某些线特征转换成面特征。

目前的摄影测量方法主要有三种，由老到新排列为立体测图仪法、正射影像图生成和软拷贝摄影测量等。立体测图仪法是一种较老的技术，所使用的光学仪器很昂贵，操作员操作光学仪器可以将立体像对转成三维立体表达，然后便可在三维立体表达上进行特征数字化。正射影像图是校正后的、可以与地图匹配的航空像图。数字化的正射影像图在 GIS 中尤其重要。

(4) 测量数据

测量数据是一种使用传统采集方式采集的数据，各个国家的土地管理部门均或多或少地拥有许多此类数据。这类数据通常系统性较好，而且精度很高，直到现在还被各部门作为主要的土地控制数据。这种数据通常也可转换成文本格式，然后通过运行简单的应用程序便可以转换成图形数据。

有关测量数据，值得一提的是，许多测量数据是有主次之分的。例如，管线测量数据通常是以地籍测量为基础的，也就是说，地籍测量在先，管线测量在后，而且管线测量的数据是参照地籍测量而成的，若数据库中地籍测量数据有变化，管线数据也应该相应发生位置的变化，但相对关系保持一致。这种关系也应该在数据库中加以存储，以作为参考之用。

(5) 影像处理和信息提取

影像处理和信息提取是指在遥感影像上直接提取专题信息，影像处理技术包括几何纠正、光谱纠正、影像增强、图像变换、结构信息提取、影像分类等。

由图像处理技术支持的交互式人机对话判读技术，可支持用户采用键盘、鼠标或光笔在影像屏幕上直接解译，经编辑和拓扑生成后，更新 GIS 数据。这是目前技术水平下一种十分有效的快速信息采集方法。

(6) 数据通信

数据通信是指在连网方式下，获得其他信息系统的有关信息，这些信息经过变换后进入系统数据库。这是系统信息共享的一种方式。

2. 数据输入方式

数据输入是指将用户的各种形式的数据通过相应的输入设备，选择一定的输入方式输入到系统中。不同的数据输入方式配备不同的输入设备，因此输入功能模块设计包括输入方式设计和输入设备选择两方面，目前 GIS 主要的数据输入方式如图 4.9 所示。常用的输入设备有键盘、鼠标、声音识别仪、手扶跟踪数字化仪、扫描仪、全站仪、数字摄影测量系统、全球定位系统（GPS）和航天航空遥感等。随着信息技术的发展，输入方式和设备也在不断更新。设备的选用应考虑以下一些因素。

① 输入的数据量与频度。

② 数据的来源、形式、收集环境。

③ 输入类型、格式的灵活程度。

④ 输入速度和准确性要求。

⑤ 输入数据的校验方法、纠正错误的难易程度。

⑥ 可用的设备与费用。

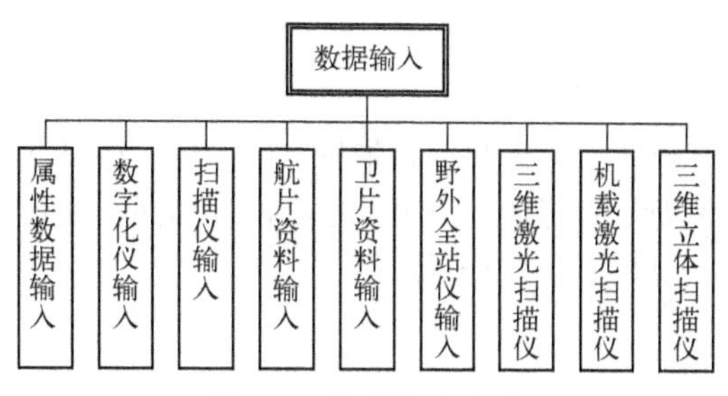

图 4.9　数据输入方式

4.5.2　输出设计

数据经计算处理后可得到许多信息，把这些信息通过各种输出设备以合理的格式提交给用户的过程称为计算机的物理输出。对物理输出的格式、方式进行设计就是所谓的输出设计，它是终端用户最关心的问题。

输出设计将空间数据处理的结果，以用户要求的各种形式进行输出，供用户进行生产、上报、验收、交流、分析、管理和决策。输出设计的重要性是显而易见的，对于大多数用户来说，输出是系统开发的目的，是评价系统开发成功与否的标准。地理信息系统只有通过输出才能为用户服务。地理信息系统能否为用户提供准确、及时、适用的信息是评价系统优劣的标准之一。因此，必须十分重视输出设计。从系统开发的角度看，输出决定输入，即输入信息只有根据输出要求才能确定。

1. 数据输出内容和形式

用户是输出信息的主要使用者。因此，进行输出内容的设计时，首先要确定用户在使用信息方面的要求，包括使用目的、输出速度、频率、数量、安全性要求等。根据用户要求，设计输出信息的内容，包括信息形式、输出项目及数据结构、数据类型、位数及取值范围、数据的生成途径、精度、完整性及一致性的考虑等。输出的形式如图 4.10 所示。

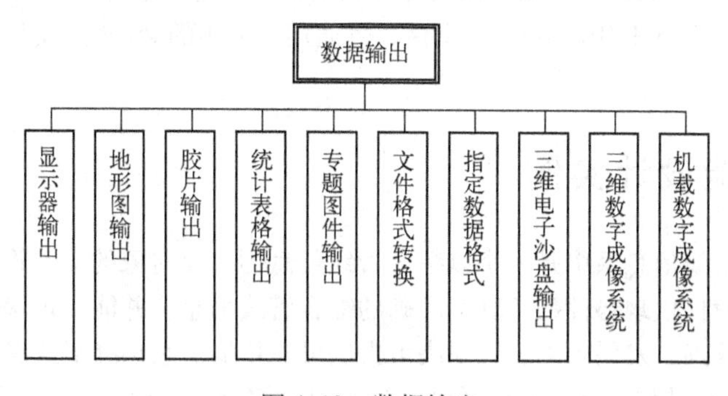

图 4.10　数据输出

（1）各种显示器形式的软拷贝输出。如液晶显示器、平板显示器和 LED 显示器等。

（2）通过各种绘图设备输出到介质上的硬拷贝输出。如纸质地图和胶片。

（3）各种统计报表。

（4）对统计结果的图形描述。如直方图、饼图、曲线图等。

（5）存储多幅地图的海量数据库。

（6）各种数据格式的数据文件。

2. 数据输出设备

常用的输出设备有显示终端、打印机、磁带机、磁盘机、绘图仪、多媒体设备等，输出介质有纸张、磁带、磁盘、光盘、多媒体介质等。这些设备和介质各有特点，应根据用户对输出信息的要求，结合现有设备和资金条件进行选择。

3. 数据输出格式

地理信息系统输出设计成一个具有 Windows 多文档界面的软件系统，它具有 Windows 多窗口系统操作的基本特征。主要有 Windows 输出、光栅形式输出和 PostScript 格式输出三大类。

Windows 输出是利用 Windows 的 GDI，在各种打印机、绘图仪上进行输出。输出设备必须安装好对应的 Windows 输出驱动程序。然而，由于受到输出设备的 Windows 输出驱动程序及输出设备的内部缓存限制，在进行一些比较复杂的图形输出时，可能有的图元不能正确输出，并且部分数据的处理可能会比较慢。这种情况只有在“光栅输出”下才能得到解决。

光栅输出解决了复杂图形的输出以及部分绘图仪的设备内存限制等问题，提高了大幅面地图的输出速度。为此，设计了一个针对地图处理的高速软件 RIP，它先对图形进行分色光栅化，形成供打印机及彩色喷墨绘图仪输出用的分色光栅文件，然后再驱动彩色喷墨绘图仪进行输出。

MapGIS 系统在对数据进行光栅化时，能设定颜色的还原曲线，对不同的设备，精心调整曲线能得到令人满意的效果。对于复杂地图的彩色喷墨输出，用这种方式能得到效果较好的输出结果。

PostScript 格式输出形成符合 PostScript 标准的各种 PS 文件和 EPS 文件的输出。在地图最终出版印刷前，需要进行激光照排制版，这时应选用 PostScript 格式输出。生成 PS 文件或 EPS 文件到激光照排输出中心输出胶片，然后再到印刷厂制版印刷。

在 MapGIS 系统中，为适应不同的输出环境和配置，准备了多种 PostScript 格式文件的输出功能，可以输出供北大方正 RIP 用的 PS 文件、供通用 RIP 用的 PS 文件以及符合 Adobe Ai 标准格式的 EPS 文件。

4.6 GIS 功能设计实例

上海石化综合管线信息系统是一个以综合管线信息为主要对象的 GIS 管理系统，其主要目的是建立一个能快速提供现势性强、真实准确的综合管线信息，并能实现快速查询、综合分析等操作，为行业的管理、发展预测、规划决策提供可靠依据。它选择了武汉中地数码科技有限公司开发的 MapGIS 软件作为基本操作平台。为实现对综合管线的自动化、科学化管理和快速查询、分析的目的，在 MapGIS 的基础上，设计和实现了六大子系统，各个子系统的功能如下。

1. 地形图库管理子系统

系统提供了对地理底图库空间数据和图形属性进行编辑的功能，同时还集成了矢量化和图形输出的功能，能够实施灵活高效的图库管理和方便的数据转换，是一个强大的图形编辑管理系统，主要利用 MapGIS 平台为实现手段。

（1）数据转换

① 利用数字化仪输入成图。

② 利用野外全站仪、电子簿输入成图。

③ 利用扫描仪数字化输入成图。

④ 多种图形格式文件及各种 GIS 软件系统的输出图形文件，均可被转换成系统可以接收的格式；同时，系统中的图形格式也可以转换为其他软件可以接收的格式。

（2）图形编辑

图形编辑是地形图编辑管理模块中最重要的部分，是一个重要的维护管理工具。图形编辑工具能够更新图形内容、实现图形综合、改善绘图精度、丰富图形表现力，同时负责各种图形文件（点、线、区、网等）或整个工程项目的存储、更新和备份。

（3）图形输出

图形输出系统读取 MapGIS 的各种输出数据，进行版面编辑处理、排版、图形整饰，最终在各类输出设备（激光照排机、各类打印机、绘图仪等）上得到图件或表格。

（4）图库管理

图库管理在整个系统中负责着基础信息的管理，它是所有系统建立的根本，直接关系到系统运作的稳定性。图库管理主要是针对空间数据的管理，用于存储和管理地图信息，属于专用的地图数据库管理系统。其主要功能有：

① 以帧为单位来管理图形数据并实现图幅漫游。

② 为用户提供灵活直观的数据入库手段。

③ 多种强有力的数据查询途径。

④ 方便的图幅之间的接边功能，消除相邻图幅间的接合误差。

⑤ 提供图幅校正功能。

2. 管线输入与编辑

输入与编辑模块、管网管理与分析模块为综合管网系统的主要部分。在此模块中，系统完成显示、编辑、管理以及查询分析统计等各项功能。

（1）直接读取外业探测数据

外业格式符合上海石化对数据的要求，能完整地保留图形、拓扑和属性信息，在读取过程中自动实施数据校验和一致性检查，并给出错误信息，实现“外业勘测—内业成图—建立信息系统”的一体化，主要包括管线图形生成及颜色与符号标准化、管线对象定义、图形与属性关联，以获得满足制图与管理要求的数据。对管架等数据自动转换并生成三维数据，对其他数据库操作，如检修记录等，自动与系统挂接。

（2）对管线图形进行手工输入或修改

提供编辑与输入的手段，例如，利用现有的管架数据半自动地在管架上进行布线等。

（3）对管网各个实体所对应的数据库内容进行修改

用户根据权限可以对以上数据库中的各种类型管线管点与其他各项记录的数据库内容进行编辑和浏览编辑，对各种记录库及文档库可以进行添加操作。

（4）自动布线功能

由用户指定起点与终点，系统自动对路由管架的空位进行分析，给出建议路径。

（5）设置功能

用户可以对多种参数进行设置，如背景色、闪烁色、屏幕捕捉精度、各管网层的开关、各管网层的自动标注形式等方面的内容。

3. 管网管理与分析

（1）常用工具

① 裁剪输出：矩形裁剪、多边形裁剪、圆形裁剪、按图幅裁剪。裁剪生成的结果可自动生成图框、标题并按一定比例尺缩放，并可进行编辑和打印输出，输出时采用所见即所得方式，即输出的图形与用户在屏幕上见到的内容保持严格的一致性。

② 量算：量算点间距离、折线长度、圆域面积及周长、矩形面积及周长等，也可对管线与管点之间的距离及三维空间中的距离进行量算。

③ 标注：具有各种标注工具，自由灵活地生成各种标注，并可自动根据用户的设置将数据库中的数据填充到标注中，还可以自动对全网的管点管线生成标注。

④ 定位工具：实现对整个管网范围进行分级定位，定位手段多种多样，分别采用范围定位、坐标定位和地理底图名址定位等方法，并提供方便手段对定位名址及范围进行所见即所得的编辑工作。

（2）检索查询

① 按照空间位置进行区域查询与检索：区域范围可以为多种形式，如底图库图幅范围、管线路由范围或任意矩形范围及多边形范围等。

② 按照属性种类进行查询：可以单独对管线属性、管架属性以及管线与管架之间的拓扑关系进行查询。

③ 对满足一定属性条件的管线或管架进行查询：查询条件可以对管线的数据库或记录库中的任意字段进行设定。

④ 图形与属性交互式查询。

（3）统计

可针对某个区域、某类管线管点或管架进行各种形式的统计，最终不仅可以得到表现统计结果的各种统计图，而且可以得到各种所需的统计数据，最后可将该结果存盘生成各种类型的数据库文件或直接通过模板打印。

（4）管网分析工具

① 管线拓扑数据检查：对管线的拓扑数据进行自动检查，并给出检查结果，对有错误的地方给出错误提示。

② 管线安全评估数据更新：通过挂接安全评估系统，对管线的安全等级数据进行更新，实现与安全评估系统的数据交换，并在综合管网系统中提供安全等级查询功能。

③ 管网故障处理：在管道发生故障时，操作人员对事故发生的方位进行指定，系统根据具体管线类别提供管网事故处理预案，此处理预案可以进行增加、删除，也可以进行编辑和修改。管线类别由管线中的“介质”字段唯一确定，每个介质所对应的事故处理预案是唯一的。

（5）管网三维观察与漫游

根据管网数据库中的三维数据，结合管网设备模型库，对区域范围内所有管道、管架和地形图的模拟现实状况进行观察、漫游与查询。可以对单根管线进行三维跟踪浏览。在三维图中，可以按照真实的管线情况进行模拟观察。在主界面中，可以生成区域范围内的管线三维示意图，以便用户对区域范围内的复杂三维管线分布方便地进行查看与查询工作。在管线单根追踪浏览时，将屏蔽用户不关心的其他管线信息，只对单根管线及其所经过的底图区域进行三维浏览。此外，还提供对单个管架的立体形状模拟及显示查询。

（6）管网断面图

根据管网数据库中的三维数据，对多层管线与管架生成符合上海石化公司标准的横断面图。在断面图中可以对任意管线信息进行查询。单击任何一根管线并可生成走向图，并可进行三维追踪。

4. WebGIS 模块

在上海石化公司范围内，实现通过浏览器对基本管网和底图及管架等数据的二维浏览，并能交互查询数据库信息。

5. 实时数据处理子系统

本子系统作为综合管网系统中一个独立的子系统存在，它主要解决实时数据的更新问题。本模块在系统启动时自动启动，同时登录实时数据库服务器和综合管网数据服务器。然后每隔4分钟，将实时数据库中的实时数据更新到综合管网数据服务器中，从而实现对实时数据的挂接。

6. 综合管网设置子系统

综合管网设置子系统主要完成系统的外围设置工作，如系统的工作路径、系统库路径、文档库路径、用户权限设置与用户管理等。

习题

1. 如何进行 GIS 功能设计？应注意哪些问题？
2. 举例说明如何进行应用型 GIS 功能设计。
3. 属性数据库管理子系统功能设计包括哪些主要内容？
4. 图形数据库管理子系统的功能设计包括哪些主要内容？
5. 如何进行 GIS 输入和输出设计？

第5章 GIS数据库设计

GIS，尤其是应用型GIS，是软件、硬件、人和数据的高度综合体，数据是人和软件操作的对象，存储于硬件设备上。一个数据库组织的有效程度将对整个GIS系统运作的成功与否起决定性作用。数据的组织则属于数据库设计的范畴。数据库是地理信息系统的核心组成部分，根据不同的应用，数据库会有各种各样的组织形式。GIS数据库一般既要存储和管理属性数据和空间数据，又要存储和管理空间拓扑关系数据。在进行应用型GIS数据库详细设计时，不仅要考虑特定工具型GIS软件对设计的要求，同时也应考虑特定信息种类的内容、产品的标准和技术规范的限制以及硬件的限制条件等。GIS的数据库详细设计是在系统总体设计的基础上，将数据库概念设计转换成详尽具体的数据库设计。

5.1 GIS数据库设计概述

5.1.1 GIS数据库设计概念

数据库设计是把现实世界中一定范围内存在的应用处理和数据抽象成一个数据库的具体结构的过程。具体地讲，就是对于一个给定的应用环境，提供一个确定最优数据模型与处理模式的逻辑设计，以及一个确定数据库存储结构与存取方法的物理设计，建立能反映现实世界信息与信息间的联系、满足用户要求、能被某个数据库管理系统（DBMS）所接受、能实现系统目标并有效存取数据的数据库。数据库设计是信息系统开发和建设的重要组成部分，其质量好坏直接影响到系统各个处理过程的性能和质量。好的数据库设计是有效、准确地操作数据库的基石。

GIS数据库设计既是一项涉及多学科方法融合的综合性技术，又是一项庞大、复杂、烦琐的数据工程项目。GIS数据库设计取决于目标、用户要求、功能和如何处理数据。它通常包括：确定整个数据库的使用目的和目标，分析和评价各种设计方案和雏形试验。例如，在给一个机构开发数据库时，首先要鉴别该组织机构的长期、短期发展方向，了解数据库使用的目的，了解目前存在的问题和制约因素，然后制定出各种可行性方案，测试各种方案，根据测试的结果来计划总体数据库实施方案。

GIS数据库的设计要有更多的考虑，因为地理数据有矢量和栅格之分，各种数据又同时具有空间和属性特征，有的还有时间上的信息特征，各种特征的信息可能要用不同的结构来表达。各类数据的开发可能是使用不同的GIS软件来完成的，这样数据的格式也各不相同，一个数据库可能要求容纳各种各样的数据类型和格式。如何有机地将这些考虑结合起来，也是一个GIS数据库设计成功与否的关键因素之一。

GIS数据库的设计应该既考虑数据的特征，又兼顾应用目的。仅依据数据特征来进行GIS数据库设计的方法会忽略用户将如何使用这些数据的部分，所以这样设计出的数据库常常无人问津。按照应用目的设计的数据库是根据用户的使用目的来对数据库进行设计的，对数据的考虑加强一些，便可以使设计出的数据库既充分利用技术上的优势，又兼顾用户的应用目的。

5.1.2　GIS 数据库设计目标

（1）满足用户要求。设计者必须充分理解用户各方面的要求与约束条件，尽可能精确地定义系统的需求。

（2）良好的数据库性能。GIS 数据库性能包括多方面的内容，在数据存储方面既要考虑数据的存储效率，又要顾及其存取效率；在应用方面，不仅要满足当前应用的需要，又要能满足一个时期内的需求可能；在系统方面，当软件环境改变时，要容易修改和移植。另外，还要有较强的安全保护功能。通常，上述性能往往有些冲突，因此应用型 GIS 数据库设计必须从多方面考虑，对这些性能做出最佳的权衡折中。

（3）对现实世界模拟的精确程度。GIS 数据库通过数据模型来模拟现实世界的信息类别与信息之间的联系。模拟现实世界的精确程度取决于两方面的因素：一是所用数据模型的特性；二是数据库的设计质量。就目前情况而言，现有数据模型对于一般的信息系统能够表示现实世界中各种各样的数据组织以及数据之间的联系，所以能否精确描述现实世界的关键还在于数据库设计者的能力和水平。为了提高设计质量，必须充分理解用户需求，掌握系统环境，利用良好的软件工程规范和工具，充分发挥数据库管理系统的特点。

（4）能被某个数据库管理系统接受。GIS 数据库设计的最终结果，是确定数据库管理系统支持下能运行的数据模型和处理模型，建立起可用、有效的数据库。因此，在设计中，必须了解数据库管理系统的主要功能和组成。尽管数据库管理系统的功能因不同的系统而有所差异，但一般都应具有以下主要功能。

- 数据库定义功能：提供定义概念模型、外部模型和内部模型的能力，勾画出数据库的框架。
- 数据库管理功能：对整个数据库的运行控制、数据存取、更新管理、数据完整性和有效性控制以及数据共享时的并发控制等。
- 数据库维护功能：数据库重新定义、数据重新组织、性能监督和分析以及发生故障时恢复运行等。
- 数据库通信功能：包括与操作系统的接口处理，与各种语言的接口处理以及与远程操作的接口处理等。

5.1.3　GIS 数据库设计原则

GIS 数据的类型及来源多种多样，数据的容量大，应用范围广，具有复杂的拓扑关系、空间和非空间特性，以及大量的实时动态信息。为了在计算机中科学地组织数据，使数据库内容丰富、结构合理，适用不同的用途，保证系统建设的顺利进行，核心工作就是选取并设计一个合理、规范、科学的数据库，并对数据进行有效的组织、管理，便于空间数据的查询、分发与制图，从而满足用户的各种应用需求。GIS 数据库设计是系统设计的核心，是 GIS 系统实现的前提，也是衡量 GIS 系统品质的一个重要因素。设计数据库时应遵循以下原则。

（1）组织有序、层次分明

系统对空间数据的存取访问以及空间分析模型的建立，均要求对系统涉及的基础地理空间数据确定合理的组织、管理方法，组织有序、层次分明，只有这样，才能够方便、高效地对数据进行各种操作，以满足系统功能的需要。

（2）最小冗余度原则

数据尽可能不重复，减少数据存储的冗余量，节约存储空间。因为同一个系统包含大量重复的数据，这不仅会浪费大量的存储空间，还会存在潜在的不一致危险，即同一记录在不同文件中可能不一样（例如，修改某个文件中的某个数据而没有在另外的文件中做相应的修改）。

（3）具有足够的数据吞吐量

GIS 处理的问题复杂，涉及的内容广泛，不仅数据源丰富多样，而且数据量大，因而要求 GIS 系统的设计者能够有效地掌握计算机内存的使用技术，节约使用计算机的内存，同时还要掌握各种内存数据的交换技术，以最大限度地扩展数据存储空间，以便设计的 GIS 系统能够管理足够大的数据量。

（4）数据独立性原则

数据的存放要尽可能地独立于使用它的应用程序。数据独立性分为数据的物理独立和数据的逻辑独立。物理独立性是指数据的逻辑结构独立于数据的物理结构，这样可以保证数据存储结构与存取方法的改变不一定要求修改程序。逻辑独立性是指用户数据独立于数据的逻辑结构。逻辑独立性可以保证当全局数据逻辑结构改变时，不一定要求修改程序，程序对数据使用的改变也不一定要求修改全局数据结构。由于有了数据的独立性，数据库系统就可把用户数据与物理数据完全分开，使用户摆脱烦琐的物理存储细节。由于用户程序不依赖于物理数据，从而使用户程序的维护开销大为减少。

（5）标准化、规范化原则

要合理规定数据库的名称，提供稳定的空间数据结构，对系统涉及的专题数据进行全面分析和统一规划，并进行正确的分类和编码，使空间数据规范化、标准化，保证数据能够满足应用的需要。

（6）可扩展原则

要充分考虑到一个数据库通常不是一次性建立起来的，而是通过分期、分批逐步建立起来的，因而设计数据库时要考虑与未来应用接口的问题。随着专业应用的不断深入和发展，各类数据库有可能发生变化，应设计优化的系统结构及灵活的数据库系统，使各功能模块在相互关联的基础上尽可能独立地操作运行。系统应能够适应变化，在用户的需求发生改变时，不必修改和重写原有的应用程序，数据库应能够迅速做出相应的变化，进行动态修改和扩展，且不会影响所有用户的使用。

（7）系统可靠性、安全性与完整性原则

一个数据库系统的可靠性体现在它的软硬件故障率小、运行可靠、出了故障时能迅速恢复到可用状态等方面。数据的安全性是指系统对数据的保护能力，防止非法使用造成的数据泄密和破坏。即对数据进行控制，使用户按系统规定的规则访问数据，防止有意或无意地泄露数据。完整性是指数据的正确性、有效性、相容性。完整性检查将数据控制在有效的范围内，或保证数据之间满足一定的关系。通常设置各种完整约束条件来解决这一问题。

5.1.4 GIS 数据库设计过程

GIS 数据库因不同的应用要求会有各种各样的组织形式。GIS 数据库设计就是根据不同的应用目的和用户要求，在一个给定的应用环境中，确定最优的数据模型、处理模式、存储结构、存取方法，建立能反映现实世界中地理实体间信息的联系、满足用户要求、能被一定的 DBMS 接受、能实现系统目标并有效地存取、管理数据的数据库。简言之，数据库设计就是把现实世界中一定范围内存在着的应用数据抽象成一个数据库的具体结构的过程。

GIS 数据库的设计必须考虑地理数据的特点和用户的需求。地理数据包括栅格数据和矢量数据，同时还具有空间和属性特征，有的还有时间上的信息特征。不同的数据特点，要用不同的数据结构来表达。一个 GIS 数据库可能要求容纳各种各样的数据类型和格式，如何有机地把这些数据结合在一起，也是一个 GIS 数据库设计成功与否的关键。用户的需求同样非常重要，如果数据库的数据不能满足用户的需求，数据库就失去了应用价值。因此，以用户的需求为先，兼顾数据的特点，才会设计出成功的数据库。GIS 数据库的设计一般分为需求分析、概念设计、逻辑设计、物理设计、数据库实施等 5 个阶段。

（1）需求分析

这是整个数据库设计过程中比较费时、复杂的一步，但同时也是很重要的一步。主要收集数据库所有用户的信息内容和处理要求，并加以规格化和分析。在分析用户需求时，要了解用户使用地理信息系统的目的和各种要求，确保用户目标的一致性。同时，增加用户对地理信息系统的了解，以便更好地交流。

（2）概念设计

概念设计是以用户需求为依据，以需求分析为基础，把用户的需求加以解释，将需求分析中收集的信息和数据进行分析和抽象，并用概念模型表达出来的过程。概念模型是现实世界到信息世界的抽象，独立于具体的信息内容（不涉及具体数据），独立于信息系统的实现方式，独立于硬件和软件，不考虑在特定的硬件和软件环境下实施的问题，独立于具体的数据库实现，不涉及数据库实现方面的因素，便于非专业人员理解，因此是用户和数据库设计人员之间进行交流的语言。E - R 模型（Entity - Relationship Model，实体 - 联系模型）是描述概念模型的有力工具。

（3）逻辑设计

数据库逻辑设计是在 E - R 模型的基础上导出数据库的逻辑模型，又称为数据模型映射，它把信息世界中的概念模型利用数据库管理系统所提供的工具映射为计算机世界中为数据库管理系统所支持的数据模型，概念模型被匹配到特定的数据库管理系统（DBMS）中，并用数据描述语言表达出来。所以，逻辑数据模型是与所采用的数据库软件相关的，但它本身是独立于物理实现细节的。也就是说，逻辑设计依赖于软件但独立于硬件。例如，将上述概念设计所获得的实体 - 联系模型转换成关系数据库模型。

（4）物理设计

物理设计阶段是根据概念设计的结果以及计算机系统提供的手段，设计数据库的文件结构、存取路径和存储格式等。即将数据库的逻辑模型在实际的物理存储设备上加以实现，从而建立一个具有较好性能的物理数据库。该过程依赖于给定的计算机系统。这一阶段实施构造物理数据模型，它包含所有的物理实施细节。例如，数据文件如何在特定的介质上存储的细节，包括文件结构、内存和磁盘空间、访问和速度等因素，目的是尽量合理地给数据库分配物理空间，提高数据库数据的安全性和数据库的性能。

数据库的物理设计指数据库存储结构和存储路径的设计，即将数据库的逻辑模型在实际的物理存储设备上加以实现，从而建立一个具有较好性能的物理数据库。该过程依赖于给定的计算机系统。在这一阶段，设计人员需要考虑数据库的存储问题，即所有数据在硬件设备上的存储方式、管理和存取数据的软件系统、数据库存储结构，以保证用户以其所熟悉的方式存取数据，以及数据在各个位置的分布方式等。

（5）数据库实施

数据库实施和运行维护阶段就是装入数据、完成编码、投入使用，并根据系统运行中产生的问题及用户的新需求不断完善系统功能和提高系统性能。

5.2 GIS 数据库设计

空间数据结构是地理信息系统的基础，应用型 GIS 数据库设计是在概念设计的基础上进行逻辑结构和物理结构两个方面的设计，逻辑结构（抽象数据结构）选择是从地理表示的角度决定地理数据之间的关系，是程序设计人员与系统使用者之间交流的基础；物理结构（内部存储结构）选择将决定采取何种文件结构和存取方式，为程序设计和模块接口服务。

5.2.1 概念模型设计

在需求分析阶段，数据库设计人员充分调查并描述了用户的应用需求，但这些应用需求还是现实世界的具体需求，应该首先把它们抽象为信息世界的结构，才能更好地、更准确地用某个 DBMS 实现用户的这些需求，即，将需求分析得到的用户需求抽象为信息结构即概念模型。数据库概念化设计就是从抽象的角度来设计数据库，这种信息结构设计是从用户的角度对现实世界的一种信息描述，它独立于任何 DBMS 软件和硬件。概念设计的结果是对现实世界或地理实体的信息化概念模型，它由构造实体的基本元素以及反映这些基本元素之间联系的信息所组成。

概念结构独立于数据库逻辑结构，也独立于支持数据库的 DBMS。它是现实世界与机器世界的中介，它一方面能够充分反映现实世界，包括实体和实体之间的联系，同时又易于向关系、网状、层次等各种数据模型转换。它是现实世界的一个真实模型，易于理解，便于和不熟悉计算机的用户交换意见，使用户易于参与，当现实世界需求改变时，概念结构又可以很容易地做相应的调整。因此概念结构设计是整个 GIS 数据库设计的关键所在。

1. 概念结构设计的方法与步骤

设计概念结构通常有如下 4 类方法：

- 自顶向下。首先定义全局概念结构的框架，然后逐步细化，如图 5.1（a）所示。
- 自底向上。首先定义各局部应用的概念结构，然后将它们集成起来，得到全局概念结构，如图 5.1（b）所示。
- 逐步扩张。首先定义最重要的核心概念结构，然后向外扩充，以滚雪球的方式逐步生成其他概念结构，直至总体概念结构，如图 5.1（c）所示。
- 混合策略。将自顶向下和自底向上相结合，用自顶向下策略设计一个全局概念结构的框架，以它为骨架集成由自底向上策略中设计的各局部概念结构。

其中，最常采用的策略是自底向上方法。即自顶向下地进行需求分析，然后再自底向上地设计概念结构。但无论采用哪种设计方法，一般都以 E－R 模型为工具来描述概念结构。

这里只介绍自底向上设计概念结构的方法。它通常分为两步：第一步是抽象数据并设计局部视图，第二步是集成局部视图。

2. E－R 模型设计

GIS 数据库设计可以采用传统的实体－联系（E－R）模型，该模型自 20 世纪 70 年代以来，被公认为数据库设计最有效的方法。实体－联系模型，即 E－R 模型，其英文为 Entity－Relation Model，是用实体和联系来表示数据的模型。E－R 模型的一个主要用途便是可以清楚地表达实体间的联系，尤其在实体很多、联系很复杂的情况下，E－R 模型会帮助清楚地理出其中的联系。

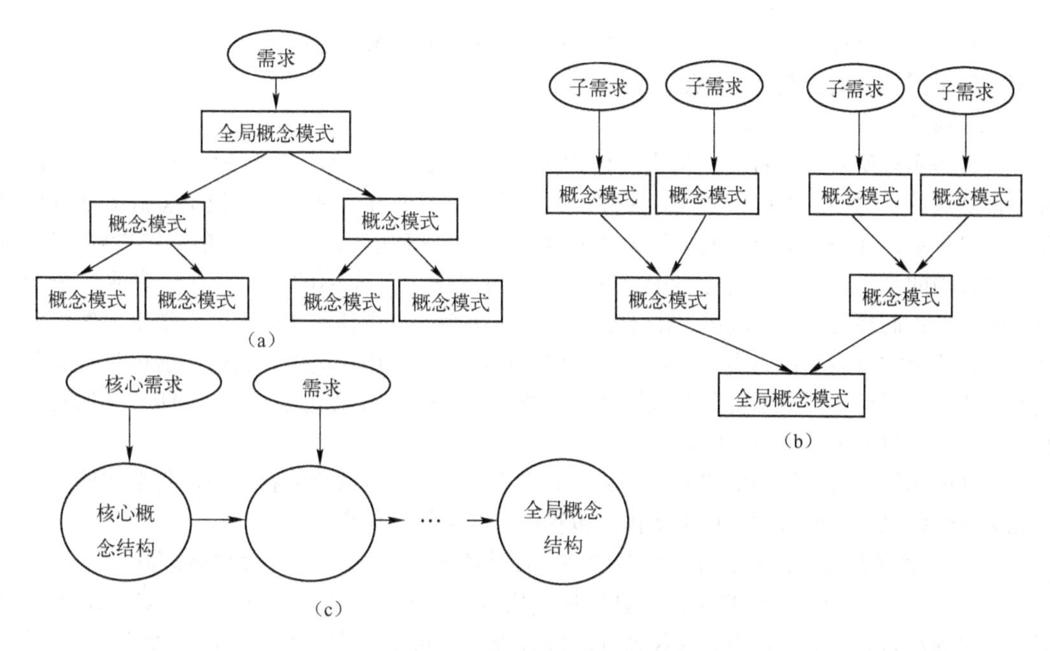

图 5.1　概念结构设计方法

（1）实体

实体是指在一个计算机系统中，用于描述实际事物的计算机语义对象，是指客观存在且能区别于其他事物的对象，可以是具体的对象，也可以是抽象的事件。系统分析中必须定义实体的基本类型，确定描述这些实体的数据项及流程，进而弄清这些实体间的联系，为最终建立数据模型奠定基础。没有高质量的实体模型，就不可能有高质量的数据模型。地理信息的分类是对地理实体的一种抽象和概括，它决定了数据的质量层次的划分。在确定地理信息的分类时，其分类体系的设计应能包含所有所需的数据和资料信息。要建立统一的地理要素分类体系，确保地理信息多用户、多领域共享。在地理信息系统设计与建立中，常将地理信息区分为地理基础信息和专题信息。地理基础信息是指在描述或分析专题信息时要经常用到的、用于确定专题信息的地理位置时的参考地理要素信息，如地形、道路、居民点、水系等。对此类数据信息分类数目的多寡一般应以各种比例尺地理基础图式规范为基本依据，根据具体的应用目的或实际情况，可酌情扩充。地理信息的类型一旦确定，数据库中允许存在的数据类型或数据文件数目也就确定了。不同的应用领域，E－R 模型实体的定义和分类不尽相同。例如，按照 E－R 模型，要建立一个地区林场资源数据库，存在于一个林场的实体可包括林地、道路、河流、其他土地类型、珍稀树木等。城市规划图形资料可分解为如下的实体类别。

① 基础底图：建筑物、工矿企业建筑物和公共设施、独立地物、道路及附属设施、管线和栅栏、水系及附属设施、地貌和土质、植被。

② 市政管线图：供水（供水管、供水附属设施）、排水（排水管、排水附属设施）、燃气（燃气管、燃气附属设施）、电力（电力线、供电网、电力附属设施）、电信（电信线、电信局）。

③ 道路交通：城市道路（道路路段、交叉口、交通控制设施、停车场、公交线路、公交车站、点状附属设施、线状附属设施）、铁路（铁路线、铁路站场、点状附属设施、线状附属设施）、公路（公路路段、公路交叉口、点状附属设施、线状附属设施）。

④ 规划资料：总体规划（用地规划、道路交通、市政工程、竖向设计、其他）、分区规划（用地规划、道路交通、市政工程、竖向设计、其他）、控制性详规（用地规划、道路交通、

市政工程、竖向设计、其他）、总体方案、建筑方案（平面图、立面图、剖面图、施工图、竣工图、效果图、市政方案）、用地红线图。

（2）属性

属性是实体所具有的特性。每个实体都具有一定的属性，如一块林地的属性包括组成树种、优势树种、树龄、木材产量等。实际上，实体与属性是相对而言的，很难有截然划分的界限。同一事物，在一种应用环境中作为“属性”，在另一种应用环境中可能作为“实体”。例如，学校中的系，在某种应用环境中，它只是作为“学生”实体的一个属性，表明一个学生属于哪个系；而在另一种环境中，由于需要考虑一个系的系主任、教师人数、学生人数、办公地点等，这时它就需要作为实体了。一般来说，在给定的应用环境中，属性不能再具有需要描述的性质，即属性必须是不可分的数据项，不能再由另一些属性组成；属性不能与其他实体具有联系，联系只发生在实体之间。

实体的属性范畴也称为实体的属性域。确定实体的属性域的目的在于规定每个实体应包含哪几类属性信息。一般来说，地学实体可包括如下几类属性信息。

① 几何类型信息：点状物体、线状物体、面状物体、复杂物体、三维物体等。

② 分类分级信息：说明物体的类型归属，用特征码或地理标识码表示。例如，地理基础信息可分为水系、地形、道路、居民地等。各大类中还可区分为亚类，而同一类中还可分级，如道路可分为铁路、公路、人行道等，而公路里又可分为一级公路、二级公路等。分类信息说明实体“是什么”，是一种语义信息，是对物体的定义，GIS 中不存储没有定义的信息。

③ 图形信息：描述物体的位置和形状的信息。

④ 数量特征信息：描述物体的大小或其他可以度量的性能指标，如长度、宽度、高度、深度、密度等。

⑤ 质量描述信息：说明物体的质量构成，如某一类岩石的化学成分等。

⑥ 名称信息：物体或地质体的专有名称。此类信息对某些实体具有标识作用。

（3）联系

除了实体和属性外，构成 E－R 模型的第三个要素是联系（relationship）。实体之间通过联系相互作用和关联。实体之间的联系分为一对一、一对多和多对多三类。

一对一联系（1:1）：如果对于某种类型的实体集 K1 中的每个实体，在另一种类型的实体集 K2 中至多只有一个实体与之相关联，反之亦然，那么这两类实体之间的联系为一对一联系。例如，一个林场只有一个场长，一个场长只负责管理一个林场，因此，林场与场长两个实体之间的联系为一对一的联系。

一对多联系（1:M）：如果对于某种类型的实体集 E1 中的每个实体，在另一种类型的实体集 E2 中有两个或更多个实体与之相关联，然而，E2 中的每个实体至多和 E1 中的一个实体相关联，那么 El 和 E2 之间为一对多联系。例如，一个林场有若干块林地，林场与林地之间为一对多的联系。

多对多联系（N:M）：如果对于某种类型的实体集 E1 中的每个实体，在另一种类型的实体集 E2 中有两个或更多个实体与之相关联，反之亦然，那么这两类实体之间的联系为多对多联系。例如，林地和道路之间具有多对多的联系，因为一条道路可以通向多个林地，一片林地也可连接多条道路。

（4）E－R 图

E－R 图为 E－R 概念模型提供了图形化的表示方法。E－R 图可以有效地描述实体之间的联系，一般采用名词表示实体，采用动词表示实体间的联系（如“连接到”、“由……组成”、

"是……的类型"等)。虽然可以用文字叙述的方式表示实体联系，但采用示意图表示实体联系则是一种更加直观、生动的方法。在 E－R 图中，实体用矩形表示；属性用椭圆表示；多值属性用双椭圆表示，并用直线与表示实体的矩形相连；联系则用菱形表示。联系的基数(cardinality)(包括 1∶1、1∶M 或 N∶M) 标注在菱形的旁边。

"州立公园"示例给出了一个林场 E－R 模型，如图 5.2 所示，它描述了组成林场的主要实体、它们的属性以及它们之间各种类型的联系。

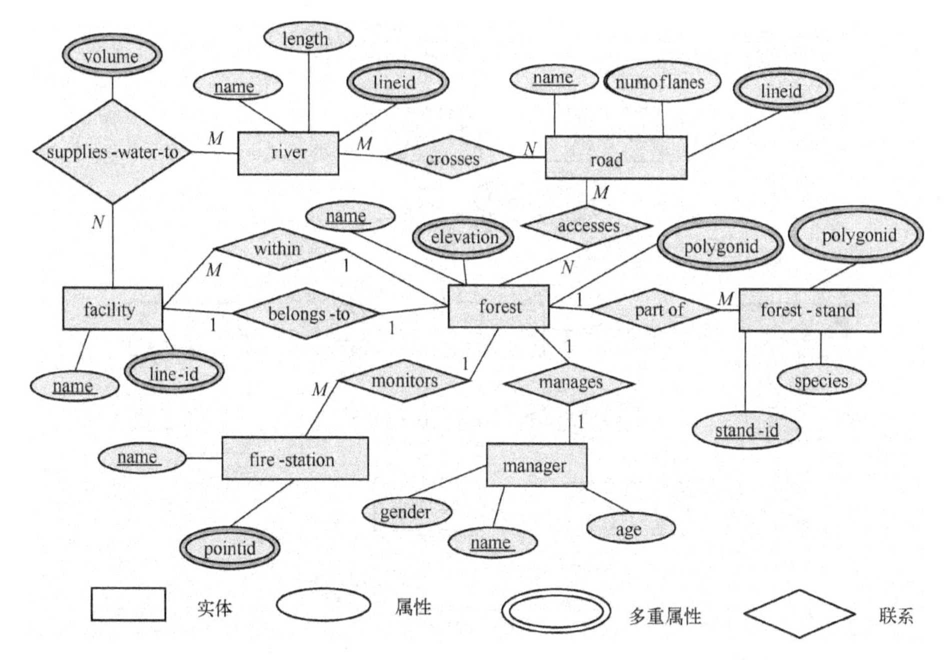

图 5.2　州立公园示例的 E－R 模型（引自 Shashi Shekhar 和 Sanjay Chawla，2003）

其中，点、线段和多边形编号是连接地理实体与其定位数据的关键字。图 5.2 中有 7 个实体，即 forest－stand、river、road、facility、forest、fire－station 和 manager。实体 gorest 的属性有 name、elevation 和 polygonid。name 是唯一的标识，即每片森林有唯一的名称。图中还给出了 8 个联系。实体 forest 参与了 6 个联系，而实体 fire－station 只参与了一个名为 monitors 的联系。基数约束表明每个消防站只监控一片森林，但一片森林可被许多消防站监控。有些联系是空间上固有的，包括 crosses（穿过)、within（在内部）和 part of（部分)，而图中许多其他空间联系是隐含的，例如，一条河流穿过一条道路在图中是标明的，而一条河流穿过一片森林则是隐含的。

(5) E－R 模型中空间概念扩充

在地理实体之间存在着各种各样的关系，GIS 所描述的空间数据具有诸如定位、拓扑等特定的空间关系。在 GIS 中对于地理信息的处理和编辑的一个特殊而重要的操作是，按指定范围（常为矩形范围）来处理有关地理实体的信息，这是空间数据处理的定位关系，定位关系的建立为复杂的空间操作（如拓扑关系处理）奠定了基础。拓扑关系是指网结构元素（节点、弧段、面域）间的邻接、包含、关联等关系，拓扑关系是空间数据结构化的重要体现，有的 GIS 是将它作为基本关系直接建立，有的则是以定位关系为基础，间接导出实体间的拓扑关系。E－R 模型是基于无固定关系的离散集合，但是空间数据则是来自具有固定关系的连续集合。对任何空间实体的空间关系，E－R 图都不能有效地抓住这些空间语义。为明确地刻画所有的空间关系，可能产生混乱的 E－R 图，在关系构架中增加额外的表格，丢失空间关系的固有限制。因此引入增加空间特征的 E－R 图，根据空间数据类型标识空间实体，允许空间关系和限制推理，降低 E－R 图和关系构架中的混乱程度。

“州立公园”示例增加空间特征图元（pictograms）扩充了 E－R 模型中的空间概念，如图 5.3 所示。空间特征图元的类型包括：① 实体图元，基本图形是点、线、多边形，以及它们的集合；② 关系图元，如分割关系、网络关系。图元的基本文法如图 5.4 所示。

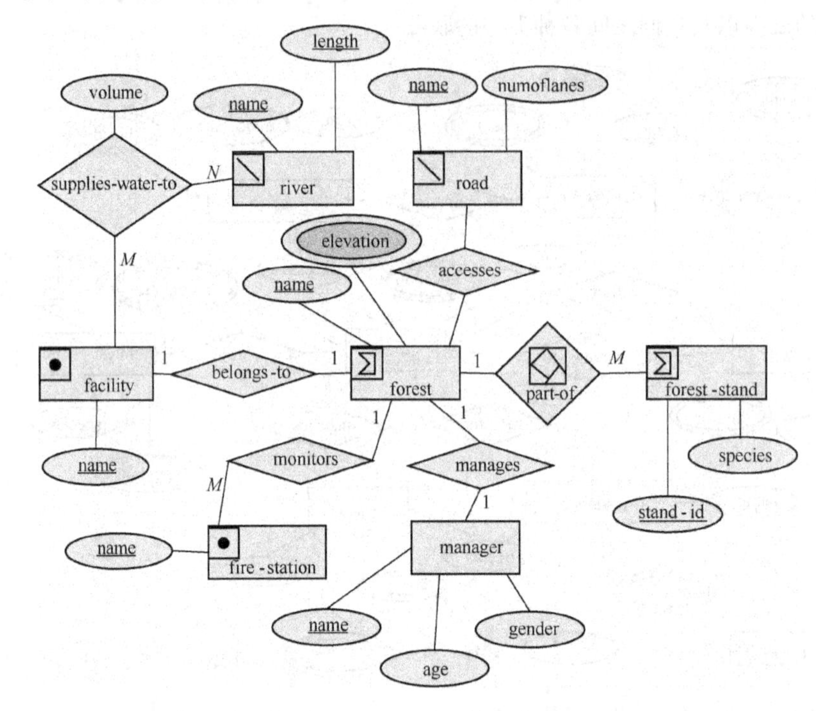

图 5.3 增加空间特征图元的 E－R 图（引自 Shashi Shekhar 和 Sanjay Chawla，2003）

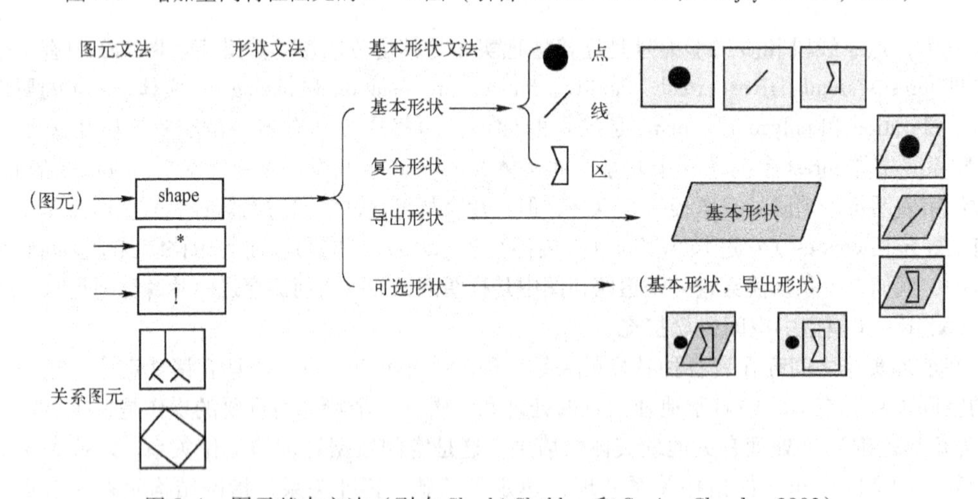

图 5.4 图元基本文法（引自 Shashi Shekhar 和 Sanjay Chawla，2003）

5.2.2 逻辑模型设计

概念结构是各种数据模型的共同基础，它比数据模型更独立于机器、更抽象，从而更加稳定。但为了能够用某个 DBMS 实现用户需求，还必须将概念结构进一步转化为相应的数据模型，这正是数据库逻辑结构设计所要完成的任务。逻辑结构设计是地理数据库设计的第二步，其主要目的是根据 E－R 模型以及所选择的 DBMS 和 GIS 软件系统的特点，设计整个数据库的逻辑结构。

从理论上讲，设计逻辑结构应该选择最适于描述与表达相应概念结构的数据模型，然后对支持这种数据模型的各种 DBMS 进行比较，综合考虑性能、价格等各种因素，从中选出最合适的 DBMS。但在实际当中，往往是已给定了某台机器，设计人员没有选择 DBMS 的余地。DBMS 产品一般只支持关系、网状、层次三种模型中的一种，对一种数据模型，各个机器系统又有许多不同的限制，提供不同的环境与工具。目前，GIS 数据库系统普遍为地理关系数据库系统和地理对象关系数据库系统。

1. 逻辑模型设计的要求

数据库结构设计是数据库设计的核心，GIS 设计过程实际上就是将反映某个研究区的有关数据，按所需求的数据逻辑结构组织成符合某个特定数据库管理系统的数据模式的过程。逻辑结构设计的任务是运用数据库管理系统提供的工具和环境，将对现实世界抽象得到的概念模型转换成相应的数据库管理系统的数据模型，用逻辑数据结构来表达概念模型中所提出的各种信息结构问题，并用数据描述语言描述出来。因此，逻辑设计是整个数据库设计的基础，其目的是要规划出整个数据库的框架，回答数据库能够做什么的问题。通过逻辑设计形成的相应数据库的数据模型应该独立于系统物理结构，使用者基于这种逻辑设计可随时组织自己的应用问题和分析模型，并且面向应用，易于为用户理解。

逻辑设计应该达到如下几点要求。

（1）在共享数据资源方面，在降低数据采集、存储和使用成本方面，以及在数据维护的事务处理方面，都应达到最大的效率。通常，主要考虑的问题是处理速度、吞吐量、响应时间、可维护性和存储需求。

（2）在数据质量方面，要防止（尽量减少）数据冗余，保持数据内容与格式的一致。

（3）要能最大限度地发挥系统的性能。应支持多种用户视图，有利于扩展用户应用开发的领域以及保持数据检索、分析和生成的灵活性。

（4）维护数据的独立性。

2. 关系表设计

（1）关系表确定

关系表是一个二维数据表，由行和列构成。表的首行为记录型，一般称为表头，在数据库中称为字段或数据项；其他行为记录值，表示实体目标。列表示属性值，在每列中，首行为数据项的型，其他行为数据项的值。记录型为关系框架，每个记录值对应一个字段和一行，关系本身相当于一个文件。表与表之间则维持着某种关系，即以相互关联的两个表中均存在的某项来维持，这种项称为关键项（Primary Key）。使用关系表对于设计数据库是很关键的，因为它影响到整个数据库运作的行为和效果。地理数据库中的空间和属性数据之间的关系就是靠关键项来维持的。

要建立一个具体的 GIS 数据库，首先应该确定需要建立哪些关系表，虽然关系表依赖于图形，但对于应用而言，作为基础地理信息并不需要复杂的属性体系。如果水系作为基础地理信息而不是作为专题，则关于水系的水文学特性如水质、水量、流速等就不必要。对于专题数据，也存在需要哪一方面属性的问题。

（2）范式化

为了保证数据协调及程序处理避免矛盾和错误，同时应使表数据符合关系代数运算要求，关系表应规范，这一过程称为范式化（Normalize）。范式化有第一范式、第二范式和第三范式共三种类型。各范式有不同的要求，通过三种范式分析可构建符合规范的关系表。

关系表中的范式（Normal Forms，NF）用于减少冗余和方便查询。第一范式（1^{st}NF）关系中每行包含一个原子值。第一范式要求不能表中套表，即不能有次级字段。若存在该情形，则需要进行字段分解。例如，土地面积下分林地面积、农地面积，应取消土地面积字段，代之以林地面积和农地面积两个字段或把土地面积另成一表。第二范式和第三范式（2^{nd}NF 和 3^{rd}NF）主关键字数值完全决定非主关键属性数值，只有一个主关键字。第二范式要求所有字段仅与主字段相关。例如，学生、课程、任课教师是多对多关系，若组织到一个表中，则教师、学生、课程的变动会使操作复杂化和产生异常，这是由于三者是临时关系，应分别组织成独立表。第三范式规定不能有传递相关性，例如，产量为面积与单产的组合，如果产量作为字段，则不但与地块相关，也与面积、单产这两个非主键相关，变化受二者影响，不独立，因此不应作为一个字段。

范式化不会给用户带来任何限制。范式化不是不要这些关系，而是通过程序可以生成之，若作为独立数据，则可能与程序结果不一致，也不能具有动态性。

（3）表分割与关联

范式化后，按照字段记录特性，可进行字段调整，把一个表分割成多个表，列出各表应具有的字段，确定表体系结构，使数据表达得以协调。例如，对于土地状况表，可以将原来的一个主表分成空间表、户主表和地块表三个表，空间表用来定义空间位置信息，户主表用来描述户主信息，地块表用来定义地块信息，分别如表 5.1、表 5.2、表 5.3 和表 5.4 所示。可以看出，表在形式上是分割的，表格虽多，但各表内容都不多，在信息上又有联系，而且项与项之间的关系反而更明确，存储也更为有效。根据表间关系，通过关联字段建立表间的关联关系，形成了表体系，即关系数据库的数据体系。例如，在主表中，主表和分表间通过地块编码关键字进行连接。为此，每个表都必须有一个或一组字段可以用来唯一确定存储在表中的每个记录。表结构、数据表和应用程序一起构成关系数据库。由此可见，属性表可以不是单一的。多表形式不仅利于数据组织，也利于数据分别使用。在进行数据库查询和更新时，需要哪个表的信息则到哪个表中进行操作，速度快而且合乎逻辑。属性信息与空间信息分开存储还有其他的好处，例如，假若空间信息表中的某一特征被错误地删除，则属性表中还存有其信息，在进行质量控制时，便可以通过没有关联记录的情况找出这种错误。

表 5.1　主表

地块编码	空间参数	户　主	地　址	电　话	购买日期	价　格	土地利用类型	权　属	面　积	建造日期

表 5.2　空间表

地块编码	空间参数

表 5.3　户主表

地块编码	户主	电话	地址

表 5.4　地块表

地块编码	土地利用类型	权属	面积	价格	购买日期

（4）表结构定义

当表确定后，可进行各表字段定义。表5.5为字段定义示例。

表5.5　地块表结构定义

字段名	字段类型	字段长度	小数位	取值限制
地块编号	数字型	8		正整数
土地利用类型	文字型	4		
权属	文字型	4		国有，集体
面积	数字型	10	2	正数
价格	数字型	10	2	正数
购买日期	日期型	6		

3. E－R模型向关系模型转换

某些早期设计的应用系统中还在使用网状或层次数据模型，而新设计的数据库应用系统都普遍采用支持关系数据模型的DBMS，所以这里只介绍E－R图向关系数据模型的转换原则与方法。

关系模型的逻辑结构是一组关系模式的集合，而E－R图则是由实体、实体的属性和实体之间的联系三个要素组成的，所以将E－R图转换为关系模型实际上就是要将实体、实体的属性和实体之间的联系转化为关系模式，这种转换一般遵循如下原则。

① E－R模型中每类实体转换为一个关系模式，实体的属性构成关系模式的属性，实体的关键字用作关系模式的主关键字。图5.5表示了由图5.2所示的林场E－R模型转换成的所有关系模式。

② E－R模型中的*N*:*M*联系转换为一个关系模式。该关系模式的属性由与该联系连接的各实体类的关键字和联系属性组成，其关键字由与该联系相连的各实体类的关键字组合而成。例如，“通达”联系转换为一个关系模式，该关系的关键字由“道路编号”和“林场名称”组合而成。

③ 一个1:*M*联系可以转换为一个独立的关系模式，也可以与*M*端对应的关系模式合并。如果转换为一个独立的关系模式，则与该联系相连的各实体的码以及联系本身的属性均转换为关系的属性，而关系的码为*M*端实体的码。

对于E－R模型中以1:*M*联系相连的实体类，将1端实体类的主关键字列为*M*端实体类关系的外部关键字。例如，珍稀树种关系中的外部关键字为“林地编号”。

④ 一个1:1联系可以转换为一个独立的关系模式，也可以与任意一端对应的关系模式合并。如果转换为一个独立的关系模式，则与该联系相连的各实体的码以及联系本身的属性均转换为关系的属性，每个实体的码均是该关系的候选码。如果与某端对应的关系模式合并，则需要在该关系模式的属性中加入另一个关系模式的码和联系本身的属性。

对于E－R模型中以1:1联系相连的两类实体，将其中一类实体的关键字列为另一类实体的关系中的外部关键字。例如，场长关系中有一个外部关键字“林场名称”，它是林场关系的主关键字。

⑤ 三个或三个以上实体间的一个多元联系转换为一个关系模式。与该多元联系相连的各实体的码以及联系本身的属性均转换为关系的属性，而关系的码为各实体码的组合。

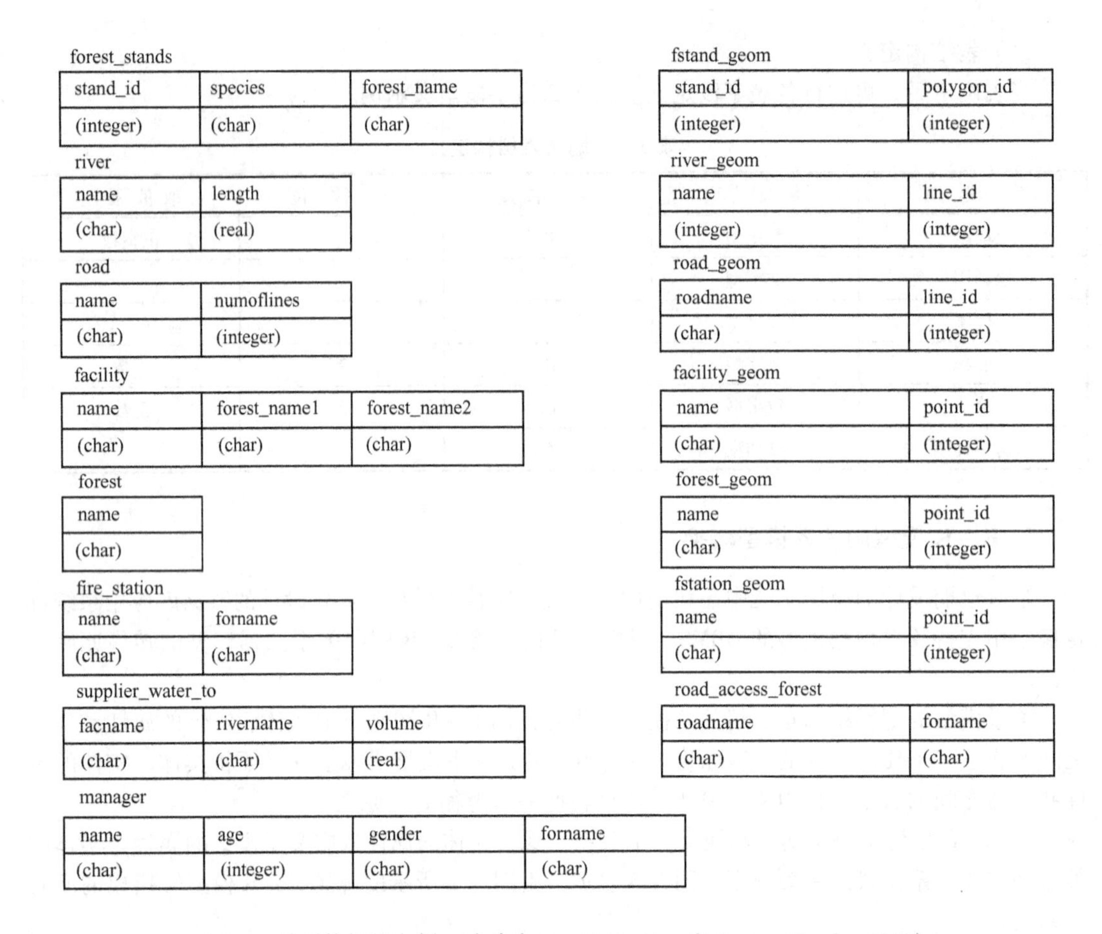

forest_stands

stand_id	species	forest_name
(integer)	(char)	(char)

river

name	length
(char)	(real)

road

name	numoflines
(char)	(integer)

facility

name	forest_name1	forest_name2
(char)	(char)	(char)

forest

name
(char)

fire_station

name	forname
(char)	(char)

supplier_water_to

facname	rivername	volume
(char)	(char)	(real)

manager

name	age	gender	forname
(char)	(integer)	(char)	(char)

fstand_geom

stand_id	polygon_id
(integer)	(integer)

river_geom

name	line_id
(integer)	(integer)

road_geom

roadname	line_id
(char)	(integer)

facility_geom

name	point_id
(char)	(integer)

forest_geom

name	point_id
(char)	(integer)

fstation_geom

name	point_id
(char)	(integer)

road_access_forest

roadname	forname
(char)	(char)

图 5.5　关系构架的实例（改编自 Shashi Shekhar 和 Sanjay Chawls，2003）

⑥ 同一实体集的各实体间的联系，即自联系，也可按上述 1∶1、1∶M 和 N∶M 三种情况分别处理。

⑦ 具有相同码的关系模式可以合并。

⑧ E－R 模型中的多值属性转换为一个关系模式，该关系模式的属性由相应实体的关键字和多值属性组成。例如，林地的“组成树种”多值属性由林地编号和组成树种构成一个关系模型。

4. 地理数据模型

选择表示地理实体的定位数据模型（矢量和栅格）取决于计划使用的 GIS 软件系统的特点和应用的目的。如果 GIS 软件系统只支持矢量模型，那么定位数据应以矢量模型表示；若 GIS 软件系统只支持栅格模型，则应以栅格模型表示定位数据。对于那些要求精确定位和测量或涉及拓扑特性分析（如网络分析）的应用，最好使用矢量模型，而那些涉及大量要素的分析或连续型面状实体的分析且精度要求不很严格的应用，则应使用栅格模型。在地理数据库的逻辑结构设计阶段，还需要定义定位数据使用的坐标系统。

地理信息系统中逻辑空间结构主要有两大类，即栅格结构和矢量结构。

栅格结构以规则的阵列表示地理空间现象的分布，地理实体的空间位置隐含其中，每个像元的相对行/列位置表示其在地理坐标系中的相对值，而数值则表示该空间位置的地理属性，易于存储、操作和表示。但是，栅格结构表示的地表是不连续的，是量化和近似数据，在对许多栅格数据进行处理时，常假设栅格所表示的量化表面是连续的，以便使用某些连续函数。由于栅格结构对地表的量化采样，在栅格较大时误差较大，栅格过密又将大大增加存储负担，因此应根据特定任务选择精度，并进行压缩编码。

矢量结构通过记录坐标的方式尽可能精确地表示点、线、面（多边形）等地理实体，空间坐标设为连续的，可允许任意位置，长度和面积精确定义，其精度仅受数字化设备的精度和数值记录长度的限制，因此其精度高而数据冗余小。

一般来说，栅格结构数据冗余量大、精度低，但大多数图形、图像操作容易实现，而且便于屏幕显示和打印机制图；矢量结构可直接由跟踪式数字化专题地图得到，数据冗余低，量算与制图精度高，有些图形运算特别适合于矢量结构数据，另外，最终的高精度矢量绘图仪制图也要求输出数据具有矢量结构。

为了综合两种结构的优点，既保证最高效率的空间数据处理，又保证最高的量算精度和多种输出方式，使 MapGIS 系统具有最大的灵活性和适应性，MapGIS 采用矢量和栅格两种数据格式并存来表示和处理多种空间地理信息，而以游程长度编码的栅格结构为主，这样就大大压缩了栅格文件的占用空间。采用栅格结构除了使大量的空间分析模型容易实现之外，还具有以下两个特点。① 易于与遥感相结合。遥感影像是以像元为单位的栅格结构，可以直接将原始数据或已处理的影像数据纳入 MapGIS 系统。② 易于信息共享。目前还没有一种公认的矢量结构地图数据记录格式。而不经压缩编码的栅格格式即整数型数据阵列则易于为大多数程序设计人员和用户理解与使用，因此以栅格数据为基础进行信息共享的数据交流较为实用。MapGIS 用户接口的函数也是以栅格格式为基础的。

5.2.3 物理模型设计

数据库物理模型使用计算机软件和硬件，以有效的和容错的方式，完成逻辑数据库模型概念。理解物理数据库模型概念，有助于选择 DBMS 软件，并使用 DBMS 更好地处理数据。数据库物理设计的任务是使数据库的逻辑结构能在实际的物理存储设备上得以实现，建立一个具有较好性能的物理数据库。每个 DBMS 物理模型都要选择一些物理数据库管理技术，具体取决于操作和数据类型选择。RDBMS（关系数据库管理系统）物理模型偏重于数据类型和操作。RDBMS的分类、搜索树是管理数值的有效方法，但不适用于空间数据库管理。因此空间数据库管理系统（SDBMS）引入了空间索引技术，对空间数据和空间操作进行处理。数据库物理设计要解决如何分配存储空间、决定数据物理表示、设计存取路径、确定存放位置、选择存储结构和解决系统的配置等 6 个问题。GIS 数据库涉及图形数据和属性数据两种数据存储，绝大多数 GIS 系统只采用 RDBMS 来存储、管理、操作和查询地理实体的属性数据，而定位数据则根据一定的矢量或栅格数据结构，以矢量或栅格数据模型特殊格式的数据文件表示和存储地理实体定位数据，以关系模型表示和存储地理实体的属性数据，由 GIS 软件直接管理、查询和读取，定位数据和属性数据之间的联系也由 GIS 软件建立，而非通过RDBMS的连接运算。

1. 确定数据库的物理结构

设计数据库物理结构要求设计人员首先必须充分了解所用 DBMS 的内部特征，特别是存储结构和存取方法；要充分了解应用环境，特别是应用的处理频率和响应时间要求；还要充分了解外存设备的特性。

数据库的物理结构依赖于所选用的 DBMS，依赖于计算机硬件环境。设计人员进行设计时主要需要考虑以下几个方面。

(1) 确定数据的存储空间

存储空间的分配应遵循两个原则：① 存取频度高的数据存储在快速、随机设备中，存取频度低的数据存储在慢速设备中；② 相互依赖性强的数据应尽量存储在相邻的空间内。

确定数据库存储结构时要综合考虑存取时间、存储空间利用率和维护代价三方面的因素。这三个方面常常是相互矛盾的，例如，消除一切冗余数据虽然能够节约存储空间，但往往会导致检索代价的增加，因此必须进行权衡，选择一个折中方案。许多 DBMS 提供存储分配参数定义的功能，通过定义缓冲区（计算机主存中一块指定的存储空间，用于计算机主存和外存之间交换数据）的大小和数目，确定数据块（外存与缓冲区之间交换数据的基本单位）的长度和块因子大小等。为了提高某个属性（或属性组）的查询速度，可以把在这个或这些属性上有相同值的元组集中存放在一个物理块中。如果存放不下，可以存放到预留的空白区中或链接多个物理块。

(2) 决定数据的物理表示

数据的物理表示可分为两类：数值数据和字符数据。数值数据可以用十进制数形式或二进制数形式表示。通常，二进制数形式占用较少的存储空间。字符数据可以用字符串的方式表示，有时也可以利用代码值的存储代替字符串的存储。为了节约存储空间，常常采用数据压缩技术，这在设计地理数据库时尤为重要。

(3) 设计数据的存取路径

在关系数据库中，选择存取路径主要是指确定如何建立索引、确定为哪些关系模式建立索引、定义索引关键字等。例如，应把哪些域作为次码建立次索引，建立单码索引还是组合索引，建立多少个为合适，是否建立聚集索引等。对于地理数据库而言，主要是选择合适的地理索引或空间索引，以便有效地查询和检索地理数据。

空间索引根据一定的规则将图层空间划分成一组区域（通常为矩形），将所有的地理实体分配给所处的区域，每个区域内的地理实体都存储在一个或多个数据块内，由区域边界或区域位置和相应的数据块地址指针组成索引项。所有的索引项都存放在一个索引表中，当检索数据时，以索引表中的区域边界或位置为关键字快速检索一个区域内地理实体的数据记录。但是，当分区过细而索引项很多时，索引表（简称索引）的体积会很大，从而导致检索效率降低。因此，通常将索引项按较大区域组合，建立高一层的索引，以提高查找效率。如果需要，还可建立更高层索引。空间索引往往具有层次结构。建立空间索引的最常用方法有两种：格网索引和 R 树。

(4) 确定数据的存放位置

确定数据应该存放在一个磁盘中还是多个磁盘中，哪些数据应存储在高速存储器中，哪些数据该存储在低速存储器中。目前，许多计算机都有多个磁盘，因此进行物理设计时可以考虑将表和索引分别放在不同的磁盘中，在查询时，由于两个磁盘驱动器分别在工作，因而可以保证物理读/写速度比较快。也可以将比较大的表分别放在两个磁盘中，以加快存取速度，这在多用户环境下特别有效。此外，还可以将日志文件与数据库对象（表、索引等）放在不同的磁盘中以改进系统的性能。地理数据库对存储容量的需求高于其他领域的数据库，一个平均大小的二级存储器（secondary storage），如磁盘（disk）或 CD，装不下一个典型的地理数据库，通常需要使用三级存储器（tertiary storage），如磁带（tape）。为了提高系统性能，应该根据应用情况将数据的易变部分与稳定部分、经常存取部分和存取频率较低部分分开存放。例如，数据库数据备份、日志文件备份等，由于只在故障恢复时才使用，而且数据量很大，可以考虑存放在磁带中。

由于各个系统所能提供的对数据进行物理安排的手段、方法差异很大，因此设计人员必须仔细了解给定的 DBMS 在这方面提供了什么方法，再针对应用环境的要求，对数据进行适当的物理安排。

（5）选择数据的存储结构

存储结构的选择与应用要求和数据模型有密切的联系，对批处理应用的数据，一般以顺序方式组织数据为好；对于随机应用的数据，则以直接方式或索引方法比较好，同时用指针链接法建立数据间的联系。物理设计在很大程度上与选用的数据库管理系统有关。设计中应根据实际需要，选用系统所提供的功能。层次模型和网状模型的物理实现方法有物理邻接、指针、目录和位图等几种形式，关系模型其物理表示可简单归结为将各个关系组织成文件。

（6）确定系统配置

DBMS 产品一般都提供一些存储分配参数，供设计人员对数据库进行物理优化。在初始情况下，系统为这些变量赋予了合理的默认值。但是这些值不一定适合每种应用环境，在进行物理设计时，需要重新对这些变量赋值以改善系统的性能。

通常，这些配置变量包括：同时使用数据库的用户数；同时打开的数据库对象数，使用的缓冲区长度、个数，时间片大小，数据库的大小，装填因子，锁的数目等，这些参数值会影响存取时间和存储空间的分配，在物理设计时要根据应用环境确定这些参数值，以使系统性能最优。

在物理设计时对系统配置变量的调整只是初步的，在系统运行时还要根据系统实际运行情况做进一步的调整，以期切实改进系统性能。

2. 矢量和栅格数据文件

（1）矢量数据文件

GIS 的空间数据——特别是矢量形式的空间数据，结构十分复杂。早期的地理信息系统软件，曾经用数据文件或者结合使用数据文件的方式组织和管理空间矢量数据。但数据文件管理带来的诸多不便早已为人们所厌倦，所以，当代的地理信息系统软件大都用数据库管理空间矢量数据。

用数据库管理空间矢量数据，首先要解决矢量数据模型的组织规范化问题。例如，一条线状地物由多少个节点组成，这是无法预先确定的。如果以一条线作为一条记录，将节点作为字段，将无法确定作为节点字段的个数。同样，一个多边形由多少个弧段组成，一条弧段又由多少个节点组成，同样是无法预知的。这样，就给矢量数据的管理提出了一个难题。要解决这个问题就只能对其复杂的组织层次进行规范化处理，建立逻辑清晰、层次分明的结构，之后才能用关系数据库对之进行有效管理，同时，又不存在数据冗余。在正常情况下，不同的线状实体和面状实体由不同数量的点组成，它们具有不同长度的坐标序列。用关系数据库存储定位数据，不能像使用标准的关系模型那样，以元组表示实体、以列表示属性的方式，将每个地理实体的坐标序列存储在关系表的一行中，因为这样做不符合关系模式的第一范式。一种符合规范化的存储方法是以一对 x，y 坐标为一行，将组成一个线状实体或面状实体的点分行存储。图 5.6（a）对应于多边形图形文件，图 5.6（b）对应于线状（包括点状）图形文件，如等高线图、水系图、构造图、交通图等。记录头占用 24 个逻辑单元，第 25 个逻辑单元以后开始记录空间坐标数据，每个逻辑单元为 4 字节。对多边形图要求记录每个边界弧段沿其前进方向的左、右多边形编号，以建立完整的拓扑结构；线点图形文件只记录每条线（或每个点）的编号。多边形编号和线点的编号可以作为指向属性记录的指针，可以是特征值，如等高线的高程等。

(a)

逻辑单元

	记录头（48字节）	
25	线标识	系统线号1
26	左多边形码	右多边形码
	x坐标	y坐标
	…	…
	线标识	系统线号2
	左多边形码	右多边形码
	x坐标	y坐标
	…	…
	结束记号	
	2字节	2字节

(b)

逻辑单元

	记录头（48字节）	
25	线标识	特征码
26	x坐标	y坐标
	…	…
	线标识	特征码
	x坐标	y坐标
	…	…
	结束记号	
	2字节	2字节

图 5.6　矢量数据文件

（2）栅格数据文件

对于一个简单的栅格 GIS，每个图层由一个网格矩阵构成，每个网格值为位于该网格内的地理实体的属性值。一个图层的所有网格值以一定的栅格数据结构存储在一个数据文件中，因此，无须使用 RDBMS 对图层的属性数据进行单独存储和管理。但是，很少有真正的栅格 GIS 是这样的，大多数都涉及大量属性数据的处理与管理。在一个栅格关系数据库中，组成一个图层的网格值通常为地理实体的标识码，这些网格值以游程编码或四叉树结构存储为一个数据文件。对于游程编码，原始的栅格格式数据文件为简单的逐行/逐列/逐点记录多栅格像元的值，每个像元值占 2 字节，为 0 ~ 32 767 的整数，采用这种简单的结构便于与用户程序和遥感系统共享，又可以用多种高级语言处理，所有数据采用二进制数记录方式。

由于栅格数据需占用大量的存储空间，为减少冗余，采用一种无误差压缩编码——游程长度编码（Run Length Code，RLC）来记录特征游码和游程长度。图形越简单，压缩效率越高；图形越复杂，效果越差。对于专题地图，RLC 编码平均压缩比可达 1/10。RLC 文件数据组织如图 5.7 所示，文件记录头占 10 个逻辑记录单元，每个逻辑单元为 4 字节，其中，2 字节用来记录特征码，即所在位置的地理实体编码，2 字节用来记录游程长度。

逻辑单元号

	记 录 头 (40字节)	
11	特征码	游程长度
12	特征码	游程长度
	⋮	⋮
	结束标记	

图 5.7　游程编码文件记录格式

为提高图形操作效率，进行图形操作之前要将 RLC 文件装入系统工作区。工作区文件采用一种特殊的 RLC 文件格式，即将每个逻辑单元定为：行最大游程数 × 4 字节，每行 RLC 数据占一个逻辑单元，游程数小于最大游程数时后面补零。这种记录方式既可使栅格数据进行松散的压缩，又可分行进行处理，提高操作的灵活性和运算的效率。

3. 属性关系数据库文件

关系数据库是最常用的属性数据库结构，如 DBASE、Foxbase、Oracle、Access 等。关系的概念从严格意义上讲，是集合论中的一个数学名词。关系模型是一种数学化的模型，它将数据的逻辑结构归结为满足一定条件的二维表。一个实体由若干关系组成，而关系表的集合就构成了关系模型。关系表可表示为：

$$R(A_1, A_2, A_3, \cdots, A_n)$$

其中，R 为关系名或称关系框架，$A_i(i = 1, 2, 3, \cdots, n)$是关系 R 所包含的属性名，表的行在关系中称为元组，相当于一个记录，它的列称为属性。所有的元组都是同质的，即具有相同属性项。一个关系作为一个同质文件存储，因此，一个有 n 个关系表的实例需要建立 n 个文件。

属性数据文件的记录头记录了该数据文件的记录总数（即所对应的专题图件上的类别总数）、头结构长度、对应于每个图类的记录长度以及各个属性字段的信息。头结构的长度为：

$$32 + 属性字段数 \times 32 + 2$$

每个字段的信息由 32 字节描述：

0 ~ 10 字节	字段名
11 字节	字段型（C 或 N，以 ASCII 码表示）
12 ~ 15 字节	字段数据地址
16 字节	字段长度
17 字节	小数位数
18 ~ 31 字节	未用

① 各记录的第一个字节是一个空格符。

② 各个字段的数据连续地存放在各个记录中，没有任何分隔符和终止符。

③ 字符型和数字型数据都以 ASCII 码存放。

属性数据文件由于采用如表 5.6 所示的关系表格结构，因此便于用户易于理解和掌握，也便于制表输出。表 5.7 为各类属性数据文件的初始结构，它由图形数字化系统自动产生。

表 5.6　属性数据关系结构表

类　别　码	面积或长度	属性 1	属性 2	…	属性 n
N_1	A_1	V_{11}	V_{21}	…	V_{1n}
N_2	A_2	V_{21}	V_{22}	…	V_{2n}
				…	
N_m	A_m	V_{m1}	V_{m2}	…	V_{mn}

表 5.7　属性数据文件初始结构表

文件类型	字　段　名	字段类型	长　　度	小　数　位
多边形	类别码 面积	N N	5 13	 6

续表

文件类型	字段名	字段类型	长度	小数位
线	类别码 长度	N N	5 13	 6
点	类别码	N	5	

5.3 空间数据组织和管理

地理信息系统要处理复杂的数据类型和海量的数据量，因而对数据，特别是空间数据的组织管理至关重要。GIS的空间数据组织与空间数据管理、空间数据库设计等，是GIS基础软件设计的核心内容，它在相当程度上决定了系统的功能与效率。

5.3.1 空间数据组织

地理信息系统具有处理数据量大、结构复杂等特点，为了便于管理和应用开发，经常在设计时将整个系统划分为一些子系统，与此相对应，数据库也被划分为若干个子库；此外，对于一些比较大的或比较复杂的子数据库还要进一步划分。逻辑设计的主要任务是对空间数据分析阶段所得到的地理数据重新进行分类、组织，从用户观点描述空间数据库的逻辑结构，如图5.8所示。逻辑设计过程分两步进行：一是图块结构的设计，即按数据的空间分布将数据划分为规则的或不规则的块；二是图层信息的组织，即按照数据的性质分类，将性质相同或相近的归为一类，形成不同的图层。图块结构和层结构是空间数据库从纵、横两个方向的延伸，同时，空间数据库也是两者的逻辑再集成。

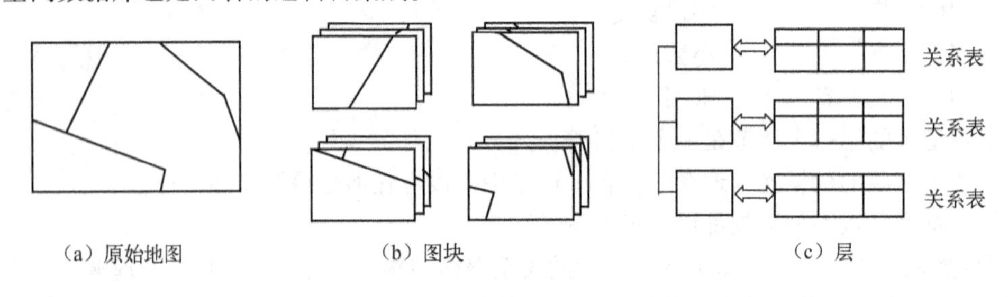

图5.8 空间数据组织

1. 纵向分层组织

地理信息系统研究、解决问题的具体内容及其类别是大不相同的，但它们之间却有很大的共性。例如，对大多数应用型地理信息系统而言，它们所要求的基础地理信息存在着基本的一致，其他相近专业之间的共同部分则更多。所以，在GIS中一般根据基础和专题信息的具体内容，为了提高地图中各个要素的检索速度，便于数据的灵活调用、更新及管理，将系统所涉及的各种基础信息和专题信息进行分类管理，将不同类不同级的图元要素进行分层存放，每层存放一种专题或一类信息。在同一层信息中，数据都具有相同的几何特征和相同的属性特征，表示地理特征以及描述这些特征的属性的逻辑意义上的集合。

数据分层可以按专题、时间、垂直高度等方式来划分。按专题分层就是每层对应一个专题，包含一种或几种不同的信息。专题分层就是根据一定的目的和分类指标对底图上的专题要素进行分类，按类设层，每类作为一个图层，对每个图层赋予一个图层名。分类可以从性质、用途、形状、尺度、色彩等5个方面的因素考虑。性质用来划分要素的类型，说明要素是什么，如河流、公路、境界等。不同的用途决定了地图表示内容的不同，不同的内容必须用不同的图层表示，因而不同用途的地图其图层划分极不相同。例如，在消防指挥地理信息系统中，以1∶1万城市平面图为基础数据，根据用途分为两大类：显示用图层和分析用图层。显示用图层包括街区层、铁路层、水系层、注记层，分析用图层包括街区道路层、单位层、建筑层、市政消火栓位置层、消防单位及责任区层、无线电报警点位层。要素的属性常使用几何符号表示，几何特征不同会导致形状差异，不同类的几何符号可划归为不同的图层，如境界线的符号为点画线，而道路符号为实线，按符号特征差异明显可划分为两个图层。符号的尺度用来反映要素的规模顺序，如道路的不同等级，可通过符号尺寸变化来区别，矿床按规模大小划分为大型、中型、小型、矿点、矿化点5级，也可通过符号尺寸变化来区别，不同尺度可划归为不同的图层。不同的色彩可用来表示不同要素，如地形图，棕色表示等高线、冲沟等，钢灰色表示居民地、道路、境界、独立地物等，蓝色表示水系、河流、湖泊等，色彩是划分图层的一个重要指标。

表5.8是图层划分的例子，其中每个图层存放一种专题或一类信息，有些是几种关系密切的相关要素组合在一起构成的一个图层，有些是按照不同属性把图件分解成若干个只代表个别属性的图层，所有点图元（包括注释）层都有一个对应的点数据文件，所有线图元层都有一个对应的线数据文件，所有区图元层都有一个对应的区数据文件。在具体数字化时，是分得粗好还是分得细好，必须根据应用的需要、计算机硬件的存储量、处理速度以及软件限制来决定。并不是图层分得越细越好，分得过细不便于操作人员记忆，不利于管理，不利于考虑要素间相互关系的处理。若要同时显示几个层，需要一次对几个层操作，而这会浪费时间且很不方便。反之，分得过粗，编辑时要素间互相干扰，不利于某些特殊要求的分析、查询。例如，若把在地下管网系统中不同性质的地下管线（供水、排水、污水、电力、通信、煤气、热力等）合在同一图层中，那么当需要单独查询并显示其中一种管线时，就只能根据管线的属性来区分，这比单独用一层存放一种管线要花费更多的处理时间。除了按专题内容进行分层外，还可以依据时间和垂直高度进行分层。按时间序列分层可以不同时间或时期进行划分，时间分层方便对数据进行动态管理，特别是对历史数据的管理。按垂直高度划分是以地面不同高程来分层，这种分层从二维转化为三维，便于分析空间数据的垂向变化，从立体角度去认识事物构成。数据分层时要考虑以下一些问题。

表5.8　地质图和地籍管理的图层划分方案

<table>
<tr><td rowspan="10">地质图</td><td rowspan="10">地形图</td><td rowspan="5">点要素层</td><td>地形层</td><td>等高线注记、地貌等征点、高程注记</td></tr>
<tr><td>居民点层</td><td>居民地符号及注记</td></tr>
<tr><td>境界层</td><td>境界线注记</td></tr>
<tr><td>地物层</td><td>独立地物符号</td></tr>
<tr><td>控制点层</td><td>规矩线、三角点</td></tr>
<tr><td rowspan="5">线要素层</td><td>等高线</td><td>首曲线、计曲线</td></tr>
<tr><td>境界线</td><td>国界、省界、县界、行政区划界</td></tr>
<tr><td>交通线</td><td>铁路、公路、其他道路</td></tr>
<tr><td>水系层</td><td>单线河、双线河</td></tr>
<tr><td>控制线层</td><td>图廓线、经纬网、方里网</td></tr>
</table>

续表

<table>
<tr><td rowspan="14">地质图</td><td rowspan="2">地形图</td><td rowspan="2">区要素层</td><td>湖泊层</td><td>湖泊面域</td></tr>
<tr><td>双线河层</td><td>双线河面域</td></tr>
<tr><td rowspan="12">地质图</td><td rowspan="5">点要素层</td><td>地质代号层</td><td>地层代号、岩体代号、岩脉代号</td></tr>
<tr><td>地质符号层</td><td>产状符号、构造符号、岩石符号</td></tr>
<tr><td>矿产点层</td><td>矿产符号</td></tr>
<tr><td>注记层</td><td>各类注记</td></tr>
<tr><td>控制点层</td><td>规矩线</td></tr>
<tr><td rowspan="4">线要素层</td><td>地质界线</td><td>地层界线、岩体界线、岩相界线</td></tr>
<tr><td>断层线层</td><td>构造单元边界、断层</td></tr>
<tr><td>矿产线层</td><td>矿产异常线、远景区边界</td></tr>
<tr><td>控制线层</td><td>内图廓线、经纬网、方里网</td></tr>
<tr><td rowspan="3">区要素层</td><td>沉积岩层</td><td>沉积岩</td></tr>
<tr><td>岩浆岩层</td><td>岩浆岩</td></tr>
<tr><td>变质岩层</td><td>变质岩</td></tr>
<tr><td rowspan="6">地籍管理</td><td rowspan="2" colspan="2">点要素层</td><td>界址点层</td><td>界址点号、界标种类</td></tr>
<tr><td>注记层</td><td>各种文字注记</td></tr>
<tr><td rowspan="2" colspan="2">线要素层</td><td>界址线层</td><td>界址线类别、线位置、界址间距等</td></tr>
<tr><td>房屋层</td><td>房屋边界</td></tr>
<tr><td rowspan="2" colspan="2">区要素层</td><td>宗地层</td><td>权属、面积、用途、地类</td></tr>
<tr><td>街坊层</td><td>若干宗地组成相应街坊</td></tr>
</table>

（1）数据具有同样的特性，即数据有相同的属性信息。

（2）按要素类型分层，性质相同或相近的要素应放在同一层中。

（3）即使是同一类型的数据，有时其属性特征也不相同，所以也应该分层存储。

（4）分层时要考虑数据与数据之间的关系，如哪些数据有公共边、哪些数据之间有隶属关系等。很多数据之间都具有共同或重叠的部分，即多重属性的问题，这些因素都将影响层的设置。在矢量数据结构中，对于两类物体共享一条边界或一类物体的不同等级共享一条线段的处理就属于此类问题。例如，道路与行政边界的重合、河流与地块边界的重合或者道路网中的等级共享关系等。此类数据之间的关系在设计时应体现出来，以免在空间分析及制图中产生不精确或错误的信息。

（5）分层时要考虑数据与功能的关系，如哪些数据经常在一起使用、哪些功能起主导作用等。考虑功能之间的关系，不同类型的数据由于其应用功能相同，在分析和应用时往往会同时用到，因此在设计时应反映出这样的需求，可以将此类数据设计为同一专题数据层。例如，水系包括了多边形水体（湖泊、水库等）、线状水体（河流、小溪等）和点状水体（井、泉等）。由于多边形的湖泊、水库、线状的河流和点状的井、泉等在功能上有着不可分割、互相依赖的关系，因此，在设计时可将这三种类型的数据组成同一个专题数据层，以形成网络而进行分析和应用。另外，有些数据之间虽没有重合或联结关系，但也可能同时被用到，此类情况也可考虑合并为一个专题数据层进行组织。

（6）分层时应考虑更新的问题，数据库中各类数据的更新可能使用各种不同的数据源，更新一般以层为单位进行处理，在分层中应考虑将变更频繁的数据分离出来，使用不同数据源更新的数据也应分层进行存储，以便于更新。

（7）比例尺的一致性。例如，植被类型在不同年份的考察中可能有不同的结果，而且考察的尺度范围也不同，所以在这种情况下通常会以两种层来存储。

（8）同一层数据会有同样的使用目的和方式。

（9）不同部门的数据通常应该放入不同的层中，以便于维护。

（10）数据库中需要不同级别安全处理的数据也应该单独存储。

（11）分层时应顾及数据量的大小，各层数据的数据量最好比较均衡。

（12）尽量减少冗余数据。

同一类型的数据可能会有不同的拓扑关系。例如，水系可能既有线性的（河流），又有面状的（湖泊）。通常，只要没有软件的限制，这些不同拓扑类型的同类数据是不必分开存储的。在各类数据全部分析完毕后，可以用一个大表来做一个小结。表 5.9 便是这样的一个例子。

表 5.9　数据库分层示意图

层	特殊拓扑类型	属性项	注记文字
街区网格	线状矢量	街名 地址的编号范围 街边类型	有
土壤类型	面状矢量	土壤类型 土壤子类	无
林业植被类型	面状矢量	植被复合类型 面积	无
数字地形模型	栅格	高程	无
坡度	栅格	坡度	无
坡向	栅格	坡向	无
水渠	线、面状矢量	长度、水渠各水量级别	有
流域	面状矢量		
地区影像图	栅格	灰度	无

对空间进行分层管理，是计算机对图形管理的重要内容，因为以层的管理形式效率最高。分层便于数据的二次开发与综合利用，实现资源共享，也是满足多用户不同需要的有效手段。各用户可以根据自己的需要，将不同内容的图层进行分离、组合和叠加，形成自己需要的专题图件，甚至派生出满足各种专题图幅要求的不同底图。例如，某一地区的地形图按照要素的特性分成公路层、水系层、地貌层等。由于某种需要，要制作此地区的水系分布图，那么就可以容易地把水系层及有关的要素提取出来，保存为一个文件，从而大大节省了时间及费用，并提高了工作效率。对于公用的要素，可以单独作为一个图层数字化，然后将其添加到所要编辑的任何文件中去，制作不同的专题图，这样就可以避免重复的数字化工作。通过图层管理地理数据，至少具有如下好处。

① 相同数据层中的地理对象，都是从无穷地理事物之中抽象出来的同一类别。“物以类聚，人以群分”，从类别到个体查询、检索信息，更符合人们的思维习惯。例如，要查找昆明市，首先想到的是城市这个集合，然后再在这个集合中查找。

② 同一空间定位基础、一致数据精度标准、相同地域范围中的各数据层在 GIS 中是可以

任意叠合的。这样，只要为某一地域范围建立的数据层足够多，就可很容易地组合成该地域范围内某种 GIS 应用的基础数据信息。这是快速建立地理信息系统的方法之一。

③ 多层地理数据的叠合分析，是 GIS 重要的空间分析方法之一。通过它可以产生出大量的派生信息或其他地理信息。如通过地面高程、坡度、土壤类型、土壤养分等数据层得到新的土地评价数据层，通过森林分布、气温、干燥指数、风向风力等得到的森林火警预报信息等。

④ 通过不同的数据层叠加显示，是计算机地理制图的常用方法。例如，将行政、水系、交通、地貌、居民点等数据层叠加显示，可以得到普通地图；而将行政、水系、土地利用、居民点等数据层叠加显示，可以得到土地利用图等。

从应用角度，信息的分层应该较为基础，即尽可能地将所能预见到的分类都设计为不同的数据层。例如公路，要简单分类，可能就只有一个数据层，这对于建立诸如企业信息查询系统、水资源管理信息系统来说也许足够，但对于交通管理信息系统来说，由于要涉及大量的专业数据，这样的分类就显得不够用了。

实践中，专业的信息管理和信息系统开发部门，常将同一地区历次开发的数据层进行收集管理并逐步扩大，这对建立新系统或以后用于历史比对研究，其意义是十分巨大的。

2. 横向分块组织

在空间数据库中，地图以文件进行存放，然而集中存放地图却受如下诸多因素的限制。

① 磁盘容量。地图的比例尺越大，覆盖的地理范围就越广，因而在计算机中需要保存巨量甚至海量的地理数据，然而磁盘的容量往往是有限的，不可能将数据全部集中存放在一个数据文件中。

② 查询分析效率。对地理数据的查询分析一般是在某个局部范围内展开的。如果数据文件很大，将直接影响到数据的读取执行速度。

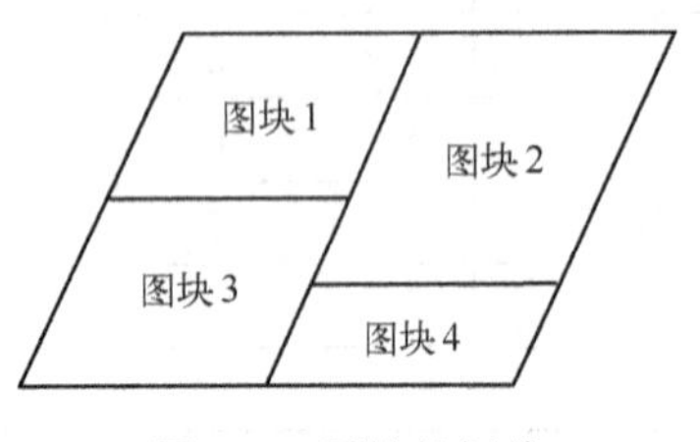

图 5.9　图块的划分

③ 数据库维护。一旦系统出现故障或用户操作不慎，将破坏整个地理范围内的数据，因此不便于对数据库进行维护。

考虑到以上因素，为了在计算机中对大容量的空间数据进行有效的组织，需要将所研究的地理区域分割成两块或多块独立的图块，如图 5.9 所示，然后对这些图块建立空间索引。

这里，图块的结构构成空间数据库的基本组成部分。在空间数据库中，用图块来表示地理区域互不重叠的单一要素。从形状上，图块通常是规则的正方形（如经纬差为 30°的正方形），但也可以是任意形状（如一个县或者一个行政管理单位），还可以依据特征将图块划分成不规则边界。从大小上，图块可以是任意尺寸，图块尺寸根据实际需要而定，一般一个图块不能太大，否则在数据传输和处理过程中容易造成计算机存储空间的溢出。

图块划分尺寸应根据实际需要而定。一般来说，图块划分的原则如下。

① 按存取频率较高的空间分布单元划分图块，以提高数据库的存取效率。

② 图块的划分应使基本存储单元具有较为合理的数据量。数据量过大，会造成查询分析效率低下；数据量过小，不便于数据管理。

③ 在定义图块分区时，应充分考虑未来地图数据更新的图形属性信息源及空间分布，以利于更新和维护。

在多数情况下，图块按照地图图幅大小来划分，如小比例尺地图按经纬线分幅，大比例尺地图按矩形分幅。由于分幅后会出现某一空间实体跨越不同图幅、空间实体被分割成若干空间基本单元的情况，因此需要在图幅、空间实体和空间基本单元之间建立连接关系。

3. 分层分块索引

空间数据库采用层次模型组织方式，如图5.10所示。图中地图作为树的根，表示一个完整的地理数据库，地图中的地物要保持存储、表达的完整性和一致性。根据图块的划分原则，将空间数据分为若干个图幅，图幅构成树的节点。为了在地图中有效地组织和表达空间地理实体，按照地物的大小对其进行分级抽取，对不同大小的地理几何对象表示进行整理分层，层中每种类型的要素均由不同的文件来定义，每种要素构成树的叶节点，由此形成内部空间索引系统。

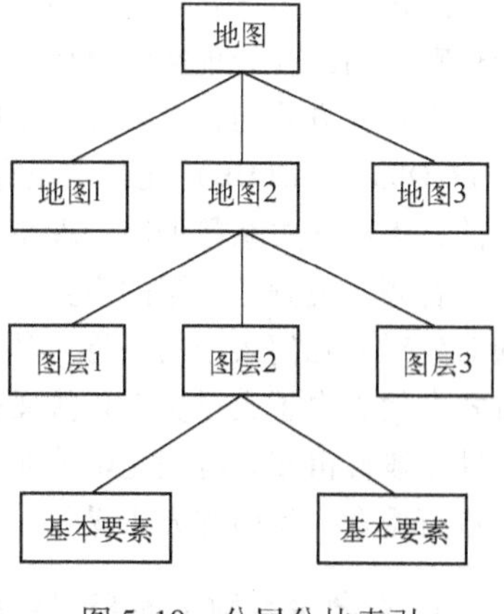

图5.10　分层分块索引

该层次模型是以记录类型为节点的有向树，节点记录之间具有一定的从属关系。如果把层次模型中的记录按照从上到下、从左到右的顺序排列，就得到一个记录序列。因此物理上可以通过层次顺序和路径查找记录实现该层次模型。

具体来说，建库的一般过程为：① 建立图块工作区；② 建立空间数据库的库体框架；③ 建立层框架；④ 数据采集、入库。

5.3.2 空间数据管理

1. 文件与关系数据库混合管理系统

由于空间数据具有前面介绍的几个特征，市场上通用的关系数据库管理系统难以满足要求。因而，大部分GIS软件采用混合管理的模式，即用文件系统管理几何图形数据，用商用关系数据库管理系统管理属性数据，它们之间的联系通过目标标识或者内部连接码进行连接。

GIS中图形数据与属性数据的连接在这种管理模式下，几何图形数据与属性数据除它们的ID作为连接关键字段以外，两者几乎是独立地组织、管理与检索的。就几何图形而言，由于GIS系统采用高级语言编程，可以直接操纵数据文件，因此图形用户界面与图形文件处理是一体的，中间没有裂缝。但对属性数据来说，则因系统和历史发展而异。早期系统由于属性数据必须通过关系数据库管理系统，因此图形处理的用户界面和属性的用户界面是分开的，它们只是通过一个内部码连接。

采用文件与关系数据库管理系统的混合管理模式，还不能说建立了真正意义上的空间数据库管理系统，因为文件管理系统的功能较弱，特别是在数据的安全性、一致性、完整性、并发控制以及数据损坏后的恢复方面缺少基本的功能。多用户操作的并发控制比起商用数据库管理系统来要逊色得多，因而GIS软件商一直在寻找采用商用数据库管理系统来同时管理图形和属性数据的方法。

2. 关系型空间数据库管理系统

关系型空间数据库管理系统是指将图形数据和属性数据都存放在关系数据库中。关系数据库管理系统的软件厂商不做任何扩展，由GIS软件商在此基础上进行开发，使之不仅能管理结构化的属性数据，而且能管理非结构化的图形数据。一个关系表示一个图层，关系中的一行表示一个地理实体，一列表示地理实体的一个属性，其中一列为几何形状列，通常称为形状。用关系数据库管理系统管理图形数据有常规表方式和大对象方式两种。

用常规表方式管理几何对象时，图形数据按照关系数据模型组织，特征表中几何对象列只存储其指向几何表的指针。每个几何对象在几何表中用一系列点坐标对来描述，当几何对象的坐标对数超过了每行的定长坐标对数时，则采用分行存储的方式，并维护其前后关系。基于这种方式进行组织，它要涉及多个关系表，做多次连接投影运算。由于需要做如此复杂的关系连接运算，因此在处理空间目标方面效率不高。

大对象方式与常规表方式不同的是，几何对象列采用数据库提供的二进制大对象（Binary Large Object，BLOB）变长字段存储空间数据，将图形数据的变长部分处理成二进制块字段。目前，大部分关系数据库管理系统都提供了二进制块的字段域，以适应管理包括文本文档、图像、音频、视频等数据的需要，如 SQL Server 的 Image 类型、Oracle 的 BLOB 类型等，一个几何对象对应几何表中的一行。基于 SQL Server 的 Arc SDE 应用的是 Image 数据类型。这种存储方式虽然省去了大量关系连接操作，但可扩展性相对较差，二进制块的读/写效率要比定长的属性字段慢得多，特别是牵涉对象的嵌套时，速度更慢。BLOB 没有具体的内部结构，因而不能进行搜索、索引和分析操作，并且不含常用的语义概念，如泛化、聚集等关系。

3. 对象关系数据库管理系统

数据库技术和面向对象技术的结合，产生了对象关系型数据库系统。对象关系型数据库系统是对关系型数据库系统进行的面向对象的扩展。对象关系型数据库支持核心的面向对象数据库模型（对象模型），并借助于对关系数据库语义的扩充和修改，使之与对象模型的语义一致，以支持关系数据库特征，其基本特性包括基本数据类型的扩充、复杂对象、继承性等。ORDBMS 提供了用户自定义类型的功能，使用抽象数据类型可以封装任意复杂的内部结构和属性，以方便表示空间对象。对于用户定义的数据类型也必须加入该类型要求的操作，这就是 ORDBMS 提供的扩充函数和操作符的功能，通过动态链接，实现客户端启动和服务器端启动功能的安全管理，从而实现空间对象的索引、检索和空间分析等操作。ORDBMS 中创建空间对象的基本构件有三种：组合、集合和引用。组合是由一个记录值组成的数据类型，即由任意不同数据类型组成的数据。集合是由一个字段中的任意个值组成的数据类型，例如，点的集合构成线、线的集合构成面、面的集合构成体。引用是传统 SQL 系统中主码与外码关系的自然替代，它是对象标志的指针，指向其他表中的一个特定类型的记录，从而实现对组合、集合和基本数据类型的引用，用于表达空间对象之间的嵌套，使拓扑数据类型的表示非常便利。

4. 面向对象空间数据库管理系统

随着面向对象（Object Oriented）思想的出现和面向对象方法学的应用，面向对象的思想也应用到空间数据模型的设计中。为了克服关系型数据库管理空间数据的局限性，提出了面向对象数据模型，并依此建立了面向对象数据库。面向对象模型最适应于空间数据的表达和管理，它不仅支持变长记录，而且支持对象的嵌套、信息的继承与聚集。面向对象的空间数据库管理系统允许用户定义对象和对象的数据结构以及它的操作。这样，就可以将空间对象根据 GIS 的需要，定义出合适的数据结构和一组操作。这种空间数据结构可以是不记录拓扑关系的矢量数据模型（又称面条结构），也可以是拓扑数据结构，当采用拓扑数据结构时，往往涉及对象的嵌套、对象的连接和对象与信息聚集。当前已经推出了若干个面向对象数据库管理系统，如 Oracle 9i、Objectstore 等，也出现了一些基于面向对象的数据库管理系统的地理信息系统，如 GDE 等。面向对象空间数据库是未来发展的方向，从理论上讲，它能解决纯关系数据库存在的问题，具有完全的面向对象的特征，这些特征包括封装、消息、状态、标识、类型、类、复合对象、绑定、多态性、继承和扩展性等。但由于面向对象数据库管理系统还不够成熟，价格又昂贵，目前在 GIS 领域还不太通用。

5. 面向对象的全关系型数据库管理系统

与对象 - 关系型数据库不同，面向对象的全关系型数据库并没有简单采用在关系数据库管理系统中进行扩展的方法，而是推出了空间数据管理的专用模块，定义了点、线、面、圆、长方形等空间对象类。这些类将各种空间对象的数据结构进行了预先的定义，用户使用时可以直接取用。对没有预先定义的数据结构，用户可以根据 GIS 的要求自行定义。这种扩展的空间对象管理主要解决了空间数据变长记录的管理以及 GIS 数据类型多变的特性问题。由于采用面向对象的对象类定义，其效率要比前面所述的各种管理模式高得多。它可以解决对象的嵌套问题，空间数据结构可以由用户任意定义，使用上不受限制。

5.4 栅格数据存储和管理

栅格数据管理的目的是将区域内相关的栅格数据有效地组织起来，并根据其地理分布建立统一的空间索引，快速调度数据库中任意范围的数据，进而达到对整个栅格数据库的无缝漫游和处理；同时，栅格数据库与矢量数据库可以联合使用，并可以复合显示各种专题信息，如各种矢量图元的地理分布等。

5.4.1 管理方案

栅格、影像数据库采用金字塔结构存放多种空间分辨率的栅格数据，同一分辨率的栅格数据被组织在一个层面（Layer）内，而不同分辨率的栅格数据具有上下的垂直组织关系：越靠近顶层，数据的分辨率越小，数据量也越小，只能反映原始数据的概貌；越靠近底层，数据的分辨率越大，数据量也越大，更能反映原始详情。

通过对栅格数据建立这种多级、多分辨率索引，可在显示或处理数据时，自动适配最佳分辨率以提高处理速度，同时也极大地降低了数据处理和显示所需的内存消耗。金字塔及其分块结构如图 5.11 所示。

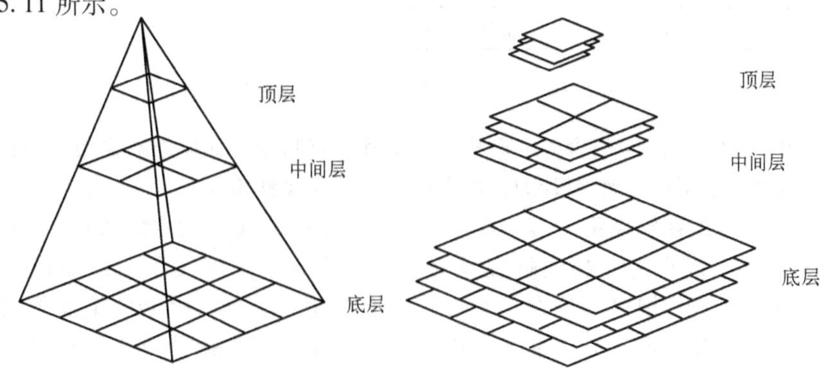

图 5.11　金字塔及其分块结构图示

栅格数据库创建的一个重要环节是由当前层的栅格数据重采样生成其上层的栅格数据，针对不同类型的栅格数据库，重采样可采用不同的插值算法来完成。同时，针对栅格数据量大的特点，系统采用高效压缩、还原算法，以实现海量栅格数据的有效存储和管理。

5.4.2 组织形式

在地理数据库中，有栅格目录与栅格数据集两种栅格影像数据组织形式供选择。

1. 栅格目录

栅格目录用于管理有相同空间参照系的多幅栅格数据，各栅格数据在物理上独立存储，易于更新，常用于管理更新周期快、数据量较大的影像数据；同时，栅格目录也可实现栅格数据和栅格数据集的混合管理，其中目录项既可以是单幅栅格数据，也可以是地理数据库中已经存在的栅格数据集，具有数据组织灵活、层次清晰的特点。

2. 栅格数据集

栅格数据集用于管理具有相同空间参考的一幅或多幅镶嵌而成的栅格影像数据，物理上真正实现数据的无缝存储，适合管理 DEM 等空间连续分布、频繁用于分析的栅格数据类型。由于物理上的无缝拼接，因此，以栅格数据集为基础的各种栅格数据空间分析具有速度快、精度高的特点。

5.4.3 存储结构

栅格影像数据库的逻辑组织如图 5.12 所示。

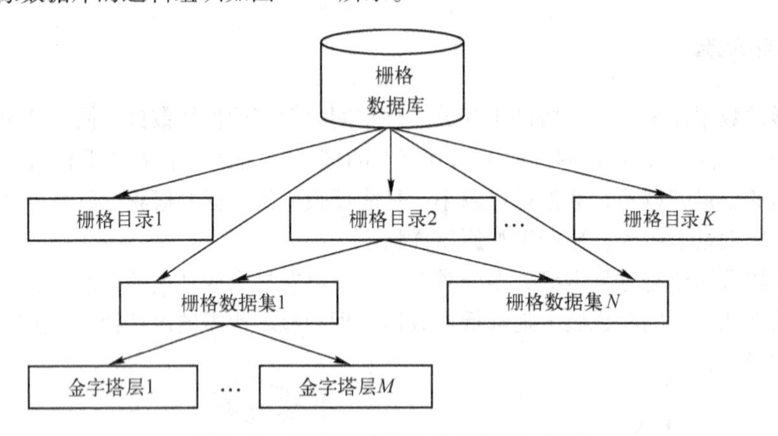

图 5.12　栅格影像数据库逻辑组织图示

在栅格数据库中，可同时包含多个栅格数据集和栅格目录，而栅格数据集既可由栅格数据库直接管理，也可由栅格目录组织管理，可根据用户需求灵活定制。

栅格数据集的物理存储采用“金字塔层—波段—数据分块”的多级索引机制进行组织：金字塔层—波段索引表现为栅格数据在垂直方向上多尺度、多波段的组织形式，金字塔层—数据分块索引表现为栅格数据在水平方向上多分辨率、分块存储的组织形式。基于这种多级索引结构，在使用栅格数据进行分析时可快速定位到数据分块级，有效地提高栅格数据存取速度。

1. 金字塔层

金字塔层管理具有相同空间分辨率的一层栅格数据。通常，栅格数据的金字塔层是为了在显示过程中自动适配合适分辨率的数据、减少绘制数据量以提高显示速度而建立的。这里赋予每层金字塔“空间分辨率”的概念，给金字塔层索引赋予实际的地理含义，使用户可根据需求定制不同分辨率的金字塔层，不仅可用于提高栅格数据的显示速度，还可基于特定金字塔层进行空间分析或操作。

2. 波段

波段管理相同金字塔层内不同波段的相关统计和注释信息。当使用不同金字塔层进行显示或分析操作时，可直接使用相关统计信息进行处理，同时在定位数据分块进行存取操作时，它也是金字塔层和数据分块之间的衔接。

3. 数据分块

数据分块对相同金字塔层、相同波段内的数据按照一定分块大小进行分块存储。贴片（Tiles）结构（即空间分块索引结构）是一种比较适合栅格数据处理的存储方法。其优点体现在以下几个方面：

① 对栅格数据浏览显示时，其屏幕的可见区域只是整个数据中的一个小矩形区域，采用数据分块管理的方法，就可以减少数据的读盘时间。

② 分块管理利于栅格数据的压缩，因为栅格数据具有局部相关性。

③ 分块管理利于数据库管理，现在的商用数据库大多是关系型数据库，关系型数据库对数据的管理是基于数据记录的。当采用分块方式管理栅格数据时，数据分块可以与数据库的记录很好地对应，可以很好地利用商用数据库管理海量栅格数据。

数据分块的大小（数据块的行、列值）通常取为 2 的幂次方，具体的大小在选择时需要考虑以下因素：数据的局部相关程度、压缩算法、栅格数据类型、栅格数据缓冲区的管理算法、用户感兴趣区域的大小、网络的传输单元等。综合考虑以上因素，一般选用 32KB 或 64KB 大小的分块。

5.5 MapGIS 地理数据库设计

5.5.1 面向实体空间数据模型

GIS 认知的内涵是探索和回答现实世界的 4W-HR 问题（如图 5.13 所示）。GIS 空间认知与空间建模过程包括：建立概念模型、形成逻辑模型、建立物理模型以及实现对象重构，进而进行空间查询、分析与应用，回答空间认知提出的 4W-HR 问题。由于受空间对象与空间现象的复杂性、人类认知能力的有限性、空间数据获取手段的局限性、空间数据处理方法的正确性、空间建模理论的完备性等影响，因此，空间数据不确定性、空间过程不确定性与空间数据质量问题贯穿空间认知与空间构模全过程，也是 GIS 理论与方法问题研究中不可忽视的一个重要方面（吴立新、龚健雅，2005）。

空间数据模型是对地理世界的抽象，是空间数据库设计的基础。从地理世界到计算机世界，空间数据模型可以分为多个层次，如 OpenGIS 将对地理对象的抽象过程分为现实世界（Real World）、概念世界（Conceptual World）、地理空间世界（Geospatial World）、维度世界（Dimensional World）、项目世界（Project World）、点世界（Points World）、几何体世界（Geometry World）、地理要素世界（Feature World）以及要素集合世界（Feature Collection World）等9个层次，这是较为详细的划分。粗略地划分，则空间数据模型可划分成三个层次。第一层是空间数据抽象模型或者空间数据概念模型，其目的在于提取地理世界的主要特征，不考虑在计算机中的具体实现。概念模型用于建立信息系统的数据模型，强调其语义表达功能，是用户和系统设计人员之间进行交流的工具，是现实世界的第一层抽象。第二层是逻辑模型，表达概念数据模型中数据实体及其相互关系，是空间数据组织模型，是空间数据概念模型在计算机中的具体实现。第三层是物理模型，描述数据在计算机中的组织和存储方式。

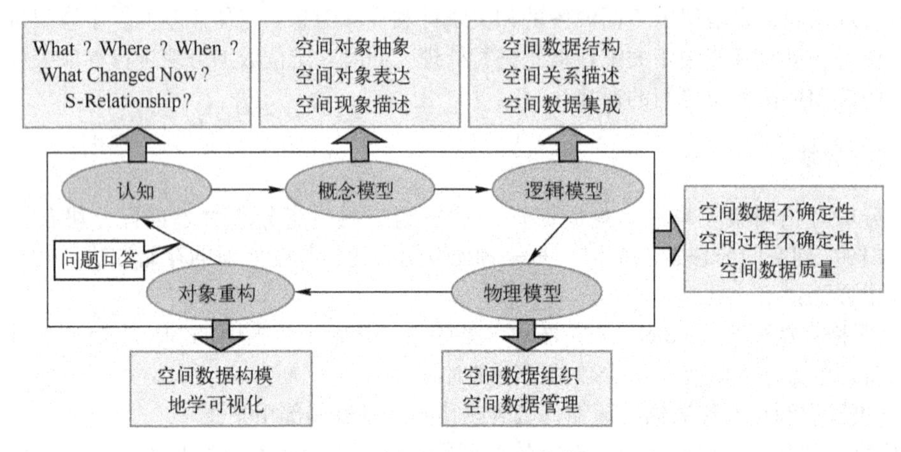

图5.13　空间认知与空间构模过程

MapGIS平台首先强调人对地理世界的理解，其次才是如何将人对地理世界的理解图示化。该模型将地理世界分解为实体，通过描述实体的特性和实体间的关系，建立观察范围内的地理世界的视图，通过定义与实体特性、实体关系相关的操作，模拟人类理解地理世界的语义环境。这里称为“面向实体”，是为了强调这种数据模型是以单个空间地理实体为数据组织和存储的基本单位的。该模型以独立、完整、具有地理意义的实体为基本单位对地理空间进行表达。

面向实体的数据模型在具体实现时采用的是完全面向对象的软件开发方法，面向对象是一种软件设计思想，由于具有封装、继承等特性，可以很好地封装空间、专题、时间特征，并且符合逻辑思维语义，因此是解决空间数据模型问题的一个有效途径。在这种思想的指导下，每个对象（独立的地理实体）不仅具有自己独立的属性，而且具有自己的行为，能够方便地构造用户需要的任何复杂地理实体，而且这种模式符合人们看待客观世界的思维习惯，便于用户理解和接受。同时，面向实体的数据模型自然地具有系统维护和扩充方便的优点。

面向地理实体的空间数据模型的概念分下面几个层次：地理数据库、数据集、类、要素等。该模型将现实世界中的各种现象抽象为对象、关系和规则，各种行为（操作）基于对象、关系和规则，模型更接近人类面向实体的思维方式。该模型还综合了面向图形的空间数据模型的特点，使得模型表达能力强，广泛适应GIS的各种应用。

在面向实体空间数据模型中，非空间实体被抽象为对象，空间实体被抽象为要素，相同类型的对象构成对象类，相同类型的要素构成要素类，若干对象类或要素类组成要素集，若干要素集构成地理数据库（吴信才，2004；叶亚琴、左泽均、陈波，2006）。要素在某个空间参照系中的几何特征被抽象为几何元素，几何元素由任意的点状、线状或面状几何实体组成，几何实体通过几何坐标点表达。地理数据库是用于存储地理数据的数据库，提供管理地理数据服务，这些服务包括有效性规则，关系和拓扑关联。该空间数据模型的概念分6个层次：地理数据库、数据集、类、几何元素、几何实体、坐标点，如图5.14所示。

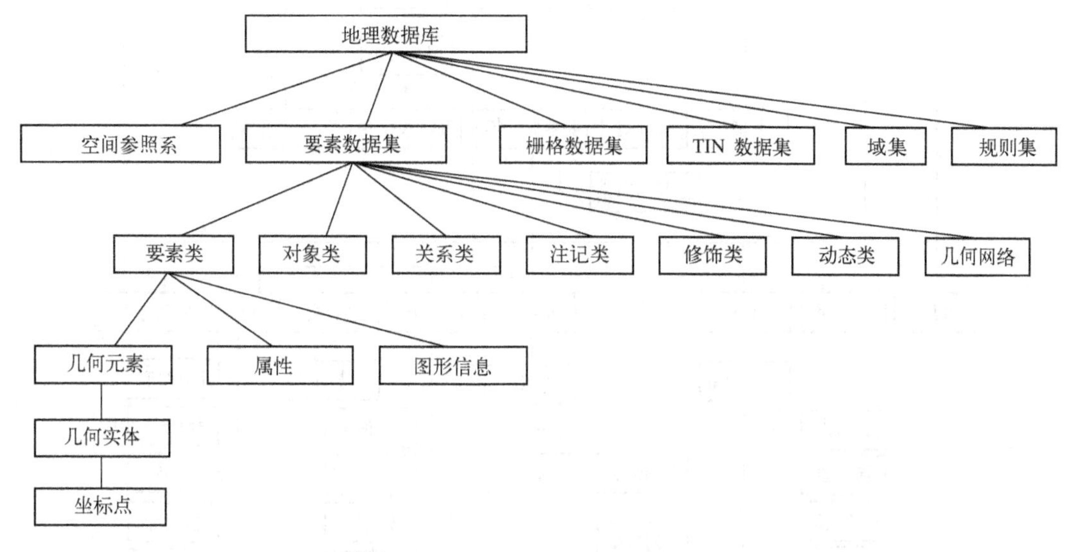

图5.14　MapGIS空间数据模型概念层次

该模型具有以下特点。

① 真正面向地理实体，全面支持对象、类、子类、子类型、关系、有效性规则、数据集、地理数据库等概念。

② 对象类型覆盖GIS和CAD对模型的双重要求，包括：要素类、对象类、关系类、注记类、修饰类、动态类、几何网络。

③ 具备类视图概念，可通过属性条件、空间条件和子类型条件定义要素类视图、对象类视图、注记类视图和动态类视图。

④ 要素可描述任意几何复杂度的实体，如水系。

⑤ 完善的关系定义，可表达实体间的空间关系、拓扑关系和非空间关系。空间关系按照九交模型定义；拓扑关系支持结构表达方式和空间规则表达方式；完整地支持4类非空间关系，包括关联关系、继承关系（完全继承或部分继承）、组合关系（聚集关系或组成关系）、依赖关系。

⑥ 支持关系多重性，包括1∶1、1∶M、N∶M。

⑦ 支持有效性规则的定义和维护，包括定义域规则、关系规则、拓扑规则、空间规则、网络连接规则。

⑧ 支持多层次数据组织，包括地理数据库、数据集、数据包、类、几何元素、几何实体、几何数据，如图5.15所示。

⑨ 几何数据支持向量表示法和解析表示法，包括折线、圆、椭圆、弧、矩形、样条曲线、Bezier曲线等形态，能够支持规划设计等应用领域。

1. 对象

在新一代GIS中，对象是现实世界中实体的表示。诸如房子、湖泊或顾客之类的实体，均可用对象表示。对象有属性、行为和一定的规则，以记录的形式存储对象。对象是各种实体一般性的抽象，特殊性对象包括要素、关系、注记、修饰符、轨迹、连接边、连接点等。

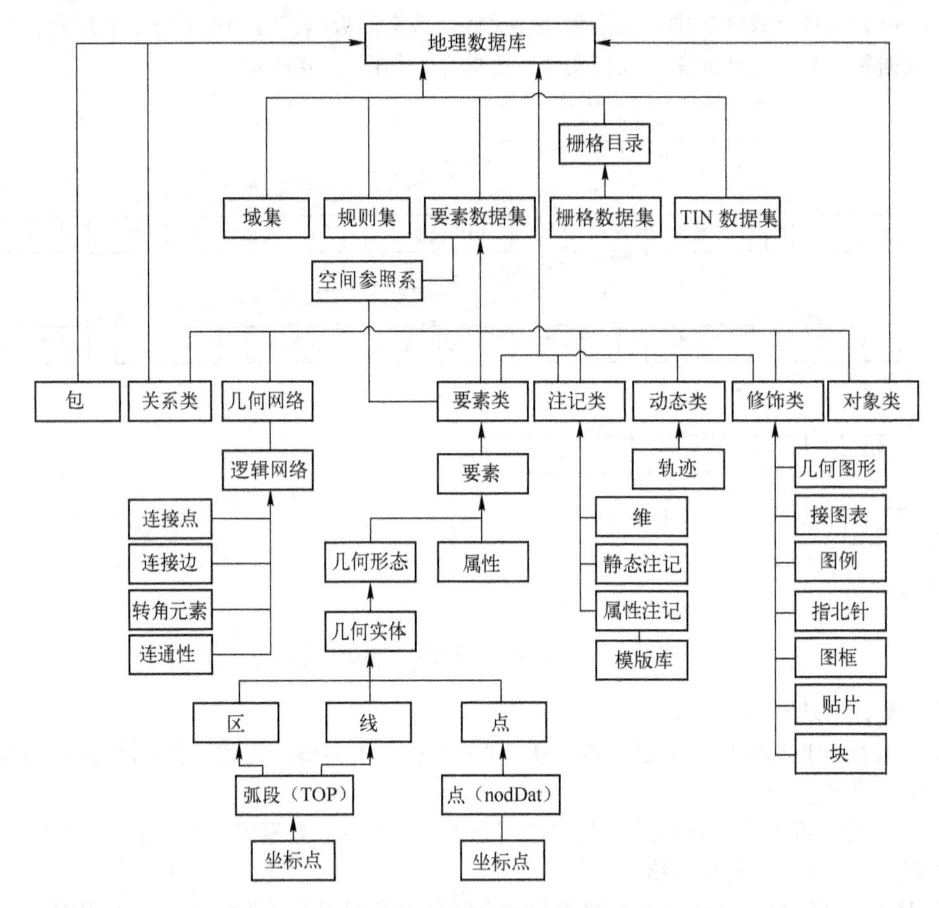

图 5. 15　面向实体空间数据模型层次关系示意图

2. 对象类型、子类型

根据对象的行为和属性可以将对象划分成不同的类型，具有相同行为和属性的对象构成对象类，特殊的对象类包括要素类、关系类、注记类、修饰类、动态类、几何网络。在不特别声明的情况下，对象类指没有空间特征的同类对象集。

子类型是对象类的轻量级分类，以表达相似对象，如供水管网中区分钢管、塑料管、水泥管。不同类或子类型的对象可以有不同的属性默认值和属性域。

3. 类

地理数据库中最基础的数据组织形式是类，包括要素类、对象类、关系类、注记类、修饰类、动态类、几何网络和视图。从用户的观点看，类是可命名的对象集合，具有内在的完整性和一致性，以目录项为表现形式。

4. 对象类

对象类是具有相同行为和属性的对象的集合。在空间数据模型中，一般情况下，对象类是指没有几何特征的对象（如房屋所有者、表格记录等）的集合；在忽略对象特殊性的情况下，对象类可以指任意一种类型的对象集。

5. 要素类

要素是现实世界中现象的抽象，往往用于表达某种类型的地理实体，如道路、学校等。要素是真实世界中的地理对象在地图上的表示，要素往往具有几何特征和属性。如果该要素与地球上的某一地理位置相关，则该要素就为地理要素。要素类是相同类型要素的集合。要素按照其数据组织方式的不同可分为简单要素和复杂要素。

6. 关系类

现实世界中的各种现象是普遍联系的，而联系本身也是一种特殊现象，具有多种表现形式。在面向实体的空间数据模型中，对象之间的联系被称作关系，是一种特殊的对象。如房屋所有者和房屋之间的产权关系，具有公共边界的行政区之间的相邻关系，甲乙双方之间的合同关系，都是对象之间关系的实例。

对象之间的关系可分为空间关系和非空间关系。空间关系是与实体的空间位置和形态引起的空间特性关系，包括距离关系和拓扑关系，具体可分为相交、相接、相等、分离、包含、包含于、覆盖、被覆盖和交叠等9种；拓扑关系如水管和阀门的连接关系、两条道路的相交关系。非空间关系是对象的语义引起的对象属性之间存在的关系，如甲乙方之间的合同关系。具体包括：关联、继承（完全、部分）、组合（聚集、组成）、依赖等。非空间关系具有多重性：一对一（1∶1）、一对多（1∶M）、多对多（N∶M）。

关系的集合称为关系类，一般在对象类、要素类、注记类、修饰类的任意两者之间建立关系类。

7. 注记类

注记是一种标识要素的描述性文本，按类型分为文本注记、属性注记和维注记三种。注记的集合构成注记类。

（1）文本注记的文字内容和标注位置均由用户输入。根据版式的不同，文本注记又分为静态文本注记和 HTML（Hyper Text Mark - up Language，超文本标记语言）版面注记。静态文本注记的文字内容只能是与 Windows 的记事本内容格式相同的文本。HTML 版面注记用来描述地图上某些现象的信息，用 HTML 可方便地控制版面的格式。

（2）属性注记是地理数据库中与要素属性字段相关联的注记。属性注记所在的注记类与同一要素数据集下的一个（且只能是一个）要素类相关联，每个属性注记和要素类中的一个要素相关联。属性注记的文本可以是要素属性表中的一个字段或者多个字段合成的文本信息。属性注记的内容来自要素的属性值，显示属性注记时，动态地将属性值填入注记模板，因此也称为动态注记。属性注记直接和它要标注的要素相关联，移动要素时，注记跟随移动，注记的生命期受该要素的生命期控制。

（3）维注记是一种特殊类型的地图注记，用来表示地图上的长度和距离。一个维注记可能表示一个建筑或小区某一边界的长度，或者表示两个要素之间的距离，例如，一个消防栓到某一建筑拐角的距离。

维注记的组成元素包括基线和维注记符号，如图 5.16 所示。其中，基线表示地图上要描述的地物的一条边或者某一区域的边，维注记符号是由扩展线、维线、引导线组成的一个整体。

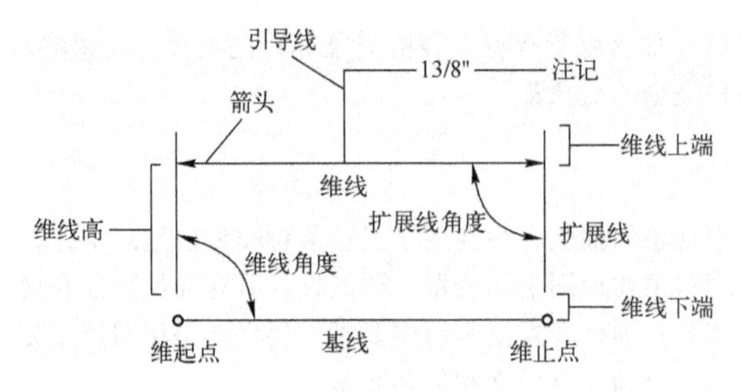

图 5.16　维注记的组成元素

8. 修饰类

修饰类用于存储修饰地图或者辅助制图的要素，包括几何图形、接图表、图例、指北针、图框、比例尺、贴片、块和字符串。修饰类可以属于某个要素数据集，也可以直接属于地理数据库。

9. 动态类

动态类是一种特殊的对象类，是空间位置随时间变化的动态对象的集合。动态对象的位置随时间变化形成轨迹，动态类中记录轨迹的信息，包括 x、y、z、t 和属性。

动态集是用于存放用户需求的记录的数据集合，每个动态集对应一个用户的查询。

10. 网络类

根据网络的作用不同，可分为几何网络和逻辑网络。根据网络的使用方法不同，可以把网络分为设备网和交通网。设备网是指那些根据参与网络的网络要素属性值，确定网络边要素网络流向的一类网络，例如，输电网、供水网、污水排放网、煤气管网等。交通网是指那些以人为方式指定网络边要素网络流向的一类网络，例如，城市交通网、商业物流网等。

5.5.2　关系定义

根据空间相关性，可将关系划分为空间关系和非空间关系。关系可以仅仅表示对象之间的联系，除此之外，没有其他含义，即关系没有属性；关系也可以有特定的含义，有属性的，如合同关系中每条关系都与一份合同相对应。

MapGIS 提供了完整的关系支持，包括齐全的空间关系和非空间关系，如图 5.17 所示。

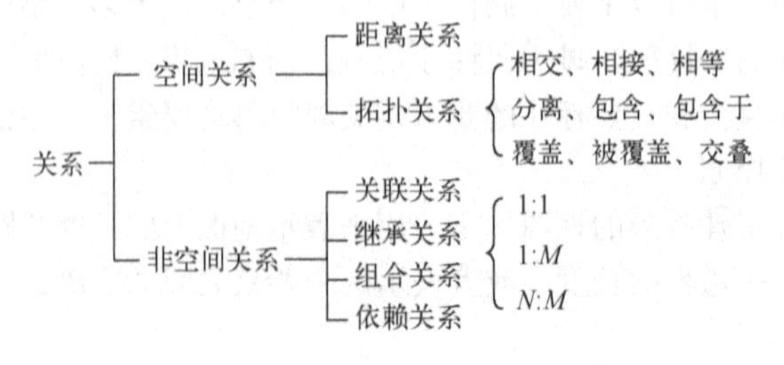

图 5.17　新一代 GIS 关系分类示意图

1. 空间关系

（1）距离关系

距离关系是最常见的空间关系之一，一般采用欧式距离。

（2）拓扑关系

拓扑关系是另一类空间关系，这种关系不随距离、角度的变化而变化。例如，相邻多边形与公共弧段之间的关系，几何网络中边－边的连接关系。

MapGIS 按照九交模型定义拓扑关系，其中有现实意义的拓扑关系包括：相交、相接、相等、分离、包含、包含于、覆盖、被覆盖和交叠等 9 种。

MapGIS 完全支持基于数据结构和基于空间规则的拓扑关系表达方式。基于数据结构的拓扑关系表达方式只能表达要素类内部要素之间的平面拓扑关系，但比较适用于地藉管理等应用领域。基于空间规则的拓扑关系表达方式灵活，容易表达同类要素之间的关系，也容易表达不同要素类之间的拓扑关系，如县级行政区必须包含于省级行政区。

2. 非空间关系

非空间关系是对象属性之间存在的关系，与对象的语义有关，包括：关联关系、继承关系、组合关系、依赖关系。

（1）关联关系是最一般的关系，关系两端的对象相互独立，不存在依赖。

（2）继承关系包括完全继承和部分继承，完全继承是指子类继承父类的所有属性，部分继承是指子类只继承父类的部分属性。在实际应用中，子类往往是父类的特例，例如，某地区的岩性属于沉积岩，也属于砂岩，砂岩继承了沉积岩的属性。

（3）组合关系是部分与整体的关系，组合关系分为聚集和组成。聚集是指组合体与各部分具有不同的生命期；组成则是指组合体与各部分具有相同的生命期，也就是同生共死。聚集关系举例：计算机和它的外围设备，一台计算机可能连接零台或者多台打印机，即使没有所连接的计算机，打印机也可以生存。组成关系举例：电线杆（原始对象）和变压器（目的对象）之间可以构成一对多的组成关系，一旦电线杆被删除，变压器也要被删除。

（4）依赖关系由对象的语义引起，如某段行政边界以河流中心线为准。依赖关系也称为引用关系。

3. 关系多重性

非空间关系具有多重性，具体表现为 1∶1、1∶M、N∶M，如图 5.18 所示。

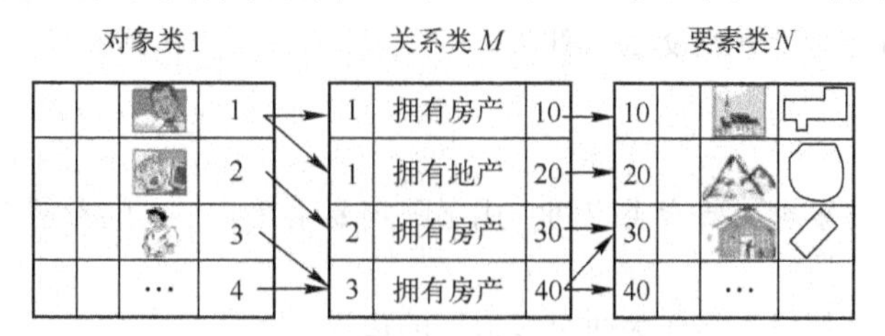

图 5.18　对象类、要素类的关系类示意图

5.5.3　有效性规则

对象特性的一个特殊表现是，某些属性的取值往往存在边界条件，对象之间的关系（包

括空间关系）甚至关系本身存在某种约束条件，所有这些限制条件统称为有效性规则。有效性规则可以作用在类上，也可以作用在子类型上。在 MapGIS 中，有效性规则分为 5 种类型：属性规则、空间规则、拓扑规则、关系规则和连接规则。

1. 属性规则

属性规则用于约定某个字段的默认值，限定取值范围，设置合并和拆分策略。属性规则通过“定义域”来表达，取值范围分为连续型和离散型，相应地把定义域分为范围域和编码域。范围域适用于数值型、日期型、时间型等可连续取值的字段类型，编码域除了可以适用于连续取值类型外，还可用于字符串等类型的字段。合并和拆分策略定义要素合并和拆分时属性字段的变化规则，合并策略包括：默认、累加、加权平均，拆分策略包括：默认、复制、按比例。例如，地块合并，合并后的要素属性“地价”可定义为“累加”策略。属性规则一般只是作用在一个要素类上或者一个要素类的子类型上。

属性规则的对象类型有很多种，分别是：注记类、要素类、对象类、关系类、修饰类、动态类。可以为类的每个字段设置属性规则，要设置的字段的类型必须和选择的域的字段类型一致。图 5.19 为属性规则设置示意图。

MapGIS 平台的企业管理器提供完整的域集管理机制。对于范围域可以设定其最大的最小值。对于编码域可以很方便地增加、删除编码，编码的数量不受限制。增加、删除域操作快捷方便，只要按一下按钮就可以轻松完成，如图 5.20 所示。

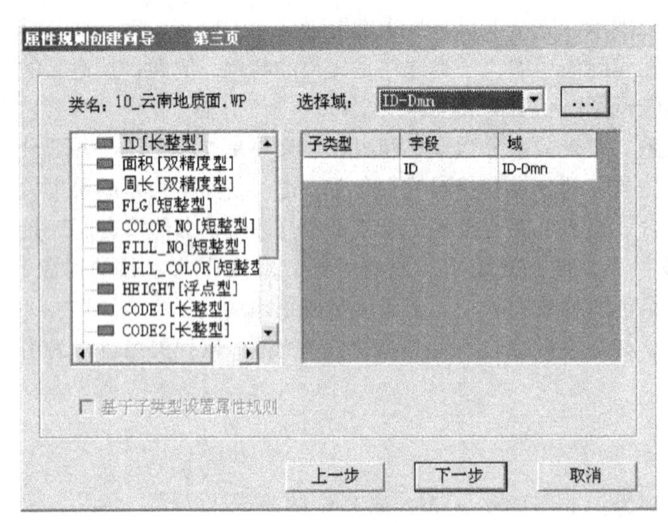

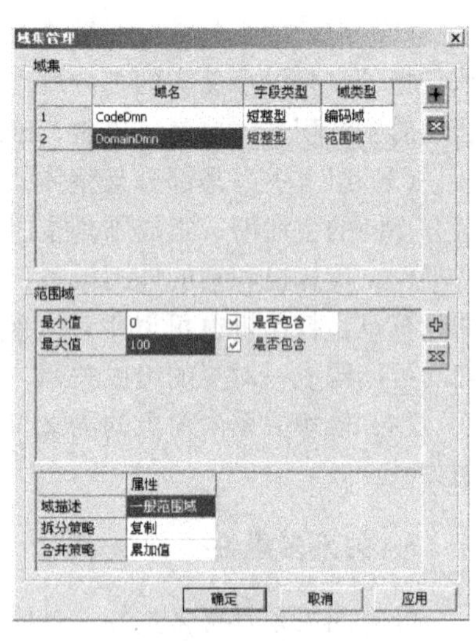

图 5.19　属性规则设置示意图

图 5.20　域集管理示意图

2. 空间规则

空间规则作用于要素类或要素类之间，用于限定要素在某个空间参照系中的相互关系。常见的空间规则如下。

（1）要素类中每条弧段只能作为两个多边形的边界。

（2）要素类中多边形之间不能重叠。

（3）要素类中多边形之间不能有缝隙。

（4）“城镇”要素必须落在“行政区”要素内部。

（5）不能有悬挂线。

(6) 线不能自相交。

(7)“阀门”必须与“水管”的端点重合。

3. 拓扑规则

拓扑将 GIS 行为应用到空间数据上。拓扑使得 GIS 软件能够回答这样的问题，例如，邻接、连通、邻近和重叠。拓扑为用户提供了一个有力、灵活的方式来确定和维护空间数据的质量和完整性。拓扑的实现依赖于一组完整性规则，它定义了空间相关的地理要素和要素类的行为。拓扑规则用来限制要素类中要素的空间位置，要素的空间邻接关联关系必须符合特定拓扑规则的约束。拓扑规则的对象类型是要素类，这是专门针对要素类的规则。

拓扑规则包括三种：点拓扑规则、线拓扑规则和多边形拓扑规则。

一般一元线的拓扑规则有 8 种（见图 5.21）：同一图层的线要素只能有一部分，线之间只能在各自的终点接触，一条线的终点必须和另外一条以上的线的终点接触，线之间不能重叠，线自身不能重叠，线之间不能交叉，线自身不能相交，一条线的终点必须和另外一条线接触。

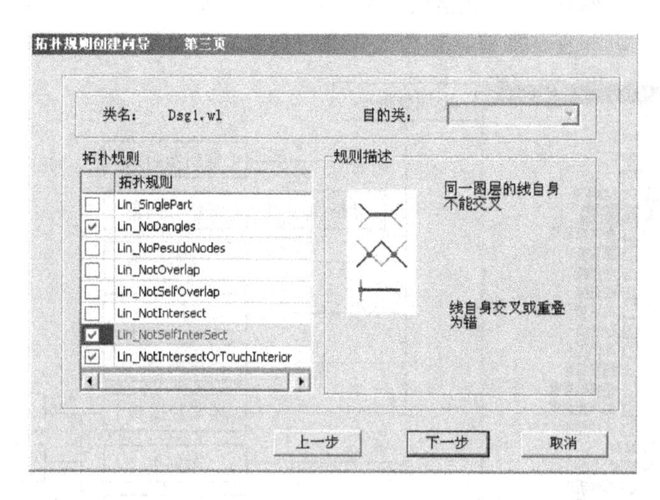

图 5.21 线要素的拓扑规则创建示意图

4. 关系规则

关系规则随着关系的产生而产生，用于限定对象之间关系映射的数目。例如，原始类和目的类之间建立了 $N:M$ 的关系，则通过关系规则可以限定关系的原始对象数是 1∶3，目的对象数是 0∶5，即原始类中的每个对象与目的类中至少 1 个、最多 3 个对象建立关系，而目的类中的对象可以和原始对象没关系，但最多只能与 5 个原始对象有关系。关系规则对应一定的关系类。设置关系类中源类和目的类的最大值、最小值之后，通过单击按钮，可以很方便地添加规则，也可以很方便地删除规则。

关系规则可以存在于要素数据集内，也可以存在要素数据集之外。关系规则可以应用到两个对象类之间、两个对象类的子类型之间、一个对象类和另一对象类的子类型之间。

5. 连接规则

连接规则主要使用在几何网络中，用以约束可能和其他要素相连的网络要素的类型，以及可能和其他任何特殊类型相连的要素的数量。

几何网络是建立在要素数据集上的。在大多数网络中，并不是所有的边都可以连接到所有的节点上；同样，并不是所有的边都可以通过特定的节点连接到所有其他的边上。例如，供水网络中的一个消防栓一侧可以连接到另一个消防栓上，但不能连接到服务消防栓上。类似地，通过转换器，一个25厘米的传输干道只能连接到一个20厘米的传输干道上。对于这些问题，可以通过建立网络连通性规则来解决。在几何网络中，连通性可以维护网络要素的完整性，规则可以约束可能和其他要素相连的网络要素的类型，以及可能和其他任何特殊类型相连的要素的数量。

连接规则有两种类型：边对边连接规则和点对边连接规则。边对边规则约束哪种类型的边通过一组节点可以与另一种类型的边相连。点对边规则约束哪种边类型可以和哪种节点类型相连。

5.5.4 MapGIS 空间数据组织

MapGIS 按照“地理数据库—数据集—类”这三个层次来组织数据，以满足不同应用领域对不同专题数据的组织和管理需要，如图5.22所示。

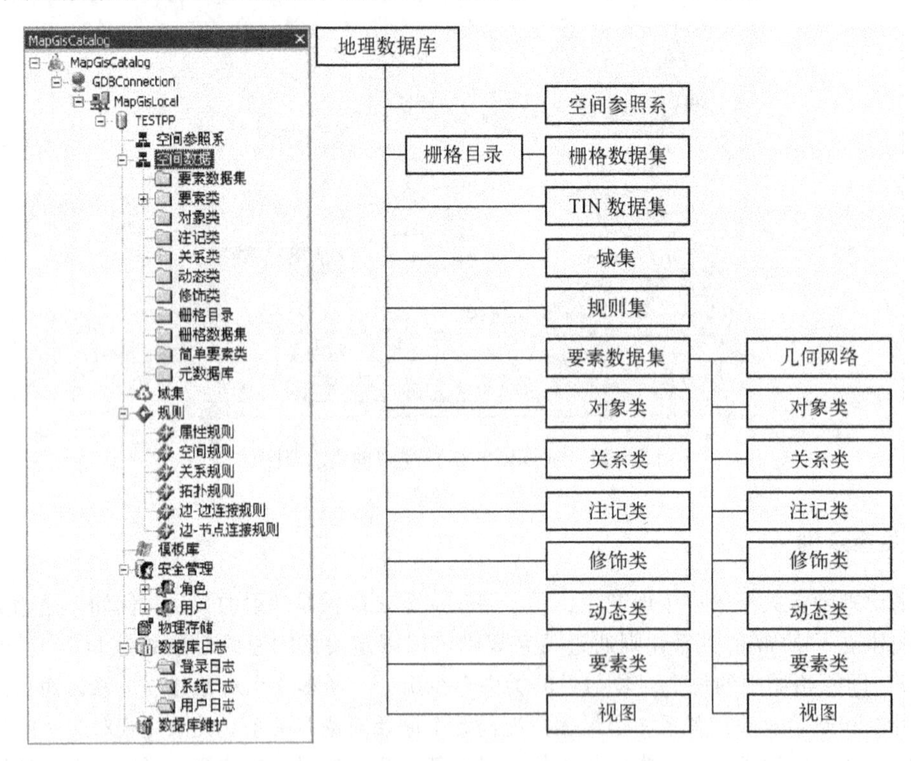

图5.22 地理数据库数据组织

1. 地理数据库

地理数据库是面向实体空间数据模型的全局视图，完整、一致地表达了被描述区域的地理模型。一个地理数据库包括一个全局的空间参照系、一个域集、一个规则集、多个数据集、多个数据包和各种对象类。

2. 数据集

数据集是地理数据库中若干不同对象类的集合，通过命名数据集提供一种数据分类视图，便于数据组织、管理和授权。根据不同的用途，数据集分为：要素数据集、栅格目录、栅格数据集、TIN 数据集。

（1）要素数据集

要素数据集是地理数据库中具有相同空间参照系的要素类、对象类、关系类、注记类、修饰类、动态类、几何网络的集合。

（2）栅格目录

栅格目录用于管理有相同空间参照系的多幅栅格数据，各栅格数据在物理上独立存储，易于更新，常用于管理更新周期快、数据量较大的影像数据。同时，栅格目录也可实现栅格数据和栅格数据集的混合管理，其中目录项既可以是单幅栅格数据，也可以是地理数据库中已经存在的栅格数据集，具有数据组织灵活、层次清晰的特点。

（3）栅格数据集

栅格数据集用于管理具有相同空间参照系的一幅或多幅镶嵌而成的栅格影像数据，物理上真正实现数据的无缝存储，适合管理 DEM 等空间连续分布、频繁用于分析的栅格数据类型。由于物理上的无缝拼接，因此以栅格数据集为基础的各种栅格数据空间分析具有速度快、精度较高的特点。

（4）TIN 数据集

包含一系列含有 X、Y 和 Z 坐标的点集和由它们构建的三角网集。相对于栅格数据模型而言，TIN 数据集提供了显示、分析地表和其他表面模型的另外一种数据组织形式。

3. 类

地理数据库中最基础的数据组织形式是类，包括要素类、对象类、关系类、注记类、修饰类、动态类、几何网络和视图。从用户的观点看，类是可命名的对象集合，具有内在的完整性和一致性，以目录项为表现形式。

4. 存储策略

MapGIS 地理数据库采取基于文件和基于商业数据库两种存储策略。由于这两种存储策略支持相同的空间数据模型，因此在文件和数据库之间能够实现无损的、平滑的数据迁移；同时，两种策略具有共同的平台，这使得上层软件不需要因为数据迁移而改变。

针对不同的应用规模和应用阶段，给用户提供了多种最佳的性价比和最大的投资收益率选择方案。例如：

- 应用规模小的用户、二次开发团体、教学单位、数据累积规模较小的用户都可选择基于文件的存储策略，以节省昂贵的商业数据库费用。
- 大型、超大型应用可选择基于商业数据库的存储策略。
- 分多个阶段进行开发的应用，在前期阶段，数据规模较小，用户不多，在后期阶段数据规模大，用户多，则可先采用文件存储策略，再购买适当许可数的商业数据库和服务器设备，以后根据数据规模和业务情况再增加数据库许可数和服务器等软硬件设备。这不仅提高了用户的资金利用率，而且使软/硬件性能迅速提高，让用户享受到多重好处。

MapGIS 数据存储策略具体如图 5. 23 所示，虚线框部分是一个针对空间数据管理内建的中小型数据库。

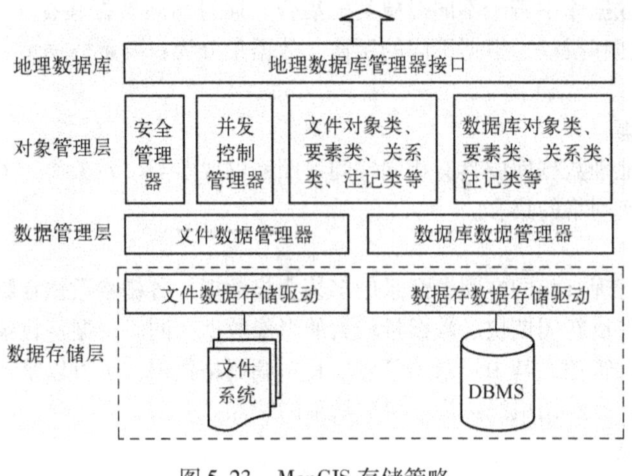

图 5. 23　MapGIS 存储策略

习题

1. 试述 GIS 数据库设计的目标、原则和过程。
2. 何为 GIS 数据库概念设计？概念设计的基本方法和步骤是什么？
3. 何为实体、属性、关系和 E – R 模型？关系有哪些主要类型？
4. 举例说明如何进行 E – R 模型设计。在 E – R 模型中，空间概念如何扩展？
5. 举例说明 GIS 空间数据库关系表的设计。
6. E – R 模型如何向关系模型转换？
7. 如何对 GIS 空间数据进行组织和管理？
8. 栅格数据如何进行存储和管理？
9. MapGIS 面向实体空间数据模型的特点是什么？

第6章　GIS实施与维护

系统设计完成之后，研制工作进入实施阶段。实施阶段也是应用型GIS建设付诸实现的实践阶段。这一阶段要把物理模型转换为可实际运行的物理系统。一个好的设计方案，只有经过精心实施，才能带来实际效益。系统实施阶段的工作对系统的质量有着直接的影响，因此，应该做好细致的组织工作，编制出周密的实施计划。

6.1　系统实施的任务

系统实施的主要内容是程序编制与调试、数据准备与数据库建立、运行环境的建立与调试，此外还包括人员技术培训等。

通常，为了保证程序编制和调试及后续工作的顺利进行，软件人员首先应进行GIS系统设备的安装和调试工作；然后在适当的开发软件提供的环境下将详细设计产生的每个模块的功能用某种程序语言予以实现；再进行程序调试、数据录入和试运行，直至建立一个能交付用户使用的实用系统。

具体地讲，系统实施的任务包括以下几个方面。

（1）硬件准备

硬件设备包括计算机、输入/输出设备、存储设备、辅助设备（稳压电源、空调设备等）、通信设备等。要购置、安装、调试这些设备，会花费大量的人力、物力和时间。

（2）软件准备

软件包括操作系统、数据库管理系统、编译系统以及应用程序。其中操作系统、数据库管理系统和编译系统需要购买，而应用程序通常需要组织人力编写，这也需要花费相当多的人力、物力和时间。编写程序是这一阶段的主要任务之一。

（3）人员培训

人员培训主要指用户的培训，用户包括主管人员和业务人员。系统投入运行后，用户将在系统中工作。这些人多数来自现行系统，精通业务，但往往缺乏计算机知识。为保证系统调试和运行顺利进行，应根据他们的基础，提前进行培训，使他们适应并逐步熟悉新的操作方法。有时，改变旧的工作习惯比软件的更换更为困难。

（4）数据准备

数据的收集、整理、录入是一项烦琐且劳动量大的工作。如果没有一定的基础数据的准备，系统调试就不能很好地进行。一般来说，确定数据库物理模型之后，就应进行数据的整理、录入工作。这样既分散了工作量，又可以为系统调试提供真实的数据。实践证明，这方面的工作往往容易被人忽视，甚至系统完成后只能作为摆设放在那里而不能真正运行。

（5）系统安装与调试

这主要包括软件的安装与调试、系统软硬件的综合调试。

6.2 程序编写工作的组织管理与实施

6.2.1 编写工作的组织管理

程序编写工作是系统实施的本质内容，其产品就是一套程序，是GIS应用开发最终的主要成果。程序编写实际上是一项系统工程，需要投入大量的人力、物力，其目的就在于研制出一个成功的软件产品。软件生产首先是个人的脑力劳动，程序员各自独立地完成各自的任务，互相之间并没有直接的联系，工作量和效率取决于程序员自身的能力和各自的态度；其次，大型软件由于它的规模太大，因此必须由许多人共同完成。基于这个矛盾，在软件编写过程中，程序员的组织管理工作就显得非常重要。程序编写工作的组织管理实际上就是对上述人员训练、软件培训、程序编写、调试和验收等方面内容的合理安排，以提高程序编写的质量和效率。

6.2.2 程序编写工作的实施

程序编写工作是为各个模块编写程序，它是系统实施阶段的核心工作。在系统开发的各个阶段中，编程是最容易的，也是人们已掌握得较好的一项工作。由于根据结构化方法设计了详细的方案，加之又有高级语言，因此初级程序员都可以参加这一阶段的工作。但是在某种程度上，程序员的水平和经验决定了所编制程序的水平。通过采用合适的编程语言和遵循一定的编程风格，可以尽可能避免由于个人素质差异对编程带来的影响，编写出质量优秀的代码。具体原则分别介绍如下。

1. 程序语言的选择原则

程序语言的选择应做如下考虑。

- 考虑编程的效率及代码的可读性。一般应选择高级语言作为主要的编程工具。
- 考虑要符合详细设计的思想。一般应选择结构化语言，如C++、C#、Java语言等，这些语言的特点是直接支持结构化的控制结构，具有完备的过程结构和数据结构。
- 程序设计语言应是一种通用语言。因为GIS软件既包括数据、图形处理及分析，还包括对各种软/硬件的控制等，任何一种专用型的高级语言都无法完全胜任。
- 考虑到程序的执行效率以及对某些特殊硬件的控制和操作要求，可以针对特定的模块采用混合编程，达到程序的特别目的。
- 考虑编码和维护成本。选择合适的高级语言以降低编码量及日常维护工作中的困难程度。
- 根据系统开发的不同规模，选择合适的高级语言。例如，对于一个大型的GIS，用Turbo C就可能不完全适用，而应选择C++、C#、Java等易于项目管理的高级语言。
- 根据不同的开发平台和使用平台，选择不同的语言。
- 系统的兼容性、移植性等。

2. 编程风格

一个好的程序如同一篇好的文章，应层次清晰、结构分明、易读好懂，这就要求程序员遵循一定的编程原则，即编程的风格。尤其是编写一个大型的系统，往往需要多个程序员之间分工协作，这时就更需要保持良好而统一的编程风格，以利于相互通信，减少因不协调而引起的问题。通过使用一些编程技术，可以提高程序可读性。

公认的良好编程风格如下。

- 在适当的位置应该加入必要的注释，即程序内部的文档（特指程序内部带有的说明性材料）。注释可以出现在程序的任何位置，但要与程序结构配合起来，效果才好。具体包括：注释必须与程序保持一致；注释应提供从程序本身难以得到的信息；注释应对程序段做注释，而不是对每条语句做注释等。
- 数据说明应以方便阅读、理解、查找和维护为目的。变量名等标识符要能够恰如其分地表达内容含义；注意声明次序的标准化，不同变量在同一条语句中声明时，应按字母先后顺序排列。
- 语句书写应有层次感，便于理解。例如，采用缩进排列、避免使用大量的嵌套结构、不将多条语句放在同一行中书写、避免复杂的条件测试等。
- 程序组织应具有固定的层次。例如，先进行数据输入或数据初始化，然后进行数据处理，最后是结果输出。
- 数据输入应进行完整性检查，格式力求统一、简单，应有必要的提示信息及友好的用户界面。
- 对输出的结果应采用良好的格式，并加以必要的说明。

3. 编程需顾及的其他因素

为充分发挥系统的效率，在程序编制时还应顾及以下几个方面的因素。

- 运算速度。
- 对硬/软件环境的依赖程度，对计算机内存的要求。
- 算法的复杂程度。
- 程序的可靠性和适用性。
- 程序调试代价低。
- 程序便于修改和维护。

4. 程序编写的格式

对所编制的程序应该按统一的格式编写程序说明，程序说明一般包括以下内容。

- 程序名称。
- 程序功能。
- 程序设计算法。
- 程序使用方法。
- 需要的存储空间、设备和操作系统。
- 程序设计语言。
- 程序使用的数据文件。
- 其他有关说明等。

此外，还要用统一的格式编写相应的代码文档。代码文档应包括程序的源代码及程序目录，其中程序目录应包含每个程序所存放的位置、名称、功能及编写和修改的最后日期。

6.3 空间数据库建库

空间数据库建立是一个费时、费力且成本高的工作，通常会耗费大量的精力，一般要经过数据准备和预处理、数据采集、数据处理与数据库建立等步骤。

6.3.1 数据准备和预处理

尽可能收集工作区范围内已取得的全部图件和资料，选用最新成果，内容大致包括各种比例尺的地图及其文字报告、专题研究成果图件资料以及原始数据等。

1. 数据源的选择

一个应用型 GIS 系统的开发，通常其数据库开发的造价占到整个系统造价的 70% ~80%，因此数据源的选择对于整个系统来说显得格外重要。应用型 GIS 的数据源，一是要求可靠，二是要求具备更新能力。因此，GIS 和空间数据库的建立，首先应考虑数据源的科学基础及更新的技术保证。就全国范围来看，部门、地区之间数据源及其质量是很不平衡的。主管部门应充分考虑本行业和本地区的具体条件，因势利导，在数据源和更新条件有保障的部门和地区逐步试建数据库。在设计系统数据源时，要根据应用要求保证数据的精度和获取途径。

2. 数据采集存储原则

一般只采集存储基本的原始数据，不存储派生的数据，根据应用的频率，实现最少的冗余度。但如果某因子的使用频率很高，也应作为基本数据存储。

分类分级应采用或参照国际标准或国家主管权威部门的划分标准。通常，国家都委托各主管部门制定其主管行业的分类分级标准，遇到分类分级标准不统一时，应努力协商解决。如果仍有困难，不能达到一致意见，要优先参照国家有关标准，包括国家强制性标准、国家参考标准及有关行业标准、地方标准。对特定应用单位来说，分类分级首先应满足本单位的工作需要。

3. 数据准备与预处理

（1）数据源种类

GIS 数据类型随应用领域的不同而有所差异，但与管理信息系统相比都有数据类型繁多、数据量大的特点。从数据源的种类来分，可包括以下几种。

- 实测数据：野外实地勘测、量算数据，台站的观测记录数据、遥测数据等。
- 分析数据：利用物理和化学方法分析获取的数据。
- 图形数据：各种类型的专题地图以及地形图的图形记录资料等。
- 统计调查数据：各种类型的统计报告、社会调查数据等。
- 遥感和 GNSS 数据；利用遥感和 GNSS 技术获得的大量模拟或数字资料等。

（2）数据质量控制体系

数据源的质量对 GIS 数据库的数据质量有重大影响。不论建设何种 GIS 数据库，都需要建立数据质量控制体系来保证建库基础资料的质量（包括数据内容、精度、现势性等各个方面）。其主要内容如下。

- 数据的分类系统。

- 数据类型（或项目）的名称和定义。
- 数据获取方法的评价。
- 数据获取所使用的仪器设备及其精度的规定。
- 数据获取时的环境背景和测试条件的规定。
- 数据的计量单位（量纲）和数据精度分级的规定。
- 数据的编码或代表符号的规定。
- 数据的更新周期的规定。
- 数据的密级和使用数据的规定。

（3）数据预处理

所选择的数据源资料，一般要经过预处理后才能借助数字化或其他途径转换成空间数据库可用的数据。数据预处理的内容及其目的如表 6.1 所示。具体工作内容视数据源本身的情况而定。

表 6.1　数据预处理的主要内容（据李满春，2003）

主要内容	目　　的
现势更新	在预处理前对数据进行现势更新，使之尽可能好地反映现势情况
专题地图转绘	调整专题地图在坐标系统、精度等方面与背景基础地形图的差异以方便配准
图面处理	标绘不清晰或遗漏的图廓角点，对模糊不清或因模拟形式的局限而中断的线状图形进行加工，以减少数字化和数据编辑的工作量
统计报表整理	进行规范化和标准化处理
数据转换	根据系统设计的要求，对现有数据（库）进行调整和处理，转换数据记录格式等。对于图形数据有时可能还需要做投影转换，遥感数据还需要进行几何校正和分类处理，以满足系统设计的要求
制作预处理图	对于地形图或专题地图上需采集的要素，按规定的分类编码进行选取和描绘，制作预处理图，以便于数字化作业

对于野外控制测量，可使用全站仪、经纬仪、水准仪或者 GNSS 等对地物点进行量测，经过系列运算，获得的平面坐标或高程，可以简单预处理后作为 GIS 的数据源。

4. 数据库入库的组织管理

在空间数据库建库工作中，应建立相应的数据管理组来负责入库数据（包括新数据和更新数据）的鉴定、审批和管理入库工作。

数据入库时，应注意如下事项。

- 凡入库的数据应同时提交数据说明书，数据管理组根据该类数据的质量标准，对数据说明书的内容逐项进行检查和鉴定，鉴定合格的数据方可批准入库。
- 数据入库时，应有数据的鉴定意见和鉴定小组的签名，并注明入库日期。
- 数据入库后，还应建立相应的数据安全和保密体系。

6.3.2　数据采集

1. 数据采集的工作内容

数据采集工作的主要任务是将现有的地图、外业观测成果、航空像片、遥感影像数据、文本资料等转换成 GIS 可以识别和处理的数字化形式。数据添加到数据库中之前要进行验证、修改、编辑等处理，保证数据在内容和逻辑上的一致性。不同数据来源所获取的数据之间需要进行数据转换和处理，以便于 GIS 的分析和处理工作的进行。

GIS 数据获取主要是矢量结构的地理空间数据获取，包括空间位置数据和属性数据的获取。属性数据是记录和描述空间实体对象特征的数据；属性数据一般包括名称、等级、数量、代码等多种形式。属性数据有时单独存储在空间数据库中，形成专门的属性数据文件，有时则直接记录在空间数据文件中，需要对属性数据进行编码处理，将各种属性数据变为计算机能有效存储和处理的形式。在空间位置数据中，需要采用不同设备的技术，对各种来源的空间数据进行录入，并对数据实施编辑，获取原始的空间数据。空间数据获取通常有 4 种途径：① 利用扫描数字化地图进行空间数据自动或半自动采集；② 利用遥感影像提取空间数据来建立数据库；③ 利用卫星定位系统和测量仪器进行外业数据采集；④ 利用空间数据编辑处理功能以人机交互方式采集空间数据，同时录入必要的属性数据。

2. 数字化方案的确定

（1）常用数字化方法

较常用的数字化方法有手扶跟踪数字化、屏幕数字化。手扶跟踪数字化是指借助数字化仪按划分好的图层和已标识的用户标识号顺序逐一数字化。屏幕数字化是指在扫描地图或遥感影像为底图背景显示的基础上，利用点、线、面地理空间实体进行空间数据采集，采集的数据作为一个矢量数据层来存储。两种方法的比较如表 6.2 所示。

表 6.2　常用数字化方法比较（据李满春修改，2003）

项　目	手扶跟踪数字化	屏幕数字化
设备要求	要求特定的手扶跟踪数字化设备	扫描数字化设备以及屏幕数字化软件
使用特点	处理简单图形要素效率较高，适用于更新和补充少量内容	操作方便，精度较高，劳动强度较低
注意事项	分为点方式和流方式，应结合图形特点分别选用，一般多采用点方式	选择适当比例数字化，在精度要求下尽量减少数字化的工作量

（2）数字化原则

- 采集精度符合质量控制的要求。
- 采点密度应合理。密度过大会增加不必要的数据量，密度过小会使图形几何失真，或经数学变换后变形误差增大。
- 点状要素应采集符号的几何中心点或定位点；线状要素应沿中轴线采集；面状要素应采集多边形边界和标识点，边线应严格闭合。避免按图形符号的图案进行采集，因为这种数据只适用于数字制图，而不适用于空间分析。
- 图上汉字应作为属性采集，一般不要处理为图面注记。

6.3.3　数据处理

1. 空间数据的编辑

由于数据采集和录入过程中不可避免地会产生错误，因此，数据采集、录入完成后，要对其进行必要的编辑处理，以保证数据符合建库技术要求。编辑处理主要包括以下内容。

（1）数据检查与编辑

分幅数字化完成后，对完成的图幅进行检查，及时编辑改正图形要素和注记中发现的错误。

（2）误差校正

空间实体都具有唯一的空间位置，但在图件数字化输入的过程中，通常由于操作误差、数字化精度、图纸变形等因素，输入的图形与实际图形所在的位置之间往往有偏差，即存在误差。个别图元经编辑、修改后，虽可满足精度要求，但有些图元由于位置发生偏移，虽经编辑，亦很难达到实际要求的精度，这说明图形经扫描输入或数字化输入后，存在着变形或畸变。出现变形的图形时，必须进行误差校正，以消除输入图形的变形，从而满足实际需要。

（3）投影变换

实际工作采集的数据往往属于不同坐标系，并有着不同的比例尺，这就给系统工作带来了一定的麻烦。因此，需要进行地图投影变换，将不同坐标系的数据转换到同一坐标系下同一比例尺的数据，即将所有图幅统一到系统所采用的某种地图投影。

（4）拓扑关系生成

矢量化后的各图层，可以利用 GIS 软件提供的功能建立拓扑关系，在建拓扑关系时会发现图形数据错误，这时要进行编辑、修改，再重新建立拓扑关系。这一过程可能要做多次，直到数据正确为止。

（5）图幅拼接

如果工作区由多幅图构成，那么每幅图分层建立起图层之后，还要对各相邻图幅分层进行拼接。图幅拼接的目的是保持图面数据的连续性。

（6）图面整饰

在每个图幅数字化完成后，或工作区各图幅分层拼接之后，要将图面标注内容逐一添加到图面上。要按有关图例符号标准和用色标准，对相应点、线、面图元的线型、符号、颜色进行设置和定义，在对图名、图例、比例尺及其图面内容进行整饰后，才可输出图件成果。

2. 属性数据的录入

在数据分层和拓扑处理之后，通常要录入属性数据。对于多边形空间对象，显然只有在多边形生成之后才可能录入其属性数据。输入法和光学识别技术是属性录入的两种基本方法。输入法最常用，大多数属性数据都是手工录入的。属性数据一般采用批量录入的方式，分要素类批量录入该要素的各个实体的属性信息，然后使用关键字（如图斑编号）连接图形对象与属性记录，其作业效率相对较高。

6.3.4 空间数据库建库流程

建立空间数据库的工作流程大致分为如下步骤。

（1）图件资料的收集。

（2）图件资料的预处理。

（3）图形数字化成矢量数据。

（4）建立拓扑关系。

（5）建立属性数据库。

（6）矢量图形数据与属性数据连接。

（7）投影转换。

（8）图幅拼接。

（9）图面整饰。

6.4 程序的调试与安装

GIS软件经过编码过程以后，虽然已经初具规模，但程序中很可能包含着大量的错误，进一步诊断、改正程序中的错误是调试阶段的主要任务。

程序的调试主要包括以下三步。

（1）选取足够的测试数据对程序进行试验，记录发生的错误。

（2）定位程序中错误的位置，即确定是哪个模块内部发生了错误或模块间调用的错误。

（3）通过研究程序源代码，找出故障原因并改正错误。

其中定位错误位置是调试工作的主要内容，约占调试总工作量的95%。

GIS经过调试以后，应进行试安装。系统安装包括广义的和狭义的两个概念。狭义的系统安装指的是GIS软件被安装到计算机的硬盘中。而广义的系统安装则包括很多内容，主要内容如下。

1. 系统硬件的安装

硬件安装指的是前面硬件配置中所提到的诸多硬件设备，如打印机、绘图机、扫描仪、数字化仪等的安装，即把它们按照正确的顺序和方式连接、组织起来，并把相应的硬件驱动程序安装到硬盘中。

2. 系统硬件的调试

硬件设备连接好以后，并不是说它们马上就可以顺利地工作了，正确的做法应该是对硬件设备进行调试，诊断其是否会发生硬件上的错误，如打印机、绘图仪所使用的并行或串行通信接口是否会发生冲突，系统能否检测到各个硬件设备，各驱动程序参数设置是否正确等。

3. 系统软件的安装

这里所说的软件不仅包括前面设计的成果——GIS软件包，同时还包括其他相关的支持软件，如操作系统软件Windows、UNIX等，图形处理软件AutoCAD、Photoshop等。

4. 系统软件的测试

这种测试不同于一般所讲的程序测试，它指的是整个系统软件的测试，包括GIS软件和其他支持软件是否能相互兼容，软件间的接口、程序的运行是否正常等。

5. 系统的综合调试

系统综合调试指的是系统软件与硬件经过各自安装以后，为使两者能协调工作而进行的一种测试，目的是使硬、软件能相互衔接起来，使系统正常有效地运转。

6.5 系统维护

应用型地理信息系统交付使用以后，研制工作即告结束，但是它不同于其他产品，它不是“一劳永逸”的最终产品，需要在使用中不断完善。一方面，精心设计、精心实施、经过调试的系统，也难免有不如人意的地方，或者有的地方效率还有待提高，或者使用不够方便，甚至还有错误。这些问题只有在实践中才能暴露。另一方面，随着管理环境的变化，也会对应用型地理信息系统提出新的要求，应用型地理信息系统只有适应这些要求才能生存下去。

6.5.1 系统维护的内容

系统维护包括以下几个方面的工作。

1. 程序的维护

在系统维护阶段，会有一部分程序需要改动。根据运行记录，发现程序的错误后，就需要改正；或者随着用户对系统的熟悉，用户有更高的要求，因而部分程序需要改进；或者环境发生变化，部分程序需要修改。

2. 数据文件的维护

业务发生了变化，需要建立新的数据文件，或者要对现有数据文件的结构、内容进行修改。数据如果不经常性更新，GIS 应用系统就会失去其应用价值。应建立系统数据维护与更新机制，以保持系统数据的现势性。

3. 代码的维护

随着环境的变化，旧的代码不能适应新的要求，必须进行改造，编写新的代码或修改旧的代码的体系。代码维护的困难主要是新代码的贯彻，因此各个部门要有专人负责代码管理。

4. 机器、设备的维护

这方面主要包括机器、设备的日常维护与管理。一旦发生小故障，要有专人进行及时维护，保证系统的正常运行。当设备的处理能力达不到要求或者设备本身已经过时、淘汰、损坏或不值得修理时，应考虑彻底更新。

6.5.2 系统维护的类型

依据应用型地理信息系统需要维护的原因不同，系统维护工作可以分为如下 4 种类型。

1. 改正性维护

改进性维护是指由于发现系统中的错误而引起的维护工作，其工作内容主要包括诊断问题与修正错误。

在软件交付使用后，由于开发时测试得不彻底或不完全，在运行阶段会暴露一些开发时未能测试出来的错误。为了识别和纠正软件错误，改正软件性能上的缺陷，避免实施中的错误使用，应当进行诊断和改正错误过程，这就是改正性维护。

2. 适应性维护

适应性维护是指为了适应外界环境的变化而增加或修改系统部分功能的维护工作。

随着计算机技术的飞速发展和更新换代，软件系统所需的外部环境或数据环境可能会更新和升级，例如，新的硬件系统问世、操作系统或数据库系统的更换、应用范围扩大等。为适应这些变化，应用型地理信息系统需要进行维护，需要对软件进行相应的修改。这种维护活动称为适应性维护。

3. 完善性维护

完善性维护是指为了改善系统功能或应用户的需要而增加新的功能的维护工作。

系统经过一个时期的运行之后，某些地方效率需要提高，或者使用的方便性还可以提高，或者需要增加某些安全措施等。为了满足这些要求，需要修改或再开发软件，以扩充软件功能、增强软件性能、改进加工效率、提高软件的可维护性。在这种情况下进行的维护活动称为完善性维护。完善性维护不一定是救火式的紧急维修，而可以是有计划、有目的的一种再开发活动。这类维护工作占了整个维护工作的绝大部分，这说明大部分维护工作是改变和加强软件，而不是纠错。

4. 预防性维护

这是主动性的预防措施。对一些使用寿命较长，目前尚能正常运行，但可能要发生变化的部分进行维护，以适应将来的修改或调整。

通常，预防性维护定义为："把今天的方法学用于昨天的系统以满足明天的需要。"也就是说，采用先进的软件工程方法对需要维护的软件或软件中的某一部分（重新）进行设计、编制和测试，提高软件的可维护性和可靠性等，为以后进一步改进软件打下良好基础。例如，将专用报表功能改成通用报表生成功能，以适应将来报表格式的变化。

6.5.3 影响维护工作量的因素

软件维护过程需要大量的工作量，会直接影响软件维护的成本。因此，应当考虑影响软件维护工作量的各种因素，并采取适当的维护策略，在维护软件过程中有效地控制维护的成本。

在软件维护中，影响维护工作量的因素主要有以下 6 种。

（1）系统的大小

系统规模越大，其功能就越复杂，软件维护的工作量也随之增大。

（2）程序设计语言

使用强功能的程序设计语言可以控制程序的规模。语言的功能越强，生成程序的模块化和结构化程度越高，所需的指令数就越少，程序的可读性越好。

（3）系统年龄

系统使用时间越长，所进行的修改就越多，而多次的修改可能造成系统结构变得混乱。由于维护人员经常更换，程序变得越来越难于理解，加之系统开发时文档不齐全，或在长期的维护过程中文档在许多地方与程序实现变得不一致，从而使维护变得十分困难。

（4）数据库技术的应用

使用数据库，可以简单而有效地管理和存储用户程序中的数据，还可以减少生成用户报表应用软件的维护工作量。

（5）先进的软件开发技术

在软件开发过程中，如果采用先进的分析设计技术和程序设计技术，如面向对象技术、复用技术等，可减少大量的维护工作量。

（6）其他一些因素，如应用的类型、数学模型、任务的难度、开关与标记、IF 嵌套深度、索引或下标数等，对维护工作量也有影响。

6.5.4 系统维护的管理

系统的修改，往往会“牵一发而动全身”。程序、文件、代码的局部修改，都可能影响系统的其他部分。因此，系统的修改必须通过一定的批准手续。通常对系统的修改应执行以下步骤。

（1）提出修改要求

操作人员或业务领导用书面形式向主管人员提出对某项工作的修改要求。这种修改要求不能直接向程序员提出。

（2）领导批准

系统主管人员进行一定的调查后，根据系统的情况和工作人员的情况，考虑这种修改是否必要、是否可行，做出是否修改、何时修改的答复。

（3）分配任务

系统主管人员若认为要进行修改，则向有关的维护人员下达任务，说明修改的内容、要求以及期限。

（4）验收成果

系统主管人员对修改部分进行验收。验收通过后，将修改的部分嵌入系统，取代旧的部分。

（5）登记修改情况

登记所做的修改，作为新的版本通报给用户和操作人员，指明新的功能和修改的地方。某些重大的修改可以视为一个小系统的开发项目，因此要求按系统开发的步骤进行。

习题

1. 应用型 GIS 实施的任务是什么?
2. 为什么要进行程序编写的组织管理？它包括哪些内容?
3. GIS 系统维护包括哪几方面的工作?
4. 系统维护工作可以分为哪 4 种类型?

第7章　GIS测试与评价

7.1　GIS软件测试

7.1.1　GIS软件测试概述

经过多年的软件开发实践，人们逐渐认识到软件测试的重要意义。然而，究竟什么是软件测试，长期以来一直存在着不同的观点。早在20世纪50年代，英国著名的计算机科学家图灵就曾给出过程序测试的原始定义，他认为测试是正确性确认的实验方法的一种极端形式，通过测试达到确认程序正确性的目的。1973年，W. Hetzel指出，测试是对程序或系统能否完成特定任务而建立信息的过程。这种认识在一段时间内曾经起过作用，但后来有人提出异议，认为不应该为了对一个程序建立信心或显示信心而进行测试。此后他又修正了自己的观点，他说，测试的目的在于鉴定程序或系统的属性或能力，它是软件质量的一种度量。这一定义实际上是使测试依赖于软件质量的概念。由于影响软件质量的因素比较多，并且是经常变化的，因此，这一解释仍然存在不妥之处。

1983年，IEEE提出的软件工程标准术语给软件测试下的定义是："使用人工或自动手段来运行或测定某个系统的过程，其目的在于检验它是否满足规定的需求或是弄清预期结果与实际结果之间的差别。"该定义包含了两方面的含义：第一，是否满足规定的需求；第二，是否有差别。如果有差别，则说明设计或实现中存在故障，自然不满足规定的需求。因此，该定义非常明确地提出了软件测试以检验软件是否满足需求为目标。

G. J. Myers则持另外的观点，他认为，程序测试是为了发现错误而执行程序的过程。这一定义明确指出"寻找错误"是测试的目的。相对于"程序测试是证明程序中不存在错误的过程"，Myers的定义是对的。因为，把证明程序无错当作测试的目的不仅是不正确的，而且是完全做不到的，而且对做好测试工作没有任何益处。不过，这个定义规定的范围似乎过于狭窄，使得它受到很大限制。除去执行程序以外，还可以通过程序审查、软件文档的审查等方法去评价和检验一个软件系统。按照Myers的定义，测试似乎只有在编码完成以后才能进行。另外，测试归根结底包含检测、评价和测验的意思，这和找错显然不同。

G1S软件测试是"使用人工或自动手段来运行和测定G1S软件的过程，其目的在于检验系统是否满足客户需求或是弄清实际效果与预期结果之间的差别"。GIS工程的测试具有一般软件测试的共同特点，但又有自己独特的个性。软件测试的一般理论和方法都适用于GIS工程，同时，由于GIS工程具有系统复杂度大、数据在系统中具有特殊地位、系统表达方式复杂、系统更新速度快、系统维护工作量大和易操作性要求高的这些特点，更加要求GIS工程保证软件质量，从而要求在应用一般测试方法和技术的同时，还需要应用一些特殊的测试方法和技术对其进行充分的测试，以便更有效地组织和实施测试。

对G1S软件来讲，不论采用了什么技术和方法，如采用高级语言、先进的开发方式、完善的开发过程，都可以减少错误的引入，但不可能杜绝错误。这些错误需要测试来找出，错误的密度也需要测试来进行估计。其次，为了降低软件的修复费用，确保软件开发过程始终围绕客户的需求顺畅进行，软件测试应尽早介入开发过程。随着时间的推后，软件修复费用将数十倍地增长。如果到产品交付给用户后，错误才被发现，该错误的成本将达到最大。

GIS 软件测试有它自身的周期。测试从需求阶段开始，此后与整个开发过程并行，换句话说，伴随着开发过程的每个阶段，都有一个重要的测试活动，它是预期内按时交付高质量的软件的保证。

7.1.2 GIS 软件测试基础

1. GIS 软件错误根源

只要是人，都会犯错。即使是一位很优秀的程序员，也会犯低级性的错误。因此，测试是必需的。导致错误的常见根源如下。

（1）缺乏有效的沟通，或者没有进行沟通

现在的软件开发已经不是一个人的事情，往往涉及多个人，甚至几十、几百个人。同时，软件的开发还需要与不同的人、不同的部门进行沟通。如果沟通方面表现不力，最后会导致产品无法集成，或者集成出来的产品无法满足用户需要。

（2）软件复杂度

软件越复杂就越容易出错。在当今的软件开发中，对于一些没有经验的人来说，软件复杂性可能是难以理解的。图形化界面、客户－服务器和分布式的应用、数据通信、大规模的关系数据库、应用程序的规模等增加了软件的复杂度。面向对象技术也有可能增加软件的复杂度，除非能够被很好地工程化。

（3）编程错误

编程错误是程序员经常会犯的错误，包括语法错误、语义错误、拼写错误、编程规范错误等。有很多错误可以通过编译器直接找到，但是遗留下来的错误就必须通过严格的测试才能发现。

（4）不断变更的需求

在实际项目开发过程中，不断变更的需求是项目失败的最大杀手。用户可能不知道变更的影响，或者知道影响却还是需要进行变更。这些因素会引起项目重新设计、工程重新安排，从而对其他项目产生影响。已完成的工作可能不得不重做或推翻，硬件需求可能也会受到影响。如果存在许多小的变更或者任何大的改动，由于项目中不同部分间可知和不可知的依赖关系，这样就会产生问题，跟踪变更的复杂性也可能引入错误，项目开发人员的积极性也会受到打击。在一些快速变化的商业环境下，不断变更的需求可能是一种残酷的现实。在此情况下，管理人员必须了解结果的风险，质量保证工程师必须适应和计划进行大规模的测试来防止不可避免的 Bug，防止出现无法控制的局面。

（5）时间的压力

进度压力是每个从事软件开发的人员都会碰到的问题。为了抢占市场，我们必须比竞争对手早一步把产品提供出来，于是不合理的进度安排就产生了。不断加班加点，最终导致大量错误的产生。另外，由于软件项目的时间安排是最难的，通常需要很多猜测性的工作。因此，当最后期限来临时，错误也就随之发生。

(6) 缺乏文档的代码

由于人员的变动和产品的生命周期演进，在一个组织中很难保证一个人一直针对某个产品进行工作。因此，对于后面进入产品项目的人员来说，去读懂和维护没有文档的糟糕代码简单就是灾难。最终的结果只会导致更多的问题。

(7) 软件开发工具

当产品开发依赖于某些工具时，那么这些工具本身隐藏的问题可能会导致产品的缺陷。因此，在选择开发工具时，应尽可能选择比较成熟的产品，不要去追求技术最新的开发工具。这类工具往往本身还存在很多问题。

2. GIS 软件测试目的

G. J. Myers 对软件测试的目的提出了以下观点：

(1) 软件测试是为了发现错误而执行程序的过程。

(2) 一个好的测试用例能够发现至今尚未发现的错误。

(3) 一个成功的测试是发现了至今尚未发现的错误。

测试的目标是以最少人力、物力和时间投入，尽可能多地找出软件中潜在的各种错误和缺陷。寻找故障是测试的目的。通过检查实际结果与预期结果之间的差别，说明程序实现是否满足规范的需求。Hennell 提出的“测试的目的是要提供有说服力的证据证明软件没有故障，或是显示某种特殊类型的故障不存在”。通过检查有无故障存在，间接说明程序是否满足规范。事实上软件工程人员也不会把软件测试的最终目的只定位在发现故障上。所以，这两种观点是一致的。Myers 的定义指出了软件测试的核心问题是寻找故障，比较符合实际，但它针对的是测试阶段。实际上软件测试可以在需求分析、设计、测试和维护的任何阶段进行，因而显得相对狭义一些。

测试并不仅是为了找出错误。通过分析错误产生的原因和错误的分布特征，可以帮助项目管理者发现当前所采用的软件过程的缺陷，以便进行改进。同时，这种分析也能帮助我们设计出有针对性的检测方法，改善测试的有效性。其次，没有发现错误的测试也是有价值的，完整的测试是评定测试质量的一种方法。

而从历史的观点来看，测试关注执行软件来获得软件在可用性方面的信心并且证明软件能够满意地工作。这将引导测试把重点放在检测和排除缺陷上。现代的软件测试延续了这个观点，同时，还认识到许多重要的缺陷主要来自于对需求和设计的误解、遗漏。因此，早期的结构化同行评审被用于预防编码前的缺陷。证明、检测和预防已经成为一个良好的测试的重要目标。

正确认识测试的目的十分重要，测试目的决定了测试方案的设计。如果测试是为了发现程序中的故障，就会力求设计出最能暴露故障的测试方案；相反，如果是为了表明程序正确而进行测试，就会自觉或不自觉地回避可能出现故障的地方，设计出一些不易暴露故障的测试方案，从而使程序的可靠性受到极大的影响。

3. GIS 软件测试原则

GIS 工程中所遵循的测试原则总的来讲可以用“足够好”原则来概括。具体地说，有以下 8 项。

(1) 所有的测试都应追溯到 GIS 用户的需求。G1S 软件的开发始终是在需求牵引下进行的，需求不能被所设想的问题解决方案所掩盖。软件测试的目标在于揭示错误，特别是揭示那些无法满足用户需求的最严重的错误。

（2）在需求分析阶段就应该编制测试计划，把“尽早地和不断地进行软件测试”作为软件开发者的座右铭。软件开发是分阶段完成的，不同阶段解决不同的问题，由于原始问题的多样性，软件的复杂性和抽象性，因而不同阶段会产生不同的错误。所以不应把测试仅仅视为软件开发的一个独立阶段，应形成把软件测试贯穿到软件开发的各个阶段的观念，坚持软件开发的阶段评审，以期尽早发现错误，提高软件质量。

（3）充分注意测试中的群集现象。测试时不要以为找到了几个错误后问题就已解决，而不需要继续测试了。经验表明，测试后程序中残存的错误数目与该程序中已发现的错误数目或检错率成正比。据估计，测试发现的错误中有80%很可能源于20%的程序模块。根据这个规律，应当对错误群集的程序段进行重点测试，以提高测试投资的效益。在测试时不仅要记录下出现了多少错误，而且应该记录下错误出现的模块。

（4）应从“小规模”开始，逐步转向“大规模”。这也就是为什么测试会涉及生命周期的两个阶段的原因。

（5）测试之前应当根据测试的要求选择在测试过程中使用的测试用例（Test Case）。测试用例主要用来检验程序员编制的程序，因此不但需要测试的输入数据，而且需要针对这些输入数据的预期输出结果。如果对测试输入数据没有给出预期的程序输出结果，那么就缺少了检验实测结果的基准，就有可能把一个似是而非的错误结果当成正确结果。

（6）牢记穷举测试是不可能的。一个大小适度的程序，其路径组合是一个天文数字，因此考虑测试程序执行中的每一种可能性是不可能的。当然，充分覆盖程序逻辑并确保程序设计中使用的所有条件是可能的。

（7）应该由独立的第三方进行测试。人们常由于各种原因具有一种不愿否定自己工作的心理，认为揭露自己程序中的问题总不是一件愉快的事情。心理状态和思维定势是测试自己程序的两大障碍。基于心理因素，人们不愿意否定自己的工作；由于思维定势，也难于发现自己的错误。而独立的第三方对测试工作会更客观、冷静、严格。因此，为达到软件测试的目的，应由别人或另外的机构来测试程序员编写的程序。

（8）严格执行测试计划，排除测试的随意性。对于测试计划，要明确规定，不要随意解释。测试计划应包括所测软件的功能、输入和输出、测试内容、各项测试的进度安排、资源要求、测试资料、测试工具、测试用例的选择、测试的控制方式和过程、系统组装方式、跟踪规程、调试规程、回归测试的规定、评价标准等。

7.1.3 GIS 软件测试过程

由于人的主观认识常常难以完全符合客观现实，与工程密切相关的各类人员之间的通信和配合也不可能完美无缺，因此在软件生存周期的每个阶段都不可避免地会产生差错，并且前一阶段的故障自然会导致后一阶段相应的故障，从而导致故障积累。此外，后一阶段的工作是前一阶段工作结果的进一步具体化，因此，前一阶段的一个故障可能会造成后一阶段中出现几个故障，也就是说，软件故障不仅有积累效应，还有放大效应。IBM 的研究结果还表明：如果在需求阶段漏过一个错误，该错误可能会引起 n 个设计错误，n 称为放大系数。一般而言，不同阶段其 n 值不同。经验表明，从概要设计到详细设计的错误放大系数大约为 1.5，从详细设计到编码阶段的错误放大系数大约为 3。图 7.1 表示了缺陷放大模型的大致状况。

Boehim 分析了 IBM、GTB、TRW 等一些软件公司的统计资料，发现在软件开发的不同阶段进行改动需要付出的代价完全不同。后期改动的代价比前期进行相应修改要高出 2～3 个数量级。软件工程界普遍认为：在软件生存期的每一阶段都应进行评测，检验本阶段的工作是否达到了预期的目标，尽早地发现并改正故障，以免因故障延时扩散而导致后期测试的困难。

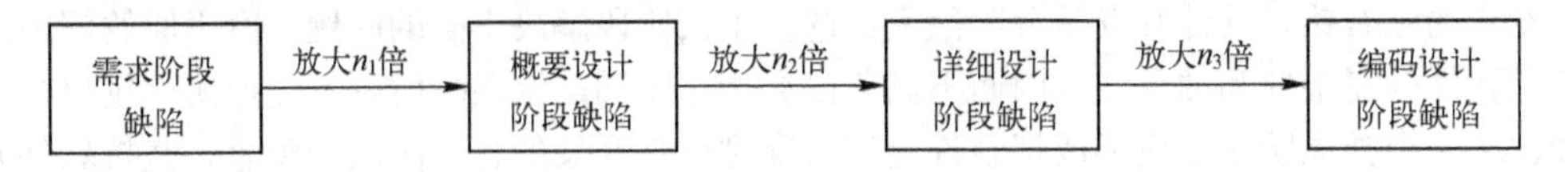

图 7.1　缺陷放大模型图

显然，表现在程序中的故障并不一定是编码所引起的，而很可能是详细设计、概要设计阶段甚至是需求分析阶段的问题引起的。即使针对源程序进行测试，所发现故障的根源也可能在开发前期的各个阶段。解决问题、排除故障也必须追溯到前期的工作。实际上，软件需求分析、设计和实施阶段是软件故障的主要来源，因此，需求分析、概要设计、详细设计以及程序编码等各个阶段所得到的文档，包括需求规格说明分析、概要设计规格说明、详细设计规格说明以及源程序，都应成为软件测试的对象。

由此可知，软件测试并不等于程序测试。软件测试应贯穿于软件定义与开发的整个期间。软件开发过程是一个自顶向下、逐步细化的过程。测试过程则是依相反顺序的自底向上、逐步集成的过程。低一级的测试为上一级的测试准备条件。图 7.2 所示为软件测试的 4 个步骤，即单元测试、集成测试、确认测试和系统测试。

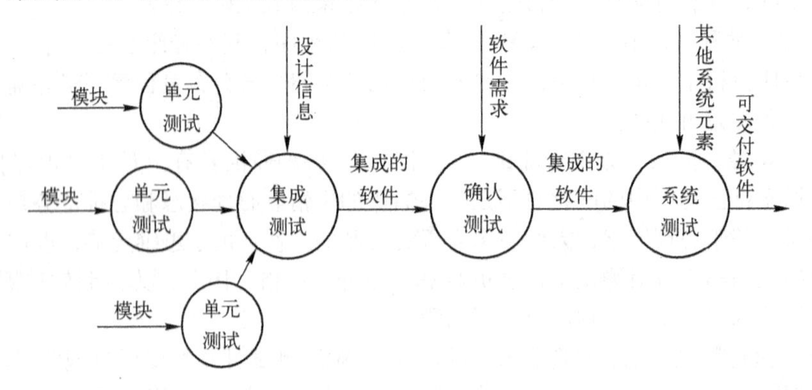

图 7.2　软件测试过程

首先对每一个程序模块进行单元测试，以消除模块内部在逻辑和功能上的故障及缺陷。然后，把已测试过的模块组装起来，形成一个完整的软件后进行集成测试，以检测和排除与软件设计相关的程序结构问题。确认测试以规格说明书规定的需求为尺度，检验开发的软件能否满足所有的功能和性能要求。确认测试完成以后，给出的应该是合格的软件产品。但为了检验开发的软件是否与系统的其他部分（如硬件、数据库及操作人员）协调工作，还需进行系统测试。

1. 单元测试

单元测试指对源程序中每一个程序单元进行测试，检查各个模块是否正确实现规定的功能，从而发现模块在编码中或算法中的错误，以消除模块内部在逻辑和功能上的故障及缺陷。该阶段涉及编码和详细设计的文档。

单元测试涉及模块接口、局部数据结构、重要的执行路径、错误处理、边界条件等 5 方面的内容。

（1）模块接口。模块接口测试主要检查数据能否正确的通过模块。检查的主要内容是参数的个数、属性及对应关系是否一致。当模块通过文件进行输入/输出时，要检查文件的具体描述（包括文件的定义、记录的描述及文件的处理方式等）是否正确。

（2）局部数据结构。局部数据结构主要检查以下几方面的错误：说明不正确或不一致，初始化或默认值错误，变量名未定义或拼写错误，数据类型不相容，上溢、下溢，地址错等。除了检查局部数据外，还应注意全局数据与模块的相互影响。

（3）重要的执行路径。重要模块要进行基本路径测试，仔细地选择测试路径是单元测试的一项基本任务。注意选择测试用例能发现不正确的计算、错误的比较或不适当的控制流造成的错误。计算中常见的错误有：算术运算符优先次序不正确，运算方式不正确，初始化方式不正确，精确度不够，表达式的符号表示错误等。条件及控制流向中常见的错误有：不同的数据类型进行比较，逻辑运算符不正确或优先次序错误，由于精确度误差造成的相等比较出错，循环终止条件错误或死循环，错误地修改循环变量等。

（4）错误处理。错误处理主要测试程序对错误处理的能力，检查是否存在以下问题：不能正确处理外部输入错误或内部处理引起的错误；对发生的错误不能正确描述或描述内容难以理解；在错误处理之前，系统已进行干预等。

（5）边界条件。程序最容易在边界上出错，如输入/输出数据的等价类边界、选择条件和循环条件的边界、复杂数据结构（如表）的边界等都应进行测试。对于测试中发现的问题和错误，应当进行修改，并且重复进行测试和修改，直到不再发现问题为止。

由于被测试的模块往往不是独立的程序，它处于整个软件结构的某一层位置上，被其他模块调用或调用其他模块，其本身不能单独运行，因此在单元测试时，需要为被测试模块设计驱动模块（Driver）和桩模块（Stub）。

驱动模块的作用是用来模拟被测模块的上级调用模块，功能要比真正的上级模块简单得多，它只能接收测试数据、以上级模块调用被测模块的格式驱动被测模块、接收被测模块的测试结果并输出。

桩模块用来代替被测模块所调用的模块。它的作用是返回被测模块所需要的信息。图7.3（a）所示是一个简单的GIS软件结构。建立模块B的测试环境如图7.3（b）所示。

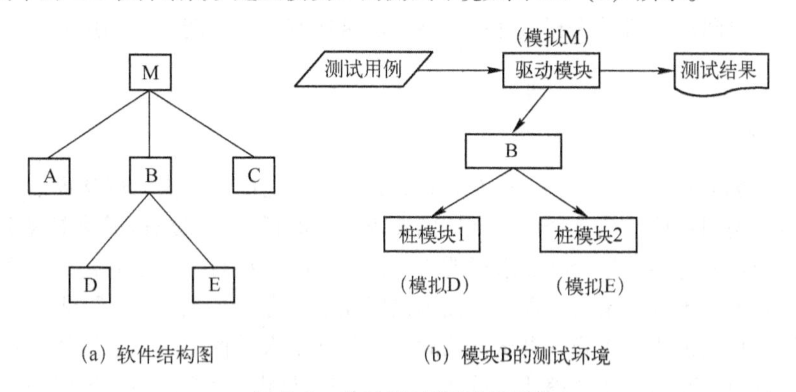

图7.3　单元测试的测试环境

驱动模块和桩模块的编写给测试带来了额外开销，但是与被测模块有联系的那些模块（如模块M、D和E）在尚未编写好或未测试的情况下，设计驱动模块和桩模块是必要的。

2. 集成测试

集成测试是指在单元测试的基础上，将已测试过的所有模块按照设计要求组装成一个完整的软件系统后而进行的测试，故也称为组装测试或联合测试。以检测和排除与软件设计相关的程序结构问题、软件体系结构问题。实践证明，单个模块能正常工作，组装后不见得仍能正常工作，原因如下：

（1）单元测试使用的驱动模块和桩模块，与它们所代替的模块并不完全等效，因此单元测试有不彻底、不严格的情况。

（2）各个模块组装起来后，穿越模块接口的数据可能丢失。

（3）一个模块的功能可能会对另一个模块的功能产生不利的影响。

（4）各个模块的功能组合起来可能达不到预期要求的功能。

（5）单个模块可以接受的误差，组织起来可能累积和放大到不能接受的程度。

（6）全局数据可能会出现问题。

集成测试的重点在于检查模块之间接口的有关问题，用于发现模块组装中可能出现的问题，发现公共数据与全程变量引起的模块间的相互干扰的问题。最终构成一个符合要求的软件系统。

集成测试采用的方法主要有非渐增式测试和渐增式测试。非渐增式测试是首先对每个模块分别进行单元测试，然后再把所有的模块按设计要求组装在一起进行的测试。渐增式测试是逐个把未经过测试的模块组装到已经测试过的模块上去，进行集成测试。每加入一个新模块，就进行一次集成测试，重复此过程直至程序组装完毕。

渐增式与非渐增式测试有明显的区别。非渐增式方法把单元测试和集成测试分成两个不同的阶段，前一阶段完成模块的单元测试，后一阶段完成集成测试。而渐增式测试把单元测试与集成测试合在一起，同时完成；非渐增式测试需要更多的工作量，因为每个模块都需要驱动模块和桩模块，而渐增式测试利用已测试过的模块作为驱动模块和桩模块，因此工作量较少；渐增式测试可以较早地发现接口之间的错误，非渐增式测试最后组装时才会发现错误；渐增式测试有利于排错，因为发生错误往往和最近加进来的模块有关，而非渐增式测试发现接口错误要推迟到最后，很难判断是哪一部分接口出错；渐增式测试比较彻底，已测试的模块和新的模块组装在一起再测试；渐增式测试占用的时间较多，但非渐增式测试需要更多的驱动模块和桩模块，也占用一些时间；非渐增式测试开始可并行测试所有模块，能充分利用人力，对测试大型软件很有意义。

3. 确认测试

确认测试又称为有效性测试，是在GIS软件开发过程之中或结束时确认评估系统或组成部分的过程，目的是判断该系统是否满足规定的要求。它的任务是以规格说明书规定的需求为尺度，检查软件的功能与性能是否与需求说明书中确定的指标相符合，是否达到了系统设计确定的全部要求。它可用于显示错误的存在，而不是错误的不存在，且经证明，未发现的错误数与已经发现的错误数成正比。在确认测试开始时，应与开发人员谈一谈，了解他们对系统担忧的地方，这样将有助于部门更加合理地确认测试计划。确认测试完成以后，给出的应该是合格的软件产品。但为了检验开发的软件是否与系统的其他部分（如硬件、数据库及操作人员）能够协调工作，确认测试阶段要完成进行确认测试与软件配置审查两项工作。

进行确认测试一般是在模拟环境下运用黑盒测试方法，由专门测试人员和用户参加的测试。确认测试需要需求说明书、用户手册等文档，要编制测试计划，确定测试的项目，说明测试内容，描述具体的测试用例。测试用例应选用实际运用的数据。测试结束后，应写出测试分析报告，测试内容包括：

（1）功能测试检查是否能实现设计要求的全部功能，是否有未实现的功能，以便予以补充。

（2）性能测试检查和评估系统执行的响应时间、处理速度、网络承载能力、操作方便灵活程度、运行可靠程度等。

（3）安全性测试检查系统在容错功能、恢复功能、并发控制、安全保密等方面是否达到设计要求。

经过确认测试后，可能有两种情况：功能、性能与需求说明一致，该软件系统是可以接受的；功能、性能与需求说明有差距，要提交一份问题报告。对这样的错误进行修改，工作量非常大，必须同用户协商。

软件配置审查的任务是检查软件的所有文档资料的完整性、正确性。如发现遗漏和错误，应补充和改正。同时要编排好目录，为以后的软件维护工作奠定基础。

4. 系统测试

软件系统只是计算机系统中的一个组成部分，软件经过确认后，最终还要与系统中的其他部分（如计算机硬件、外部设备、某些支持软件、数据及人员）结合在一起。系统测试是指测试各个部分在实际使用环境下运行时能否协调工作，以验证软件系统的正确性和性能指标等是否满足需求规格说明书和任务书所指定的要求。系统测试是表明程序或者系统没有满足“需求规格说明”所确定的原有需求和目标的过程，它是最容易被人误解并且是最难的测试活动。因为没有方法，它需要我们从用户的角度思考并且进行很多的创造。系统测试的类型有功能测试、容量测试、负载/强度测试、安全性测试、可用性测试、性能测试、资源应用测试、配置测试、兼容性测试、可安装性测试、恢复性测试和可靠性测试等。目前，在国产地理信息系统软件测评工作中，软件运行的性能是考核一个软件的重要指标，国家公布的测试大纲虽然没有明确地列出这一条，但对软件性能的考核将贯穿测评的始终。在空间信息交互终端系统中，考虑到系统的复杂性，采用了自动化测试技术。自动化测试工具的使用，减轻了系统测试的工作量，减少了软件开发成本。

7.1.4 GIS 软件测试策略

黑盒测试和白盒测试是两类广泛使用的软件测试方法，传统的软件测试活动基本上都可以归到这两类方法当中。要检验开发的软件是否符合规格说明书的要求，可以采取各种不同的测试策略。已知产品的内部工作过程，可以通过测试来检验每种内部操作是否都符合要求。已知产品具有的功能，可以通过测试来检验是否每个功能都符合规定的要求。前者称为白盒测试，后者称为黑盒测试，它们各有侧重。通常，单元测试中采用结构测试法，系统级测试中采用功能测试法，如图 7.4 所示。

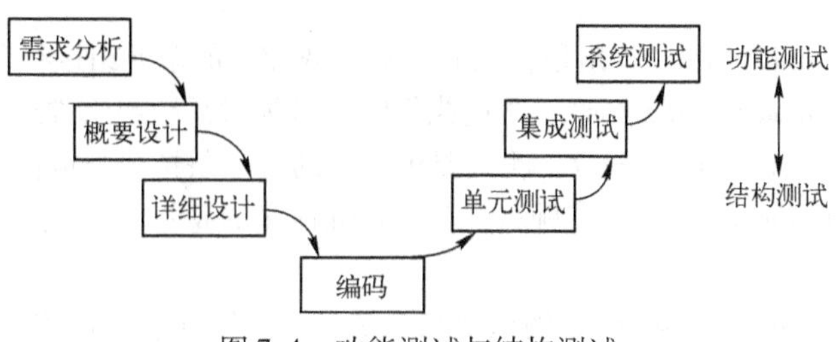

图 7.4　功能测试与结构测试

1. 白盒测试——基于程序的结构测试

在测试类书籍中，白盒测试（White Box Testing）有多种叫法，如玻璃盒测试（Glass Box Testing）、透明盒测试（Clear Box Testing）、开放盒测试（Open Box Testing）、结构化测试（Structured Testing）、基于代码的测试（Code – Based Testing）、逻辑驱动测试（Logic – Driven Testing）等。白盒测试是一种测试用例设计方法。此处，盒子指的是被测试的软件。白盒，顾名思义即盒子是可视的，你清楚盒子内部的东西以及里面是如何运作的。因此，白盒测试需要对系统内部的结构和工作原理有清楚的了解，并且基于这个知识来设计你的用例。图 7.5 是一个白盒测试的示意图。

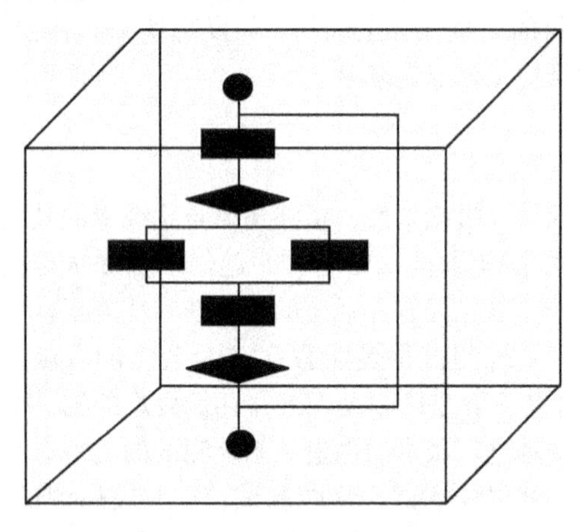

图 7.5　白盒测试示意图

白盒测试将被测对象视为一个打开的盒子，白盒知道软件的内部工作过程，可通过测试来检测软件产品内部动作是否按照规格说明书的规定正常进行，每种内部操作是否符合设计规格要求，按照程序内部的结构测试程序，设计、选择测试用例，检验程序中的每条通路是否都能按预定要求正确工作，所有内部成分是否已经通过检查，而不考虑它的功能是否正确。

白盒测试的主要方法有控制流分析、数据流分析、逻辑覆盖、域测试、符号测试、路径分析、程序插桩、程序变异等。

域测试策略基于对程序输入空间的分析，根据程序分支语句中的谓词，将输入空间划分为若干子域，每一子域对应于一条程序路径，对每一子域的每一谓词边界，通过选取位于被测边界上的测试数据（ON 点）和距被测边界有一小点距离并在被测域之外的测试数据（OFF 点），检测由于边界偏移而导致的域差错。

符号测试是一种基于代数运算的测试方法，它允许程序输入符号值（变量符号值及它们的表达式），以符号计算代替普通测试执行中的数值计算。符号测试执行的结果代表一类普通测试的运行结果，因此测试代价较低。但主要问题是遇到循环、数组、指针处理时，符号测试实现困难。

逻辑覆盖是在白盒测试中一种经常用到的技术。一方面，逻辑覆盖率可以知道测试用例的设计；另一方面，可以通过覆盖率来衡量白盒测试的力度。白盒测试中经常用到的逻辑覆盖主要有语句覆盖、判定覆盖、条件覆盖、判定条件覆盖、路径覆盖。

白盒测试方法主要涉及代码覆盖、分支、路径、指令以及内部逻辑等方面。常用的白盒测试技术有下述内容。

（1）单元测试（unit testing）。对硬件或软件单元或相关的单元组进行单独的测试。

（2）动态分析（dynamic analysis）。通过执行时的行为对系统或组件进行评估的过程。

（3）指令覆盖（statement testing）。测试要求程序的每一条指令都被执行。

（4）分支覆盖（branch testing）。测试要求计算机程序的每一条分支指令的所有判断输出都被执行。

（5）安全测试（security testing）。测试信息系统是否能按预期的目的保护数据和维持其实现的功能。

(6) 突变测试(mutation testing)。为被测试程序生成两个或更多的突变版本，并使用与原程序相同的测试用例驱动突变程序的执行，对不同突变的检测能力进行评估。

使用白盒测试方法产生的测试用例能够保证一个模块中的所有独立路径至少被使用一次；对所有逻辑值均需测试 True 和 False；在上下边界及可操作范围内运行所有循环；检查内部数据结构以确保其有效性。

2. 黑盒测试——基于规范的功能测试

黑盒测试(Black Box Testing)又称为功能测试(Functional Testing)，它是在软件测试中使用得最早、最广泛的一类测试。它不仅应用于开发阶段的测试，更重要的是，在产品测试阶段及维护阶段必不可少。黑盒测试是与白盒测试截然不同的测试概念。这是因为在黑盒测试中，主要关注于被测软件的功能实现，而不是内部逻辑。在黑盒测试中，被测对象的内部结构、运作情况对测试人员是不可见的。通过测试来检测每个功能是否都能正常使用，在测试时，把程序视为一个不能打开的黑盆子，在完全不考虑程序内部结构和内部特性的情况下，测试者在程序接口进行测试，它只检查程序功能是否按照需求规格说明书的规定正常使用，程序是否能适当地接收输入数据产生正确的输出信息，并且保持外部信息(如数据库或文件)的完整性。测试人员对被测产品的验证主要是根据其规格，验证其与规格的一致性。就像对一台自动售货机，为了验证其能否自动售出货物，你可以指定需要购买的物品，塞入钱币，然后观测售货机能否输出正确的货物并找出正确的零钱。在这个过程中，你不需要关注自动售货机如何判定钱币数额、如何选择货物、如何找出零钱等内部操作，这是白盒测试关注的范围，而黑盒测试关注的是结果。图 7.6 是黑盒测试的示意图。

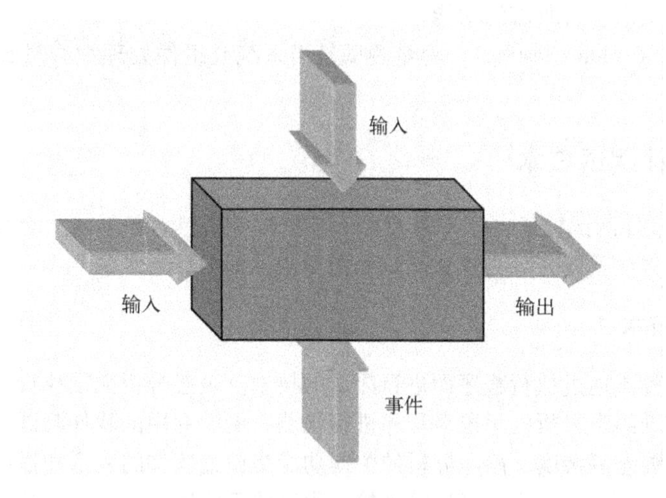

图 7.6　黑盒测试示意图

黑盒测试方法是穷举输入测试，只有把所有可能的输入都作为测试情况使用，才能以这种方法查出程序中的所有错误。实际上测试情况有无穷多个，人们不仅要测试所有合法的输入，而且还要对那些不合法但是可能的输入进行测试。理想情况下，测试所有可能的输入，将提供程序行为最完全的信息，但这是不可能的。例如，假设一个程序有输入量 X 和 Y 及输出量 Z，它在字长为 32 的计算机上运行。如果 X、Y 为整数，按功能测试法穷举，测试数据有 $2^{32} \times 2^{32} = 2^{64}$ 个。如果测试一组数据需要 1ms，一年工作 365 ×24 小时，完成所有测试需 5 亿年。因此，实际应用中，必须采用某种策略，从输入域中选取少数有代表性的测试数据，以尽可能全面、高效地对软件进行测试。

黑盒测试试图发现功能错误、界面错误、数据结构错误、外部数据库访问错误、性能错误、初始化和终止错误等。

黑盒测试方法主要有等价类划分、边界值分析、故障推测法等。实践表明，软件在输入/输出域边界附近特别容易出现故障。边界值分析是一种有效而实用的功能测试方法。针对边界附近的处理，设计专门的测试用例，常常可以取得良好的测试效果。常见的黑盒测试技术如下所述。

（1）功能测试（functional testing）。功能测试忽略系统或组件的内部机制，关注所选择的输入在特定条件下执行所产生的输出，主要用于衡量系统或组件是否与规定的功能需求相一致。

（2）压力测试（stress testing）。压力测试用于评估系统或组件在超过其限制范围的负载条件下能否满足特定的要求，它和边界测试相近。

（3）负载测试（load testing）。负载测试指在一定约束条件下测试系统所能承受的并发用户量，以确定系统的负载承受力或在满负荷工作下的健壮性。

（4）易用性测试（usability testing）。指用户操作的简易性，例如，易于掌握、数据输入方便、系统输出易于理解等。

（5）烟雾测试（smoke testing）。烟雾测试是一种基本的集成软件测试方式，用于确定系统的大部分关键功能是否能够正确工作，但并不涉及更多的细节。该词源于类似的硬件测试，即设备在运行后不会冒烟起火，则表示通过了该类测试。

（6）恢复测试（recovery testing）。恢复测试是指对系统、程序、数据库或其他系统资源的状态恢复，使其能正常执行所需的功能。

（7）容量测试（volume testing）。容量测试是当系统或组件处理大容量数据时进行的数据相关测试。

7.1.5 GIS 软件测试技术

GIS 工程中的软件测试技术也分为两大类，即静态测试和动态测试。动态测试方法中又根据测试用例的设计方法不同，分为黑盒测试和白盒测试两类。

1. 静态分析技术

静态分析是一种不通过执行程序而进行测试的技术。表态分析无须执行被测代码，采用人工检测和计算机辅助静态分析的手段对程序进行检测，借助专用的软件测试工具评审软件文档或程序，度量程序静态复杂度。静态分析的关键功能是检查软件的表示和描述是否一致，通过检查源程序的文法、结构、过程、接口等来检查程序的正确性，借以发现编写的程序的不足之处，减少错误出现的概率。它瞄准的是纠正软件系统在描述、表示和规格上的错误，找出欠缺和可疑之处，例如，不匹配的参数、不适当的循环嵌套和分支嵌套、不允许的递归、未使用过的变量、空指针的引用和可疑的计算等。静态测试结果可用于进一步的查错，为测试用例的选取提供帮助，是任何进一步测试执行的前提。静态分析覆盖程序语法的词汇分析，并研究和检查独立语句的结构和使用。主要有以下三种不同的程序测试可能性：检查程序内部的完整性和一致性；考虑预定义规则；把程序和其相应的规格或文档进行比较。

静态分析由于无须程序的执行，因此可以应用在软件开发生命周期的各个阶段，即使在系统的需求分析和概要设计阶段，也能很好地被运用。此外，一些依靠动态测试难以发现或不能发现的错误，也可以使用静态方法来分析和检查。静态分析和动态检测是互为补充的，对错误的检测有各自的特点。静态分析方法中，主要有下述几种。

（1）软件审查（inspection）。软件审查是一种主要的静态分析技术，它依赖于人工检查方式来发现产品中的错误或问题，包含代码审查和设计审查两种类型。

（2）静态排演（walk－through）。设计者或程序员组织开发小组或相关成员对代码分段进行静态分析，通过提问或评论方法寻找可能的错误和问题。

（3）检查（review）。通过会议方式将软件产品让顾客、用户、项目经理等相关人员进行评论，以确定能否被通过。它分为代码检查、设计检查、正式的质量检查、需求检查、测试完成检查几种类型。其中，代码检查包括代码走查、桌面检查、代码审查等，主要检查代码和设计的一致性、代码的可读性、代码逻辑表达的正确性、代码结构的合理性等方面；可以发现违背程序编写标准的问题，发现程序中不安全、不明确和模糊的部分，找出程序中不可移植部分，找出违背程序编程风格的问题，包括变量检查、命名和类型审查、程序逻辑审查、程序语法检查和程序结构检查等内容。代码检查看到的是问题本身而非征兆，但是代码检查非常耗费时间，而且需要知识和经验的积累。代码检查应在编译和动态测试之前进行，在检查前，应准备好需求描述文档、程序设计文档、程序的源代码清单、代码编码标准和代码缺陷检查表等。

近来的研究中，还有一些较新的静态分析方法，例如，基于数据流的程序静态自动分析、基于有限状态机的验证和分析模型等。这类静态分析方法主要查找时间相关、资源竞争等引起的难以动态测试到的错误。

2. 动态测试技术

静态分析技术不需要软件的执行，而从动态分析本身看起来更像是一个“测试”，因为它包含了系统的执行。

动态分析是通过人工或使用工具运行程序，使被测代码在相对真实的环境下运行，从多角度观察程序运行时能体现的功能、逻辑、行为、结构等行为，通过检查、分析程序的执行状态和程序的外部表现，来定位程序的错误。当软件系统在模拟的或真实的环境中执行之前、之中和之后，对软件系统行为的分析是动态分析的主要特点。动态分析包含了程序在受控的环境下使用特定的期望结果进行正式的运行，它显示了一个系统在检查状态下是否正确。动态分析由构造测试用例、执行程序、分析程序的输出结果三部分组成。

在动态分析技术中，最重要的技术是路径和分支测试。在路径测试中，使程序能够执行尽可能多的逻辑路径。路径测试度量程度的最主要的质量特性是复杂度。分支测试需要程序中的每个分支至少被经过一次。分支测试中出现的问题可能会导致今后程序的缺陷。动态分析主要完成功能确认与接口测试、覆盖率分析、性能分析等。

（1）功能确认与接口测试。这部分测试包括各个单元功能的正确执行、单元间的接口，具体包括单元接口、局部数据结构、重要的执行路径、错误处理的路径和影响上述几点的边界条件等内容。

（2）覆盖率分析。覆盖率分析主要对代码的执行路径覆盖范围进行评估，语句覆盖、判定覆盖、条件覆盖、条件/判定覆盖、修正条件/判定覆盖、基本路径覆盖都是从不同要求出发，为设计测试用例提出依据的。

（3）性能分析。代码运行缓慢是开发过程中的一个重要问题。一个应用程序如果运行速度较慢，那么程序员不容易找到是哪里出现了问题。如果不能解决应用程序的性能问题，将降低并极大地影响应用程序的质量，于是查找和修改性能瓶颈就成为调整整个代码性能的关键。

当今，在软件开发过程中有许多动态分析工具。表 7.1 给出了对这些工具的分析。

表 7.1　动态分析工具

动态分析类型	工具的功能
测试覆盖率分布	测试白盒测试技术对代码的检测范围
跟踪	跟踪程序执行过程中使用的资源
调整	度量程序执行过程中使用的资源
模拟	模拟系统的部分，例如无法获得的代码或硬件
断言检查	测试在复杂逻辑结构中是否某个条件已经被给出

7.1.6　软件测试工具

软件测试作为保证软件质量和可靠性的关键技术，正日益受到广泛的重视，但随着软件项目的规模越来越大，客户对软件质量的要求越来越高，测试工作的工作量也相应地变得越来越大。为了保证测试的质量和效率，人们很自然地想到，是否能够开发软件测试工具，部分地实现软件测试的自动化，让计算机替代人进行繁重、枯燥、重复的测试工作，或通过对软件故障模型的研究，找到定位各种软件故障的方法，使计算机能代替测试人员进行代码检查，从而定位各种各样的软件故障。正确、合理地实施自动化测试，能够充分地利用计算机快速、重复计算的能力，提高软件测试的效率，缩短软件的开发周期。根据软件测试工具的用途不同，可分为白盒测试工具、功能测试工具、负载压力测试工具和测试管理工具等 4 类。

（1）白盒测试工具

白盒测试工具一般针对代码进行测试，测试中发现的缺陷可以定位到代码级，找出某个函数甚至某个变量存在的软件缺陷。白盒测试工具可以自动检查代码，找出各种软件缺陷，如不符合编码规范或在某方面存在故障；或对软件质量进行评价，如根据某种质量模型评价代码的质量；或对系统结构进行扫描分析，如生成系统的调用关系图等。静态测试工具的特点就是直接对代码进行分析，不需要运行代码，也不需要对代码进行编译、连接和生成可执行文件。静态测试工具的代表有 logicscop 软件和 PRQA 软件等。

（2）功能测试工具

通过自动录制、检测和回放用户的应用操作，将被测系统的输出记录同根据用户需求预先制定的标准结果进行比较，验证其正确性。功能测试工具可以大大减轻黑盒测试的工作量，在系统进行迭代开发的过程中，能够很好地进行回归测试。这类工具的主要代表有 Winrunner 和 QARun 等。

（3）负载压力测试工具

负载压力测试工具是一种可以度量应用系统的性能的自动测试工具，它主要通过工具模拟大用户并发，对系统形成压力，从而实现对系统性能和负载能力的测试，并可以在实施并发负载过程中通过实时性能监测来确认和查找问题。这类测试工具的重要代表有 LoadRunner 和 QALoad 等。

（4）测试管理工具

测试工作贯穿软件生命周期，是保证软件质量的重要手段。测试工作会产生大量的文件、数据、案例、流程等，这些都需要进行妥善的管理，同时还需要对测试出来的软件缺陷进行跟踪管理，测试缺陷在测试人员和开发人员之间流转，其状态不断改变。测试管理工具可以定义测试需求、测试计划，并根据计划定义测试流程和案例，管理程序基线（baseline）。这类工具的代表有 testdirector 和 testmanager 等。

另外还有专门用于网络测试的工具，以及一些辅助测试工具，如根据程序结构自动生成保证测试充分性的测试数据集的测试数据自动生成工具就是其中的一种。

7.2 GIS 软件评价

GIS 软件评价是系统质量控制的重要环节，它通常在 GIS 软件测试或系统试运行后进行。软件评价中将测试和运行着的系统指标与预期目标进行比较，考察是否达到了系统设计时所预定的效果。通过检查目标、功能及其他指标的实现情况、系统中各种资源的利用程度，找出系统的薄弱环节，提出整改意见，对照检查结果给出评价结论，为控制质量提供保障。

所谓系统评价，是指对所建立系统的性能进行考察、分析和评判，判断其是否达到系统设计时所预定的效果，包括用实际指标与计划指标进行比较，评价系统目标实现的程度。评价指标应该包括性能指标、经济指标和管理指标等各个方面，最后还应就评价结构形成系统评价报告。具体运作时可以从软件功能和系统总体功能两个方面进行评价。

7.2.1 软件功能评价

GIS 的软件构成整个系统的核心部分，其功能的好坏与否决定了 GIS 系统功能的强弱。因此，正确全面地对软件功能进行评价是很重要的。为满足实际工作的需要，通常可以分 5 个部分对软件功能进行检验和评价，如图 7.7 所示。作为参考，下面具体列出对软件功能进行评价的纲要。

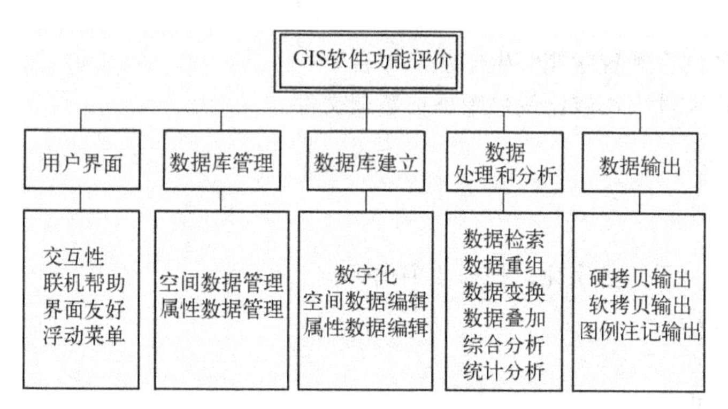

图 7.7　系统软件功能评价图

1. 用户界面

（1）命令驱动界面有提示，应答界面有默认应答。

（2）有下拉式或上托式菜单功能。

（3）具有交互式命令语言接口。

（4）具有联机帮助信息，包括各项命令、命令语法、功能等。

（5）能够取消或重新存储前面的输入值。

（6）具有用户友好的错误提示信息。

（7）具有口令存取保护功能。

2. 数据库管理系统

（1）一般功能

① 能在空间及属性数据库中输入有关数据的世系（即来龙去脉）、位置精度、逻辑一致性、完整性等质量信息。

② 具有跟踪数据事务处理的功能。

③ 支持按顺序和按关键字存取数据文件的方式，还可直接存取专门要素。

④ 具有定义文件内容和格式的数据字典。

⑤ 允许通过属性或空间数据字段，对表格或图形文件进行分类。

⑥ 可使用算术表达式或相关文件中查表的方式对新的字段值进行计算。

⑦ 具有通过共享字段将几个数据文件联系起来的功能，并可将其结果集合当作一个整体用于所有表格处理功能（包括录入数据和生成报告）中。

⑧ 在空间和属性数据库中，提供读、写、访问的授权功能。

⑨ 提供建立、存储、检索、生成标准报告的功能。

⑩ 提供下列表格格式化功能：在指定字段分行、分项、计算总和、设计页和列的标题规格、从单独记录中进行多行显示。

（2）空间数据库构成

① 可通过位置、项目、专题、地图单元组织空间文件。

② 对永久数据文件可以进行多重访问，但只有被授权的用户才可修改数据库。

③ 对用户建立的工作文件提供完全的、只有该用户自己享用的增、删、改功能。

④ 对数据库中的全部数据，能够自动建立目录或索引，包括数据的质量、位置及最后日期。

⑤ 对数据库的内容和现状能够生成状态报告。

⑥ 能够不考虑文件大小或比例尺来添加数据文件。

3. 数据库建立

（1）数字化

① 数字化方法（手工数字化，扫描数字化等）。

② 加注记的方法。

③ 建立拓扑关系。

④ 输入属性数据。

（2）空间数据编辑

① 对拓扑错误进行自动检查，在图形上显示错误，并有人机交互的纠错功能。

② 以数字化方式或以批处理方式对矢量坐标或栅格像元进行格式检验、范围检验、数值检验。

③ 以单个地物或地物群为单位，人机交互地增加、删除、修改和移动矢量地物或栅格像元。

④ 以数字化方式或以批处理方式自动检验线的定义处的过头和不足，并能以重新数字化或自动剪裁连接的方式进行改正。

（3）属性数据编辑

① 人机交互地插入、删除、改变和移动地物名称和编码。

② 可检验丢漏的地物名称或编码。

③ 以数字化方式或以批处理方式检验非法属性值或属性值的组合。

④ 利用查询语言的选择函数，更新成组的图形地物名称或属性记录。

4. 数据处理和分析

（1）数据检索

① 可选择特定的数据类别。

② 通过矩形、圆形或多边形窗口选择空间或属性数据。

③ 从人机交互的屏幕数字化区，重新定义分类的数据类型选择空间或属性数据。

④ 通过单一地物名或一组地物名选择空间或属性数据。

⑤ 通过对属性的逻辑检索选择空间数据。

⑥ 通过图形连接选择空间或属性数据。

⑦ 可浏览空间或属性数据库。

（2）数据重组

① 可进行从栅格到矢量、从矢量到栅格的数据转换，具有用户对点、线、面要素进行选择的优先权。

② 在默认或用户指定的限差内，交互式或自动地对几何位置相邻的数据进行连接，消除裂缝或重叠部分。

③ 可用游程编码或四叉树编码进行栅格数据的压缩和释放。

④ 通过重新取样修改网格尺寸。

⑤ 压缩不必要的多余坐标而同时保存角点、弯曲总貌和形状。

⑥ 对直线数据进行平滑处理，以恢复其弯曲总貌和形状。

⑦ 可由随机状态和网格化的高程值生成等高线；反之，也可由等高线生成网格化的高程值。

⑧ 可由随机状态、网格化的高程值或等高线生成不规则三角网（TIN），也可由不规则三角网生成网格或等高线数据。

⑨ 通过指定的阻挡层（如断层）或约束条件（如山脊线、汇水线）抑制等高线的生成。

⑩ 提供下列几何坐标功能：平行线、曲线及各种要素的延伸，产生相等的直线与弧段、相交直线与弧段，等分角，定位交叉切线和外切线等。

（3）数据变换

① 矢量或栅格数据对于控制点的数学平差方法是：在 x，y 方向的旋转、平移、缩放（4个参数），在 x，y 方向的旋转、平移、缩放（6 个参数），局部区域弹性图幅，多项式，其他类型的最小二乘法，投影变换、近似变换等。

② 从数字化像片数据中恢复地理坐标的方法是：结合数字高程数据使用单一像片后方交会或前方交会技术，使用模拟或解析测图仪测出立体像片带的坐标。

③ 对已知控制点的导线数据，使用最小二乘平差法将地面测量的方位和距离转换为地理坐标。

④ 辐射校准遥感数字图像或扫描像片数据。

⑤ 栅格数据值的重新定比（如反差拉伸）。

（4）矢量或栅格数据叠加

① 对矢量和栅格数据在下列范围中进行逻辑 AND、OR、XOR、NOT 叠加操作：多边形在

多边形中、点在多边形中、点在线上、线在多边形中等。

② 在数据集间的叠加过程中能给某个数据类别的特征加权。

③ 在图形合成过程中自动或手工地合并属性信息。

(5) 综合分析功能

① 从点、线、多边形要素中指定距离缓冲区。

② 通过网络确定交替路径和最佳路径。

③ 根据等高线数据进行挖、填方及断面分析。

④ 生成坡度、坡向及光线强度等数据分类。

⑤ 计算方位角、象限角及地形点位。

(6) 统计分析功能

① 计算面积、周长、长度、体积。

② 对于同时出现在两种数据分类中的交叉分组列表，计算面积和平均值占总数的百分比。

③ 从表格数据中计算平均值、中值、四分位数、百分位数、中位数和标准差。

④ 对表格数据进行相关分析、回归分析、方差分析、因素分析和判别分析。

5. 数据输出

(1) 一般功能

① 可用图形终端、数字绘图仪、喷墨打印机、色带打印机、点阵打印机、激光打印机、静电绘图仪、字符打印机、胶片记录仪等设备显示图形。

② 在栅格矢量显示设备上显示栅格或矢量的源文件。

③ 通过显示屏幕的拷贝生成地图。

④ 生成的地图可大于输出显示设备的物理尺寸，并可镶嵌。

⑤ 可生成网格表面的三维正射影像图和透视图，或其他具有高程数据的分类图。

⑥ 以交互方式或默认的地图格式组成显示的地图。

⑦ 可指定位置、大小、比例尺和视图的定向。

⑧ 可显示点、线和多边形数据集。

⑨ 以经纬度、国家基准面或 UTM 坐标参考显示图廓线、网格线、晕线等，并具有指定比例尺的注记。

⑩ 可从现存的表格中选择点状符号、线划类型、面积填充图案和字体。

(2) 各种注记功能

① 可以建立、命名、存储、检索及交互定位地图标题、图例、比例尺、南北箭头、单线或多线的文本字符串。

② 对所有文本记录指定符号类型、字符尺寸、颜色及字符串方向。

③ 对预先指定的点位（如多边形重心）自动放置文字补充以交互移动或均匀配置注记。

④ 可建立、命名、存储和选择默认点位符号、线性类型、面积填充图案。

⑤ 可通过指定一地物名称或一组名称，指定显示颜色或颜色组，指定属性或属性组，以及用光标选择地物等方法，来给图形特征设置点符号、线型、线宽、填充符号及颜色等。

⑥ 通过指定晕线颜色、线划类型、旋转角和距离间隔对面状区域进行填充。

应该说明，并非每一个应用型地理信息系统软件都要一一具备上述各种性能。事实上对每一个特定用户而言，上述各种功能也并非都是必不可少的。因此，在实际工作中，往往是从上述各种功能中选择出符合本单位、本部门要求的功能。

7.2.2 系统总体功能评价

系统总体功能评价就是从技术和经济两个大的方面对所建立的系统进行评定。系统总体功能评价如图 7.8 所示。我们可以从系统效率、系统可靠性、可扩展性、可移植性、系统效益、功能性、可操作性、维护性等几个方面开展评价工作。具体步骤可以对以下各项进行逐一审议和考核。

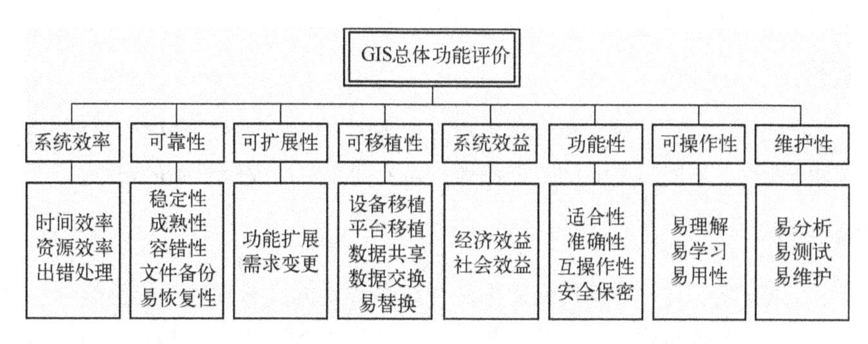

图 7.8　系统总体功能评价图

1. 系统效率

应用型地理信息系统的各种职能指标、技术指标和经济指标均是系统效率的反映。例如，系统能否及时地向用户提供有用信息，所提供信息的地理精度和几何精度如何，系统操作是否方便，系统出错如何，以及资源的使用效率如何等。

2. 可靠性

所谓可靠性，是指系统在运行时的稳定性，正常情况下应该很少发生事故，即便发生也能很快修复。可靠性还包括系统有关的数据文件和程序是否妥善保存，以及系统是否具有后备体系等。

3. 可扩展性

任何系统的开发都是从简单到复杂的不断求精和完善的过程，特别是应用型地理信息系统的开发。应用型地理信息系统的开发常常是从清查和汇集空间数据开始，然后逐步演化到从管理到决策的高级阶段。因此，一个系统建成后，要使现行系统不进行大改动或不影响整个系统结构，就可在现行系统上增加功能模块，则必须在系统设计时留有接口，否则，当数据量增加或功能增加时，系统就要推倒重来，说明这是一个没有生命力的系统。

4. 可移植性

可移植性是评价应用型地理信息系统的一项重要指标。一个有价值的应用型地理信息系统软件和数据库，不仅体现在它自身结构的合理性，而且体现在它对环境的适应能力，即它们不仅能在一台机器上使用，而且能在其他型号设备上使用。要做到这一点，系统就必须按国家规范标准设计，包括数据表示、专业分类、编码标准、记录格式、控制基础等，都需要按照统一的规定，以保证软件和数据的匹配、交换及共享。

5. 系统效益

系统效益包括经济效益和社会效益。可着重从社会效益上进行评价，例如，信息共享的效果、数据采集和处理的自动化水平、地学综合分析能力、系统智能化技术的发展、系统决策的定量化和科学化、系统应用的模型化、系统解决新课题的能力、劳动强度的减轻、工作时间的缩短、技术智能的提高等。总之，应用型地理信息系统的经济效益是在长时间内逐渐体现出来的，随着新课题的不断解决，经济效益也就不断提高。

6. 功能性

功能性主要包括：系统功能实现时是否符合传统的方式和习惯，功能完成的准确性，精度达到什么级别的要求，不同系统间的互操作性，对不同用户的安全级别的考虑。

7. 可操作性

可操作性主要包括：用户在系统使用中是否对系统功能容易理解、容易学习、容易使用，用户是否可以将其他类似系统的操作技术和操作经验在该系统中得到延续。可操作性决定系统的使用者对系统使用的认可度。

8. 维护性

维护性主要包括：系统的后期维护是否方便、可行，出现了故障系统是否会给出明确的故障信息，操作者是否容易进行故障分析、测试、处理和故障排除。维护性还包括系统常规下的平时定期维护的便捷程度。

习题

1. GIS 软件错误的根源有哪些？
2. 试述 GIS 软件测试的目的和原则。
3. 如何理解 GIS 软件缺陷放大？
4. 试述 GIS 软件测试的过程。单元测试和集成测试的内容和方法是什么？
5. 什么是白盒测试？白盒测试有哪些主要方法及技术？
6. 什么是黑盒测试？黑盒测试有哪些主要方法及技术？
7. 试述 GIS 软件测试的主要技术
8. GIS 软件测试有哪些主要工具？
9. 应用型 GIS 系统评价应包括哪些评价指标？各项评价指标是如何确定的？
10. 对所建立的系统进行系统总体功能评价主要从哪两个方面进行评定？

第 8 章　GIS 项目质量管理

GIS 是信息技术、数据和处理过程的综合体，在 GIS 的设计与开发过程中，需要进行科学的组织和管理。没有科学的项目管理，再好的技术方法也不能保证工程的质量。项目管理与质量保证是相辅相成的，缺一不可。

8.1　GIS 项目管理

GIS 项目就是系统计划、设计和开发的整个过程，而项目管理是对系统研究与开发进行计划、调度、协调、组织、控制及决策的过程。一个机构在开发和使用 GIS 时，不仅需要对技术的本身有足够的了解，还要具备有效、全面和可行的组织与管理能力。

虽然好的管理并不能一定保证工程的成功，但坏的管理或不适当的管理将可能导致工程延期、超过成本预算及付出昂贵的维护费用。

8.1.1　项目申请与立项

项目的申请和立项是一个 GIS 项目计划和实施的第一步。它以机构的 GIS 决策管理方针为指南，从内容和技术上定义一个项目，并向有关的机构或部门进行申请。

项目申请书的大致内容如下。

① 立项依据：项目建设意义，国内外研究现状及发展趋势。

② 需求分析和可行性研究：可行性研究是管理决策的主要依据。

③ 项目实施方案：项目建设的目标、内容、拟解决的关键问题、研究方法和技术路线。

④ 项目组织形式：人员组成、职称比例、技术力量等。

⑤ 研究进度：时间安排、任务进度、阶段成果。

⑥ 基本条件：软硬件条件、资源条件、工作积累、外部条件。

⑦ 经费预算：业务费、材料费、设备费、协作费、管理费等。

⑧ 效益评价：经济效益和社会效益。

8.1.2　项目管理范畴

项目管理的目的是通过计划、检查、协调及控制等一系列措施，使系统开发小组在各个阶段上能按原定目标进行工作，引导人们成功地完成项目。

一个 GIS 项目的成败与否完全取决于项目管理人员管理的好坏，项目管理的主要范畴包括以下 7 个部分。

1. 项目经费预算与落实

在项目的申请被审批通过以后，项目管理人员要根据项目的各种情况来计划项目的预算，并寻找和落实各种财政来源。项目资金的来源通常包括内部和外部两个方面。

内部来源主要指机构本身。一般项目在立项以后，机构内部会拨一定的专款来进行项目的实施。

外部来源通常是指该项目在完成之后可能受益的团体。当然，要从这些受益者手中拿来资金，要求项目管理人员有一定的人际关系和游说能力。

2. 组织项目队伍

一个项目的内容范围和资金都得以落实以后，项目管理者就要考虑人力问题了。如果希望项目顺利地完成，必须具有一个团结一致、技术能力很强的队伍。

大项目的队伍应由系统分析人员、系统设计人员、程序员、基本用户及所有合同者共同完成。

3. 项目技术路线控制

项目管理者虽然不直接参与项目的具体技术设计，但是各种技术设计和实施的方向仍然是项目管理者的责任范畴，因为项目的管理者对整个项目的最终目的和意义是最清楚的。

4. 项目进度管理

通过使用设计过程控制与项目状态报告表管理技术对项目进行管理，使项目能够按计划、按时完成各阶段的任务。

5. 项目质量管理

项目在完成以前，项目管理者需要对项目进行内部把关以保证质量。这种质量的把关包括两个方面：一是要符合实施单位内部的质量标准；二是要符合系统最终使用单位的标准，即所谓的外部标准。

6. 人、物、资金管理

一个好的技术梯队是需要项目的管理者来组织、领导和调动的，应充分发挥项目人员的积极性和创造性。

在资金有限的情况下，要认真研究设备购置方案，对主要设备方案进行比较，花最少的钱配置有利的设备，项目可能会长达几年，项目管理者的重要责任是控制经费的使用。

7. 项目最终收尾和评价

项目收尾和经验总结是项目管理人与实施参与人员需要完成的最后一项任务，也是常常被忽略的一个环节。

8.1.3 GIS 项目估算

在编制 GIS 项目计划时，首先应进行 GIS 的项目估算，它包括人力估算、时间估算、资源估算、开发成本估算等 4 个方面的内容。

1. 人力估算

人力估算是项目估算中的重要组成之一，它是指在 GIS 设计和开发的各个阶段所需的各种人员（管理人员、程序员、系统分析人员等）的数目以及他们的技术水平和专业配置（如网络、通信、数据库、GIS、背景学科等）。

2. 时间估算

根据系统学的观点，一个大项目可以分解成若干个小项目，其结构如图 8.1 所示。

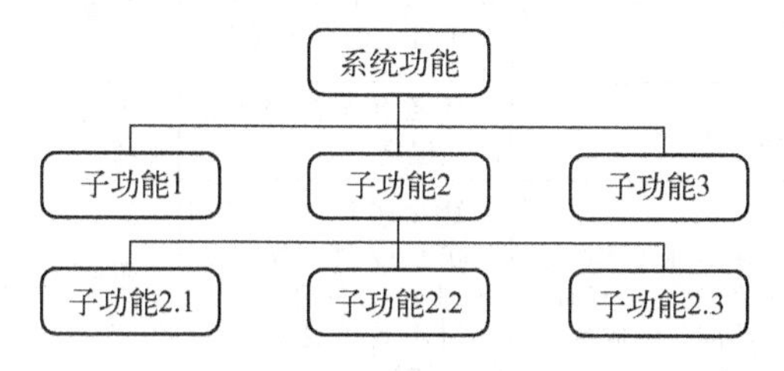

图 8.1　功能分解示意图

假设产品复杂度 PC 表示为：

$$PC = \sum j \times F_j$$

其中，j 为功能层次，F_j 为 j 层的功能数。

假设 A 是一个常量，其值依据公司已完成的项目大小、时间给定。例如，当项目较小时，$A=30$；当项目较大时，$A=150$；……。

假设 D 表示项目的难易程度，其中，$D=1$ 表示容易，即利用现有技术来开发；$D=2$ 表示较难，开发时需要加入一些新技术；$D=3$ 表示很难，开发时需要加入大量的新技术。

则开发时所需的时间可以简单地用如下公式来表示：

$$时间(小时) = A \times \mathrm{PC} \times D^{0.85}$$

3. 资源估算

资源估算包括硬件资源估算和软件资源估算两部分。硬件资源估算是指对 GIS 开发时所使用的计算机等各种硬件设施的估算，而软件资源估算主要是对 GIS 开发平台和其他开发平台（包括编程工具和数据库软件等）以及各种计算机分析设计辅助工具等进行描述、使用、估算和评价等。

4. 开发成本估算

GIS 管理者负责控制工程的预算，为此就必须进行成本估算。

工程成本主要由平台成本、差旅与培训成本以及软件开发成本构成。平台成本主要由当时当地的市场决定，设备的价格通常是透明的。只要进行一些市场调查，估算是较为可靠的，其成本控制可通过方案及设备的选择来实现。差旅与培训成本是可确定和可控制的。

一般来说，GIS 工程成本的主要部分是软件开发成本，它的估算与控制是最困难的。

软件开发成本估算是一个持续的活动，它从提案阶段开始一直贯穿于工程的整个生命期。进行开发成本估算的方法很多，GIS 项目开发成本估算中较常用的方法有以下 4 种：类比估算法、分解和自底向上估算法、差别估算法、经验模型法。它们的优缺点及适用范围见表 8.1。

在实际应用中，可采用多种方法进行估算，以确定成本的最佳值、期望值和悲观值等。

表 8.1　GIS 项目开发成本估算方法比较

项　　目	类比估算法	分解和自底向上估算法	差别估算法	经验模型法
工作方式	假设新项目设计和开发所需的工作量、时间、开发成本与已完成项目是成比例的。根据老项目推算出新项目的总成本或总工作量，按比例分配到各个开发任务中去，再检验它是否能满足要求	先用分解技术将大问题分解成小问题，直到每一子任务都能确定它所需要的开发工作量，再累加起来	比较新项目与已完成项目的各个子任务。类似任务按类比估算法估算	采用经验模型来获得估算值。一般作为参考值。如 IBM 模型、Putnam 模型等
优点	估算工作量小，速度快	估算各个部分的准确性很高	可以提高估算准确值	估算工作量小，速度快
缺点	对 GIS 项目中的特殊困难估计不足，估计出来的成本盲目性较大，有时会遗漏 GIS 项目中的某些部分的成本	缺少子任务之间相互联系以及系统开发管理方面的工作量。必须用其他估算方法校验和校正	不容易确定类似的界限	没有一种估算模型能够适用于所有的 GIS 项目开发
适用性	有以前完成的项目在规模和功能上与新项目十分相似	适用于对背景完全生疏的 GIS 项目	所有的 GIS 项目	所有的 GIS 项目

8.1.4　GIS 项目进度安排

GIS 项目进度安排就犹如航海中的导航图，没有它，GIS 项目开发就会陷入混乱，甚至会出现分工不明确、相互扯皮之事，何时到达彼岸（系统实现）毫无把握。因此，GIS 系统分析人员进行了项目估算后，就要进行 GIS 项目的进度安排。

1. GIS 项目进度安排考虑因素

安排 GIS 项目进度至少需要考虑如下 6 个因素。

（1）确定系统的验收与交付日期。这种日期有两种形式：一种是 GIS 系统最终验收与交付日期已经确定，GIS 开发部门必须在规定的期限内完成；另一种只确定 GIS 系统最终验收与交付的大致年限，最后交付日期由 GIS 开发部门确定。无论哪种交付形式，进度安排的准确程度要比成本估算的准确程度更为重要。因为一旦进度安排落空，会带来很多负面影响，如市场机会的丧失（有可能系统一开发出来就已经过时）、用户的不满意和成本的增加等。

（2）进度计划策略。有两种进度计划策略：一种是计划得紧一点，这就需投入较多的资源（主要是 GIS 设计与开发小组的人数）；另一种是计划得松一点，这样相对投入的资源就少些。从实际的经验而言，GIS 设计与开发小组的人数与软件生产率是成反比的，人数越多，GIS 软件的生产效率越低。因为当许多人共同承担 GIS 开发项目中的某一任务时，人与人之间必须通过交流来解决各自承担任务之间的通信问题。通信需要花费时间和代价，同时引起软件错误的概率会大大提高。因此，GIS 软件设计与开发小组的规模不能太大，人数不能过多，一般在 2～8 人为宜。

（3）如何定义和识别 GIS 各项任务。定义 GIS 任务要做到无二性，即分工明确，谁在什么时间内完成什么功能不能有丝毫含糊。定义好 GIS 任务后，就应做出分工表，使每个人都知道自己在什么时间里必须干什么，使自己的工作真正到位。

（4）GIS 项目管理人员如何掌握每一任务的结束时间，如何识别和监控关键路径以及如何确定任务的并行性，以确保项目顺利进行。关键路径是项目进度安排中的重点，应把它列为里程碑。关键路径通不过，对后面的安排影响是很大的。

（5）如何度量进度和质量，即对质量把关程度如何。质量把关严了，则进度会慢一些。

（6）非技术因素的影响，如风险因素。

2. GIS 项目进度安排表编制办法

在考虑影响项目进度安排的各个因素后，就应着手编制 GIS 项目进度安排表。GIS 项目进度安排表可以采用以下 4 种方法来编制。

（1）甘特图法

甘特图法（Gantt Chart）是以发明者的名字命名的，又名线条图、展开图、横线图，如图 8.2所示。它基本上是一种线条图，纵轴表示计划项目，横轴表示时间刻度，线条表示计划完成的活动和实际的活动完成情况。甘特图的优点是简单、明了、直观，易于编制，因此到目前为止仍然是小型项目中常用的工具。即使在大型工程项目中，它也是高级管理层了解全局、基层安排进度时有用的工具。

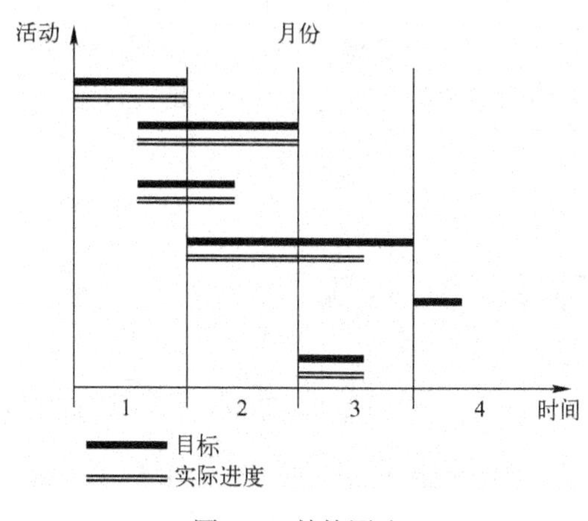

图 8.2　甘特图法

在甘特图上，可以看出各项活动的开始和终止时间。在绘制各项活动的起止时间时，也考虑它们的先后顺序。但各项活动之间的关系却没有表示出来，同时也没有指出影响项目寿命周期的关键所在。因此，对于复杂的项目来说，甘特图就显得不足以适应。甘特图实际上是一种常用的日程工作计划进度图表。

（2）里程碑表示法

里程碑表示法（Milestone Chart）将每个主要的任务均作为一个阶段来处理，常规任务的内容与特殊任务的内容被分开，看上去一目了然，制作和修改都很方便。但是，采用该方法不能表达各项任务之间的关系，不能用日历来表达进程，项目进度控制能力较差。其表格形式如表 8.2 所示。

表 8.2　里程碑表示法（据陈俊等，1998）

任务编码	主要内容	负责小组	预计完成日期	实际完成日期	常规任务

（3）直方图法

直方图法（Histogram Method）以时间为线索，采用直方图的形式对项目中的各项任务进行直观的表达。由于直方图法采用日历的方式，所以很容易看出各项任务的先后顺序，便于控制项目的进度。但是它缺乏对项目各任务之间相互影响的描述，不能断定某一任务推迟对其他任务的影响。其表格形式如表 8.3 所示。

表 8.3　直方图表示法

时间维 / 任务维	时间段 1	时间段 2	时间段 3	…
任务 1	时间柱			
任务 2	时间柱			
…	…			

（4）关键路径法

关键路径法（Critical Path Method，CPM）采用三种规则来表达项目中各任务之间的先后顺序和制约的双重关系。图 8.3 所示为关键路径进度表达法的示例。关键路径法分析能力很强，能够完全表达任务之间的顺序关系，但是制作起来相当麻烦。

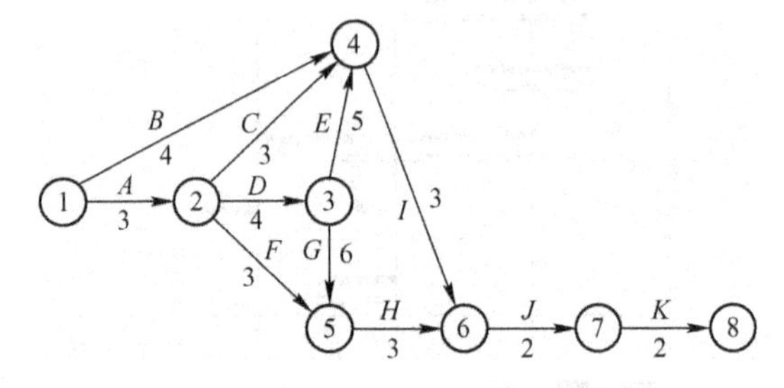

图 8.3　关键路径法的规则

（5）计划评审技术

计划评审技术（Program Evaluation and Review Technique，PERT）又称为网络分析技术，最初开发于20 世纪50 年代末期，并在“北极星”舰艇首次使用。PERT 网络是一种类似流程图的箭线图。它不仅可以描绘出项目包含的要素的各种活动的先后次序，而且可以标明每次活动的时间和相关成本。PERT 的要素有 Events（事件）、Activities（活动）、Critical Path（关键线路）。估计和计算每个要素所需要的活动的完成时间。通常情况下完成时间主要是期望时间。Te =（To + 4Tm + Tp）/6；其中，Te 表示期望时间，To 表示乐观时间，Tm 表示最可能时间，Tp 表示悲观时间。

计划评审技术（PERT）和关键路线法（CPM）都属于关键路线计划技术，是网络图法在生产过程中的实际应用。PERT 和 CPM 都强调，必须通过分析作为项目计划和控制基础的任务网络，来发现所需时间最长的工作路线，即关键路线。

两者最基本的区别在于：PERT 用箭线表示活动，而 CPM 用节点表示活动。PERT 对完成活动所需时间采用三点时间估计——乐观时间、悲观时间和最可能时间，而 CPM 只使用最可能估计时间。由于这一差别，PERT 最初主要用于研究与开发项目，因为此类项目的主要特点是不确定性强；而 CPM 则用于例行性的或已有先例的工程活动计划。

（6）墙纸法

墙纸法（Wall Paper Method）的主要特点是召集所有任务的参与者，根据项目进度和个人时间安排共同编制出项目和个人的进度表。其表格形式见表 8.4。

表 8.4 墙纸法样表

时间维 主要技术人员	时间段 1	时间段 2	时间段 3	…
人员 1	时间柱			
人员 2	时间柱			
…	…			

墙纸法需项目参与人员主动参与项目进度计划的编制，因此，对项目管理者的组织能力和处理人事关系的能力要求较高。

以上方法各有优势，在使用时，可以根据项目管理人员的喜好以及项目的特点选择合适的方法。

8.1.5 GIS 项目追踪与控制

在 GIS 项目管理中，只顾项目的实施而不进行追踪和控制是不行的，因为实际情况时刻都在变化。

GIS 项目追踪的方法有如下几种。

（1）定期或不定期举行项目进展会议。在会上，每一位项目成员报告自己的进展和遇到的问题。

（2）评价在 GIS 软件工程中产生的所有评审结果。

（3）比较在 GIS 项目资源表中所列出的每一个项目任务的实际开始结束时间和计划开始结束时间。

（4）非正式地与开发人员交谈，以取得他们对 GIS 开发进展和刚出现的问题的客观评价。

在实际应用中，这些追踪技术都是综合使用的。

GIS 项目管理人员还可以利用“控制”来管理项目资源、进度问题以及指导项目工作人员。如果项目进行得很顺利（即项目进展顺利、无预算超支，并逐步到达里程碑），控制可以适当放宽。但当问题出现时，GIS 项目管理人员必须以最快速度排除它们。例如，在出现问题的领域可能需要追加一些资源，人员可能要重新部署，或者项目进度表要进行调整等。

8.2 GIS 软件质量保证

GIS 项目的质量管理或说质量保证，是指在保证系统满足指定标准，减少该系统在目标环境中和性能上的疑虑和风险，而与开发密切相关的一些活动，它也是系统管理的重要内容。

对于开发公司或开发者来说，GIS 项目是提交给用户的产品或商品，产品的质量关系到公司的存亡，在对手如林的竞争市场上，怎么强调质量的重要性也不过分。

8.2.1 质量管理指标

GIS 项目的质量要在一定范围内定义，它主要与用户要求有关。一个项目的质量好坏就是是否能够达到客户的期望。

对于一个项目来说，项目的双方对质量的要求是不同的，有客户认定的质量、同行认定的质量、公司或机构自己认定的质量、合同定义的质量等。要实现完美的质量，就要花很高的代价。因此，质量只能被定义在用户与开发者均可接受的限度内。

从系统的内部来看，质量主要是指部件的功能、性能以及内部结构的可靠性；从用户角度看，通常的质量标准是以满足被服务的一方为准则，保证系统符合用户质量要求。

假若产品或服务的质量超出客户所期望的质量标准，那么该产品或服务则被认定是高质量的，否则是低质量的。

可从用户的要求出发导出 GIS 的质量管理指标，如下所示：

（1）可用性，包括目的性、操作性及性能。

（2）正确性，包括可靠性、准确性、保密性及可恢复性。

（3）适用性，包括可维护性、扩展性、兼容性、可移植性及连接性等。

每个指标的定性或定量标准由具体的系统确定。

8.2.2 质量检测与质量确定

质量检测是一个过程，是指一家公司/机构对所生产的产品或所提供的服务的测试过程。通常一家机构或企业有其通用的质量标准，质量检测过程便是用其通用标准和过程来测试产品，测试产品的过程应该是项目的一部分。

质量检测的方法很多，常用的方法主要是抽样统计法。

对于 GIS 项目，质量检测的方法则常常需要根据每一个数据处理的过程和内容进行质量检测，对于提供产品或服务的机构来说，通常有必要在进行项目计划时，确定质量检测的全过程，然后在生长或处理过程中按照计划进行。

8.2.3 质量控制

GIS 项目的质量保证工作贯穿整个开发期，开发初期的质量保证工作尤为重要。

IBM 公司曾对造成系统质量问题的各种错误所发生的阶段进行过统计，结果发现：系统分析与设计错误占 45%，文档错误占 7%，编程错误占 25%，程序修改错误占 20%，其他错误占 3%。

无论是从质量管理的角度来说，还是从开发工作量角度来说，显然，错误发现得越早，就越易修改，所花代价就越小。

有人曾研究指出，系统分析阶段隐藏的错误，在后续各阶段修正时所需费用几乎成平方增长。即若分析阶段修正时费用为 1，则延到设计阶段修正时费用为 4，编程阶段修正时费用为 9，调试阶段修正时费用为 15，到最后的运行阶段修正时，则需 25 ~ 30 倍的费用。由此可见项目控制从一开始就十分重要。

开发过程的质量保证包括如下几个方面的工作。

（1）确保获得完整正确的需求。

（2）在开发的每一阶段，要休整一下，以便进行充分审查并确保各子系统工作与整个系统相协调。

（3）统一且完整的开发规范和标准。

（4）注重安装调试的问题。

（5）注意交付后的审计评价。

8.2.4 组织职能

组织保障是进行系统质量控制的基本要求，质量控制的组织职能可从三个层次考虑。

（1）组织机构中上层管理者的职责。上层管理人员的任务是建立总的组织机构，选择 GIS 项目负责人，审定计划与预算，评价各下属部门的绩效。

（2）GIS 直接管理者的职责。直接管理者的职责是建立质量保证规程并监督执行，建立并检查 GIS 项目的各种控制职能，实施开发过程的质量控制及监督检查诸如误差、故障时间、重新运行时间等有关质量的数据。

（3）用户的职责。用户是 GIS 项目开发与维护的直接参与者，他们对质量保证负有责任，如掌握数据并负责报告可能的无效数据以及对已经更正的结果提供反馈信息。用户还应当对系统的需求定义、输入及输出的结果方式进行确认，这是质量控制的基本责任。

8.3 ISO 9000 质量体系与 CMM 模型

对于 GIS 软件开发者或组织者，采用合适的质量管理与控制是企业在市场上取得成功的最为关键的因素之一。目前，有效的质量管理与控制手段主要有 ISO 9000 系列标准和软件能力成熟度模型（Capability Maturity Model for Software，CMM）。

8.3.1 ISO 9000 系列标准

质量管理的目的是为了生产高质量的产品，它不仅检验产品的质量，而且还在产品生产过程中进行质量控制，以生产出达标的产品。

近年来，国际上影响最为深远的质量管理标准是 ISO 9000 系列标准。ISO 9000 最初主要针对制造行业，现在已经扩展到硬件、软件甚至服务领域。ISO 9000 强调控制、可审查性、检验与核实以及过程的改进。其基本要求是："说你做的"（Say what you do）、"做你说的"（Do what you say），并"证明你已做的"（Demonstrate what you have done）。

ISO 9000 系列标准包括：

（1）ISO 9000 质量管理和质量保证标准——选择和使用的导则。

（2）ISO 9001 质量体系——设计/开发、生产、安装和服务中的质量保证模式。

（3）ISO 9002 质量体系——生产和安装中的质量保证模式。

（4）ISO 9003 质量体系——最终检验和测试中的质量保证模式。

（5）ISO 9004 质量管理和质量体系要素——导则。

ISO 9000 原本为了制造业而规定，不能直接应用于软件行业，后来追加了 ISO 9000 - 3 标准，成为"使 ISO 9001 适用于软件开发、供应和维护的指南"。

ISO 9000 - 3 的核心思想是"将质量制作融入产品之中"，也就是说，软件的质量提高不能依赖于完成后的测试，而取决于整个软件生存期所有的活动。ISO 9000 - 3 的要点如下：

（1）ISO 9000 - 3 标准不适用于面向多数用户销售的程序包软件，仅适合于依照合同进行的单独订货开发软件，它也是用户企业的系统部门在建立质量保证体系时的指南。

（2）ISO 9000 - 3 标准对供需双方领导的责任都做了明确的规定，并没有单纯地把义务全部加在供方。

（3）在包括合同在内的全部工序中进行审查，并彻底文档化。具体来说，就是需方和供方合作审查，找出含混不清的问题，并记录在文件中。

（4）ISO 9000-3 叙述了供方和需方如何合作进行有组织的质量保证活动才能制作完美的软件，强调质量保证体系贯穿于整个开发过程，强调防患于未然而不是事后纠正。

（5）供方应实施内部质量审核制度，要求供方为了质量管理而整顿其组织机构，建立监督质量体系的机制。

（6）供方应对每项合同进行审查。

8.3.2 CMM 模型

软件过程是人们用于开发和维护软件及其相关产品的一系列活动、方法、实践和改造。软件的开发有两种截然不同的方式：“面向过程的”（Process Oriented）方式和“面向责任的”（Commitment Oriented）方式，前者强调过程的规范和持续优化，后者更强调个人的能力。

由于 ISO 9000 系列标准并不针对于软件企业，到 20 世纪 90 年代初，卡内基·梅隆大学（CMU）的 SEI（软件工程研究所）提出了软件能力成熟度模型（CMM）。与 ISO 9000 相比，CMM 只关注软件，明确强调持续的过程改进，而 ISO 9000 只是解决质量体系的最小保证。

目前许多软件企业都开始注重软件过程。CMM 较为全面地描述和分析了软件过程能力的发展程度，建立了描述一个组织的软件过程成熟程度的分级标准。利用该标准，软件组织可以评估自己当前的过程成熟度，并通过提出更严格的软件质量标准和过程改进，来选择自己的改进策略，以达到更高一级的成熟度。CMM 共有 5 个成熟度级别，在每个成熟度级别内定义了关键过程范围，一个软件组织只有满足了该范围内的每个目标，才能被认为达到该成熟度，这实际上也是软件组织达到更高一级成熟度的指标，如表 8.5 所示。CMM 建立了一个可用的标准描述，在签订软件项目合同时，可以参考这些标准进行风险评估，而软件企业可以利用 CMM 框架来改进其开发和维护过程。

表 8.5　CMM 模型框架及其关键时期（孙建华等，2004）

级　别	诠　释	管理主要内容	关键过程
初始级（1）	软件过程杂乱无章，有时甚至混乱，几乎没有明确定义的步骤，成功完全依赖个人努力和英雄式的核心人物	无	
可重复级（2）	建立了基本的项目管理过程来跟踪成本、进度和机能，有必要的过程准则来重复以前在同类项目的成功	软件的配置管理/软件的质量保证/软件的分包管理/软件项目的跟踪及监管/软件项目计划/需求管理	有纪律的过程
定义级（3）	管理和工程的软件过程已经文档化、标准化，并综合成为整个软件开发组织的标准软件过程，所有的项目都采用根据实际情况修改后得到的标准软件过程开发和维护软件	伙伴审查/组织协调/软件产品工程/综合软件管理/培训计划/组织的过程定义/组织的过程重点	标准一致的过程
管理级（4）	制定软件过程和产品质量的详细度量标准，软件过程和产品的质量都被开发组织的成员所理解和掌握	软件质量管理/定量的过程管理	可预测的过程
持续优化级（5）	加强了定量分析，通过来自过程质量反馈和来自新观念、新技术的反馈使过程能够不断持续地改进	过程变动管理/技术变动管理/缺陷防范	不断改进的过程

尽管CMM列出了每个成熟度级别的特征和关键过程，但是并没有回答如何做才能达到高一级成熟度的问题，没有提出特定的软件技术，也没有涉及如何具体地进行人员管理，这些都需要应用CMM的组织在实践过程中，根据具体情况加以解决。

8.3.3 ISO 9000与CMM比较

美国卡内基·梅隆大学（CMU）软件工程研究所（SEI）开发的软件成熟度模型和国际标准化组织（ISO）开发的ISO 9000标准系列，都共同着眼于质量和过程管理。两者都为了解决同样的问题，直观上是相关的。但是它们的基础是不同的：ISO 9001（ISO 9000标准系列中关于软件开发和维护的部分）确定一个质量体系的最少需求，而CMM模型强调持续过程改进。

取得ISO 9001认证并不意味着完全满足CMM某个等级的要求。表面上看，获得ISO 9001标准的企业应有CMM第3级至第4级的水平，但事实上，有些获得CMM第1级的企业也获得了ISO 9001证书，原因是ISO 9001强调以顾客的要求为出发点，不同的顾客要求的质量水平也不同，而且各个审核员的水平/解释也有些差异；如果审核员接受过TickIT审核员课程的培训，那么经他审核获得ISO 9001证书的企业大约相当于CMM第3级的水平。由此可以看出，取得ISO 9001认证所代表的质量管理和质量保证能力的高低，与审核员对标准的理解及自身水平的高低有很大的关系，而这不是ISO 9001标准本身所决定的。

ISO 9001标准只是质量管理体系的最低可接受准则，不能说已满足CMM的大部分要求。有一点可以肯定，ISO 9001认证合格的企业至少能满足CMM第2级的大部分要求以及第3级的一部分要求。

反之，通过CMM第2级（或第3级）评估也并不代表满足ISO 9001的要求。CMM第2级的所有关键过程都涉及ISO 9001的要求，但都低于ISO 9001的要求。一些CMM第2级或第3级的企业可能被认为符合ISO 9001的要求，但是一些通过了CMM第3级评估的企业也需另外满足ISO 9001的要素，才能符合ISO 9001的要求。

CMM第2级的所有关键过程都涉及ISO 9001的要求，但都低于ISO 9001的要求。另外，一些CMM第1级的组织在满足了第2级和第3级的一些关键过程的要求后，也可以获得ISO 9001认证证书。一些CMM第2级或第3级的企业可能被认为符合ISO 9001的要求，但是，甚至一些第3级企业也需另外满足ISO 9001的要求以及补充对市售软件和可复用软件的控制。当然，尽管CMM没有完全满足ISO 9001标准的一些特定要求，但包含了大部分的要求。

此外，CMM是专门针对软件开发企业设计的，因此在针对性上比ISO 9001要好，但CMM强调的是软件开发过程的管理，对于“系统集成”没有考虑，如果单纯按照CMM的要求建立质量体系，则应注意补充“系统集成”方面的内容。

习题

1. 简述GIS项目管理的主要内容。
2. 简述GIS项目进度安排表的几种常用编制方法。
3. 简述GIS的质量管理指标。
4. ISO 9000质量体系包含哪些内容？
5. 什么是CMM？CMM分为哪几级？
6. CMM和ISO 9000有些什么不同？

第9章　GIS标准化

人类工业发展的历史证明，发展产业必须要有相应的标准化作为支撑条件。标准化是人类社会实践活动的一部分，标准化活动几乎渗透到人类社会实践活动的一切领域，成为人类社会实践活动不可缺少的内容。标准化活动在同其他社会实践活动相结合的过程中，它的基本功能是总结实践经验，并把这些经验规范化、普及化。GIS标准化的直接作用是保障GIS技术及其应用的规范化发展，指导GIS相关的实践活动，拓展GIS的应用领域，从而实现GIS的社会及经济价值；GIS标准化也是反映一个国家经济发展和科技进步的重要标志，同时又是保证地理空间信息交换与共享的前提，其意义尤为重大。

9.1　引言

自20世纪60年代以来，随着GIS技术在国际上的迅速发展，信息系统的标准化问题也日益受到国际社会的高度重视。

美国早在20世纪60年代就制定了联邦信息处理标准（FIPS）计划，并由美国国家标准和技术研究院（NIST）直接负责。在这一计划中，首先制定的标准是地理编码标准，被广泛称为FIPS编码。20世纪80年代初，美国国家标准局（NBS）与地质测量局（USGS）签订了协调备忘录，把USGS作为联邦政府研究和制定地理数据标准的领导机构。1993年，美国国家标准协会（ANSI）成立了“GIS技术委员会（X3L1）”。1994年，美国总统克林顿签署了“地理数据采集和使用的协调——国家空间数据基础设施”的行政命令。“国家空间数据基础设施”的标准化工作目前主要侧重于数据标准化问题。美国一些著名的GIS专家提出，GIS的标准范围应该包括数据、数据管理、硬件、软件、媒体、通信和数据表达等方面。

加拿大是国际上信息规范化和标准化研究卓有成效的国家之一。早在1978年，加拿大测绘学会（CCSM）就授权加拿大能源矿产资源部测绘局（SMB - DEMR）成立适当机构，研究制定数字制图数据交换标准，并为此成立了三个委员会。

瑞典的地理信息标准化工作，在早期主要是由于实际需要的推动，由地方政府联合会发起的，旨在开展地图数据交换格式的研究工作，其中包括了大比例尺应用中所有的制图数据编码。1989年，瑞典土地信息技术研究与发展委员会（ULI）提出了由其牵头的国家STANLI项目计划。1990年，瑞典标准化机构（SIS）的下属机构SIS - STG直接负责STANLI的GIS标准化计划。

法国标准化协会（AFNOR）在20世纪90年代初向欧洲标准化委员会（CEN）提出了“地理信息范围内标准化”的建议，并获批准，为此在CEN内成立了地理信息技术委员会（CEN/TC287），该委员会下设4个工作组，其研究内容包括：通用术语和词汇表、数据分类和特征码、通用概念数据模型、通用坐标系、定位方法、数据描述、查询和更新、欧洲空间数据转换格式（ETF）等。

一些国际组织，如北大西洋公约国组织（NATO），也建立了数字地理信息工作组

（DGIWG），并完成了主要用于军事目的的 DIGEST 空间数据交换标准；国际海洋组织（IMO）和国际水文组织（IHO）制定了 DX－90 空间数据交换标准；国际制图协会（ICA）建立了数字制图交换标准委员会。

9.2 GIS 标准化的作用

GIS 标准化的直接作用是保障 GIS 技术及其应用的规范化发展，指导 GIS 相关的实践活动，拓展 GIS 的应用领域，从而实现 GIS 的社会及经济价值。

GIS 的标准体系是 GIS 技术走向实用化和社会化的保证，对于促进地理信息共享、实现标准化体系化具有巨大的推动作用。

GIS 的标准化将从如下几方面影响 GIS 的发展及其应用。

1. 促进空间数据的使用及交换

GIS 所直接处理的对象就是反映地理信息的空间数据，空间数据生成及其操作的复杂性，是造成在 GIS 研究及其应用实践中所遇到的许多具有共性问题的重要原因。进行 GIS 标准化研究最直接的原因，就是为了解决在 GIS 研究及其应用中所遇到的这些问题。

（1）数据质量

对数据质量的影响来自两方面：一方面是由于生产部门数字化作业人员水平参差不齐，各种航摄及解析仪器、各种数字化设备的精度不同，导致最终对 GIS 数据的精度进行控制的难度；另一个方面是对地理属性特征的识别质量，由于没有经过严格校正的属性数据存在误差，从而导致人们使用数据的错误。对数据质量实施控制的途径是制定一系列的规程，例如，地图数字化操作规范、遥感图像解译规范等标准化文件，作为日常工作的规章制度，指导和规范工作人员的工作，以最大限度地保障数据产品的质量。

（2）数据库设计

在 GIS 实践中，数据库设计是至关重要的一个问题，它直接关系到数据库应用的方便性和数据共享。一般来说，数据库设计包括三方面的内容：数据模型设计、数据库结构和功能设计，以及数据建库的工艺流程设计。在这三方面内容中，可能会出现一些问题。要解决这些问题，就需要针对数据库的设计问题建立相应的标准，如数据语义标准、数据库功能结构标准、数据库设计工艺流程标准。

① 数据档案

对数据档案的整理及其规范化，其中代表性的工作就是对 GIS 元数据的研究及其标准的制定工作。明确的元数据定义以及方便地访问元数据，是安全地使用和交换数据的最基本要求。一个系统中如果不存在元数据说明，很难想象它能被除系统开发者之外的第二个人正确应用。因此，除了空间信息和属性信息以外，元数据信息也被作为地理信息的一个重要组成部分。

② 数据格式

在 GIS 发展初期，GIS 的数据格式被当作一种商业秘密，因此对 GIS 数据的交换使用几乎是不可能的。为了解决这一问题，通用数据交换格式的概念被提了出来（J. Raul Ramirez，1992），并且有关空间数据交换标准的研究发展很快。

在 GIS 软件开发中，输入功能及输出功能的实现必须满足多种标准的数据格式。

③ 数据的可视化

空间数据的可视化表达，是 GIS 区别于一般商业化管理信息系统的重要标志。地图学在几百年来的发展过程中，为数据的可视化表达提供了大量的技术储备。在GIS技术发展早期，空间数据的显示基本上直接采用传统地图学的方法及其标准。但是，由于GIS的面向空间分析功能的要求，空间数据的GIS可视化表达与地图的表达方法具有很大的区别。传统的制图标准并不适合空间数据的可视化要求，例如，利用已有的地图符号无法表达三维GIS数据。解决GIS数据可视化表达的一般策略是：与标准的地图符号体系相类似，制定一套标准的、在GIS中用于显示地理数据的符号系统。GIS标准符号库不但应包括图形符号、文字符号，还应当包括图片符号、声音符号等。

④ 数据产品的测评

对于一个产业来讲，其产品的测评是一件非常重要的工作。同样，在GIS数据产品的质量、等级、性能等方面进行测试与评估，对于GIS项目工程的有效管理、促进地理信息市场的发展具有重大意义。

2. 促进地理信息共享

地理信息的共享，是指地理信息的社会化应用，即地理信息开发部门、地理信息用户和地理信息经销部门之间以一种规范化、稳定、合理的关系共同使用地理信息及相关服务的机制。

地理信息共享深受信息相关技术的发展（包括遥感技术、GPS技术、GIS技术、网络技术）、相关的标准化研究及其所制定的各种法规保障制度的制约。现代地理信息共享，以数字化形式为主，并已步入了模拟产品、数据产品和网络传输等多种方式并存的数字化时代。因此，数据共享几乎成为信息共享的代名词。在数据共享方式上，专家们的观点是：未来的数据共享将以分布式的网络传输方式为主，例如，我国有关部门提出以两点一线、树状网络、平行四边形网络、扇状平行四边形网络4种设计方案作为地理信息数据共享的网络基础。

从信息共享的内容上来看，地理信息的共享并不只是空间数据之间的共享，它还是其他社会、经济信息的空间框架和载体，是国家以及全球信息资源中的重要组成部分。因此，除了空间数据之间的互操作性和无误差的传输性作为共享内容外，空间数据与非空间数据的集成也是地理信息共享的重要内容。后一种数据共享方式具有更大的社会意义，因为它为某些社会、经济信息的利用提供了一种新的方法。

地理信息共享有三个基本要求：要正确地向用户提供信息；用户要无歧义、无错误地接收并正确使用信息；要保障数据供需双方的权力不受侵害。在这三个要求中，数据共享技术的作用是最基本的，它将在保障信息共享的安全性（包括语义正确性、版权保护及数据库安全性等方面）和方便灵活地使用数据方面发挥重要的作用。数据共享技术涉及4个方面，它们是：面向地理系统过程语义的数据共享概念模型的建立，地理数据的技术标准，数据安全技术，数据的互操作性。

9.3 GIS标准化体系

9.3.1 制定标准体系的目的和意义

为了实现全国各等级城市或城市内部各部门的信息资源共享，保证GIS整体的协调性和兼容性，发挥系统的整体和集成效应，有必要制定完整配套的反映标准项目类别和结构的标准体系表，以实现在全国范围内标准系列和标准制定上的统一规划、统一组织和部署，并使规划和部署更加科学合理。GIS标准体系表是应用系统科学的理论和方法，运用标准化工作原理，说明 GIS 标准化总体结构，反映全国 GIS 行业范围内整套标准体系的内容、相互关系并按一定形式排列和表示的图表。这项工作具有很大的实用性和战略意义，具体表现在以下几个方面。

（1）描绘出标准化工作的整体框架。通过标准体系表，可以全面地了解本行业的全部应有标准，明确标准体系结构的全貌，为确定今后的工作重点和目标奠定基础。

（2）指导标准制、修订计划的编制。由于标准体系表反映 GIS 标准体系的整体状况，能够找到它与国际、国内现状的差距及短缺程度和本体系中目前的空白，因此，可以抓住今后标准化工作的主攻方向，安排好轻重缓急，避免计划的盲目性和重复劳动，节省人力、物力、财力，加快标准的制定、修订速度。

（3）系统地了解国际、国内标准，给采用国际先进标准提供准确、全面的信息。在编制标准体系表时，通过对相应行业范围内的国际标准的研究和分析，了解国际标准目前的状况、内容、特点、水平和发展趋向等，也了解我国标准与国际标准间的差距。通过标准体系表，为进一步全面采用国际标准先进标准提供可能性。

（4）有助于生产科研工作。在 GIS 建立的许多环节上都有一系列标准需要研究、开发和实施，但生产、科研机构不一定对有关的标准都很清楚。标准体系表不但列出了现有标准，而且还包括今后要发展的标准以及相应的国际标准，这对于利用国际先进标准，适应未来发展的需要极为有利。

总之，GIS 标准体系表是进行 GIS 标准规划、制定和修订的重要依据，是包括现有、应有和未来发展的所有 GIS 标准的蓝图和结构框架，是管理部门合理安排标准制定先后顺序和层次的重要依据。通过体系表，可以清楚和完整地看出当前标准的齐全程度和今后应制定的标准项目及其轻重与主次关系。简言之，标准体系表是 GIS 标准化工作按计划、分步骤、有条不紊协调发展的重要保证。

9.3.2 GIS 标准体系编制原则和方法

GIS 标准体系表是反映 GIS 行业范围内整套标准体系结构和相互关系的图表。通过这一图表，可以清楚地看出标准的所属层次和结构，以及当前标准的齐全程度和今后应制定的标准项目。为了充分体现上述内容，并在实践中能够为计划的编制提供科学依据，起到客观指导和管理作用，编制 GIS 标准体系表必须遵循以下原则。

（1）科学性。标准体系表中，层次的划分和信息分类标准项目的拟定不能以行政系统的划分为依据，而必须以 GIS 技术及其所涉及的社会经济活动性质和城市综合体总体为主要思路和科学依据。在行业间或门类间项目存在交叉的情况下，应服从整体需要，科学地组织和划分。

（2）系统性。标准体系表在内容、层次上要充分体现系统性，按 GIS 工程的总体要求，恰当地将标准项目安排在不同的层次上，做到层次主次分明、合理，标准之间体现出衔接配套关系，反映出纵向顺序排列的层次结构。

（3）全面性。对 GIS 行业所涉及的各种技术、管理工作和各类型数据的标准对象，都应制定相应的标准，并列入标准体系中。这些标准之间应协调一致、互相配套，构成一个完整、全面的体系结构。

（4）兼容性。列入标准体系表中的标准项目，应优先选用我国的国家标准（GB）和行业标准，同时应充分体现等同或等效采用国际标准和国外先进标准的精神，尽量使我国 GIS 标准与国际标准接轨，为实现行业、地域、全国和全球的信息资源共享和系统兼容奠定基础。

（5）可扩性。在编制标准体系表、确定标准项目时，既要考虑到目前的需要和技术水平，也要对未来的科学技术发展有所预见，所以标准体系表应具有可扩性，以适应现代科学技术发展的要求和需要。

在制定标准体系表的具体方法上，必须区分 GIS 和国家其他部门信息系统在标准方面的共性特征和 GIS 的个性特征，以此作为标准体系层次划分的依据。同时也注意到层次的相互衔接和层次划分深浅的一致，但不排除一些类别的进一步细化，直到标准项目为止，以充分体现标准项目的结构特征和隶属关系。

9.3.3　GIS 标准的主要内容

随着网络技术的发展，要求不同的结构甚至是同一机构使用可以相互“通话”的数据、软件、硬件和通信内容，这样便需要一个信息公用团体。它可能是整个国家或整个地球，在某种程度上、某种范围内使用共同的标准。这种标准主要包括以下 4 个方面，如图 9.1 所示。

地理特征分类系统
空间数据模型
数据库系统模型
数据质量与可靠性
数据的结构方案和地图
方法数据的转换格式

物理连接
线路接口
存储介质
数据通信
网络管理

操作系统
程序设计语言
数据库查询语言
显示与绘图设备
图形用户接口

国际数据集
数字地形图系列
数字人口普查数据系列
数字航海器
道路图

图 9.1　地理信息标准化的有关内容（据郭达志等）

（1）硬件设备的标准。包括硬件网络设备的物理连接、线路接口、存储介质、数据通信的方式和网络管理的方式等，例如，国际化标准组织制定的 X500 和 Z39. 50 标准。

（2）软件方面的标准。包括操作系统、数据库查询语言、程序设计语言、显示与制图等的设备、图形用户接口等，例如，美国开放 GIS 模型标准。

（3）数据和格式的标准。包括空间数据模型、数据库系统模型、数据质量与可靠性、地理特征分类系统、数据的结构方案和地图方法、数据的转换格式等，例如，美国空间数据转换标准和元数据标准等。

（4）数据集标准。包括国际数据集、数字地形图系列、数字人口普查数据系列、数字航海图、道路图和其他各类数据集，例如，美国人口普查局的 TIGER 文件等。

在制定地理数据的标准或规范时，都要涉及这 4 类相互关联的问题，或者说要同时协调处理这 4 类问题。

9.4　国外 GIS 标准化

9.4.1　国外 GIS 标准化现状

跨入 21 世纪，由于经济全球化的进程不断加快，国际标准的地位和作用也越来越重要。WTO、ISO、EU 等国际组织和美国、日本等发达国家纷纷加强了标准研究，制定出标准化发展战略和相关政策。WTO/TBT 协议中规定了世界各国和国际标准化机构必须遵循的原则和义务。国际标准化机构在制定国际标准过程中，要确保制定过程的透明度（文件公开）、开放性（参加自由）、公平性和意见一致（尊重多种意见）；要确保国际标准的市场适应性。EU标准化战略强调要进一步扩大欧洲标准化体系的参加国，要统一在国际标准化组织中进行标准化提案，要在国际标准化活动中确立欧洲的地位，加强欧洲产业在世界市场上的竞争力。美国和日本等发达国家均把确保标准的市场适应性、国际标准化战略、标准化政策和研究开发政策的协调、实施作为标准化战略的重点。各国在研究制定标准化发展战略的同时，将科技开发与标准化政策统一协调。EU也把国际标准化战略作为重点，要在国际标准化组织中统一进行标准化提案，要在国际标准化中确立欧洲的地位，所以EU在国际标准化舞台上具有优势。发达国家对建立和完善标准体系受到各方面和广大企业的广泛重视。在日本，发表了许多有关标准体系表的专著和论文；在德国，1983年发表了由B. Hartlieb、H. Neitsche和W. Urban三人合写的“标准中的体系关系”，对德国标准化协会（DIN）中约1500个方法标准的关系进行了分析，指出了相互存在冲突和矛盾的近200个标准，发现了缺项标准，给出了一个合理的方法体系结构图表。美国《军用通信设备通用技术要求》，其实质是提出一整套军用通信设备的标准。

国际上地理信息产业的标准和规范的发展十分迅速，各国对地理信息产业的标准和规范空前重视，在地理信息标准化的研究和标准的制定方面的合作十分密切。国际标准化组织地理信息技术委员会（ISO/TC 211）和以开放地理空间信息联盟（OGC）为代表的国际论坛性地理信息标准化组织及CEN/TC 287等区域性地理信息标准化组织，在其成员的积极参与下建立了完整的地理信息标准化体系，研究和制定出了一系列国际通用或合作组织通用的标准或规范。

国际地理信息标准化工作大体可分为两部分：一是以已经发布实施的信息技术（IT）标准为基础，直接引用或者经过修编采用；二是研制地理空间数据标准，包括数据定义、数据描述、数据处理等方面的标准。同其他标准一样，地理信息标准分为5个层次，即国际标准、地区标准、国家标准、地方标准、其他标准。

国家标准是国家最高层次的标准。这类标准往往由许多政府部门、学术团体和公司企业等方面的专家共同研制，经国家主管部门批准，发布实施。例如，美国国家标准协会（ANSI）批准成立的信息技术委员会（X3）地理信息系统分技术委员会（X3L1），其成员就是由这三部分单位的专家组成的。X3L1下设4个工作组（WG）：空间数据转换标准（WG1），GIS/SQL扩展（WG2），数据质量（WG3），地理空间目标（WG4）。

地区标准则是跨越国家范围的、应用于某一区域若干国家的地理空间信息标准。例如，欧洲标准化委员会（CEN）下设的地理信息技术委员会（CEN/TC 287），由法国任主席，分为4个工作组：框架和参考模型（WG1）由挪威召集；数据描述和模型（WG2）由法国召集；数据交换（WG3）由英国召集；空间参考系统（WG4）由德国召集。这4个工作组分别制定欧洲地区国家共同执行的地理空间信息标准。根据1994年8月在我国北京召开的亚太地区国家部长级会议的决定，联合国亚太经社委员会（UNESCAP）亚太地区GIS标准化指导专家组建立了GIS基础设施常设委员会，并组织亚太地区国家编写“亚太地区GIS标准化指南”，以帮助协调这一地区国家地理空间信息的标准化。

其他和地理信息领域相关的国际性和区域性标准组织还有：国际水道测量组织（IHO）制定了DX90（S－57）标准系列，详细规定了数字水道测量数据生成的一系列标准。国际制图协会（ICA）下设的4个技术委员会——空间数据转换委员会、元数据委员会、空间数据质量委员会和空间数据质量评价方法委员会，也参与了地理信息标准化的研究，此外还参与到ISO/TS211标准的制定中，其空间数据标准委员会利用其国际间联系广泛的优势，积极收集和研究各国的测绘和地理信息标准。北约军方地理信息和测绘标准化组织（DIGEST）也制定了一系列相关的地理信息标准。近几年由于GSDI、RSDI或NSDI的实施和信息共享需求而引发成立的一些国际、洲际组织，活动也很活跃。

9.4.2 国外GIS标准化体系

下面通过对ISO/TC 211、OGC、CEN/TC 287及美国等具有代表性和权威性的标准和组织进行分析和介绍，以便了解国际地理信息标准体系的内容。

1. ISO/TC 211

随着国际地理信息产业的蓬勃发展，为促进全球地理信息资源的开发、利用和共享，国际标准化组织于1994年3月召开的技术局会议决定成立地理信息技术委员会（即ISO/TC 211），秘书处设在挪威。

ISO/TC 211的工作范围为数字地理信息领域标准化。其主要任务是针对直接或间接与地球上位置相关的目标或现象信息，制定一套结构化的定义、描述和管理地理信息的系列标准（系列编号为ISO 19100），这些标准说明管理地理信息的方法、工具和服务，包括数据的定义、描述、获取、处理、分析、访问、表示，并以数字/电子形式表现在不同用户、不同系统和不同地方之间转换这类数据的方法、工艺和服务，从而推动地理信息系统间的互操作，包括分布式计算环境的互操作。该项工作与相应的信息技术及有关数据标准相联系，并为使用地理数据进行各种开发提供标准框架。

该标准化组织对地理信息标准化的基本思路是：确定论域，建立概念模式，最终达到可操作。ISO/TC 211标准化的基本方法是：用现成的数字信息技术标准与地理方面的应用进行集成，建立地理信息参考模型和结构化参考模型，对地理数据集和地理信息服务从底层内容上实现标准化。此外，利用标准化这一手段来满足具体标准化实现的需求。ISO/TC 211的标准化活动主要围绕两个中心点展开：一个是地理数据集的标准化，另一个是地理信息服务的标准化。为此，ISO/TC 211已确立了43项国际标准制定项目，这些标准将规定用于地理信息管理的方法、工具及服务，包括数据的定义、描述、获取、分析、访问、提供，以及在不同的用户、系统和地点间的数字/电子形式数据的传送。

（1）ISO/TC 211的工作和历史

北大西洋公约组织（North Atlantic Treaty Organization，NATO）的地理信息科学工作组（DGIWG）和美国、加拿大国家标准的成果是ISO/TC 211成立的直接驱动力。国际海道测量组织（IHO）和CEN/TC 287（地理数据文件，GDF）、北美以及加入此技术委员会的世界上其他地区如亚洲、澳洲和南非等国家都为ISO/TC 211的工作提供了经验。CEN/TC 287（地理信息）有一套确定的工作程序，为ISO/TC 211基础标准提供了发展计划。DGIWG最初提议成立地理信息标准化组织，但由于由国家提议的程序较为容易实现，因此在1994年由加拿大国家代表提出了成立ISO/TC 211的建议。

CEN的最初的工作和DGIWG的工作都比目前的ISO/TC 211标准更接近于应用标准等级。随着时间的推移，ISO研制了较多的抽象标准，为了便于应用这些抽象标准，制定了专用标准和应用规范。ISO/TC 211的建立推动了全球的地理信息标准化工作。

（2）ISO 19100标准系列的结构体系

ISO 19100地理信息系列标准的重点是为数据管理和数据交换定义地理信息的基本语义和结构，为数据处理定义地理信息服务的组件及其行为。ISO/TC 211从结构化系列标准角度考虑，将应用于空间数据基础设施的地理信息标准划分为4个组成部分：存取与服务技术、数据内容、组织管理与教育培训。ISO 19100 系列标准构成彼此联系密切的结构体系，这个体系随着地理信息技术发展和标准工作进展而逐渐充实、完善。ISO 19100 系列标准由最初的 20 个标准，增加到目前的 40 个标准。这些标准之间相互联系、相互引用，组成了具有一定结构和功能的有机整体。例如，框架和参考模型组（WG1）制定的模型、方法、语言、过程、术语等综合性、基础性标准，为制定其他各项标准提出了要求。又如，由于 ISO 19100 地理信息系列标准是通用的、基础性的，必须对其进行裁剪才能用于特定的应用领域，ISO 19109《地理信息应用模式规则》定义了标准的不同部分如何用于特定的应用领域的模式，运用这些通用的处理规则，可以在不同的应用领域内或相互之间交换数据和系统。处理的核心是将通用要素模型（General Feature Model）用于 ISO 19100 系列标准，特别是元数据和要素编目，详细的要素编目需要根据每一个应用领域制定，元数据的内容也要针对每一个应用领域确定。使用一个应用模式可以详细说明互操作和共享数据的物理应用。

此外，ISO 19100 地理信息系列标准不仅以结构化方式存在，而且以结构化方式发生作用，这是同标准作用对象的系统属性相吻合的。"地理信息学科"最初是由一门实用技术"地理信息系统"技术融合其他技术发展而来的，多学科融合、交叉和综合是其典型特征。地理信息标准的作用方式也具有这样的特点。例如，元数据标准以规范的方式和规定的内容描述地理信息数据，有了这个标准，就可以了解数据的标识、内容、质量、状况及其他有关特征，用于数据集的描述、管理及信息查询。

从标准的应用角度看，ISO/TC 211 制定的标准可以分成三种类型：指导型、组件型和规则型。指导型标准描述了把地理信息标准连接在一起的元素和过程，但该类标准不能单独实现，只有通过其他标准才能感受其影响。组件型标准描述特定的地理信息元素，取自于此类标准中的地理信息元素可以在一个专用标准内使用，从而达到实现。规则型标准规定了构造组件的标准化规则，此类标准不能直接实现，它们阐述的规则需要经过实例化创建出标准化组件来实现。

（3）ISO/TC 211 的标准化活动的技术特点

ISO/TC 211 标准化思路采用先建参考模型，再研究、制定标准的思路进行。

尽可能采用现有的信息技术标准化手段，来开展地理信息应用于服务领域的标准化活动，使现成的数字信息技术与地理方面的应用达到有机集成。

强调互操作性、强调信息和计算。从地理信息数据集底层开始标准化，从而保证地理信息标准化的实现与特定的产品、软件或 GIS 无关。所制定标准属于理论上的基础标准，一般不涉及生产性标准，因此它很难直接用于生产。

地理信息标准不针对个别特定应用，不涉及具体作业标准，而是从整体上来确定。用宏观标准来构架注重于客观的理论性描述，当某个特定应用需要实现标准化时，应运用专用标准来实现。

2. OGC

开放地理空间信息联盟（OGC）是一个非营利性国际组织，成立于 1994 年。OGC 属于论坛性国际标准化组织，以美国为中心，目前有 259 个来自不同国家和地区的成员。OGC 的目标是通过信息基础设施，把分布式计算、对象技术、中间件技术等用于地理信息处理，使地理空间数据和地理处理资源集成到主流的计算技术中。由于 OGC 所涉及问题的挑战性，使得在地理信息与地理信息处理领域中的著名专家参与了 OGC 的互操作计划（Interoperability Program，IP）。该项计划的目标是提供一套综合的开放接口规范，以使软件开发商可以根据这些规范来编写互操作组件，从而满足互操作需求。它所制定的规范已被各国采用，OGC 与其他地理数据处理标准组织有密切的协作关系，ISO/TC 211 也是其管理委员会成员。

（1）OGC 宗旨

OGC 致力于一种基于新技术的商业方式来实现能互操作的地理信息数据的处理方法，利用通用的接口模板提供分布式访问（即共享）地理数据和地理信息处理资源的软件框架。OGC 的使命是实施地理数据处理技术与最新的以开放系统、分布处理组件结构为基础的信息技术同步，推动地球科学数据处理领域和相关领域的开放式系统标准及技术的开发和利用。

（2）OGC 制定的标准

目前 OGC 制定的标准已逐渐成为广泛认可的主流标准。美国联邦地理数据委员会（FGDC）在 1994 年就计划引用 OGC 的标准实现国家空间数据基础设施工程，并于 1997 年正式开展地理信息数据处理互操作技术合作，实现网上地理信息数据和传播功能。OGC 几年的努力已逐渐成熟，它提出的地理数据互操作技术被普遍接受并开始付诸实践。最近 OGC 又推出了一个参考模型来反映其标准体系、相互关系和引用关系。OGC 目前在因特网上公布的标准约有 30 项，分基本规范和执行规范。其中基本规范是提供 OPENGIS 的基本构架或参考模型方面的规范。基本规范的关系如图 9.2 所示。

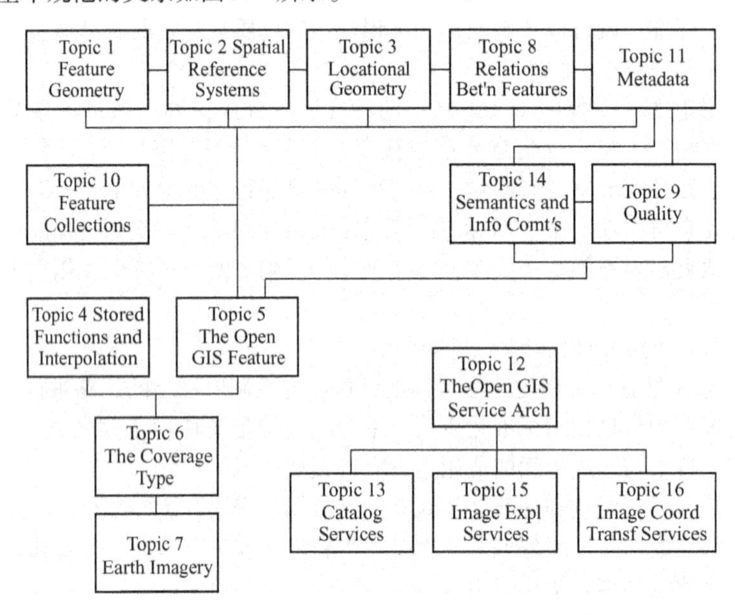

图 9.2　OGC 基本规范关系图

（3）OGC 的更名

2004 年，OGC（Open GIS Consortium）正式更名为 Open Geospatial Consortium。自 1994 年 OGC 成立以来，OGC 已由最初的 20 个成员发展为拥有 250 多个成员的、具有很大国际影响的国际知名组织。OGC 的名称也具有很高的知名度，得到了广泛的认同。那么，OGC 为什么选择这样一个时间更改为这样的一个名字呢？剖析 OGC 更名背后的深层次的原因有助于了解和把握当前国际上 GIS 的发展方向和趋势。OGC 更名的直接原因是适应 OGC 工作范围变化的需要。

OGC 指导委员会建议 OGC 更名为 Open Geospatial Consortium。名字的变更并不是要传输 GIS 不再重要的信息，与此相反，OGC 认识到更多其他的收集和使用空间相关内容的应用领域并不使用 GIS，甚至可能没有听说过这个名词。空间内容和服务在传统的 GIS 范围外有着重要的地位和价值。空间内容和服务是很多价值链和企业工作流中非常重要的组成部分，这个观点正得到越来越多的认可。OGC 不仅开发 GIS 内容互操作的标准，正如 OGC 的远景所描述的，OGC 信仰“一个任何人都能从任何网络、应用或平台获取地理空间信息和服务而受益的世界”。

3. CEN/TC 287

CEN/TC 287 为欧洲标准化委员会/地理信息技术委员会，成立于 1992 年，其秘书处设在法国标准化研究所。其标准化任务基于以下决议：数字地理信息领域的标准化包括一整套结构化规范，它包括能详细地说明、定义、描述和转化现实世界的理论和方法，使现实世界任何位置的信息都可被理解和使用。

CEN/TC 287 的工作目标是，通过信息技术为现实世界中与空间位置有关的信息的使用提供便利。其标准化工作将对信息技术领域的发展产生交互影响，并使现实世界中的空间位置用坐标、文字和编码来表达。CEN/TC 287 目前开展的工作项目有 10 余个，有一些标准和预备标准形成。表 9.1 列出了地理信息的 8 个欧洲预备标准和两个 CEN 报告。被认为是抽象标准的这些项目后来被 ISO/TC 211（地理信息/地理信息科学）发展。许多 CEN 文件被作为 ISO 标准草案，并且许多 CEN 的专家也转入 ISO/TC 211 继续他们的工作。

表 9.1　CEN/TC 287 预备标准和其他可以使用的标准

ENV 12009:1997	地理信息—参考模型	ENV 12661:1998	地理信息—参考系统—地理标识符
ENV 12160:1997	地理信息—数据描述—空间模型	ENV 12762:1998	地理信息—参考系统—位置指向
ENV 12656:1998	地理信息—数据描述—质量	prENV 13376	地理信息—应用模型规则
ENV 12657:1998	地理信息—数据描述—元数据	CR 13425	地理信息—综述
ENV 12658:1998	地理信息—数据描述—转换	CR 13436	地理信息—词汇
ENV = 欧洲预备标准，prENV = 欧洲预备标准草案，CR = CEN 报告			

CEN/TC 287 最初做了 8 个欧洲预备标准。最初，CEN/TC 287 的工作包含了一系列的大约 20 个标准。1994 年面对 ISO/TC 211 的建立，为了避免重复性的工作，CEN/TC 287 停止了工作。CEN/TC 287 的结束并不代表 CEN 技术委员会的结束。自从欧共体成立以来，其他领域的欧洲标准的重要性越来越重要，并且现在其标准化具有优先权。欧共体正在发展名为“欧洲空间信息基础设施”的空间数据基础设施（SDI），此项目由欧洲环境理事协会、Eurostat DG 和联合研究中心共同承担。DG 是一个中心管理机构，它直接隶属于欧共体政府和欧洲委员会。CEN 制定的标准在欧洲有很大的权威性，作为欧洲标准要求其所有成员国作为本国的国家标准使用，即使某些国家投了反对票，但如获通过就必须采用，且要把对立的国家标准撤销。尽管欧洲地理信息先于 ISO/TC 211，但由于目前 ISO/TC 211 发展很快，欧洲地理信息标准化人员都已转入 ISO/TC 211。这主要是为自己国家赢得更大利益，因为德国人曾经做过的一个调查和统计认为，如果自己国家的标准被国际标准采纳，会对本国该产业带来更大的利益。因此，欧洲国家积极参与到 ISO/TC 211，与各国同行在该组织中联合研究和竞争，为自己国家谋求更大利益。因此当前 CEN 发展较慢，其职能有弱化的迹象。

4. FGDC

美国联邦地理数据委员会（FGDC）的任务之一是致力于美国国家地理空间数据标准的研

究制定，以便使数据生产商与数据用户之间实现数据共享，从而支持国家空间数据基础设施建设。多年来联邦地理数据委员会根据行政管理和预算局（OMB）A－16号通告和12906号行政命令，其各分委员会和工作组在与州、地区、地方、私营企业、非营利组织、学术界以及国际团体的不断协商和合作基础上研究出了关于内容、精度和地理空间数据的转换等标准，为支持美国国家空间数据基础设施（NSDI）的实施制定出了一批实用的国家地理空间数据标准。

根据美国联邦地理数据委员会网站提供的最近一次更新资料显示，FGDC已签署批准的地理空间数据标准有20项，已完成公开复审的标准有6项，等待提交公开复审的标准有1项，草案研究阶段中的标准有5项，提案研究阶段中的标准有6项。表9.2给出了地理空间数据一站式服务—地理信息框架—数据内容标准（公开评议版），表9.3给出了已完成的美国联邦地理数据委员会（FGDC）地理信息标准，表9.4给出了美国联邦地理数据委员会（FGDC）地理信息标准草案，表9.5给出了美国联邦地理数据委员会（FGDC）地理信息标准建议。

表9.2　地理空间数据一站式服务—地理信息框架—数据内容标准（公开评议版）

序　号	标准英文名称	标准中文名称	发布日期	当前版本
1	Geographic Information Framework – Base Standard	地理信息框架－基础标准	10/8/03	1.0
2	Geographic Information Framework – Cadastral	地理信息框架－地籍	9/23/03	1.0
3	Geographic Information Framework – Digital Ortho Imagery	地理信息框架－数字正射影像	9/30/03	1.0
4	Geographic Information Framework – Elevation	地理信息框架－高程	5/9/03	1.0
5	Geographic Information Framework – Geodetic Control	地理信息框架－大地控制	9/23/03	1.0
6	Geographic Information Framework – Government Units	地理信息框架－行政单元	9/26/03	1.0
7	Geographic Information Framework – Hydrography	地理信息框架－水道	4/3/03	1.0
8	Geographic Information Framework – Transportation	地理信息框架－交通	9/24/03	1.0
8.1	Air	航空	9/30/03	1.0
8.2	Railroad	铁路	9/25/03	1.0
8.3	Road	公路	9/24/03	1.0
8.4	Transit	过境运输	9/24/03	1.0
8.5	Waterway	水路	9/26/03	1.0

表9.3　已完成的美国联邦地理数据委员会（FGDC）地理信息标准

序　号	标准英文名称	标准中文名称	标　准　号
1	Content Standard for Digital Geospatial Metadata (version 2.0)	数字地理空间元数据内容标准（2.0版）	FGDC－STD－001－1998
2	Content Standard for Digital Geospatial Metadata, Part 1: Biological Data Profile	数字地理空间元数据内容标准，第1部分：生物学数据专用标准	FGDC－STD－001.1－1999
3	Metadata Profile for Shoreline Data	岸线数据元数据专用标准	FGDC－STD－001.2－2001

续表

序　号	标准英文名称	标准中文名称	标　准　号
4	Spatial Data Transfer Standard (SDTS)（修订版）	空间数据转换标准	FGDC - STD - 002
5	Spatial Data Transfer Standard (SDTS), Part 5: Raster Profile and Extensions	空间数据转换标准，第5部分：栅格数据专用标准与扩展	FGDC - STD - 002.5
6	Spatial Data Transfer Standard (SDTS), Part 6: Point Profile	空间数据转换标准，第6部分：点数据专用标准	FGDC - STD - 002.6
7	SDTS Part 7: Computer - Aided Design and Drafting (CADD) Profile	空间数据转换标准，第7部分：计算机辅助设计与制图专用标准	FGDC - STD - 002.7 - 2000
8	Cadastral Data Content Standard	地籍数据内容标准	FGDC - STD - 003
9	Classification of Wetlands and Deepwater Habitats of the United States	美国湿地与深水栖息地分类	FGDC - STD - 004
10	Vegetation Classification Standard	植被分类标准	FGDC - STD - 005
11	Soil Geographic Data Standard	土壤地理数据标准	FGDC - STD - 006
12	Geospatial Positioning Accuracy Standard, Part 1: Reporting Methodology	地理空间数据定位精度标准，第1部分：报告方法	FGDC - STD - 007.1 - 1998
13	Geospatial Positioning Accuracy Standard, Part 2: Geodetic Control Networks	地理空间数据定位精度标准，第2部分：大地测量控制网	FGDC - STD - 007.2 - 1998
14	Geospatial Positioning Accuracy Standard, Part 3: National Standard for Spatial Data Accuracy	地理空间数据定位精度标准，第3部分：空间数据精度国家标准（USGS已提交修订建议）	FGDC - STD - 007.3 - 1998
15	GeospatialPositioning Accuracy Standard, Part 4: Architecture, Engineering Construction and Facilities Management	地理空间数据定位精度标准，第4部分：体系结构、工程建设与设施管理	FGDC - STD - 007.4 - 2002
17	Content Standard for Digital Orthoimagery	数字正射影像内容标准	FGDC - STD - 008 - 1999
18	Content Standard for Remote Sensing Swath Data	遥感条带数据内容标准	FGDC - STD - 009 - 1999
19	Utilities Data Content Standard	公共设施数据内容标准	FGDC - STD - 010 - 2000
20	U. S. National Grid	美国国家格网	FGDC - STD - 011 - 2001
21	Content Standard for Digital Geospatial Metadata: Extensions for Remote Sensing Metadata	数字地理空间元数据内容标准：遥感元数据扩展	FGDC - STD - 012 - 2002

表9.4　美国联邦地理数据委员会（FGDC）地理信息标准草案

序　号	英文名称	中文名称	标　准　号
1	Earth Cover Classification System	地球覆盖分类系统	
2	Encoding Standard for Geospatial Metadata	地理空间元数据编码标准	
3	Governmental Unit Boundary Data Content Standard	行政单元边界数据内容标准	
4	Biological Nomenclature and Taxonomy Data Standard	生物学术语与分类数据标准	

表 9.5　美国联邦地理数据委员会（FGDC）地理信息标准建议

序　　号	英文名称	中文名称	标　准　号
1	FGDC Profile（s）of ISO 19115，Geographic information—Metadata	ISO 19115 地理信息－元数据 FGDC 专用标准（系列）	已终止
2	Federal Standards for Delineation of Hydrologic Unit Boundaries	水文地质单元边界描述联邦标准	
3	National Hydrography Framework Geospatial Data Content Standard	国家水文地理框架地理空间数据内容标准	
4	National Standards for the Floristic Levels of Vegetation Classification in the United States：Associations and Alliances	美国植被分类（种级）国家标准：群丛与群落	
5	Revisions to the National Standards for the Physiognomic Levels of Vegetation Classification in the United States：Federal Geographic Data Committee Vegetation Classification Standards	美国植被（相级）分类国家标准：联邦地理数据委员会植被分类标准修订	FGDC－STD－005－1997
6	Riparian Mapping Standard	河岸制图标准	

5. ANSI

表 9.6 给出了 ANSI 信息技术与标准委员会已完成公开评议的标准，表 9.7 给出了 ANSI 信息技术与标准委员会所制定的正在草稿阶段的标准，表 9.8 给出了 ANSI 信息技术与标准委员会正在建议阶段的标准。

表 9.6　ANSI 信息技术与标准委员会—标准进展（已完成公开评议）

序　　号	标准英文名称	标准中文名称	发布日期	当前版本
1	Address Content Standard	地址内容标准		
2	Content Standard for Framework Land Elevation Data	国土高程数据框架内容标准		
3	Digital Cartographic Standard for Geologic Map Symbolization	地质图符号化数字制图标准		
4	Facility ID Data Standard	设施标识符数据标准		
5	Geospatial Positioning Accuracy Standard，Part 5：Standard for Hydrographic Surveys and Nautical Charts	地理空间数据定位标准，第 5 部分：水道测量与海图标准		
6	Hydrographic Data Content Standard for Coastal and Inland Waterways	内河与海上水道数据内容标准		
7	NSDI Framework Transportation Identification Standard	国家空间数据基础设施框架－运输标识标准		

表 9.7　ANSI 信息技术与标准委员会—标准进展（草稿阶段）

序　　号	标准英文名称	标准中文名称	发布日期	当前版本
1	Earth Cover Classification System	地表覆盖分类系统		
2	Encoding Standard for Geospatial Metadata	地理空间元数据编码标准		
3	Geologic Data Model	地质数据模型		
4	Governmental Unit Boundary Data Content Standard	行政单元边界数据内容标准		
5	Biological Nomenclature and Taxonomy Data Standard	生物学术语与分类数据标准		

表 9.8　ANSI 信息技术与标准委员会—标准进展（标准建议阶段）

序　号	标准英文名称	标准中文名称	发布日期	当前版本
1	FGDC Profile (s) of ISO 19115, Geographic information - Metadata - suspended. Work underway by NCITS L1 to develop a national metadata standard.	ISO 19115 地理信息 - 元数据标准 FGDC 专用标准（暂停）由美国信息技术与标准委员会继续开发国家元数据标准		
2	Federal Standards for Delineation of Hydrologic Unit Boundaries	水力单元边界描述联邦标准		
3	National Hydrography Framework Geospatial Data Content Standard	国家水文地理框架地理空间数据内容标准		
4	National Standards for the Floristic Levels of Vegetation Classification in the United States: Associations and Alliances	美国植被植物种类分类国家标准：社团与联盟		
5	Revisions to the National Standards for the Physiognomic Levels of Vegetation Classification in the United States: Federal Geographic Data Committee Vegetation classification Standards	美国植被相分类国家标准：联邦地理数据委员会植被分类标准修订		FGDC - STD - 005, October 1997
6	Riparian Mapping Standard	河岸制图标准		

9.5　国内 GIS 标准化

我国标准化工作经历了从单一标准到体系标准、系列标准，从一个研究领域发展为多个领域，从基础标准向高新技术领域开拓的过程，逐步建立了科学的基础理论系统，为国家信息化工程建设提供了一个较完整的标准体系。

高新技术的标准化是高新技术实施产业化的重要环节，地理信息技术属于高新技术领域中的信息技术范畴，标准化作为推动地理信息产业化及社会信息化发展的重要手段，在确定技术体系、促进技术融合、稳定和推广技术成果、加强行业管理与协调、提高产品质量、实现信息交换与共享、防止技术壁垒等方面发挥着重要作用，地理信息标准化日趋成为人们关注的焦点。

9.5.1　国内 GIS 标准化现状

地理信息科学是一门多学科交叉、融合的学科。地理信息标准化与国家标准化有着同样的发展历程。我国自 1983 年开始对地理信息标准化进行系统研究，次年发表了《资源与环境信息系统国家规范和标准研究报告》（俗称蓝皮书）。这是我国第一部有关地理信息标准化的论著，对后来地理信息系统及其标准化工作产生了重要影响。20 年多年来，我国地理信息标准化工作制定和发布实施了若干急需的标准，建立了相应的学术组织，培养了一批从事地理信息标准研制的高、中级人才。“九五”之前，我国在地理信息标准方面做了一些基础探索。随着信息化高潮的兴起，“九五”以后，地理信息标准化重点转到地理信息共享急需的标准，包括建立国家空间数据基础设施（即 NSDI）、数字区域（包括数字中国、数字省区、数字行业、数字城市、数字社区等）急需的有关标准；进入“十五”，与地理信息相关的各行业都十分重视标准化工作，国家已将卫星定位导航应用作为重点项目列入“十五”规划，科技部结合智能交通系统开展了“交通地理信息及定位技术平台”研究，国家发改委专门建立了全球卫星定位系统产业化项目，863网络空间信息标准与共享应用服务关键技术等科技项目沉淀下一批国家和行业标准，推动了地理信息标准化工作。

我国于1997年成立了全国地理信息标准化技术委员会（CSBTS/TC 230），负责我国地理信息国家标准的立项建议、组织协调、研究制定、审查上报，秘书处设在国家基础地理信息中心。至今，全国地理信息标准化技术委员会已先后组团参加ISO/TC 211第3次至第21次全体会议和工作组会议，并推荐专家参加43个标准项目的制定工作。

目前我国已经发布了许多基础的行业分类代码标准，如中华人民共和国行政区划代码、县以下行政区划代码编制规则、国家干线公路名称和编码、公路等级代码、基础地理信息要素分类与代码、城市基础地理信息系统技术规范、城市地理信息系统设计规范、基础地理信息城市数据库建设规范等。其中，《基础地理信息要素分类与代码》标准已经用于国家测绘地理信息局国家基础地理信息中心的全国1:400万、1:100万、1:25万、1:5万、1:1万数据库建设之中。重新修订的《基础地理信息要素数据字典》、《国家基本比例尺地图图式》标准在指导和整合已建成的基础地理信息数据库方面将发挥重要作用。这些数据库是国家、省区国民经济各部门信息化的空间定位框架，已经有数百个国民经济建设部门、国防部门、科研院所、高等院校、公司企业使用了该数据，为地理信息共享奠定了坚实的基础，产生了良好的社会经济效益。为保证以往地理信息的持续采集与更新，也便于地理信息交换与共享，需要在更高层次上，研究制定所有地理信息的总体分类体系框架及其编码方案，保证在数据交换的过程中和交换后的应用分析中，能够容易地区分和识别各种不同种类的信息，而不会产生矛盾和混淆，因此制定并发布了跨行业跨部门的高层次的地理信息数据分类编码体系标准《地理信息分类与编码规则》；为了保证数据质量问题，使共享信息能有效应用，将制定地理信息数据质量控制标准；为了规范地理信息系统的开发，并为开发使用地理数据的部门提供标准保证，还将研制地理信息一致性测试标准。此外，“十五”期间完成的或正在进行的标准项目有导航电子地图数据模型与交换格式、地理信息元数据等。基于位置服务、GPS车载导航电子地图规范等标准正陆续发布。

9.5.2 国内GIS标准化体系

自20世纪80年代初以来，我国就开始了地理信息标准化工作，走的是一条自主发展的道路，即充分吸取国外先进经验和教训，从我国的实际出发，结合GIS技术发展的需要，制定和发布实施了若干急需的标准，建立了相应的学术组织，培养了一批从事地理信息标准研制的高、中级人才，取得了一定的进展。但是我们制定的标准着眼于实际应用，以满足当前的需求为目的，其特点是“遇到了什么问题就解决什么问题，能在本部门、本系统使用是第一需要”。在解决了一个个的局部标准化问题后，再去做整体标准化工作。思路模式为“从局部到整体，从特殊到一般”。因此国内标准的针对性较强，在处理单纯对象时效果显著，但在处理复杂对象或解决整体标准化问题时则难于归纳和统一，致使已有的标准化工作基础难以利用，许多标准化工作不得不重新开始（李小林，2003）。涉及标准框架方面的项目成果有：在“八五”期间，国家测绘局测绘标准化所编制了《测绘标准体系表》，如图9.3所示；“九五”期间编制了《地理信息标准体系》（C95－07－01－01）；2000年10月，国家空间数

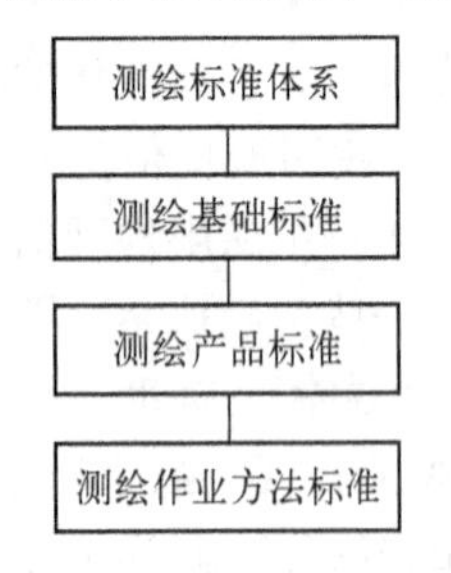

图9.3　测绘标准体系表

据协调委员会组织，由中国测绘科学研究院负责完成了《国家基地理信息共享标准体系》；由国家计委国土地区司、国土开发与地区经济研究所和中国测绘科学研究院共同完成的“国土资源、环境和区域经济信息系统指标及标准体系框架研究”工作。该工作的成果之一是“国土资源、环境与地区经济信息系统标准体系框架”，如图 9.4 所示。在该框架中标准体系的第一层分为四类，它们分别是系统通用基础标准、系统建设标准规范、系统应用标准、系统管理法规。2000 年，中国测绘学会承担完成了《测绘质量体系模式研究》等项目。另外还有《国土资源标准体系表》（见图9.5）、《军用数字化测绘技术标准体系表》（见图9.6）、《海洋测绘标准体系表》（见图9.7）。

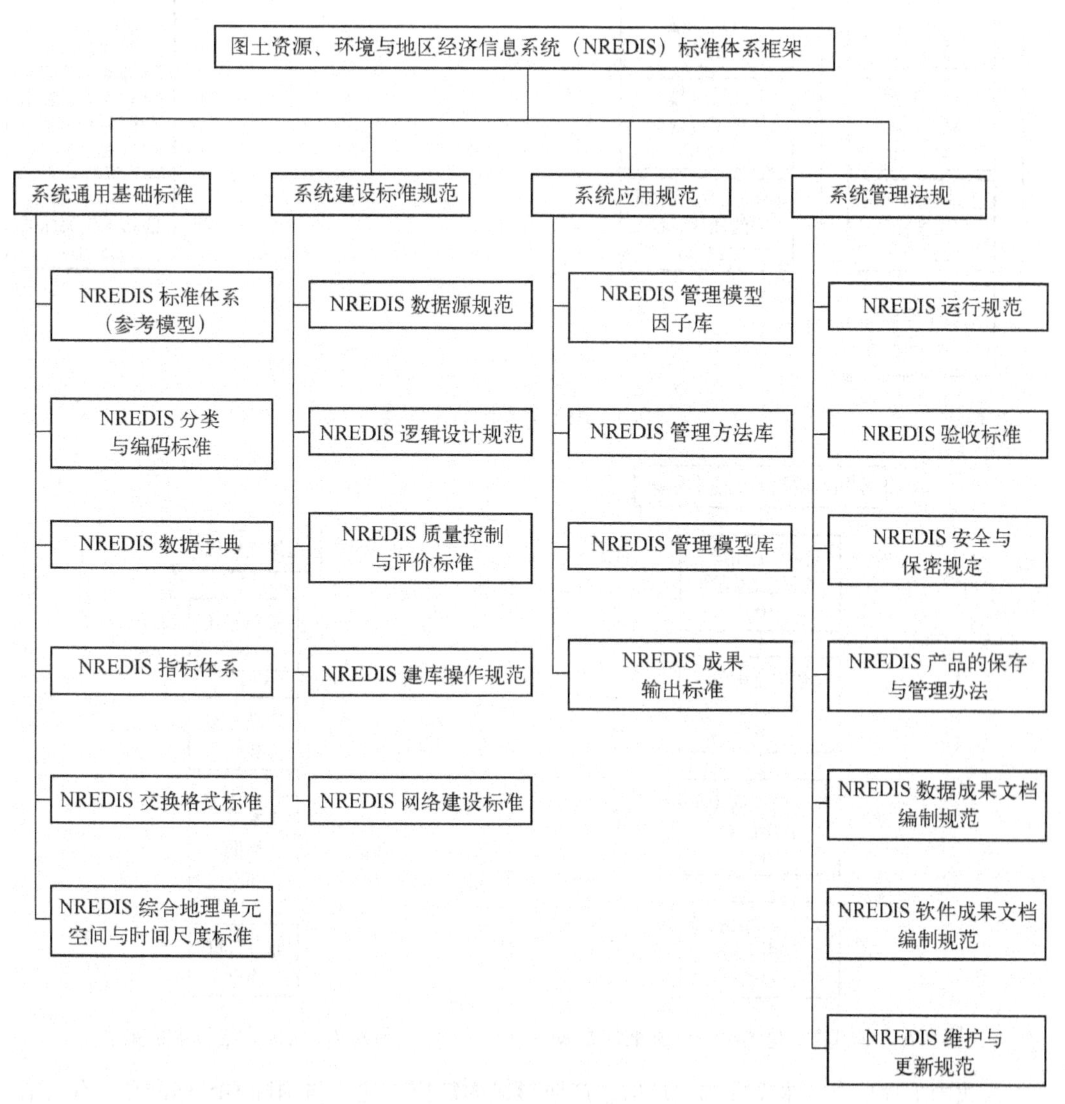

图 9.4　国土资源、环境与地区经济信息系统标准体系框架

“九五”期间制定的地理信息标准体系表，主要是一个层次的二维表形式的结构，没有表现出标准与标准之间的逻辑关系。国家地理信息标准体系表在以往工作的基础上，采用 UML 工具，2009 年 12 月发布了国家地理信息标准体系框架图（见图 9.8）。

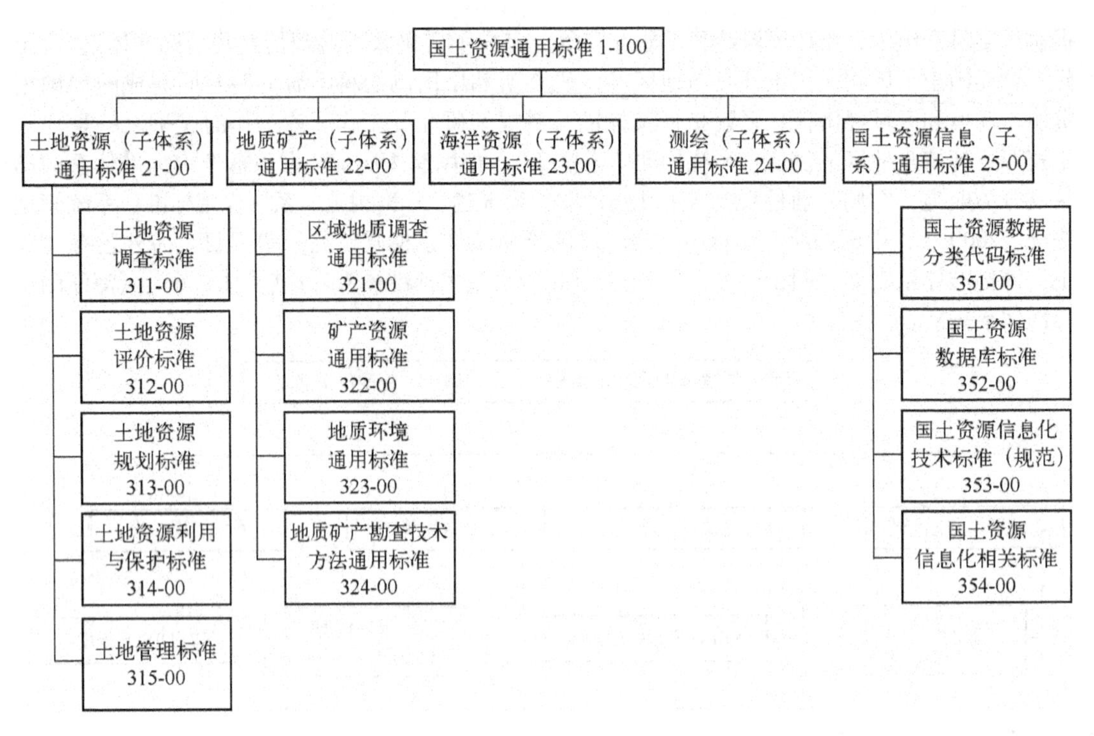

图 9.5　国土资源标准体系表

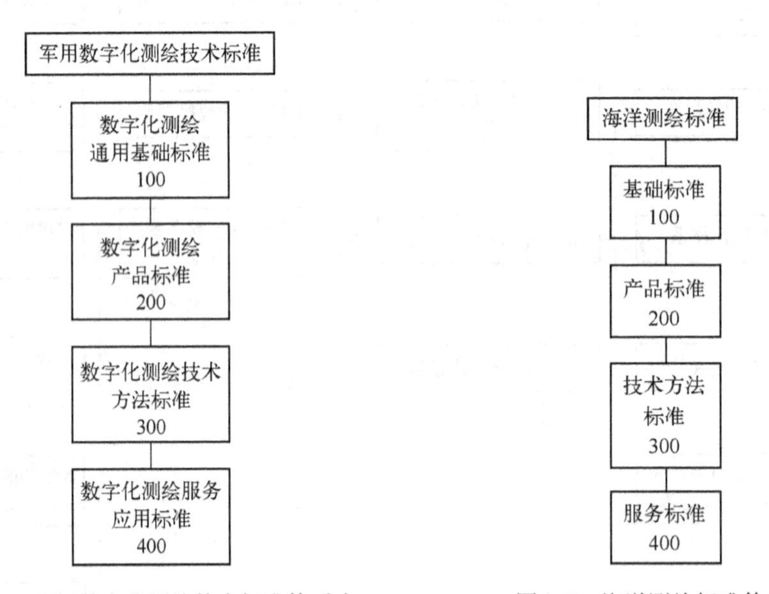

图 9.6　军用数字化测绘技术标准体系表

图 9.7　海洋测绘标准体系表

与我国地理信息技术发展和地理信息产业形成的需要相比，与国际 GIS 标准化工作相比，我国地理信息标准化工作还存在着相当的差距，如缺乏理论研究、标准的结构化不强、没有适合需要的标准体系表和关系模型、标准立项缺乏协调、标准内容涵盖面尚不够广、标准本身质量参差不齐、没有一致性测试机制、参与制定标准的人员结构不尽合理、人员知识亟待更新等。

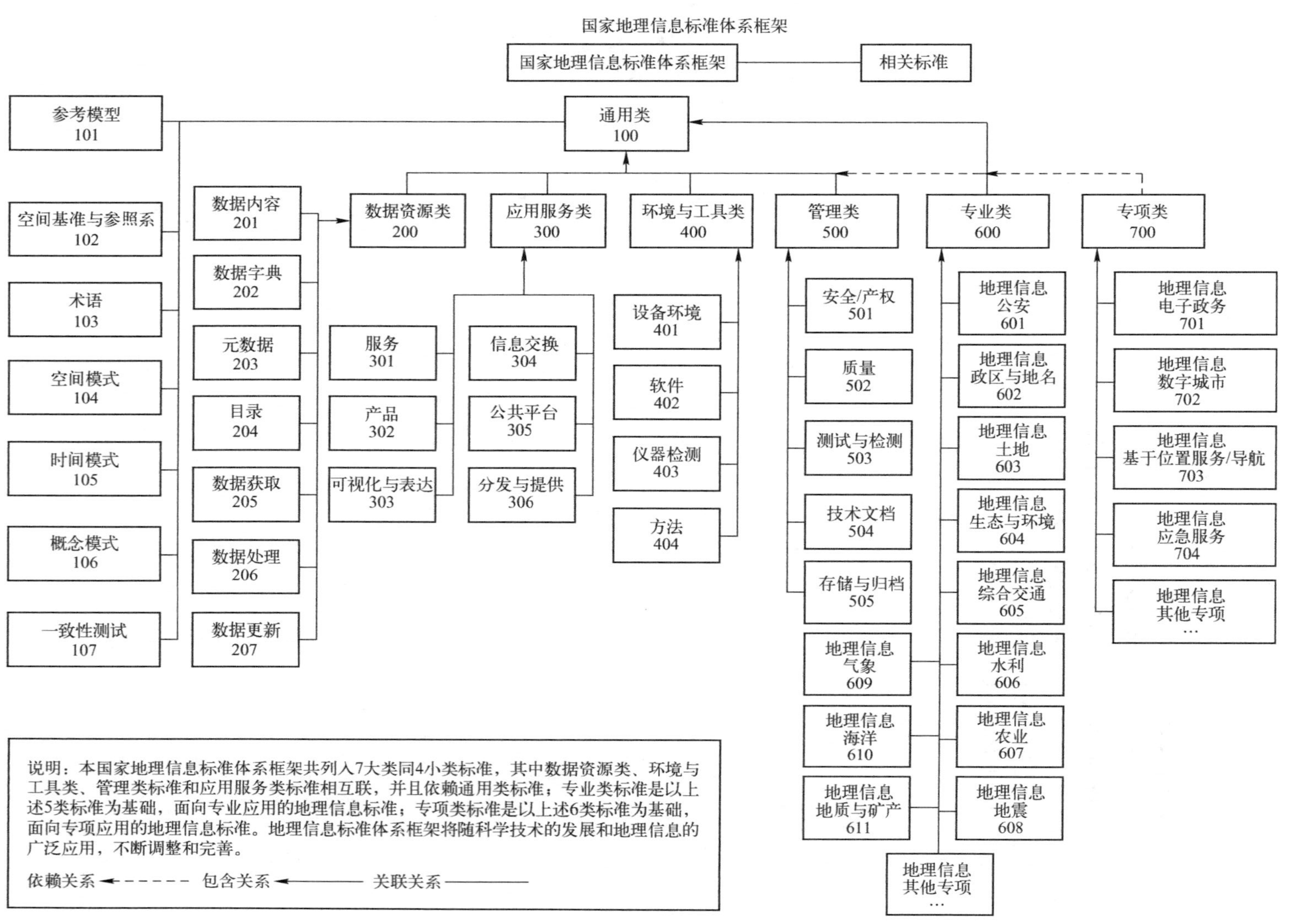

图9.8　图家地理信息标准体系框架图

习题

1. 简要阐述 GIS 标准化的作用。
2. 概述 GIS 标准化编制的原则和方法。
3. 简要分析 GIS 标准化对 GIS 发展及其应用的作用。
4. 概括介绍 GIS 标准化的主要内容。
5. 目前国际上有哪些 GIS 标准？
6. 目前国际上有哪些 GIS 标准组织？

第10章　GIS开发模式

传统的软件开发技术对计算机程序员技术水平要求较高，不能机械化生产，主要靠程序员手工编程，因此使得软件开发对程序员依赖性非常大。随着GIS应用的不断深入，应用系统越做越庞大，系统功能也越来越复杂。采用面向对象、组件化的开发方式是一个较好的解决办法，但是该开发手段并不是很方便，而且越来越难，主要表现在开发周期和应对用户不断变化的需求方面。为了解决这一问题，迫切需要一场软件体系结构和开发方法的变革。新一代GIS开发模式基于SOA技术，提供了更为方便的开发手段，降低了软件的开发难度，允许业务用户来参与构造面向服务的应用，避免了从代码级做起的重复开发带来的低效率和低质量，实现高速、即时构造业务应用，可有效地满足业务用户的个性化需求以及实现对多变的业务需求的快速响应，进而有力促进GIS在各个行业中的推广应用。

新一代开发模式与传统开发模式相比，在技术难度、工作效率等方面都有其优势，开发工期可大大降低，开发质量可得到保证。传统的面向对象组件化的开发技术难度大，对计算机程序员要求过高，手工作业，不能机械化生产，只能靠程序员手工编程来调试；新一代的软件开发技术，如搭建式的开发技术，实现了零编程，减少了软件开发量，提升了软件开发质量，降低了开发难度，且维护更简便。传统的开发模式下，如果软件需求变化，就需要修改程序，这时只有程序员在忙，其他人在边上干着急，帮不上忙；新一代开发模式的学习更为容易，更多人可以参与进来，大家可以一起来分担工作，工作效率得到极大提高。新一代开发模式从开发周期来看，同样的任务，同样的人，开发周期只是原来的五分之一；从开发质量来看，以初次上线测试的Bug量来比较，传统的开发模式，初次测试的时候Bug一般在300个以上，用新一代的开发模式，初次测试Bug可降到30个以下，相当于质量提高了10倍。

新一代开发模式具体包括插件式开发、搭建式开发和配置式开发三种模式。插件式开发基于SOA技术系统框架、SOA技术的基础插件、基础视图，需要少量编程（即需要插件时进行少量编程）。搭建式开发基于工作流、电子表单、SOA的构件仓库（功能仓库），由搭建平台和运行平台组成，可实现零编程。配置式开发是指配置资源、目录、工具箱、视图、菜单、程序模板、实例模板、引导式加载程序实例，在构建基于WebGIS的应用方面更具优势。本章将重点介绍插件式和搭建式开发模式。

10.1　插件式开发

10.1.1　概述

目前，GIS应用领域正面临着一个从行业级、专业化应用到大众化应用的转变过程。随着GIS大众化应用的不断深入，GIS软件系统必须充分考虑适应各种各样不断衍生的应用需求的难题。基于传统软件构架体系的GIS软件系统虽然具有模块分工明确、平台结构紧凑等优点，但TB数量级的GIS数据管理、越来越多元化的数据来源、不断外延的GIS功能等发展趋势对

GIS平台提出了新的要求和挑战。因此对于GIS平台来说，提供一个具有良好的复用性和灵活的可扩展性，同时对GIS项目实施所面对的特定知识应用领域具有很好支持的软件框架是一件非常有意义的事情。而采用“平台+插件”的软件构架能在GIS平台建设中充分地体现以上特性，并且在某些特定的应用环境下，可以很方便地根据应用的实际情况定制客户所需要的特有的运行环境，从而在很大程度上达到减少用户采购成本和二次开发成本并适应更广泛的应用环境等目的。

10.1.2 插件式平台技术框架

“平台+插件”模型的主要思想是将扩展功能以插件的形式通过平台统一地管理起来，在平台内部提供平台和插件之间以及不同插件之间完备的消息机制（包括系统消息转发、框架内部自定义消息），对不同扩展功能进行分类并定义标准接口，从而把不同的功能插件有机地集成到一起来有效地协同工作。

1. 插件类别

目前，应用比较普遍的插件有三种：第一种是类似于批命令的简单插件，它一般是文本文件，这种插件的缺点是功能比较单一、可扩展性极小和自由度非常低；第二种是通过一种特殊的脚本语言来实现的插件（暂时称为脚本插件），它的缺点是比较难写，需要软件开发者自己制作一个程序解释内核；第三种是利用已有的程序开发环境来制作的插件，使用这种插件技术的软件在程序主体中建立了多个自定义的接口，插件能够自由访问程序中的各种资源，它的自由度极大，可以无限发挥插件开发者的创意，是狭义范围的插件，也是真正意义上的插件。“平台+插件”模型中所用的插件就是最后一种插件——利用已有程序开发环境来制作的插件。

在第四代GIS的应用框架中，插件可以分为单功能插件和功能模块插件。只要插件支持应用框架定义的接口，其就可以在应用框架中很好地运行。

单功能的插件只支持单个功能，主要满足独立的鼠标、键盘操作功能。例如，如果用户需要定义自己的地图放大功能，那么使用单功能插件来实现就比较方便。用户只需要实现框架定义的单功能插件接口，该接口定义了鼠标、键盘响应消息接口，用户根据自己的需要，实现接口的这些方法就可以了。框架负责把用户定制的插件加载到框架中，当用户激活定制的命令后，框架就会负责功能的执行。

功能模块插件可以将菜单、工具箱、资源及响应消息等包括到插件中。用户定制自己的功能模块插件需要实现框架定义的功能模块插件接口，该接口提供了方法把用户的菜单、工具箱、视窗等方法加载到框架上。插件接口还定义了消息响应方法，用户实现该消息响应方法就可以来实现自己的功能模块。

2. 插件本质与实现机制

插件的本质是在不修改程序主体的情况下对软件功能进行加强。当插件的接口被公开时，任何人都可以自己制作插件来解决一些操作上的不便或增加一些功能。一个插件框架包括两个部分：主程序（MainApp）和插件（Plugin）。主程序是包含插件的程序。插件必须实现若干标准接口，由主程序在与插件通信时调用。插件与主程序之间的调用关系如图10.1所示。

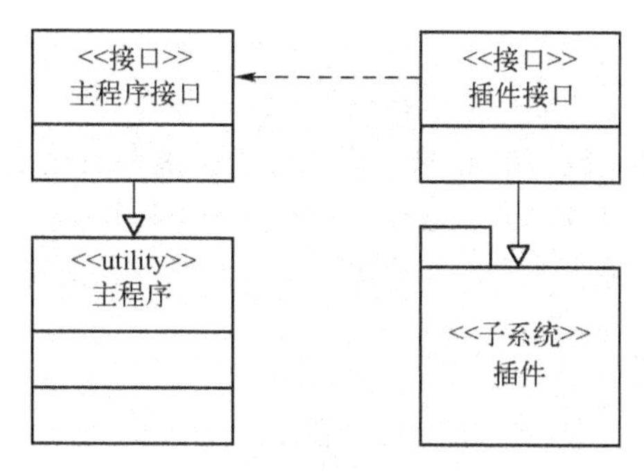

图 10.1　主程序与插件关系图

主程序通过主程序接口提供相应的接口给插件调用；而为了插件和主程序之间的交互，插件一般是一个遵循某些特定规则的 DLL；主程序将所有插件接口在内存中的地址传递给插件，插件则根据这些地址来调用插件接口完成所需功能，获取所需资源等。

3. 应用开发的框架模型

第四代 GIS 平台设计了一个全新的应用开发框架模型，在系统框架中通过简单的定制将它们整合成一个有机的整体；基于 SOA 技术系统框架，提供基于 SOA 技术基础插件，在基础视图上只需要少量编程即可完成面向空间数据的应用系统。

该平台定义了丰富全面的 GIS 的功能组件接口标准，具有与开发工具和语言无关的特点。用户可以使用各种开发语言（如 VB、Delphi、VC、.NET 等），在系统框架中通过简单的定制将它们整合成一个有机的整体。该平台还提供功能强大的多粒度组件库和控件库（见图 10.2），具有灵活的体系。标准接口可跨语言、跨平台调用，为方便快捷构建行业解决方案提供了支撑平台。

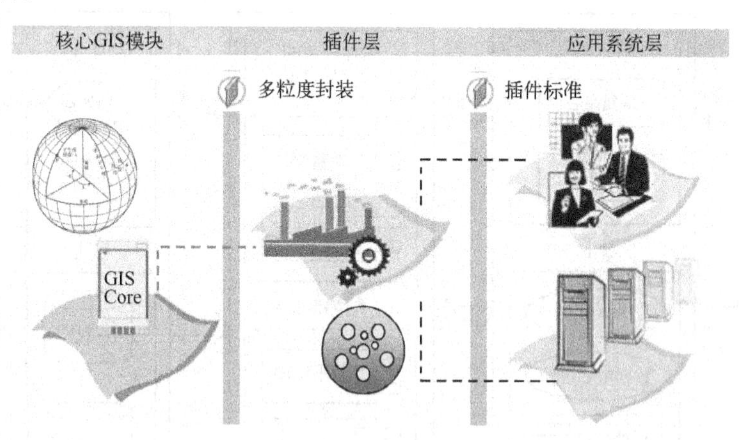

图 10.2　插件式应用开发框架模型图

10.1.3　插件式平台的特点

插件式平台的框架模型支持用户自定义界面，用户能自定义窗口、菜单、工具栏等界面元素。所有第四代 GIS 的功能模块都表现为插件的形式，遵循公共的第四代 GIS 接口标准。用户通过配置工具，选择加载所需插件，添加或删除菜单、工具栏和自定义工具，可生成满足个人需要的应用框架。

符合第四代 GIS 接口标准的插件可以在框架中被注册和定制，用户开发和自定义的工具也可以作为插件插入系统，用户按照插件的形式，可以扩展各种适合自己的功能插件、界面插件，使它们成为系统的有机组成部分。这样，用户完全可以根据自己的不同需求和使用习惯来定制不同的应用环境，使得整个系统的操作更专业、更高效，更符合使用习惯。

10.1.4 应用开发示例

下面以数据中心管理工具的开发为例来介绍插件式开发。

随着城市经济的发展，各级部门由于业务管理的要求，迫切需要在多种专题数据良好处理的基础上，实现对多专题数据的统一管理。采用动态插件技术可实现对多专题数据的统一管理，解决多专题数据的共享访问问题。其主要思想是将各专题管理的功能以插件的形式通过数据中心综合框架统一管理起来，在综合框架内部提供框架和插件之间以及不同插件之间完备的消息机制（包括系统消息转发、框架内部自定义消息），对不同专题的管理功能进行分类并定义标准接口，从而把不同的功能插件有机地集成到一起，以便有效地协同工作。

业务用户使用系统时会自动动态装入所需业务的插件，与此业务无关的界面不显示在窗口里，界面十分简洁；如果想具体编辑分析相关专题，直接激活相关专题即可，系统此时会利用插件技术自动将此专题业务的专用界面融入当前界面，与这个业务无关的功能则自动卸载出窗口，而且所有功能操作风格统一，实现了功能强大与操作简约的完美结合，实现了对多专题、多尺度、多年度数据的一体化管理。

有二次开发能力的用户还可以利用标准的插件接口开发有自己特色的成果，所开发的成果能自动嵌入容器，实现功能扩展，从而方便使用。

图 10.3 为基于动态插件技术的数据中心系统架构示意图，其主要功能如下。

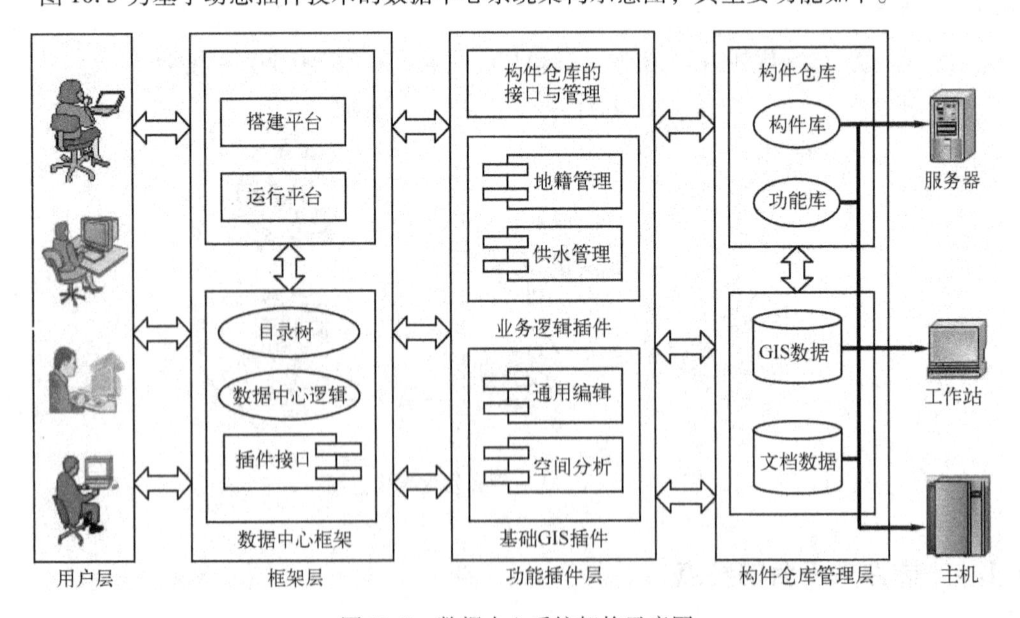

图 10.3 数据中心系统架构示意图

（1）插件的调度

将业务和功能封装为插件，对于已有插件集可任意组装。业务变动时只需提供不同插件组合，而不用修改程序。

（2）综合数据的管理

综合框架负责数据的底层维护管理、界面显示。针对不同类型的用户，可以提供不同的视图来显示全部或特定专题数据。

（3）通用功能的提供

在综合框架内，提供了基本的 GIS 查询统计、通用编辑、空间分析等功能；各个业务插件不必重复开发此功能，只需专注于具体业务功能即可。

该数据中心是管理和组织各种 GIS 数据（如 MapGIS 数据，ArcGIS 数据，SuperMap 数据等）及各种文档数据（如 Word、PDF、Excel、Access、图像等）的集成框架。它通过目录配置、可视化配置和搭建充分利用构件仓库和数据中心服务，基于构件仓库已经有的资源并针对具体业务开发插件，开发出具体业务的应用系统，如国土资源应用系统、管网资源应用系统、电信资源应用系统等；通过运行不同的应用系统，可实现多源异构数据的管理。

10.2 搭建式开发

10.2.1 概述

现在我们面对着的是飞速变化的业务和技术环境。在这样一个环境中，传统的软件开发方法所认为的需求需要在项目初期分析清楚并且保持稳定的想法是行不通的。不能快速持续地将需求变化融合到软件中就意味着对业务环境反应迟钝，最终导致业务上的失败。同样，新技术不断涌现，也要求软件产品的代码时刻处于一种良好的状态，能够适应各种调整。

面向对象程序设计方法作为传统结构化程序设计方法的替代和发展，已经获得了广泛的应用，它使开发人员可以按照现实世界中思考问题的方式来编写应用程序。但是，仍然存在极大的缺点，即不适应大规模的软件开发。面向对象设计方法的重要特性就是重用性，它允许开发者在不同的工程中实现代码的共享。在程序开发时，对软件的不同功能和结构进行抽象，实现一系列的对象，由这些对象来提供方法和数据实现整个应用程序，并且提供了继承等机制来对对象的功能进行扩展。但是这种重用是低层次（代码）的重用，它要求使用对象的客户程序必须和对象使用同样的编程语言，例如，Java 类库只能由 Java 程序使用，并且一旦类库的版本得到升级，整个应用程序必须重新编译。

GIS 应用开发的首要目标是利用可能最有效和效率最高的方式，构建满足用户需求的系统。然而，现实中最困扰开发者的难题是“需求总是不断在变”。伴随产品的每次版本发布，都会有许多等待修改的缺陷，同时也会有许多将新特性需要纳入的需求。传统的软件开发技术难度大，对计算机程序员技术水平要求较高，不能机械化生产，主要靠程序员手工编程，这使得软件开发对程序员的依赖性非常大。如果软件需求变化了或者要修改程序，那么所有工作都会集中在程序员身上，其他人无法帮忙，因而效率非常低下。每个软件开发人员都饱尝了在系统进入开发阶段、测试阶段甚至上线阶段遭遇应接不暇的需求变更的极端痛苦。为了解决这一问题，迫切需要一场软件体系结构和开发方法的变革。可以通过在面向服务的应用架构中引入搭建式开发技术的思路，来允许业务用户参与构造面向服务的应用，从而有效地满足业务用户的个性化需求，以及实现对多变的业务需求的快速响应。

10.2.2 搭建式平台技术框架

软件二次开发技术发展经历了三个阶段：第一个阶段是面向结构化程序开发技术阶段（Structure Oriented Development，SOD），第二个阶段是面向对象组件化程序开发技术阶段（Object Oriented Development，OOD），第三个阶段是面向搭建程序开发技术阶段（Framework Oriented Development，FOD）。最早的面向过程的体系开发只能用于面向结构化的程序开发，面向系统的架构可以用于面向对象和组件化的程序开发，而只有面向服务的体系架构才能支持搭建式的程序开发。

搭建式开发平台框架是一个基于 SOA 的轻量级应用程序框架，它是统一负责业务逻辑处理的开发框架，相当于.NET 分层结构中服务（Service）层和领域层的功能的结合。它的目的是使应用服务组件的开发完全面向 Service，对于特定的业务需求，可以按照面向服务的理念将其分解为互相独立且较小的 Service 逻辑，然后在搭建平台框架上对这些较小的 Service 进行开发。由于框架已经提供了 Service 的维护及调用等机制，所以这些工作都不需要在特定的 Service 中出现，从而使服务组件的开发更加快速，而且组件质量和可维护性都很好。由于在搭建平台框架中的 Service 组件是可配置的，所以可以灵活地将现有的 Service 进行重组以形成具有不同功能的服务组件，这样，所开发的应用系统就具有了较好的松散耦合性。最后，所有 Service 的发布和调用是符合 Web Service 标准的，所以说，基于搭建平台框架所开发的 Service 具有平台独立性，并且是完全支持分布式调用的。

搭建式系统开发技术可以是业务系统搭建，也可以是 GIS 系统搭建。业务系统搭建包括电子政务，以及一般的业务系统。GIS 系统搭建包括应用 GIS 系统搭建、WebGIS 搭建、信息发布搭建等。搭建式开发平台整体结构如图 10.4 所示，它包括自定义表单、工作流、功能库、GIS 功能搭建、WebGIS 搭建和业务搭建等内容。

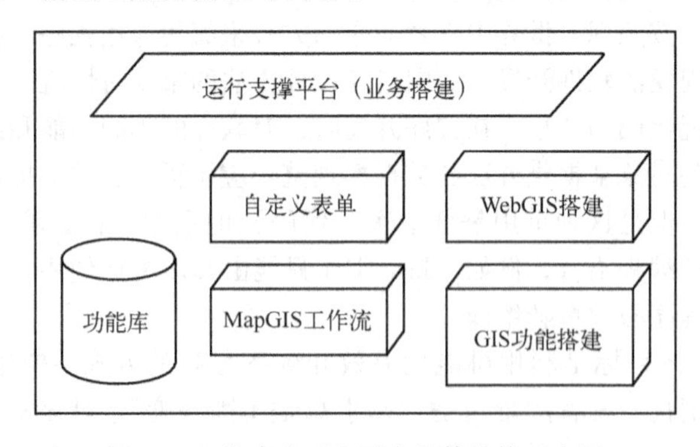

图 10.4 搭建式开发平台整体结构示意图

（1）自定义表单系统是一个集页面制作、报表制作、数据访问存储、数据展示、数据验证、表单维护、数据库基本操作、功能插件管理、插件开发于一体的表单可视化开发环境，它彻底解决了传统方式下用户要通过编程进行表单开发的难题，实现了全部拖放式开发表单。通过自定义表单，用户不必进行重复的数据访问编码。

（2）工作流提供了实现应用逻辑和过程逻辑分离的一种手段，这使得可以在不修改具体功能模块实现方式的情况下，通过修改过程模型来改进系统性能，实现对生产经营过程部分或全部地集成管理，提高软件的重用率，发挥系统的最大效能。工作流管理系统为企业的业务系统运行提供一个软件支撑环境，通过工作流可视化建模工具，用户可以灵活地定义出企业的业务流程（见图 10.5）。

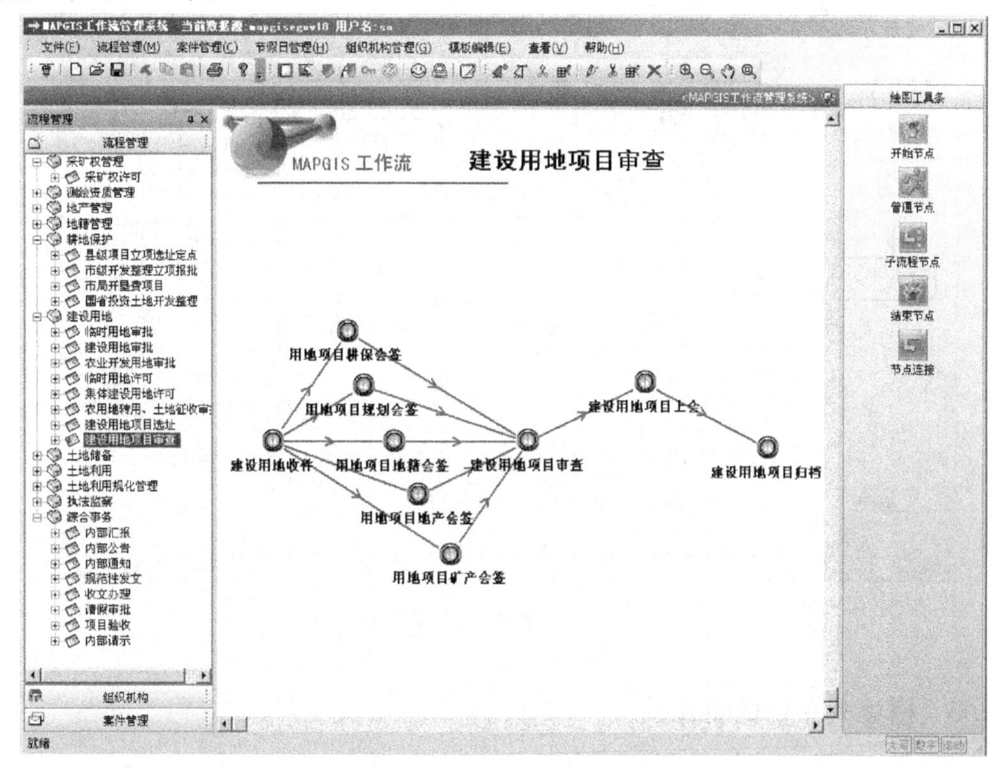

图 10.5 工作流管理系统示意图

工作流引擎提供强大的流程控制能力，可以严格按照业务流程的定义驱动业务流程实例的运行：① 静态工作流：支持串行、并发、选择分支、汇聚等普通工作流模式，支持基于条件规则的路由；② 动态工作流：支持任意节点回退、撤销、子流程、窗口补证等多种复杂工作流模式；③ 提供批办、协办、督办、沉淀、超期提示等多种流程实例控制管理功能；④ 为了适应业务流程的变化，工作流引擎还提供强大的流程模板版本管理、状态管理功能，以及流程模板 XPDL 格式的导入/导出。

（3）功能库是搭建平台的基础部分，主要为搭建平台提供功能（业务组件）管理、功能调用等基础支撑。其设计的总体目标是不编码、功能复用、统一管理、统一调度。

业务组件是粗粒度、松散耦合并且能够独立完成一定业务功能的软件实体。业务组件是由传统的组件发展而来的，是在软件技术层对业务对象的一种映射，它封装了业务对象和程序构件，实现了内部功能的完整性、完备性，又和外部其他的业务组件保持着业务层次的低耦合度，是一种大粒度的组件思路，解决了开发人员和用户沟通上的困难。

（4）GIS 功能搭建、WebGIS 搭建和业务搭建分别提供了面向桌面 GIS 的操作功能、基于 Web 的 GIS 应用以及面向业务的功能定制。搭建式开发技术本着面向业务用户的原则，支持“按需搭建”与“即时生成”。系统底层功能库可以提供足够强大的功能构件，二次开发用户基于这些功能构件，就可搭建出面向专业的应用系统（见图 10.6）。通过搭建式开发技术解决了面向服务的 WebGIS 和工作流的无缝集成，实现了系统业务的灵活调整和定制，实现了业务用户以“拖动”方式描述业务需求，高速度、低成本地即时构造业务应用。

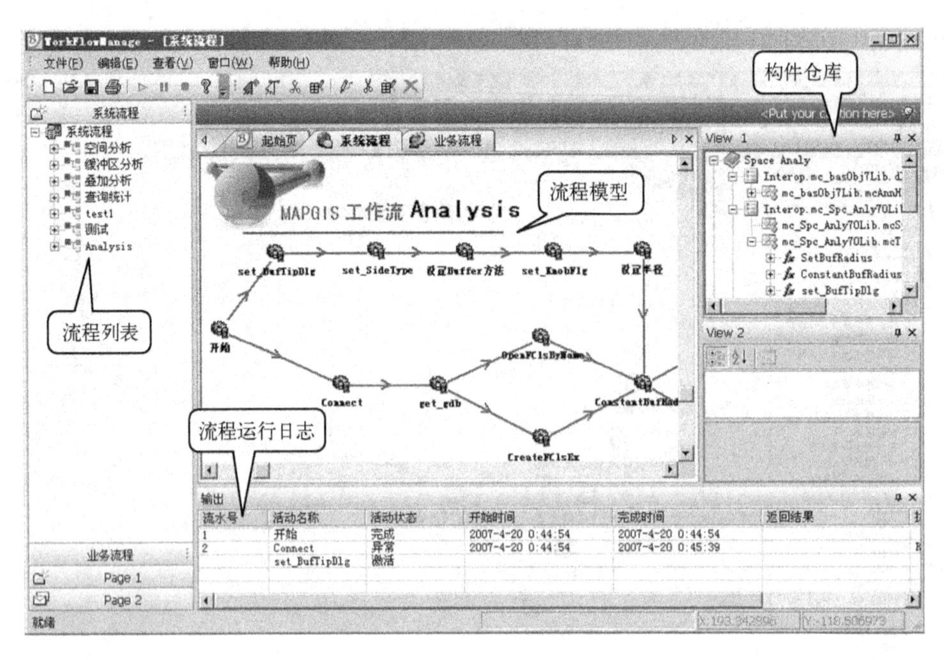

图 10.6　搭建式开发平台界面

10.2.3　搭建式平台的特点

搭建式开发方式打破了计算机专家、领域专家、业务设计者、业务执行者之间在信息化应用建构过程中的协作屏障。其以业务驱动的形式，支持即时的服务构建，降低开发难度，减少软件的开发量，提升软件的开发质量，更重要的是，让业务用户从关心技术、实现细节功能，转向关心业务，尤其是针对 WebGIS 这样专业性强的领域开发。搭建式开发方式具体有以下特点。

（1）使用简便、培养周期短、生产率高：不需要编码，普通人员经过简单培训即可上手，对开发人员的要求大大降低；减少了软件的开发量，提升了软件的开发质量；可节约 80% 以上的开发成本，提高 60% 以上的工作效率。

（2）提供良好的业务敏捷性：能够快速搭建系统原型。系统更能够适应业务的变化，对业务流程、模型的变化能够当场修改并即时反映出来。

（3）可复用性高：“一次搭建、处处运行”。

（4）维护、部署、移植方便：可视化开发使得交流、调试、维护更为简便。所谓的部署、移植不过是文件的复制、覆盖，不需要做其他任何操作。在修改流程或功能时不需要停止服务器，实现了即刻修改与即刻测试。任何业务都可以动态部署，不影响已经使用的业务。

10.2.4　应用开发示例

MapGIS 国土资源电子政务基础平台，是基于搭建式开发平台构建的新一代基于 Web 的面向分布式服务组件的国土资源业务管理平台，它包括电子政务搭建平台和电子政务运行平台两部分。利用搭建平台，可以通过配置系统的资源信息、业务规则和空间及非空间数据的操作定义，完成人员定制、业务定制、数据管理与维护、模板定制和辅助办公定制操作，快速搭建起各项业务应用；基于运行平台，通过工作流引擎、数据库引擎等访问存储于数据中心的平台支撑数据库，为相关工作人员提供了一体化的综合事务和业务办公自动化工具。整个系统在软、硬件环境支撑下，以国土资源数据中心为基础，根据业务的需要调用相应的业务办公引擎系统来构建其业务办公系统，实现了面向内网的业务办公和面向外网的国土资源社会服务。

电子政务搭建平台由一系列相互关联、相互调用的工具构成，具体功能结构如图 10.7 所示。

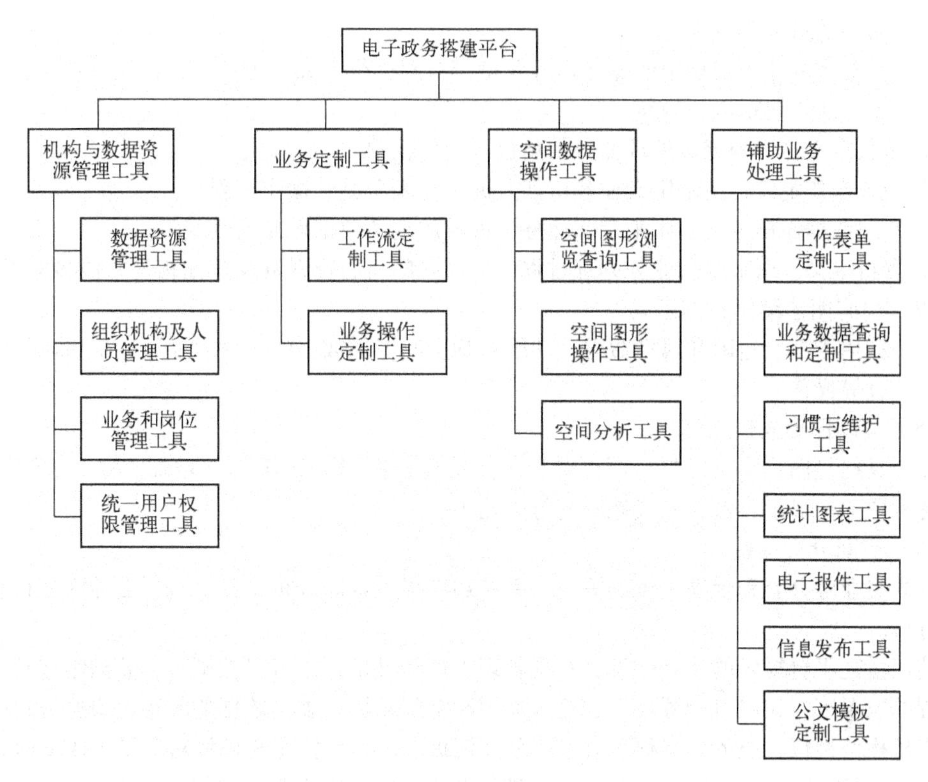

图 10.7　系统搭建平台功能结构图

其中部分功能介绍如下。

（1）数据资源管理工具

该工具用于建立、统筹规划和描述电子政务业务系统的数据内容、结构及关联（包括非空间数据和空间数据），以及建立和维护系统统一的数据字典。

（2）组织机构及人员管理工具

该工具用于建立和维护部门组织机构及各岗位人员信息。在机构设置和人员变动时，应提供相应的工具对机构职能划分与人员从属关系以及岗位、角色等信息进行维护更新。

（3）业务和岗位（角色）管理工具

该工具用于建立和维护政务业务活动所涉及的业务以及对处理这些业务所涉及的岗位（角色）的设置。

（4）统一用户权限管理工具

该工具用于建立和维护部门内部系统账户（用户名、密码）和岗位权限的设置。

（5）工作流定制工具

该工具适用于按预定的流程活动顺序自动运行的过程类业务模式。通过工作流引擎驱动所定制的业务流程的运行，可以直观地在运行过程中记录、跟踪、督办、查询和统计工作流处理的活动状态。具体功能如下。

① 流程定义工具：为方便用户对流程的设定和管理，应提供直观的图示方法以显示流程的节点组成以及流向关系。

② 节点属性定义工具：节点属性包括时限定义、角色定义、内容及权限定义、流向定义4项内容。

（6）业务操作定制工具

该工具对政务业务处理中的操作内容及操作权限进行定义，可用于工作流节点，也可应用于独立业务。主要包括以下内容。

① 角色定义：用来定义处理业务的角色及岗位权限。

② 表单操作定义：用来定义业务所涉及的工作表单及其操作权限。

③ 地图数据操作定义：用来定义业务所涉及的地图数据操作及其权限。

④ 资料定义：用来定义业务办理过程中所需要的组卷资料以及其他相关文档参考资料。

（7）空间图形浏览查询工具

该工具用于查看地图和属性数据。功能包括空间图形数据的放大、缩小、平移以及图形与属性的互查等操作。

（8）空间图形操作工具

该工具提供图形编辑工具，可以对指定图层进行图形编辑操作（增加、修改、删除等），设置各种图形的显示参数，完成地图的打印输出。

（9）空间分析工具

为满足业务办公和辅助决策的需要，系统还应提供空间分析工具，包括缓冲区分析和空间叠加分析。

使用搭建平台提供的工具组件，系统管理人员经过培训，可以在不了解数据结构及逻辑实现过程的情况下，完成对资源信息、业务规则和空间数据、表单数据的配置，快速搭建应用系统。当机构、岗位、业务、流程、表单、公文模板、地图等资源与环境对象发生改变时，通过“搭建”、“配置”、“部署”的方式对系统进行调整，以适应不断变化的用户需求。

第 11 章　应用型 GIS 设计实例

11.1　公共交通信息管理系统

11.1.1　概述

交通是国民经济发展的支柱行业之一，是指用火车、汽车、轮船、飞机、管道等运输工具进行的客流和货流的交通运输活动。城市交通的好坏，在很大程度上制约着城市的发展，因此，越来越多的国家将 GIS 技术引入交通行业，以期智能化地处理各种交通数据，达到分析、调度、指挥城市交通的目的。

日本、美国、新加坡等智能交通系统发展较为成熟的国家，将一系列先进的软件技术与 GIS 技术相结合，综合交通行业的特性，研发出以资源分配、指挥调度、预警等功能于一体的智能交通系统，以实现交通管理系统的整合。智能交通系统建立多个智能交通系统的接口界面，将采集到的动态交通数据处理、整合，存储于交通信息中心的服务器中，各智能交通子系统分析采集到的实时数据，通过 GIS 技术提供的专业分析功能，分析出一系列的指挥、调度、出行等各方面的解决方案，通过互联网和电子通信服务机构向交通管理部门下达指挥、调度信息，通过互联网、各种媒体资源向社会公众发送最优出行方案。

近年来，我国的智能交通系统发展迅速。智能交通系统涉及网络、通信、智能等多种技术手段，数据信息量庞大，大部分数据需要实时采集与收集，数据挖掘技术在智能交通行业中发挥着极其重要的作用。在我国，交通行业信息化实现不久，早期保存的公交数据种类繁多，需要一个同时支持多种异构数据的资源管理平台，管理和维护这些数据，这些数据包括 GIS 数据以及公交业务数据，可能是文档类、数据库类、图片类、GIS 数据格式类等多种类的数据，而 MapGIS 的数据中心技术正好能满足此需求。MapGIS 数据中心技术主要由功能仓库和数据仓库组成，功能仓库用于管理和维护异构功能资源，数据仓库则用于管理和维护异构数据资源，为交通行业的多源异构数据的集成管理、资源共享提供了有效途径。

本项目基于 SOA 体系架构，应用“数据仓库 + 功能仓库 + 搭建”的模式，很好地解决了海量交通数据存储管理、多个交通系统集成的问题。此项技术已成功应用于国土、地质、通信、警务等多个行业的信息系统建设中。

11.1.2　系统分析

近年来，交通运输信息化建设取得积极进展，信息化政策和标准体系逐步完善，信息化基础设施初具规模，GIS 已广泛应用于交通运输管理的各个环节，成为智能交通系统的基础平台，也逐步形成其独特的技术内涵和体系结构。

交通是一个复杂、庞大的运输体系，因此 GIS 在交通行业的应用领域非常广泛。例如，完善道路规划、交通指挥调度、高速公路信息管理、道路网的维护和管理，以及突发事件的应急疏散和救援指挥等。实际上，不同类型的交通信息系统都有其业务范围和应用领域，因而，GIS 在交通行业的应用涉及公路交通、铁路交通、航空交通、水上交通等方面。智能交通应用系统主要由以下 4 个方面组成。

1. 公路交通

公路交通是使用最频繁的交通方式，GIS 在公路交通的应用包括公路规划、设计、建设、管理、养护等方面。

GIS 通过叠加分析显示的功能将社会、人文、环境、地形等多种数据叠加起来，为公路线路的布设规划提供直接的分析依据，GIS 的网络分析功能（如最短路径分析）对公路规划也提供了一定的参考信息。

利用 GIS 的动态分段技术，可以动态显示公路建设施工的信息，掌握公路建设的状况和进度，严格控制施工质量。

GIS 的最短路径分析、缓冲区分析等空间分析功能对资源调度运输和应急疏散指挥也发挥着重要作用，如运输资源选择哪条道路到达目的地的时间最短、采取什么疏散方案才能使灾害影响最小等。

GIS 可以帮助管理繁重的公路维护业务，如统计、报表输出、专题图制作、路况查询等。另外，利用动态分段技术可以显示查询同一条道路不同材料路段的信息，对公路养护提供一定的预警参考，如某段路面使用时间已超过设计标准或由于突发事故已严重毁坏等。

2. 铁路交通

近年来，GIS 在铁路中的应用也越来越广泛，包括铁路工务 GIS、铁路用地管理、铁路勘察设计、铁路列车定位、抢险救灾及工程地质等。

例如，利用 GIS 的数据查询统计功能，可以对给定的里程内各设备数量进行统计，对车站、道岔、隧道、桥梁、坡度、水准基点等工务设备属性数据按给定条件进行查询，在权限许可下编辑属性数据，可把查询结果以报表形式打印，为铁路工务设备的修建、改造和维护工作提供及时、准确的信息。

GIS 结合 GPS，能够精确定位铁路位置，动态地显示各次列车的运行轨迹，利用 GIS 的定位分析功能辅助进行相关的列车行车控制，实现对各次列车的定位监控管理，对列车的调度指挥提供辅助支持。

3. 航空交通

GIS 在航空方面的应用大致可以分为以下几个方面：设备管理，即地面设备及机场控制区的设备管理；模拟飞行及噪声管理；机场与周边环境保护的管理；机场建设和维护管理；飞机起降操作管理；航运能力以及航线规划等。

4. 水上交通

水上交通信息包含静态信息（行政区、道路、航道、码头、航标、锚地等）和动态信息（船舶位置、航行轨迹、交通流量等）。利用 GIS 的分图层管理技术，可以用不同的图式、线性、颜色来控制不同类型的航道专业数据，如区域层、航道层、桥梁船闸层、港口码头层、打捞救助单位层、海事设备层等。利用 GIS 的属性查询和定位查询功能可以方便地对用户要求的航道名称、港口码头、相关单位进行定位。

把不同时期的地形图资料经过处理放入 GIS 数据库中，在航道规划设计时能随时进行调用，并能够进一步分析比较以选择最优方案。利用 GIS 强大的三维显示分析功能，能够细致地显示航道地形，为航道河床演变分析决策提供直观、及时的依据，还能对在指定条件下可能出现的变化情况进行预测，以便及时给出清淤或其他操作的决策支持，提前做好工程准备措施，提高航道维护水平。以 GIS 为基础，结合 GPS、GPRS 技术，可以实现船舶实时跟踪、监控和导航、水上交通事故和污染事故的预防控制和应急反应、货物跟踪调度等。

基于上述智能交通的 4 个方面，形成了交通应用系统，如智慧道桥管理系统、智慧公路管理系统、智慧公交管理系统、智慧海事管理系统、智慧交通导航管理系统等。

本章将基于智慧公交管理系统，详细介绍公共交通信息管理系统的具体实现。该系统以公路交通为背景，以公交信息数据为基础，涉及信息查询、统计、专题图、缓冲分析等功能，根据系统应用领域及特色，涉及公交线路自动生成、公交线网评估、打印输出等特色功能。

11.1.3 系统总体设计

1. 实现模式

公共交通信息管理系统面向公交管理的各个部门，为公交指挥、调度提供辅助决策支持，涉及的数据量较大，某些特殊功能需要专业的 GIS 分析功能支持。

公交信息数据具有数据量庞大、数据种类繁多等特点，为此，在实现本系统时，基于 MapGIS 数据中心技术进行构建，基于 MapGIS 数据中心提供的强大的数据仓库，管理种类多样的公交数据；基于 MapGIS 数据中心提供的丰富多样的功能资源来满足交通行业特色功能的需求。为减少开发成本，缩短项目研发周期，提高开发效率，本系统基于 MapGIS 平台提供的搭建式开发模式进行系统开发，利用 MapGIS 功能仓库完成应用系统的搭建。同时，为满足公交管理系统的特色应用，在已有功能仓库资源库的基础上，扩展了某些特色功能。这些特色功能又可成为功能仓库的新资源，供其他项目使用。在开发新功能时，需要注意功能的通用性，以最大程度实现功能的复用性，体现 MapGIS 搭建式开发的特点。

本系统开发环境如下。

- 操作系统：Windows 7/Windows Vista/Windows XP/Windows Server 2003 等。
- 扩展开发工具：Microsoft Visual Studio 2010。
- GIS 平台：MapGIS IGSS 平台。
- 系统搭建工具：MapGIS Visual Studio。
- 数据库：Microsoft SQL Server 2005、Access 2010。

2. 系统架构

公共交通信息管理系统采用地理信息系统、计算机、三维虚拟仿真、数据库、高速宽带网等高新技术，把城市的公交线网和站台以及车辆情况运营等资料，以信息化的方式进行管理。系统通过整合城市的基础空间数据库和公交信息数据库，提高业务水平和管理效率，并对城市公共交通情况进行综合评价，为制定城市发展战略提供必要的公共交通管理信息。将 GIS 技术引入公交管理，建立的公交管理信息系统，具有以下优势。

- 通过 GIS 直观的表达方式，能够实现城市公交规划线网、现状线网、停车保养场、首末站、枢纽站、停靠站以及客流数据的可视化管理，能够直观展示公交的总体分布情况。

- 通过 GIS 强大的空间分析工具，根据公交线网和站台的分布，结合城市基础地形，对公交线网相关的经济指标进行分析，对现状线网和站台的合理性进行评估。
- 通过 GIS 管理手段，能够提供公交线路辅助规划功能，对现状线网的改造方案进行评估，并对规划方案的合理性提出修改建议，方便城市公共交通的改造和扩建。

公共交通信息管理系统综合运用了 GIS、计算机软件、数据库、交通规划、统计等理论方法，采用空间分析、数据调查以及专家知识库等手段，集公交线网、首末站、枢纽站基础数据管理和公交线网评估分析为一体，其主体框架如图 11.1 所示。

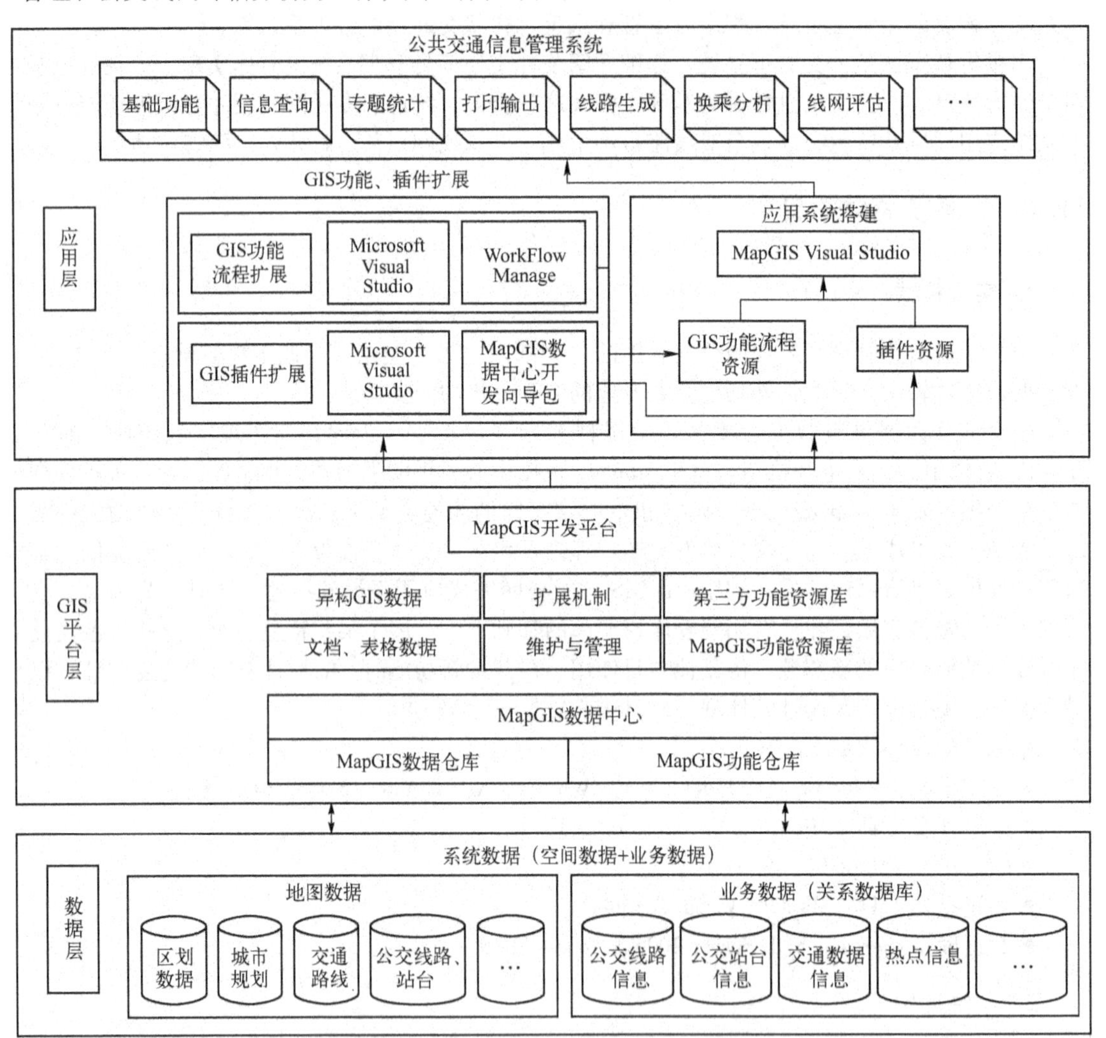

图 11.1　公共交通信息管理系统主体框架

（1）数据层

数据层通过 MapGIS 软件和通用的商业数据库管理软件管理基础数据，实现对公交线网、规划交通线网、基础地形图、客流集散点、客流数据、城市规划数据的空间、属性数据的统一管理，并将与公共交通相关的业务数据，如公交线路信息、公交站台信息、公交相关的热点信息等业务数据信息，应用于公交线路评估、公交线路自动生成等多个功能。

（2） GIS 平台层

GIS 平台层基于 MapGIS 数据中心技术，提供数据仓库和功能仓库对数据和功能两大资源进行统一的管理与维护，并提供良好的扩展机制，供用户扩展功能。MapGIS 通过多年的积累，功能仓库中已经保存了很多相关的功能资源库，包括 GIS 流程库、方法库、插件库等，用户在进行系统搭建时，可直接使用，也可通过 MapGIS 的扩展机制，开发新的功能，满足项目所需。

GIS 平台层提供了系统开发功能资源和数据资源支撑，是整个应用系统实现的核心，是应用层的基础。

（3） 应用层

应用层以 GIS 平台层为基础，基于 MapGIS 平台提供数据与功能资源，采用搭建式 GIS 开发模式搭建应用系统。搭建应用系统时，插件资源部分来自于 MapGIS 已有的插件库，还可通过扩展而来。而 GIS 流程资源，部分来自于 MapGIS 的 GIS 流程库，另一部分则可基于开发工具（Microsoft Visual Studio 系列、MyEclipse 系列）以程序集的方式进行功能扩展，再基于 MapGIS 的工作流编辑器（WorkFlowManage）搭建新的功能流程，供应用系统搭建所用。

3. 数据组织

本系统的数据包括基本的地图数据与公交业务数据。根据系统应用功能的需求，选用最合适的方式组织系统数据，确保系统的运行的效率与性能。

（1） 地图数据

本系统以武汉市公交数据为背景，包括行政区划数据、居民地数据、城市交通线网数据、公交线网数据、公交站台数据等，如图 11.2 所示。

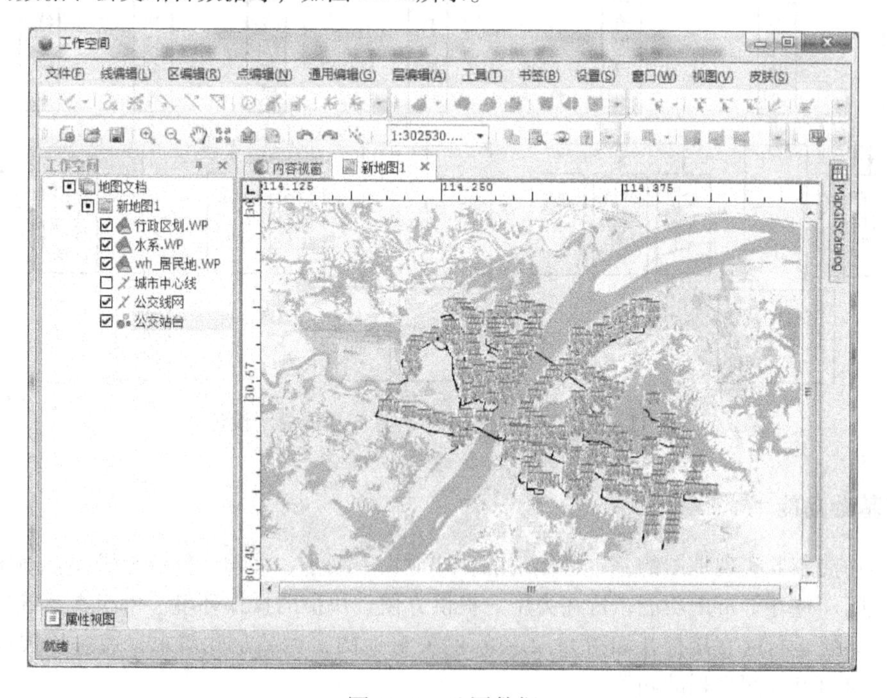

图 11.2　地图数据

地图数据作为一张统一的地理框架底图，结合公交业务数据库中的公交线路、站台、人员等空间信息与属性信息，形成完整的公共交通地理框架数据库，为业务管理和决策分析提供支撑。

（2）公交业务数据

公交业务数据包括公交热点数据、人员数据、公交线路数据、站台数据、公交流量数据、客流数据等大量数据，主要有属性数据、图片、文档、视频等。其中，公交线路、站台、热点等信息，包含空间位置信息与属性信息，可以将其空间信息存储在 GIS 数据库中，也可以统一存储在业务数据库中。

本系统将两种方式结合使用，使业务数据库存储管理包含空间位置信息的点图元数据，即在系统数据入库时，通过数据采集设备或 MapGIS 点位信息上传工具，直接将这些点位信息录入到关系数据库中。在应用系统中查询显示时，从业务数据库中查询其空间信息与属性信息，通过其空间位置在客户端地图上绘制信息点。同时支持根据 Excel 数据、关系数据等包含空间信息的业务数据，通过 MapGIS 平台提供的 GIS 接口，自动生成对应线路、站台的功能，方便城市公交的统一管理，以及公交线路、站台的编辑修改操作。

11.1.4　系统功能设计

基于公共交通信息管理系统的系统架构，本系统的功能模块设计如图 11.3 所示，共有基础功能、信息查询、专题统计、打印输出、线路生成、换乘分析、线网评估等功能模块。

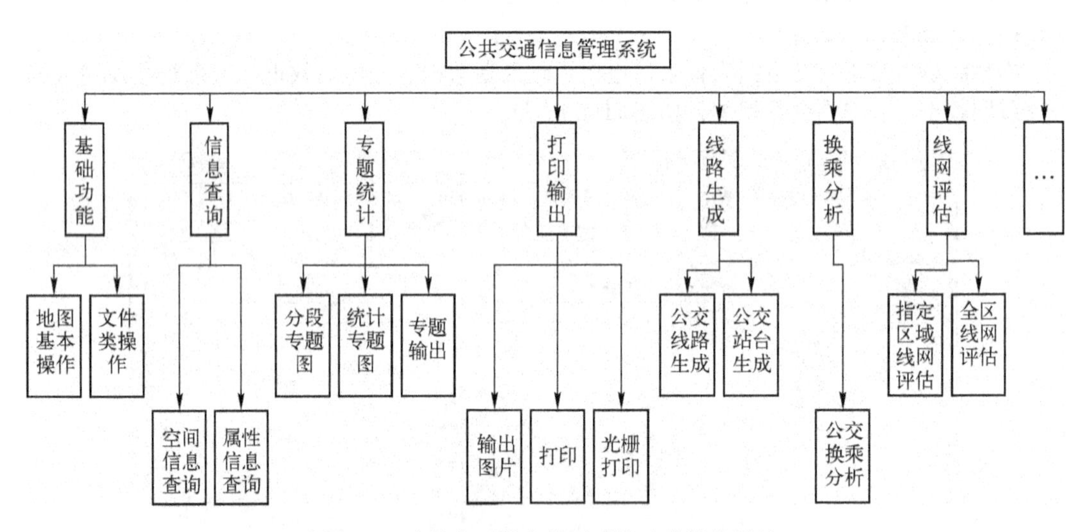

图 11.3　公共交通信息管理系统功能模块设计

1. 基础功能

基础功能主要实现地图的基本操作功能，如放大、缩小、移动、复位等操作。地图文档的打开、关闭、保存等常用功能，旨在为用户提供方便、快捷的操作环境。由于本系统的特殊应用，要求系统运行时直接打开如图 11.2 所示的矢量地图，为满足此需求，通过扩展插件的方法实现直接打开地图文档的功能。

2. 信息查询

系统可实现图形和属性数据联动的查询，提供由图形检索属性和由属性检索图形的双向查询功能，包括单击、拉框、画圆、多边形等多种交互式查询的功能。

3. 专题统计

系统可实现某一区域规划内的公交线路信息统计，统计该线路内的公交线路资源长度、线路的等级信息等。此功能主要使用 MapGIS 平台提供的专题图功能，涉及分段专题图和统计专题图。

4. 打印输出

为方便公交管理部门对公交线路的查看和宏观线路的调整，需要打印输出公交线路信息，基于 MapGIS 预置的插件资源实现。

5. 线路生成

为方便地生成公交线路，公交公司只需提供站台表和线路表，系统便能根据线路生成向导自动完成公交线路的生成，实现公交办公自动化，包括公交站台的录入、公交线路的录入两个功能。该功能为本系统的特色功能，通过扩展插件资源而来，本章将详细讲述该功能的实现方法。

6. 换乘分析

根据用户输入的公交站点信息，查询矢量数据（包括线路、站台两个矢量数据资源），获取包含该站台信息的所有线路信息，并将查询结果显示到属性视图中，用户可通过属性视图操作地图，达到图形和属性数据联动的效果。

7. 线网评估

在城市公交现状线网的基础上，结合公交线网分布的相关评估指标，对现状线网的合理性进行评估，包括运营线网长度、车辆进场率、公交出行比例、站点覆盖率、换乘系数、线网密度、线路重复系数等指标。通过对这些指标的评价，能够直观地了解局部区域的公交站台覆盖和线路分布情况，为公交线路的最佳配置做出辅助决策。

11.1.5 系统实现

1. 基础功能实现

本系统基础功能模块涉及两部分功能：第一，文件菜单功能，包括新建、打开、关闭、保存等功能，其中，采用扩展视图插件的方法实现直接打开武汉公交网矢量文档图的功能；第二，地图基本操作功能，本系统以工具条的形式展现，用户通过单击工具条中对应的工具来实现对地图的基本操作。

本系统基础功能模块中涉及的地图基础操作工具条，“文件”菜单中的新建、打开、关闭、保存等功能，可使用 MapGIS 工具箱中预置的工具资源，具体实现方法如下。

（1）工程创建与界面设计

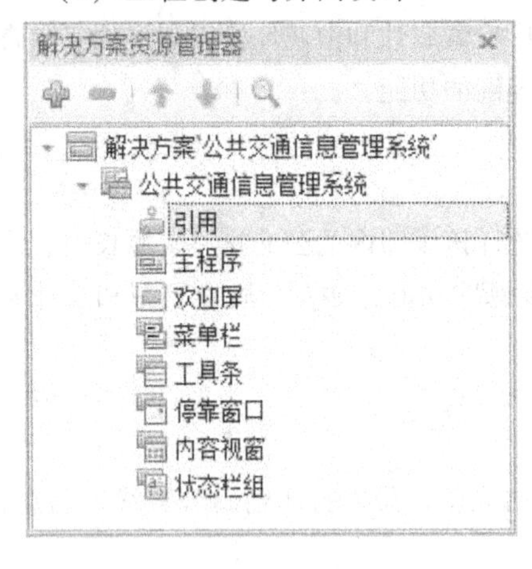

图 11.4　创建工程

① 执行菜单命令“文件”→“新建”，新建解决方案，选择“传统风格程序”风格，解决方案名称为“公共交通信息管理系统”，如图 11.4 所示。

② 添加工作空间、属性视图功能，直接使用 MapGIS 已有插件资源，引用“..\MapGIS\Program”路径下的程序集“MapGIS.WorkSpace.Plugin.dll”。引用后，该程序集下的相关插件将被自动加载，将在“停靠窗口”下添加“属性视窗”和“工作空间”两个窗口。单击“停靠窗口”下的“工作空间”，在右侧的属性窗口中修改其标题属性，修改为“武汉公交”。

（2）添加文档操作菜单项、地图基本操作工具栏，直接使用 MapGIS 预置插件资源

在 MapGIS Visual Studio 中，将 MapGIS 的已有插件资源集成到了工具箱中，用户可直接拖动工具箱中的功能至解决方案对应位置下。通过引用插件文件，系统默认将此插件下的所有资源添加到当前解决方案中，选择所需的功能资源，删除多余项。同时，用户还可直接修改已有资源项，非常方便。本节采用第二种方式。

① 引用“..\MapGIS\Program”路径下的“MapGIS.DesktopTools.Plugin.dll”程序集至解决方案中。引用后，该程序集下的相关插件将被自动加载，保留解决方案“菜单项”下的“文件”菜单，删除其他菜单。用户也可根据自己的需求，选择需保留的菜单项。保留解决方案“工具条”下的“常用工具条”，删除多余的工具条。

② 单击“菜单项”下的“文件”菜单，在右侧的属性窗口中修改其标题属性，修改为“文档操作”；展开“文档操作”菜单，删除“打印”、“光栅打印”两个子菜单项，保存菜单方案。

③ 单击“工具条”下的“常用工具条”，在右侧的属性窗口中修改其标题属性，修改为“地图基本操作”。展开“地图基本操作”工具条，删除多余的子工具。

修改后的解决方案如图 11.5 所示。

（3）扩展打开地图文档的功能，扩展 Command 类型的插件资源

扩展“武汉公交图”插件的简要实现过程如下。

① 基于 Visual Studio 2010 开发环境，创建 MapGIS Plugin 工程，命名为“PublicBusMapOpen”，删除系统原有的 cs 文件，添加 MapGIS 模板资源 Command 类型文件“openBusMap”，添加项目所需的引用，如图 11.6 所示，图中 MapGIS 相关的程序集位于路径“..\MapGIS\Program”下。

② 在“openBusMap.cs”页面中引用名称空间，定义所需的全局变量。

③ OnCreate 函数中初始化 mapControl1，添加应用程序完成事件。

④ 在应用程序完成事件的回调函数中编写实现代码，实现在 mapControl1 地图控件中打开指定文档的功能，见程序代码 11－1。

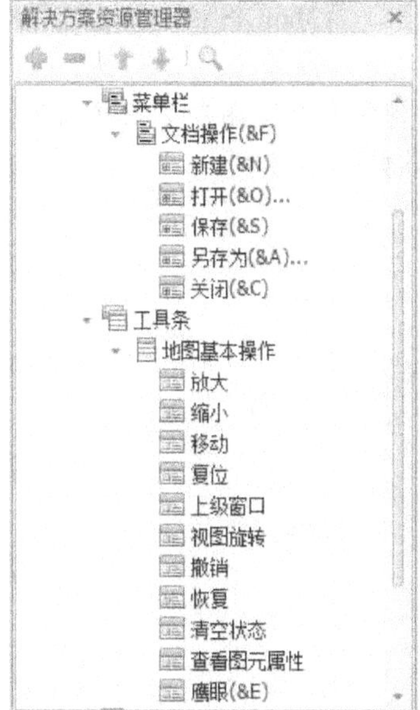

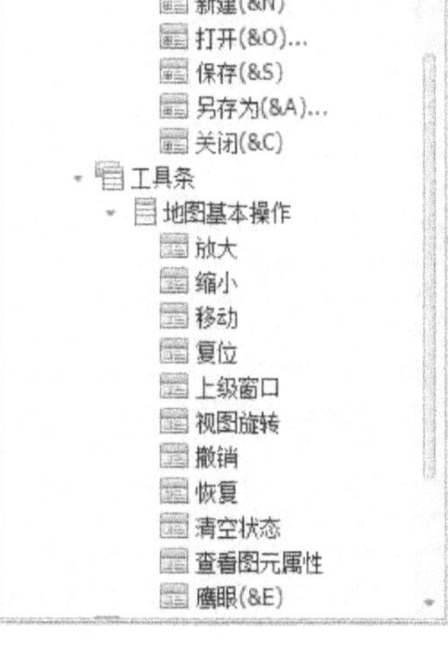

图 11.5　基本操作菜单内容　　　　图 11.6　添加项目引用

程序代码 11－1　hook_ApplicationLoadedEvent 事件代码

```
void hook_ApplicationLoadedEvent()
{//打开指定地图文档
    this.hk.Document.Open(@"D:\MapGIS 10.1\Sample\武汉公交图.xml");
    Maps maps = this.hk.Document.GetMaps();
    Map map = maps.GetMap(0);
    IDockWindow busMapWin = null;
    hk.PluginContainer.DockWindows.TryGetValue("MapGIS.WorkSpace.Plugin.DwWorkSpace",
                out busMapWin);                          //获取 DockWindow 插件对象
    if (busMapWin == null)
    {//未获取成功即创建
        busMapWin = hk.PluginContainer.CreateDockWindow("MapGIS.WorkSpace.Plugin.
                DwWorkSpace");
    }
    if (busMapWin != null)
    {
        MapGIS.WorkSpace.Plugin.DwWorkSpace dw =
                (MapGIS.WorkSpace.Plugin.DwWorkSpace)busMapWin;      //激活窗口
        //设置文档树控件
        MapGIS.Desktop.CommonTools.WorkSpaceTree tree = dw.Tree;
        MapGIS.WorkSpaceEngine.IWorkSpace wk = tree.WorkSpace;
        //预览地图
        wk.FireMenuItemClickEvent("MapGIS.WorkSpace.Style.PreviewMap", map);
    }
}
```

⑤ 设置“PublicBusMapOpen”工程的输出路径为“..\MapGIS\Program”，保存并编译工程。

⑥ 在 MapGIS Visual Studio 中，为“公共交通信息管理系统”解决方案添加对 PublicBus-MapOpen.dll 插件的引用。添加后的解决方案资源管理器如图 11.7 所示。

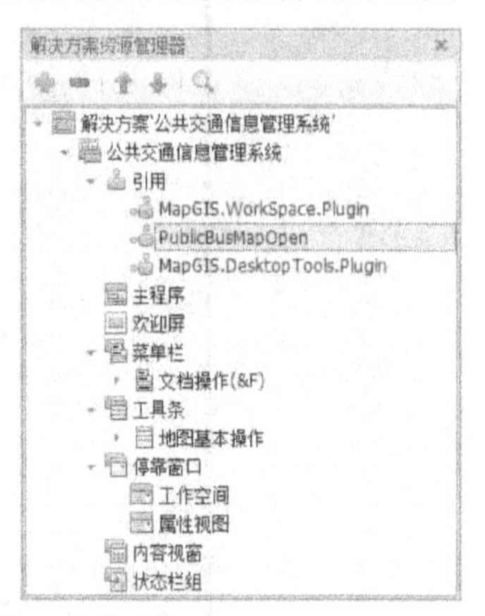

图 11.7　引用插件

⑦ 在 MapGIS Visual Studio 中编译并运行解决方案，其效果如图 11.8 和图 11.9 所示。

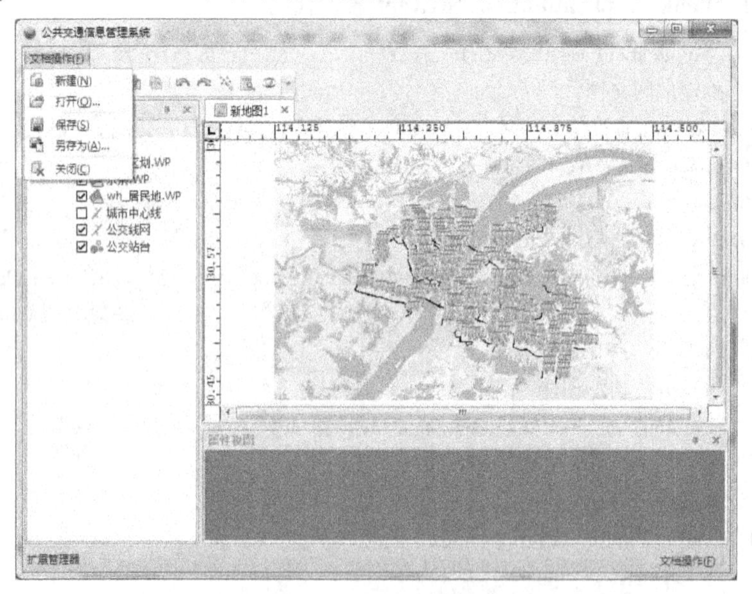

图 11.8　系统运行效果

到此为止，基础功能已经搭建完成。接下来搭建信息查询、专题统计、打印输出等功能模块。

2. 信息查询、专题统计、打印输出功能搭建

公共交通信息管理系统中涉及的信息查询、专题统计、打印输出等功能模块，都可以直接使用 MapGIS 已有功能资源来实现。在此简单描述其搭建过程如下。

① 在“..\MapGIS\Program”路径下引入 QueryByGDBPlugIn.dll 到公共交通信息管理系统解决方案中。

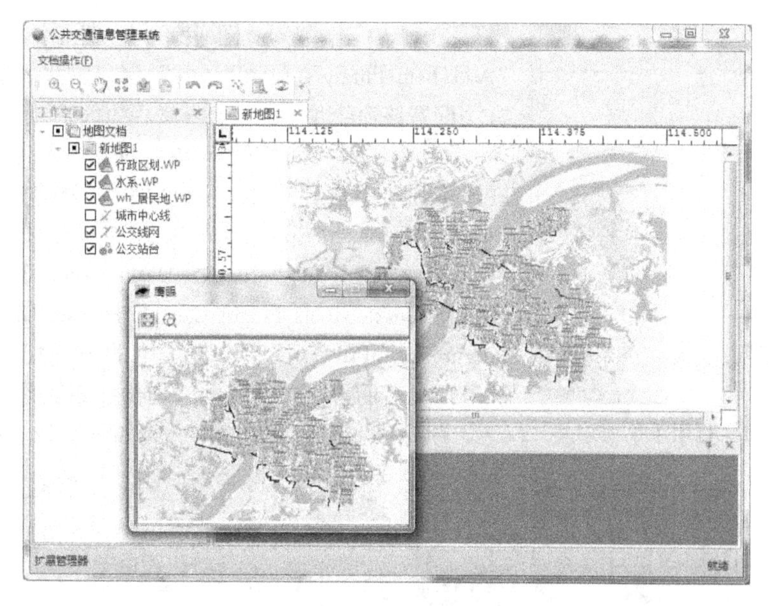

图 11.9　系统鹰眼效果

② 在“..\MapGIS\Program”路径下引入 AddThemePlugin.dll 到公共交通信息管理系统解决方案中。

③ 打印输出功能需要使用“..\MapGIS\Program”路径下的程序集 MapGIS.DesktopTools.Plugin.dll 中的部分功能，以及 AddThemePlugin 插件工程中输出 Web 图片的功能。在解决方案资源管理器的“菜单栏”下新建“普通菜单”项“打印输出”，在新建的“打印输出”菜单项中添加两个“命令项”，分别为“输出 Web 图片”、“打印”。

④ 以“打印”菜单项为例讲述搭建方法。选择“打印”菜单，在右侧属性栏中单击“名称”栏后的浏览按钮，在弹出的对话框中查找 MapGIS.DesktopTools.Plugin.WindowsPrint 方法，如图 11.10 所示，单击“确定”按钮即可。若不知对应的具体接口方法，可在新的解决方案中添加 MapGIS.DesktopTools.Plugin.dll 程序集，查看对应菜单的“名称”属性即可。

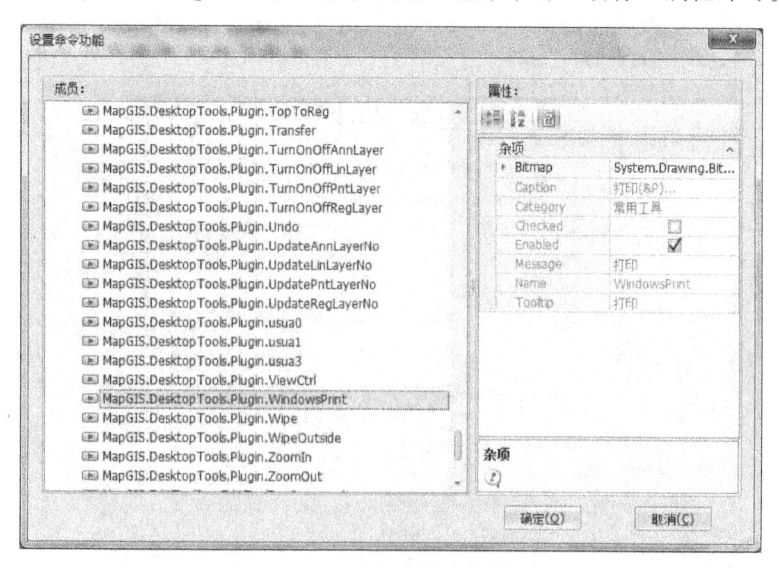

图 11.10　添加窗口打印功能

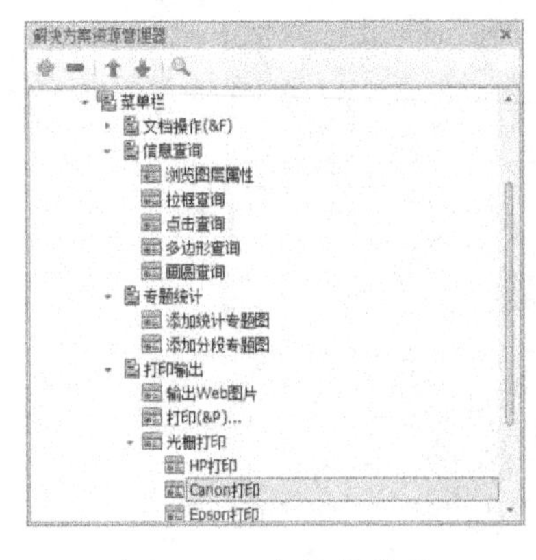

图 11.11　打印菜单项

⑤ “输出 Web 图片”属性对应的接口为“AddThemePlugin. outPutPicture”接口方法。按照步骤④的方法配置该命令项。

⑥ 再添加一个“下拉菜单”项，命名为“光栅打印”，在该菜单项中创建三个“命令项”，分别为“HP 打印”、“Canon 打印”、“Epson 打印”。三个命令项的“名称”属性对应的接口分别为 MapGIS. DesktopTools. Plugin. HPPrint、MapGIS. DesktopTools. Plugin. CanonPrint、MapGIS. DesktopTools. Plugin. EpsonPrint，按照步骤④中的方法配置对应的命令项。配置后的解决方案资源管理器界面如图 11. 11 所示。

⑦ 保存并运行解决方案，效果如图 11. 12 至图 11. 15 所示。

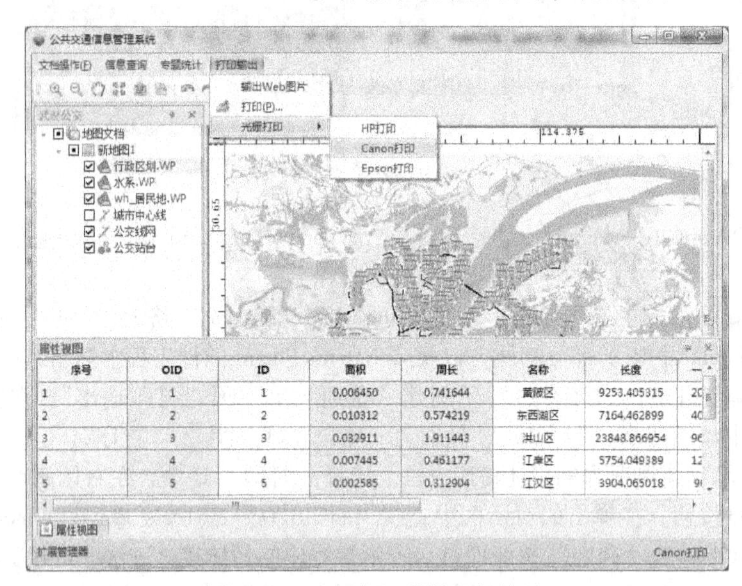

图 11.12　“打印”菜单运行效果

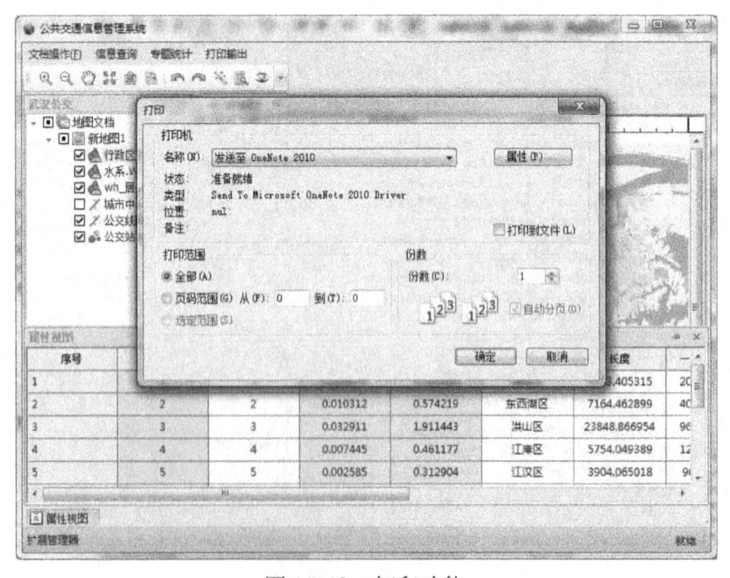

图 11.13　打印功能

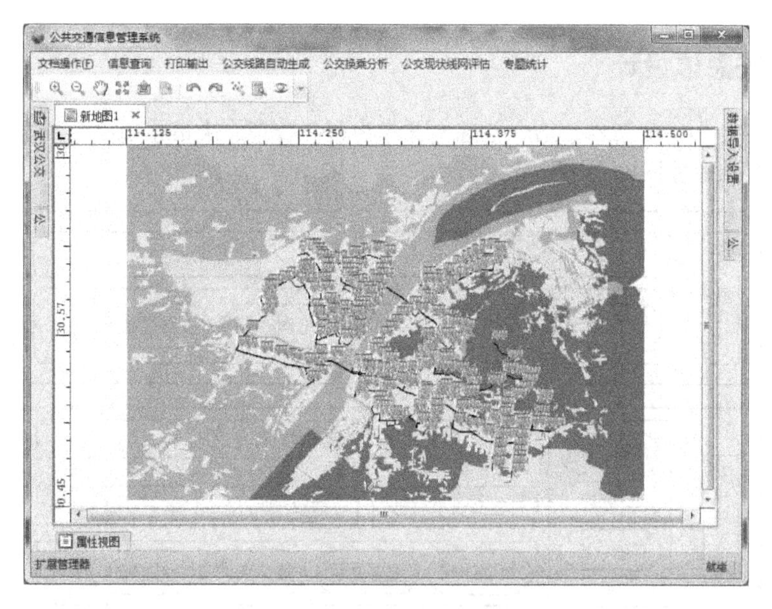

图 11.14　分段专题图

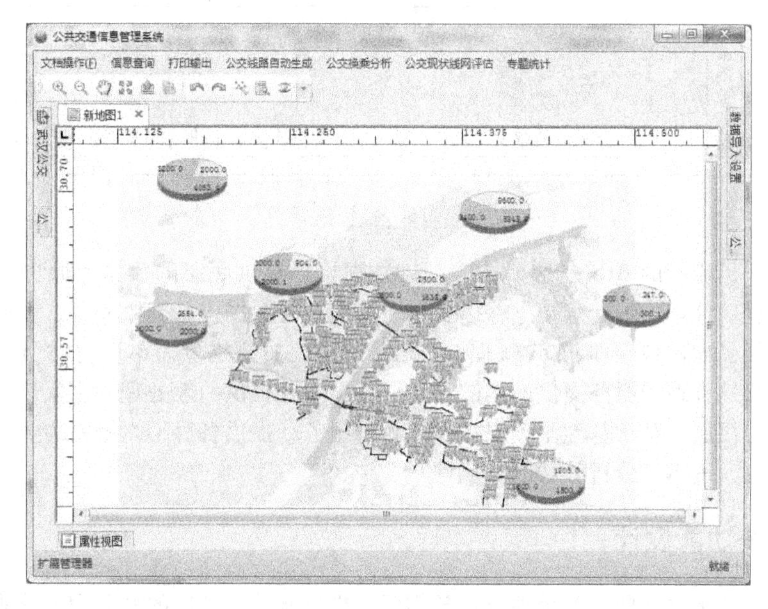

图 11.15　统计专题图

11.2　税务电子政务平台

11.2.1　概述

税务电子政务平台是税务信息化不断发展和不断推进的结果，是电子税务信息化与 GIS 技术的一次有机结合。GIS 系统通过提供的全新功能给决策领导提供更直观、更快捷的决策依据，全方位服务于武汉市地方税务征管、稽查、查询、税源监控定位等领域，提高行政效能。

11.2.2　系统总体设计

根据信息平台的一般架构，结合考虑GIS作为税务管理、决策系统平台的要求，系统采用B/S结构。系统结构如图11.16所示。

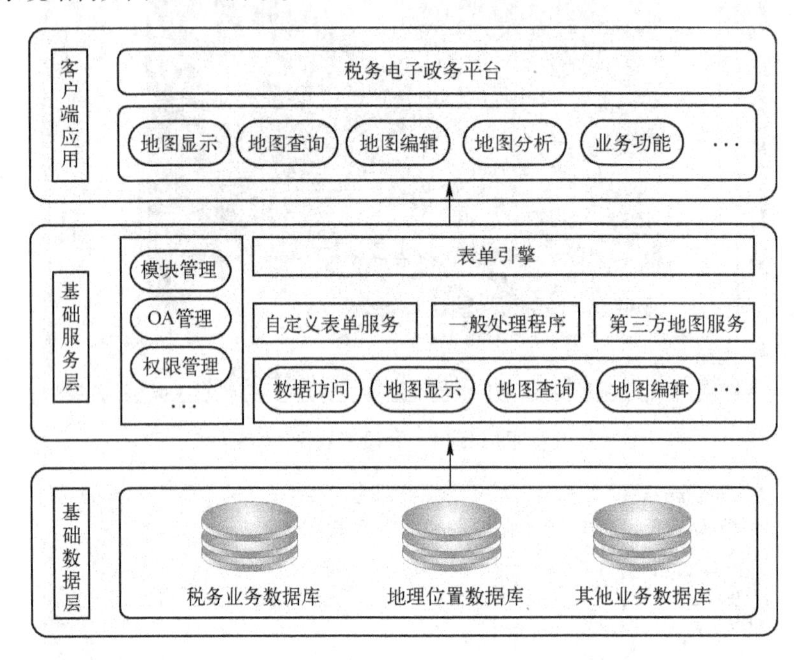

图11.16　系统框架

系统框架采用流行的B/S三层架构：基础数据层，提供底层的数据库服务支持，包括税务业务相关数据，地理位置信息数据，以及相关其他业务数据；基础服务层，左侧由框架主页提供常用的功能，如模块管理、OA管理、权限管理等，右侧提供表单运行时所需的数据库访问服务，基于第三方地图服务提供的地图显示服务，以及提供一般处理程序实现的地图查询服务等；客户端应用层，基于基础服务层提供的各种服务，提供各种OA相关的业务功能，以及地图显示、查询、编辑、分析等功能。

11.2.3　系统功能设计

税务电子政务平台面向市各级地方税务部门，提供基于广域网的税务信息化查询、管理和监控等功能，还提供税源查询、税源监控、纳税人信息录入、添加标注、统计分析等功能，以及自市局－区局－所、科－税管员自上而下的查询功能，系统主要突出解决单点多税户、多点单税户、税源区的税管交叉地带的税务信息化难题。通过使用本系统让用户更方便、更快捷地处理税务工作，达到税务信息化的目的，同时也能达到提高工作效率的目的。该系统主要功能模块结构如图11.17所示。

1. 地图基本功能

该模块主要实现市区地图的显示、地图基本操作（如放大、缩小、复位、刷新等）等功能。

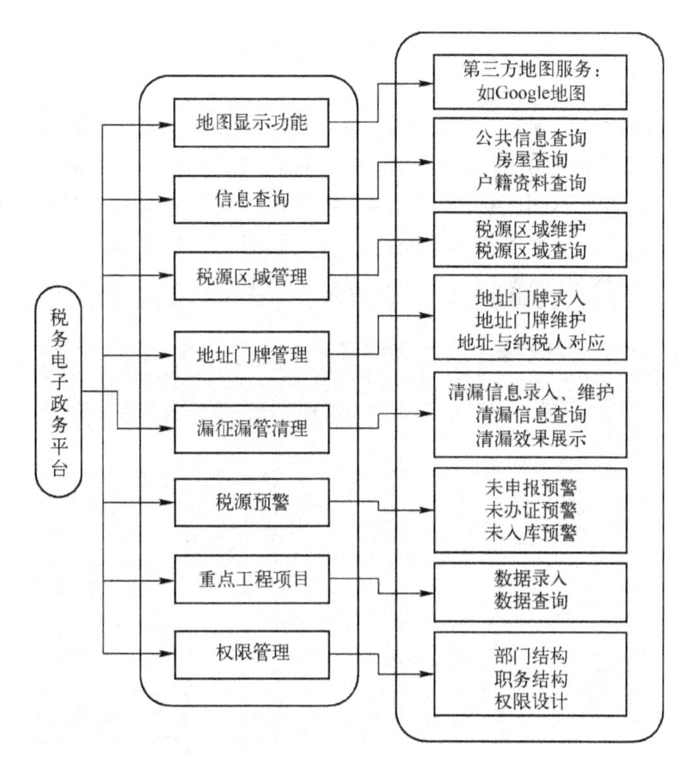

图 11.17　系统功能模块结构

2. 信息查询

（1）公共信息查询

公共信息查询提供输入关键字查询，以及按照信息类型分类进行查询，关键字查询实现效果图如图 11.18 所示。

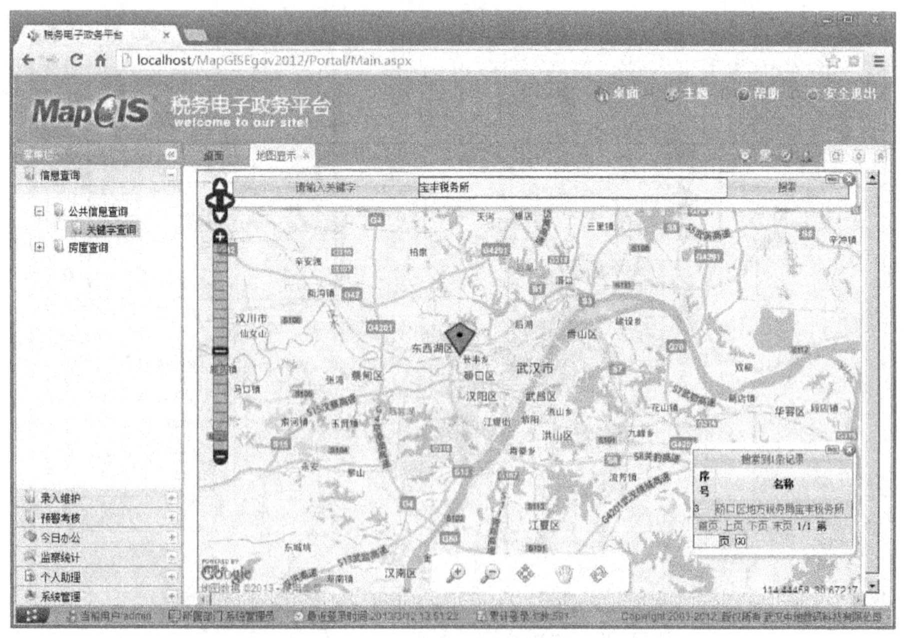

图 11.18　关键字查询效果图

(2) 房屋查询

1) 路段查询(图形)

通过在地图上选取一个区域(矩形、圆、多边形、线)的方式查询该区域范围内的地址门牌(即建筑物)信息,统计不同类型(工厂、门面、写字楼、商住楼、民宅、市场)的建筑物个数,并在地图上通过不同图标展示。单击建筑物可查看建筑物地址门牌信息、建筑物名称、占地面积、所在社区、土地等级等建筑物信息,如图 11.19 所示。

图 11.19 路段查询(图形)

进一步单击查看详情可查看房屋中楼层分布情况,以及每个房屋状态(承租、自营、居住)。可以查看该房屋内的某个楼层的户管信息状态以及纳税人缴税情况,如图 11.20 所示。

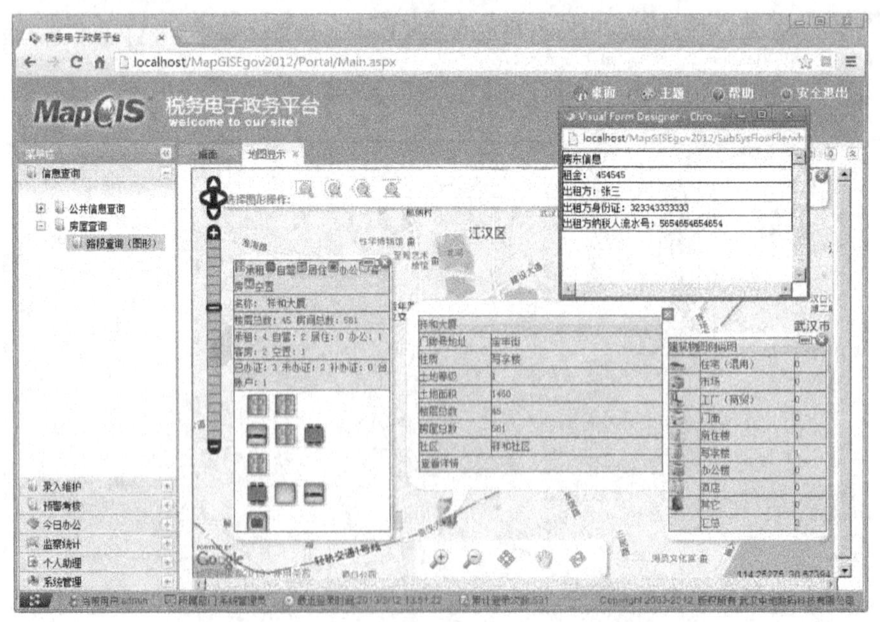

图 11.20 路段查询(图形)——信息查看

2）路段查询（关键字）

该功能与“路段查询（图形）”类似，只是通过输入路段名称，查询出该路段内的房屋情况，查询结果展现与“路段查询（图形）”一致。

3）社区查询

该功能与“路段查询（图形）”类似，通过选择社区名称，可以查询出该社区所有房屋情况，查询结果展现与“路段查询（图形）”一致。

（3）户籍资料查询

1）纳税人信息查询

主要完成基于各种条件的纳税人信息查询，如根据识别号、税管员、大小行业等。实现根据纳税人流水号、纳税人名称、税务机关（税管员）三种方式查询纳税人基本信息，并在地图上定位纳税人位置。

- 纳税人流水号查询：输入纳税人流水号，在地图上用气泡表示纳税人位置，单击气泡，显示纳税人基本信息。
- 税务机关查询：通过选择“区局、所、税管员”的方式实现，查询结果与纳税人流水号查询展示方式相同。
- 纳税人名称查询：输入纳税人名称查询纳税人基本信息，支持模糊查询。查询条件中需要添加“区局、所、税管员”三级联动下拉框，实现与纳税人名称的组合查询。

在查询结果中需要显示的纳税人基本信息有：纳税人流水号、纳税人名称、纳税人注册类型、主管机关、税收管理员、主营行业大类、主营行业小类、税务登记证号、纳税人所在街乡。

2）重点税源户

完成基于重点户分类的纳税人信息查询，如通过一级税源户、二级税源户、三级税源花等划分形式查询。实现根据纳税人流水号、纳税人名称、税务机关（税管员）三种方式查询纳税人基本信息，并在地图上定位纳税人位置。单击可查看纳税人基本信息，显示的纳税人基本信息有：纳税人流水号、纳税人名称、纳税人注册类型、主管机关、税收管理员、主营行业大类、主营行业小类、税务登记证号、纳税人所在街乡、纳税人所在地址门牌号。

3. 税源区域管理

（1）税源区域维护

税源区域维护主要完成对于区、所、税管员管辖区域的添加、编辑、删除等功能。实现区局、税管所、税管员管辖区域的划分、编辑。区域划分实现如下：用户先选择需要创建的机构名称，在地图上创建区域，然后通过客户端脚本库实现该功能，保存划分的区域坐标到数据库中，如图11.21所示。

（2）税源区域查询

根据区－所－税管员查询不同级别管辖的范围，避免户管责任不清。查询功能与税源管理中编辑功能实现类似，先选择税务机关，查询得到该区域在地图上显示。

4. 地址门牌管理

地址门牌管理主要是对管辖区的地址门牌、房屋信息进行录入操作。

为方便在GIS系统中录入地址信息，以及对于地址信息的分级管理。参考标准中文城市地址编码，对于地址模型的定义如表11.1所示。

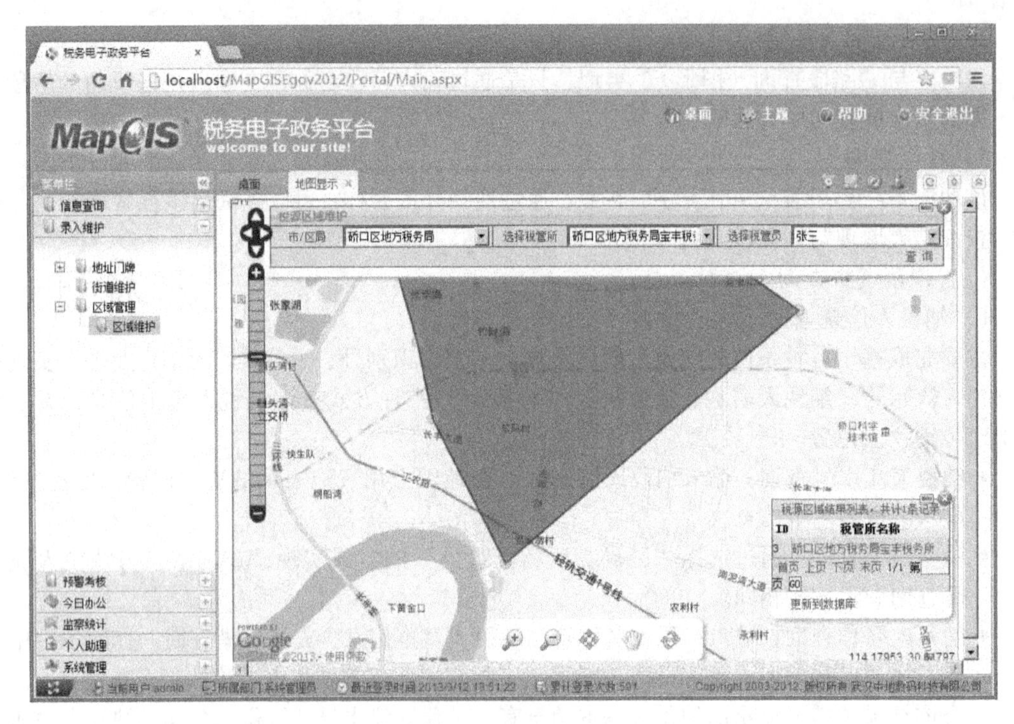

图 11.21　税源区域维护

表 11.1　地址规则

层　级	类　型	举　例
省	名称	湖北
	后缀	省、自治区
市	名称	武汉
	后缀	市、地区、特别行政区
区	名称	硚口、江汉
	后缀	区、县
街道	名称	解放、建设、汉正
	后缀	大街、路、大道、街、胡同、巷、村
门牌	数字	11、3-6
	后缀	号、单元

（1）地址门牌录入

1）数据录入约束

① 以协管员和社区为主，采用扫街的形式对税户信息进行普查与清漏，并通过地址数据录入功能进行录入、匹配、管理。基于地址数据表的设计录入地址信息时，为保证数据采集的规范性，对于区（县），街（乡），门牌号码三个字段的填写有如下要求。

A）区（县）字段填写内容需以××区、××县为后缀，如硚口区。

B）街（乡）字段填写内容需以××街、××大道、××路为后缀，参见地址编码字段规则，如解放大道。

C）门牌号码字段填写内容必须为数字，后缀必须为××号、××单元，其中填入内容为数字或数字－数字，如9号或8－10号。

② 相同地址不能重复录入。若输入相同的地址信息，则系统不处理，只提示该地址已经录入。

2）数据录入实现方式

地址数据录入通过在GIS系统的功能界面（见图11.22）中实现，实现步骤如下。

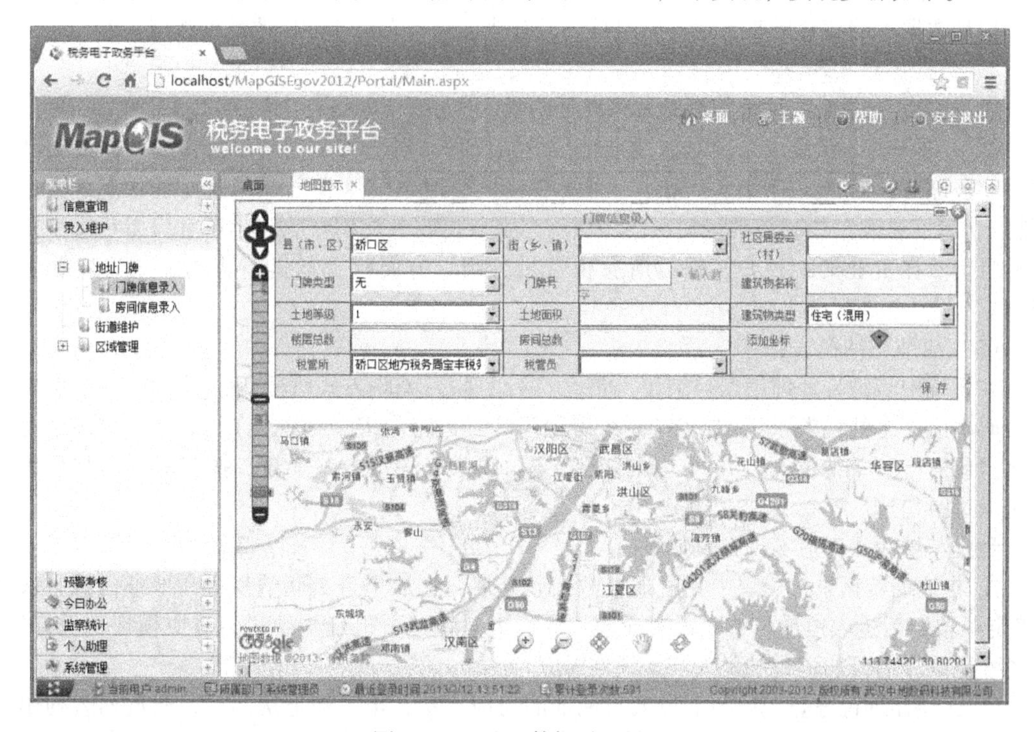

图11.22　地址数据录入界面

① 税管员登录GIS系统，单击添加“门牌号码”，系统根据税管员的所属机关自动生成××区信息。

② 税管员填写街（乡）字段，对于税管员填入的街道信息进行检测，要求以大街、路、大道、街等后缀结尾，不符合该规范的数据不能录入到系统中。这个后缀允许系统管理员配置，添加或删除后缀。

③ 税管员填写门牌号码字段，对于输入的门牌号系统根据数据录入约束检查输入门牌号码的正确性。

④ 填写该门牌地址的别名，如给湖北省武汉市硚口区解放大道688号添加武汉广场的名称，填写该门牌中包含的房间总数。

⑤ 单击“确认”按钮完成地址门牌号录入，系统自动补充录入该地址的税管员和税管所。

⑥ 提交后，系统在GIS地址信息库中查找该门牌号的坐标信息，若GIS地址信息库中存在该地址门牌号信息，则提示“录入完成”。若GIS地址信息库中不存在该地址门牌信息，则提示税管员需要在地图上标注该门牌号。

门牌维护中，涉及房间录入，录完房间信息后，根据房间性质，可以继续添加该房间中的纳税人信息，直接跳转到纳税人管理模块下的录入。

（2）地址门牌维护

地址地理信息作为GIS系统数据源，当地址地理信息发生变化时应及时在GIS系统中进行变更维护。更新操作分为两种：注销与修改。注销是指：标记该门牌号地址已经废弃，不再使用，与该地址关联的纳税户需要重新建立与门牌号的对应关系。修改是指：将某个地址门牌号更改为一个门牌号，不更改纳税户与地址门牌号的对应关系。

1）数据更新约束

地址数据不能随意更改，基本原则是，只有地址录入人员才能修改地址数据。

2）数据更新实现方式

① 根据需要更新的地址信息查找该地址的录入人员。

② 由该录入人员登录系统对该地址进行更新操作。对于修改门牌号操作，只需要更新门牌号字段即可；对于注销门牌号操作，需要在“地址地理信息表”中修改地址状态字段，在“地址房屋信息表”中将该地址对应的房屋状态字段更改为注销。统计出所有房屋状态字段为注销且仍然在营业的纳税户，根据所属税管员分组，方便税管员重新将纳税户与地址门牌对应。

（3）地址与纳税人对应

在系统中将地址地理信息与纳税人信息进行关联，关联方式可采用一对一（一个房屋门牌号码对应一个纳税人）、一对多（一个房屋门牌号码对应多个纳税人）、多对一（多个房屋门牌号码对应一个纳税人）方式，即按房找户，以人工关联方法实现，按照房屋门牌号码对纳税人进行勾选。

地址与纳税人对应实现方式如下。

① 在地址数据录入模块中完成地址数据录入后，提示是否关联纳税人和地址信息。选择“确定”按钮后进入地址与纳税人对应模块。或者直接单击地址与纳税人对应模块，选择区、街道、门牌号后开始进行纳税人与地址的对应。

② 已经办理税务登记证的纳税人与地址的对应方法：填写地址房间号，通过列表列出税管员管辖的纳税户，税管员勾选纳税户，选择清理时间后提交。

③ 为办理税务登记证的自然人与地址的对应方法：填写地址房间号，填写自然人身份证号、自然人姓名、电话、选择类型（企业或个人）、选择清理时间后提交。

5. 漏征漏管清理模块

通过此平台将区局清理的所有漏征漏管信息进行登记，并借此查询漏征漏管结果，从而达到能有效考核工作业绩的效果。

（1）清漏信息录入、维护

功能点：清漏信息录入、维护。

描述：模糊查询包括内容——按地址查、按管理所查、按专管员查、按户管状态查、按行业查。各查询内容均设置相应的下拉菜单。

操作过程：

① 通过漏征漏管户清理登记模块将区局清理的所有漏征漏管户一一进行信息登记（补充登记信息和补征税款信息）。通过登记后对漏管户自动生成纳税人流水号，对漏征户按已有流水号进行开票征收。即要求将纳税人信息准确、全面录入后在征收大厅及时开票。漏征漏管户信息指标应包括：清理时间、地址（门牌号）、纳税人名称、法人代表（业主）、联系电话、注册类型、占地面积、房产原值（承租对象）、税务所、管查员、应补征税款（可分税种）等信息。

② 漏征漏管户信息登记有误的在规定权限也可以进行更改维护，以确保漏征漏管户登记信息真实、准确。

（2）清漏信息查询

功能点：清漏信息查询。

描述：通过自动生成纳税人流水号或地址（门牌号）在清漏登记信息中和核心系统数据库中分户或汇总统计清漏、数据。

户管信息：要求可以在登记信息中查询所有漏征漏管户，要能满足按税务所、管查员汇总户数；也可以查询漏征漏管户明细信息，即登记库中的清理时间、地址（门牌号）、纳税人名称、注册类型、占地面积、房产原值、税务所、管查员、应补征税款（可分税种）等信息，同时能导出户管清册。

开票入库信息：将纳税人流水号或地址（门牌号）与征收系统数据库关联，要求能按税务所、管查员汇总入库户数、查补入库税款金额等信息；也可以查询入库明细，即地址（门牌号）、纳税人名称、注册类型、开票日期、税款所属期、查补入库金额等信息，同时可导出入库数据。

开票未入库信息：将纳税人流水号或地址（门牌号）与征收系统数据库关联，要求能按税务所、管查员汇总未入库户数、税款金额信息；也可以查询入库明细，即地址（门牌号）、纳税人名称、注册类型、开票日期、税款所属期、未入库金额等信息，同时可导出未入库数据。

未开票户信息：能通过户管信息、与开票信息关联产生未开票信息，要求能按税务所、管查员汇总查补未开票户数、税款金额信息；也可以通过链接点查询入库明细信息，即地址（门牌号）、纳税人名称、注册类型、税款金额等信息，同时可导出未入库数据。

（3）清漏效果展示

功能点：清漏效果显现形式。

描述：为实时掌握清漏进度及效果，督导工作及加强考核，要求从清漏登记库中按税务所导出清理的总户数和从征管系统导出的查补入库税款总金额。

输出结果：通过生成的电子表格，根据各税管所的清漏户数及入库金额两项指标绝对值的大小以柱状图分别表示。

6. 税源预警

根据所选的市区局、税管所、税管员、预警类型，这些选项均是规范编码，可以在税务相关数据库查询得到相关预警类型的纳税人信息。

（1）未办证预警

通过在地图上显示一个时间段内的未办证户，在地图上闪烁，提示税管员有未办证户，方便税管员及时通知该户办理税务登记证。通过选择区、所、税管员以及税款所属期起止时间段查询符合该条件的未办证户，在地图上闪烁图标，提示该户还未办证，如图 11.23 所示。

（2）未申报预警

通过在地图上显示一个时间段内的未申报户，在地图上闪烁，提示税管员有未申报户，方便税管员及时催缴税款。通过选择区、所、税管员以及税款所属期起止时间段查询符合该条件的未申报户，在地图上闪烁图标，提示该纳税人还未申报该时间段内的税款。

（3）未入库预警

通过在地图上显示一个时间段内的开票未入库户，在地图上闪烁，提示税管员有未入库

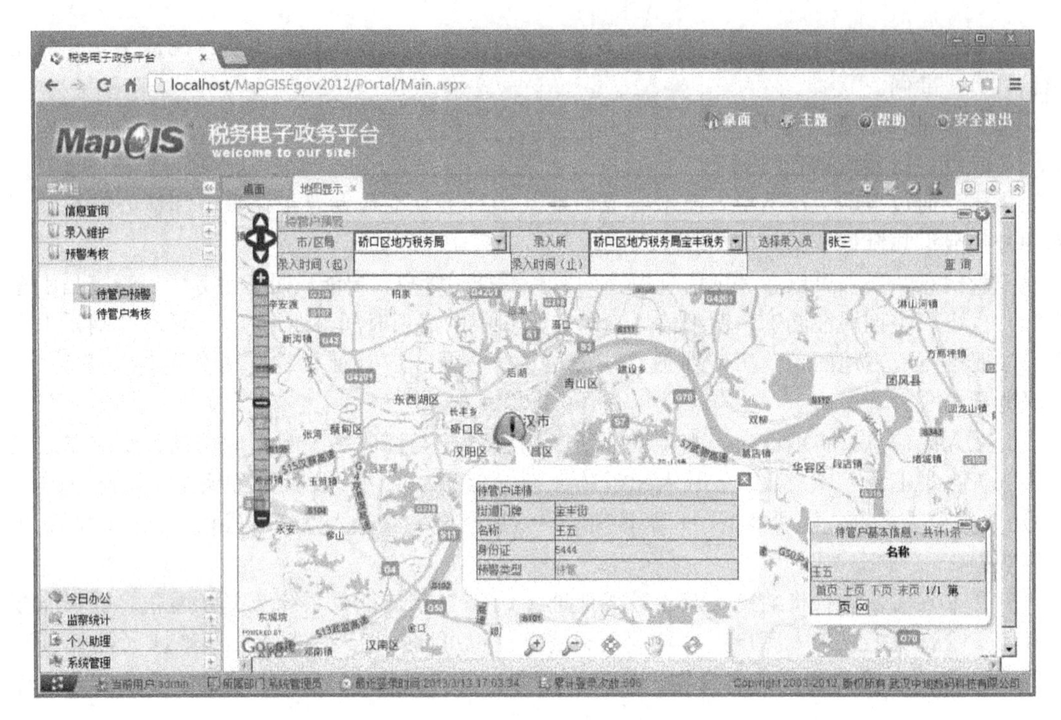

图 11.23　未办证预警

户，方便税管员及时催缴税款。通过选择区、所、税管员以及税款所属期起止时间段查询符合该条件的未入库户，在地图上闪烁图标，提示该纳税人该时间段内的税款还未入库。

7. 重点工程项目

（1）数据录入

基本信息录入：以输入该项目编号，自动生成相关信息内容。例如，项目工程名称、注册地址、主管税务机关、税收管理员、所属区局。

项目信息录入：项目名称、建设地点、建设内容及规模、总投资、分年计划投资、结算金额、分年结算金额、具体内容及形象进度、责任部门。

（2）数据查询

查询形式分为表格与地图标识两种形式并存，并可相互转换；查询内容与前期录入数据、维护数据一致或选取关键指标显示；查询选项可单独查询，皆可全部选择。具体内容如下。

- 项目三方纳税人查询：通过查询，显示出重大项目涉及的建设方、总包方、分包方所有纳税人及其户管基础信息、项目基本信息。
- 项目三方工程款查询：是指对项目建设方、总包方、分包方纳税人工程总包金额、营业税工程金额、分包工程金额、实际结算金额的查询，包括应纳税款查询、已纳税款查询、欠缴税款查询、清结税款查询。
- 项目三方税款缴纳查询：是指对项目建设方、总包方、分包方纳税人税款缴纳情况的查询，包括应纳税款查询、已纳税款查询、欠缴税款查询、清结税款查询。
- 项目三方开具发票情况查询：是指对项目各总包方、分包方纳税人开具发票数量、开具发票金额的查询。

8. 权限管理

（1）部门结构

主要实现该系统使用单位的机构管理，如机构新增、编辑、删除等维护功能。以“某市地方税务局”为例，该单位的行政级别图如图 11.24 所示。

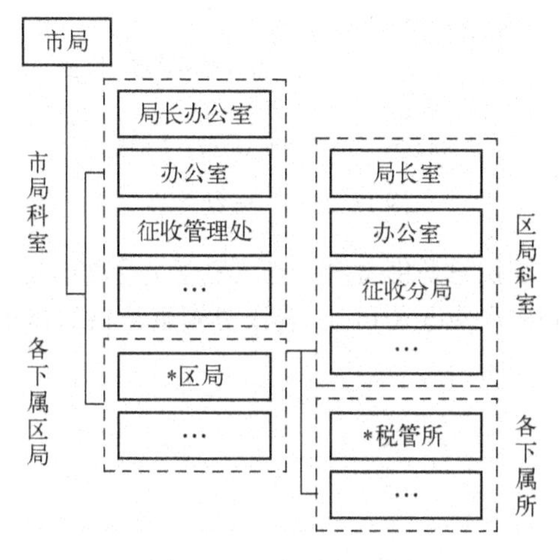

图 11.24　行政级别图

为便于阅读起见，图 11.24 只罗列区级科室、所级科室的部分科室，具体系统实现中，亦参照该图设计。

（2）职务结构

主要实现该系统使用单位的行政职务管理，如职务新增、编辑、删除、分配等功能。以“某市地方税务局”为例，各级职务关系如图 11.25 所示。

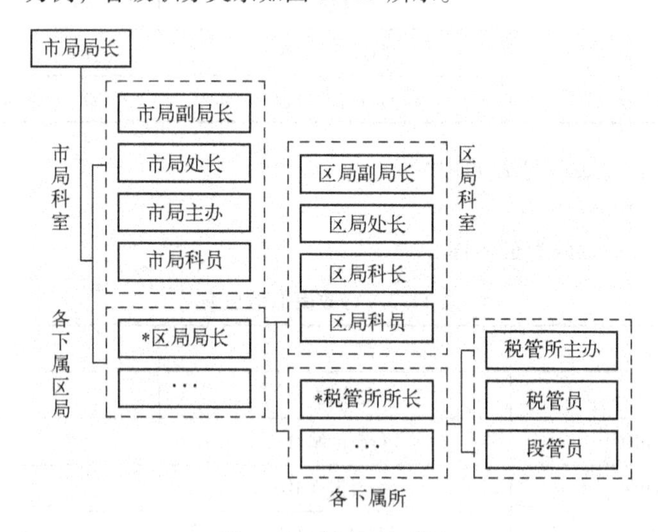

图 11.25　职务关系图

（3）权限设计

税管员只能查询自己所管辖户的信息；所长可以查询全所管辖户的信息；区局科室可以查询全区局管辖户的信息；市局可以查询全市所有的管辖户信息。权限结构表如图 11.26 所示。

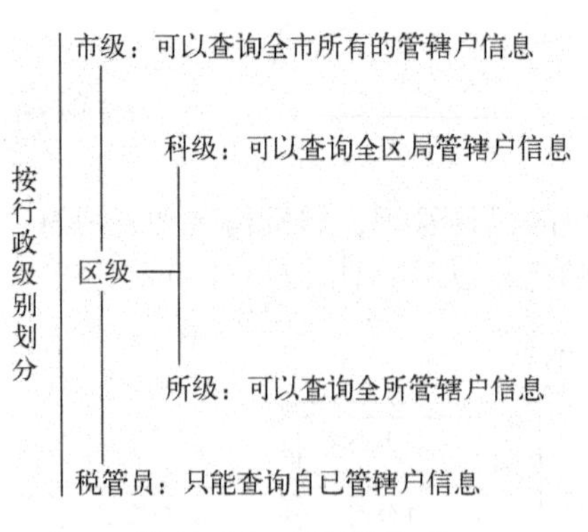

图 11.26　权限结构表

注：对于税管员而言，纳税户是集团户。若该税管员管辖的是总公司，那么他可以查询该集团所有公司（包括总公司和所有子公司）；若该税管员管辖的是子公司，那么他只能查询他所管辖的该集团的子公司。

11.2.4　数据库设计

1. 数据库表

（1）行政区信息表（见表 11.2）

表名：WHTax_AdminRegion。

说明：记录所有的行政区名称。

表 11.2　行政区信息表

名　称	注　释	数据类型
ID	主键	int
AdminRegionID	行政区域 ID	int
AdminRegionName	行政区域名称	varchar(64)

（2）行政街道信息表（见表 11.3）

表名：WHTax_AdminStreet。

说明：记录所有的行政街道名称。

表 11.3　行政街道信息表

名　称	注　释	数据类型
ID	主键	int
AdminRegionID	行政区域 ID	int
AdminStreetID	行政街道 ID	int
AdminStreetName	行政街道名称	varchar(64)

（3）行政社区信息表（见表 11.4）

表名：WHTax_Community。

说明：记录所有的行政社区名称。

表 11.4 行政社区信息表

名称	注释	数据类型
ID	—	int
AdminRegionID	行政区域 ID	int
AdminStreetID	行政街道 ID	int
CommunityID	社区 ID	int
CommunityName	社区名称	varchar(64)

(4) 门牌信息表（见表 11.5）

表名：WHTax_Facade。

说明：记录所有的门牌信息。

表 11.5 门牌信息表

名称	注释	数据类型
ID	—	int
TaxManagementID	税源区 ID	int
TaxManagerID	税管员 ID	varchar(64)
FacadeID	门牌号	int
FacadeType	门牌类型	varchar(32)
BuildingName	建筑物名称	varchar(256)
BuildingType	建筑物类型	varchar(32)
LandGrade	土地等级	int
LandArea	土地面积	float
FloorCounts	楼层数	int
HouseCounts	房间数	int
AdminRegionID	行政区域 ID	int
AdminStreetID	行政街道 ID	int
CommunityID	社区 ID	int
X	X 坐标	float
Y	Y 坐标	float

(5) 相关人员信息表（见表 11.6）

表名：WHTax_Person。

说明：记录所有的相关人员信息。

表 11.6 相关人员信息表

名称	注释	数据类型
ID	—	int
AdminRegionID	行政区 ID	int
AdminStreetID	行政街道 ID	int
CommunityID	社区 ID	int

续表

名　称	注　释	数据类型
FacadeID	门牌号	int
FloorID	楼层号	int
RoomID	房间号	int
PersonID	身份证	int
Name	姓名	varchar(256)
Phone	电话	varchar(64)
RTP_ID	纳税人登记证号	varchar(20)
TaxpayerID	纳税人流水号	varchar(15)
TaxManagerID	税管员编号	varchar(64)
TaxManagementID	税管所编号	int
PersonStatus	人员状态	varchar(64)
RoomRent	房屋租金	varchar(64)
Landlord	房东名称	varchar(64)
LandlordID	房东身份证	varchar(20)
LandlordTaxpayerID	房东纳税人流水号	varchar(15)
EnterDate	录入日期	datetime

(6) 房屋信息表（见表11.7）

表名：WHTax_Room。

说明：记录所有楼层的房屋信息。

表11.7　房屋信息表

名　称	注　释	数据类型
ID	—	int
AdminRegionID	行政区 ID	int
AdminStreetID	行政街道	int
CommunityID	社区 ID	int
FacadeID	门牌号	int
FloorID	楼层号	int
RoomID	房间号	int
RoomUse	房屋用途	varchar(64)
PropertyRightID	房产权证号	varchar(256)
Area	面积	float
ClearDate	清理日期	datetime

(7) 街道地址信息表（见表11.8）

表名：WHTax_StreetPositon。

说明：记录所有街道名称及对应的坐标串。

表 11.8　街道地址信息表

名　　称	注　　释	数据类型
ID	—	int
AdminRegionID	行政区域 ID	int
AdminStreetID	行政街道 ID	int
CoordinateStr	坐标字符串	nvarchar(512)

(8) 税管局信息表（见表 11.9）

表名：WHTax_TaxAuthority。

说明：记录所有的税管局相关信息以及权属管辖范围坐标串。

表 11.9　税管局信息表

名　　称	注　　释	数据类型
ID	—	int
TaxAuthorityID	税管局编号	int
TaxAuthorityName	税管局名称	varchar(32)
CoordinateStr	权属范围坐标串	text
PointX	X 坐标	decimal(15,8)
PointY	Y 坐标	decimal(15,8)

(9) 税管所信息表（见表 11.10）

表名：WHTax_TaxManagement。

说明：记录所有的税管所相关信息以及权属管辖范围坐标串。

表 11.10　税管所信息表

名　　称	注　　释	数据类型
ID	—	int
TaxAuthorityID	税管局编号	int
TaxManagementID	税管所编号	int
TaxManagementName	税管所名称	varchar(32)
CoordinateStr	权属范围坐标串	text
PointX	X 坐标	decimal(15,8)
PointY	Y 坐标	decimal(15,8)

(10) 税管员信息表（见表 11.11）

表名：WHTax_TaxManager。

说明：记录所有的税管员相关信息。

表 11.11　税管员信息表

名　　称	注　　释	数据类型
ID	—	int

续表

名　　称	注　　释	数据类型
TaxManagementID	税管所编号	int
TaxManagerID	税管员编号	varchar(64)
TaxManagerName	税管员名称	nvarchar(512)

（11）临时表（见表 11.12）

表名：WHTax_Temp。

说明：记录所有的有关统计、预警等临时信息，以备查询。

表 11.12　临时表

名　　称	注　　释	数据类型
ID	—	int
TaxAuthorityID	税管局编号	int
TaxManagementID	税管所编号	int
TaxManagerID	税管员编号	varchar(64)
TaxManagerName	税管员名称	nvarchar(512)
yiban	已办证数	int
weiban	未办证数	int
weiban30	超 30 天未办证数	int
buban	补办证数	int
taizhanghu	台账户数	int
scores	得分	float

2. 视图

（1）门牌号相关信息视图

视图名：WHTax_View_Facade。

说明：记录门牌相关信息、门牌地址以及门牌所属各级税管单位信息。

视图创建代码见程序代码 11-2。

程序代码 11-2　WHTax_View_Facade 视图

```
USE [MapGISEgov]
GO
/****** 对象:  View [dbo].[WHTax_View_Facade]    脚本日期:01/18/2013 10:13:14 *
*****/
SET ANSI_NULLS ON
GO
SET QUOTED_IDENTIFIER ON
GO
create view [dbo].[WHTax_View_Facade] as
```

```
SELECT dbo. WHTax_Facade. ID,dbo. WHTax_Facade. TaxManagementID,
        dbo. WHTax_Facade. TaxManagerID,dbo. WHTax_Facade. FacadeID,
        dbo. WHTax_Facade. FacadeType,dbo. WHTax_Facade. BuildingName,
        dbo. WHTax_Facade. BuildingType,dbo. WHTax_Facade. LandGrade,
        dbo. WHTax_Facade. LandArea,dbo. WHTax_Facade. FloorCounts,
        dbo. WHTax_Facade. HouseCounts,dbo. WHTax_Facade. AdminRegionID,
        dbo. WHTax_Facade. AdminStreetID,dbo. WHTax_Facade. CommunityID,
        dbo. WHTax_Facade. X,dbo. WHTax_Facade. Y,
        dbo. WHTax_Community. CommunityName,
        dbo. WHTax_AdminStreet. AdminStreetName,
        dbo. WHTax_AdminRegion. AdminRegionName
FROM WHTax_Facade,WHTax_AdminRegion,WHTax_AdminStreet,WHTax_Community
where  WHTax_Facade. AdminRegionID = WHTax_AdminRegion. AdminRegionID and
       WHTax_Facade. AdminStreetID = WHTax_AdminStreet. AdminStreetID and
       WHTax_Facade. CommunityID = WHTax_Community. CommunityID
```

（2）相关人员及权属税管员信息视图

视图名：WHTax_View_PersonTaxManager。

说明：记录相关人员及权属税管单位信息。

视图创建代码见程序代码 11-3。

程序代码 11-3　WHTax_View_PersonTaxManager

```
USE [MapGISEgov]
GO
/****** 对象:  View [dbo].[WHTax_View_PersonTaxManager]    脚本日期:01/18/2013
10:16:50 ******/
SET ANSI_NULLS ON
GO
SET QUOTED_IDENTIFIER ON
GO
CREATE VIEW [dbo].[WHTax_View_PersonTaxManager]
AS
SELECT dbo. WHTax_Person. PersonStatus,dbo. WHTax_TaxAuthority. TaxAuthorityName,
        dbo. WHTax_TaxAuthority. TaxAuthorityID,
        dbo. WHTax_TaxManagement. TaxManagementName,
        dbo. WHTax_TaxManagement. TaxManagementID,
        dbo. WHTax_TaxManager. TaxManagerName,
        dbo. WHTax_TaxManager. TaxManagerID,
        dbo. WHTax_Person. EnterDate
FROM dbo. WHTax_Person INNER JOIN
       dbo. WHTax_TaxManager ON
       dbo. WHTax_Person. TaxManagerID = dbo. WHTax_TaxManager. TaxManagerID AND
       dbo. WHTax_Person. TaxManagementID =
       dbo. WHTax_TaxManager. TaxManagementID INNER JOIN
```

```
        dbo. WHTax_TaxManagement ON
        dbo. WHTax_TaxManager. TaxManagementID =
        dbo. WHTax_TaxManagement. TaxManagementID INNER JOIN
        dbo. WHTax_TaxAuthority ON
        dbo. WHTax_TaxManagement. TaxAuthorityID = dbo. WHTax_TaxAuthority. TaxAuthorityID
```

（3）房间、人员、税管员信息视图

视图名：WHTax_View_RoomPerson。

说明：记录房间、人员、录入税管员相关信息。

创建视图代码见程序代码11-4。

程序代码11-4　WHTax_View_RoomPerson

```
USE [MapGISEgov]
GO
/******对象：  View [dbo].[WHTax_View_RoomPerson]     脚本日期:01/18/2013 10:21:
41 ******/
SET ANSI_NULLS ON
GO
SET QUOTED_IDENTIFIER ON
GO
CREATE VIEW [dbo].[WHTax_View_RoomPerson]
AS
SELECT r. ID,r. AdminRegionID,r. AdminStreetID,r. CommunityID,r. FacadeID,
        r. FloorID,r. RoomID,r. RoomUse,r. PropertyRightID,
        r. Area,r. ClearDate,p. PersonID,p. Name,
        p. Phone,p. RTP_ID,p. TaxpayerID,p. TaxManagerID,p. TaxManagementID,
        p. PersonStatus,p. RoomRent,p. Landlord,p. LandlordID,p. LandlordTaxpayerID,
        dbo. WHTax_Facade. X,dbo. WHTax_Facade. Y,
        dbo. WHTax_AdminStreet. AdminStreetName,
        dbo. WHTax_TaxManagement. CoordinateStr,
        dbo. WHTax_Facade. ID AS BuildingID
FROM    dbo. WHTax_Person AS p INNER JOIN
        dbo. WHTax_Room AS r ON p. AdminRegionID =
        r. AdminRegionID AND p. AdminStreetID = r. AdminStreetID AND
        p. FacadeID = r. FacadeID AND p. FloorID = r. FloorID AND
        p. RoomID = r. RoomID INNER JOIN
        dbo. WHTax_Facade ON r. AdminRegionID =
        dbo. WHTax_Facade. AdminRegionID AND r. AdminStreetID =
        dbo. WHTax_Facade. AdminStreetID AND
        r. FacadeID = dbo. WHTax_Facade. FacadeID INNER JOIN
        dbo. WHTax_AdminStreet ON dbo. WHTax_Facade. AdminStreetID =
        dbo. WHTax_AdminStreet. AdminStreetID INNER JOIN
        dbo. WHTax_TaxManagement ON p. TaxManagementID =
        dbo. WHTax_TaxManagement. TaxManagementID
```

11.2.5 系统实现

本系统的所有功能实现有一定相似性，鉴于篇幅限制，本节重点介绍部分功能模块的具体实现。

1. 地图基本功能

地图基本功能主要涉及地图的显示以及对地图的基础操作，底图采用第三方地图（如Google 地图），基于自定义表单客户端（或称表单设计器），采用“搭建”的方式实现该功能。最终实现后，部署到框架主页的运行效果如图 11.27 所示。

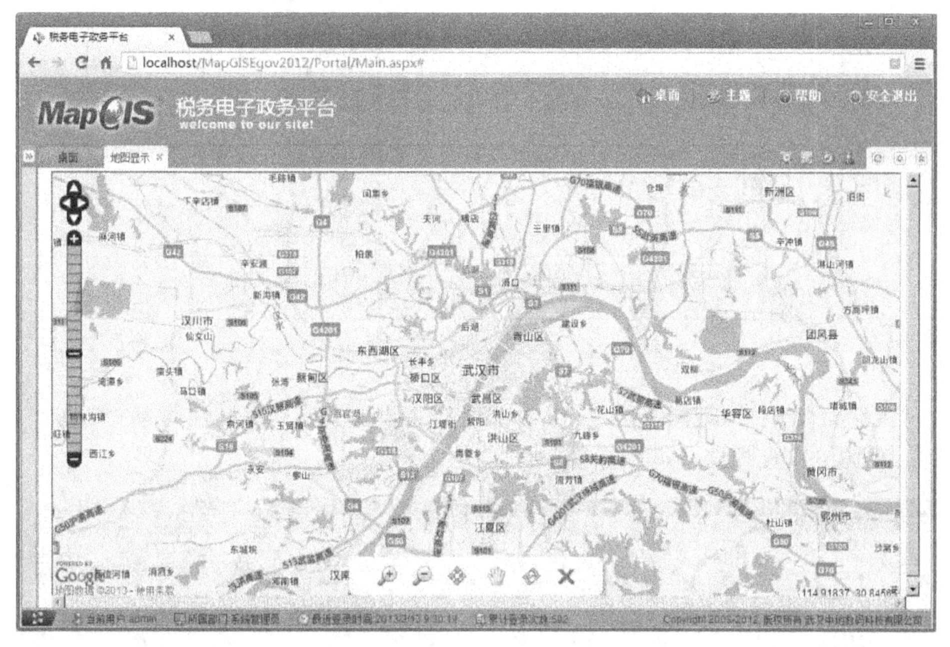

图 11.27　地图基本功能

具体实现思路及步骤如下。

（1）空间调用

① 打开表单设计器，新建名称为“index.vfd”的表单页面，从工具面板中拖动 Div 控件到该表单设计视图中，Div 控件如图 11.28 所示。

图 11.28　Div 控件

② 设置该 Div 控件属性，右击该 Div 控件，从快捷菜单中选择“属性”，如图 11.29 所示。在其右侧属性面板中，找到“样式”栏，设置其 Height、Width（即高、宽）属性。

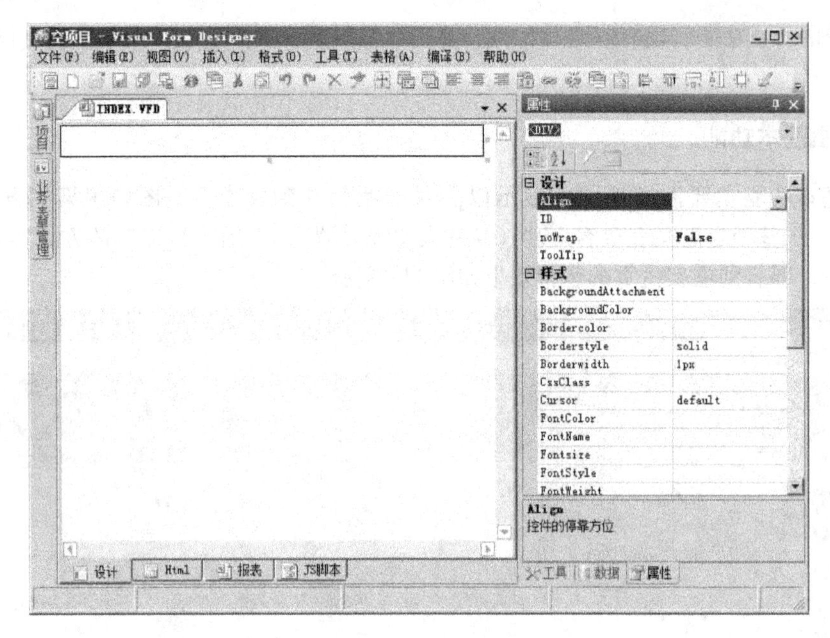

图 11.29 设置 Div 控件属性

③ 从工具面板中拖入地图容器（ZDMap）控件，设置其高、宽属性均为“100%”，使其充满第①步调用的 Div 控件，如图 11.30 所示。

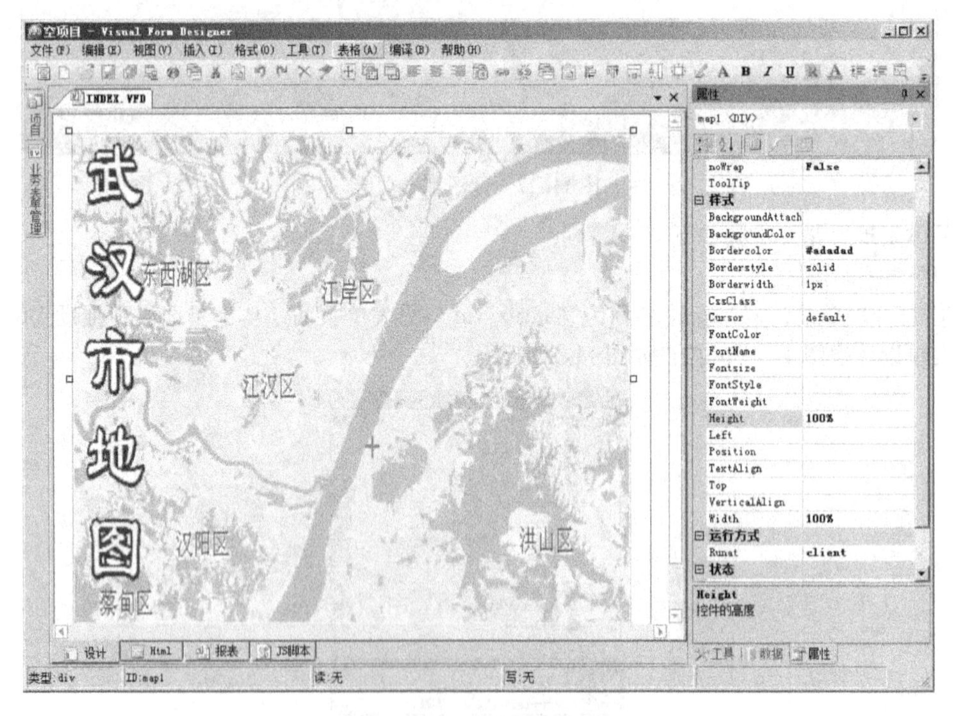

图 11.30 地图控件调用

（2）地图配置

至此，所需控件已调用完成，接下来调用 Google 地图服务显示武汉市区地图，需修改配置文件“\libs\jslib\ZDConfig. js”，包括待显示的图层（如显示 Google 地图）及显示的范围（如武汉市区）。

① 修改显示的图层。找到配置文件 ZDConfig. js 中的方法 MapLayersConfig，根据代码中的注释，保留 Google 图层项；其他相关图层项对应的代码屏蔽即可，并修改初始显示级数为 30，见程序代码 11-5。

程序代码 11-5　修改图层配置

```
//Google 地图数据配置 this. GoogleLayerParam = [name,options];    Google 地图若要与
//MapGIS 数据叠加,要将 Google 图层设置为基础图层(isBaseLayer 为 true)
var GoogleOptions0 = {numZoomLevels:30,opacity:1};
this. GoogleLayerParam[0] = ["Google Streets",GoogleOptions0];
this. GoogleLayers = [this. GoogleLayerParam[0]];//若没有 Google 图层注释该句代码即可
```

② 修改显示范围。找到方法 ZDMapConfig，修改地图显示范围及级数，见程序代码 11-6。

程序代码 11-6　地图容器配置

```
//地图容器配置类
function ZDMapConfig()
{
    this. xMin = 114. 125602;
    this. yMin = 30. 453932;
    this. xMax = 114. 500707;
    this. yMax = 30. 829037;
    //地图最大分辨率,可设置为(xMax - xMin)/512 或(xMax - xMin)/256,
    //默认最高是 360°/256 像素
    this. maxResolution = 0. 00146525390625;
    this. mapControls = [new OpenLayers. Control. Navigation(),          //导航条
                         new OpenLayers. Control. PanZoomBar(),          //自由导航
                         new OpenLayers. Control. MousePosition()        //鼠标位置 ];
    this. mapCenterleve = 10;            //初始化地图显示级数
    this. rtMenu = true;                 //是否启用右键菜单
}
```

说明：修改范围，修改最大分辨率，不加载图层控制控件，图层级数设置为 10。

（3）表单调用

至此，已完成地图显示的功能，接下来需要实现对地图的基础操作，可以利用工具面板中的地图基础操作控件实现。

为简便起见，这里采用开发库中提供的“\libs\vfd\baseTools. vfd”表单。该表单中默认已调用了地图基础操作的控件，故只需利用合适的方式链接打开该页面。一般地图基础操作控件是跟随地图一起加载的，或在地图加载完成时就需要显示出来。为达到这一目的，需要在之前创建的表单（index. vfd）的“页面加载”事件中注册函数，以打开表单“baseTools. vfd”。具体实现方法如下。

右击 index. vfd 的空白处，在快捷菜单中选择“网页属性”，表单设计器的“属性面板”

被激活，单击事件按钮“ ”，为表单页面“idex. vfd”的“页面加载”事件注册函数 OpenPageOnMap，如图 11.31 所示。

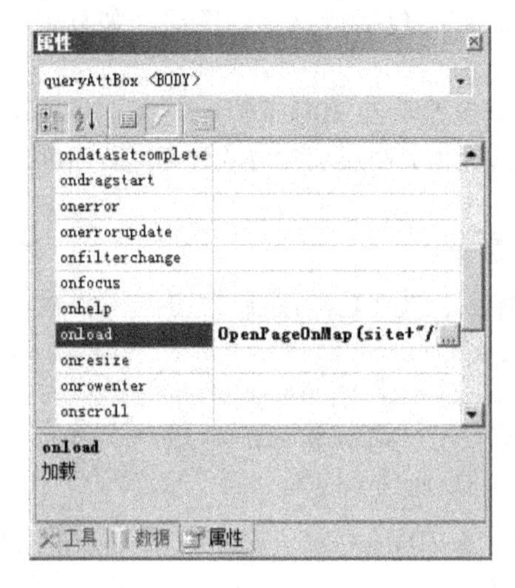

图 11.31　为“页面加载”事件注册函数

在 onload 栏中输入程序代码 11-7。

程序代码 11-7　打开页面

```
OpenPageOnMap(site + "/VFDSourceFile/libs/vfd/basetools. vfd" , "bottom" , "no" ) ;
```

说明：OpenPageOnMap 方法由开发库 libs/ jslib/ ZDComm. js 提供，具体参数说明参见该库的接口说明。

（4）运行效果

至此，地图基本功能的表单即搭建完成。部署到框架主页后，其显示效果如图 11.32 所示。

图 11.32　地图显示效果

2. 信息查询

这里以公共信息查询为例展示该模块功能，其中以关键字查询的方式进行说明。关键字查询功能设计思路：用户输入关键字，并单击按钮提交查询，将查询结果以列表形式展现；同时，支持用户单击列表中的某条记录，在地图上定位标注该记录。

因此，需要搭建一个输入关键字条件的表单页面（如 KeyWordQuery. VFD），以及一个用于展现查询结果的表单页面（如 KeyWordResult. VFD）。同时，还要在表单页面（KeyWordResult. VFD）实现定位标注某条结果记录的功能。

（1）实现查询功能

条件查询表单（KeyWordQuery. VFD）界面设计如图 11. 33 所示。

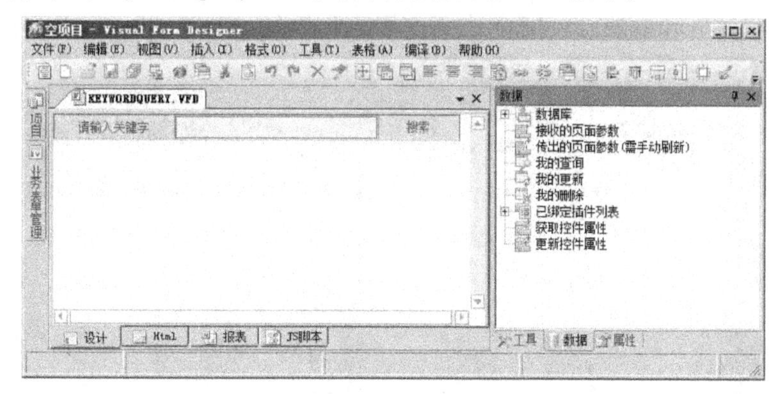

图 11. 33　公共信息条件查询表单界面设计

具体搭建过程在此不再介绍。从工具面板中拖入两个控件 TextBox、Button，并配置二者的属性，具体如下。

① 配置“请输入关键字”后的 TextBox（文本框）控件的 AllowPost、PostName 属性，如图 11. 34 所示。

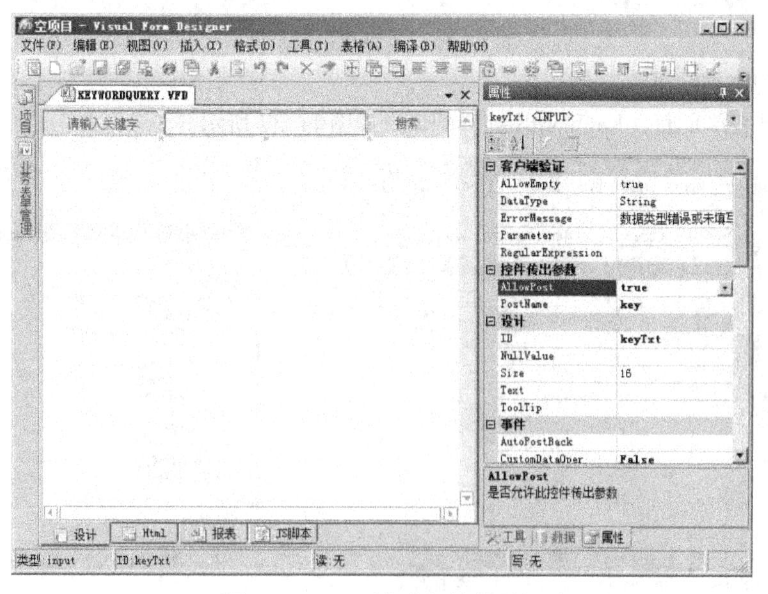

图 11. 34　配置文本框控件属性

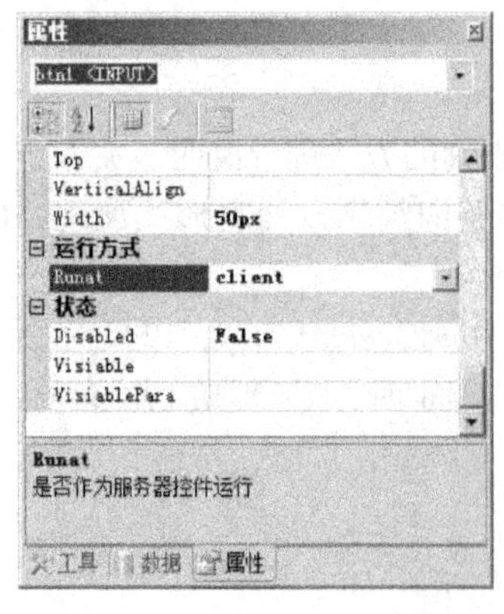

图 11.35　设置 Runat 属性

AllowPost、PostName 属性项分别设置为 true、key，即允许该文本框控件传出页面参数，对应参数名称为 key，将文本框具体值（如用户输入的关键字）以页面参数的形式自动传给结果表单页面（KeyWordResult. VFD），由结果表单页面接收该值并进行数据库查询。

② 配置"搜索"按钮控件的 Runat 属性为 client，如图 11.35 所示，让该按钮作为客户端控件运行。然后在属性面板中单击事件按钮，如图 11.36 所示，在 onclick 栏中输入"OpenPage("KeyWordResult. VFD","right");"，实现单击此"搜索"按钮即可在地图显示表单（index. vfd）右侧（参数 right）打开查询结果表单（KeyWordResult. VFD）。

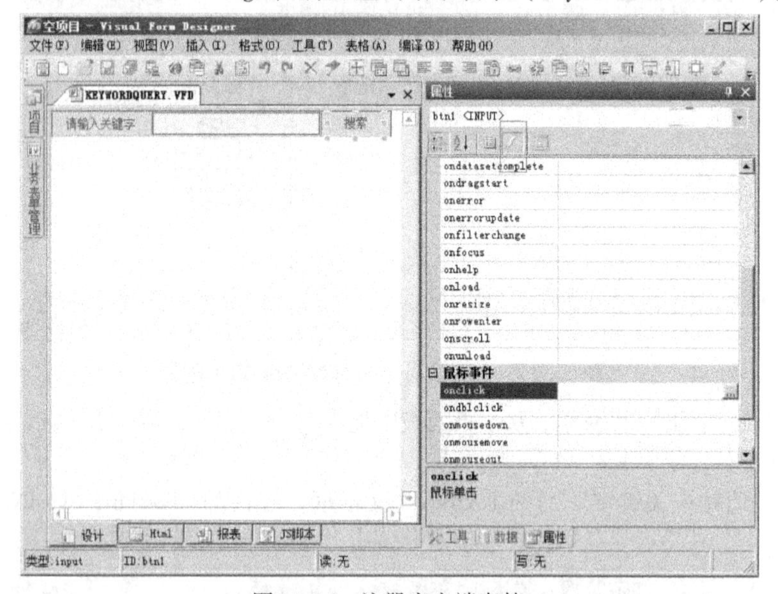

图 11.36　注册客户端事件

（2）展现查询结果

查询结果表单页面（KeyWordResult. VFD）如图 11.37 所示。

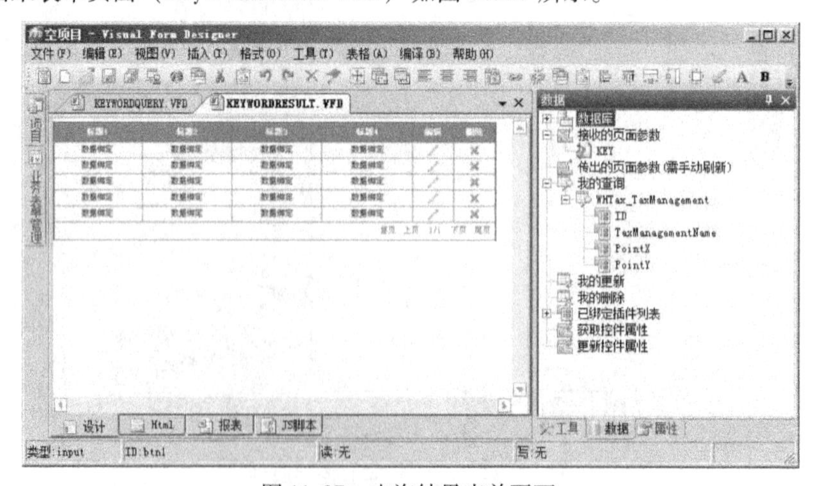

图 11.37　查询结果表单页面

该页面中主要调用 DataGrid 列表控件，配置步骤如下。

① 在数据面板中的“接收的页面参数”添加 KEY。

② 新建“我的查询”，如 WHTax_TaxManagement，对应 SQL 语句见程序代码 11-8。

程序代码 11-8　WHTax_TaxManagement（我的查询）

```
SELECT
WHTax_TaxManagement. ID,
WHTax_TaxManagement. TaxManagementName,
WHTax_TaxManagement. PointX,
WHTax_TaxManagement. PointY   FROM
WHTax_TaxManagement
where TaxManagementName like '%@KEY@%'
```

③ 设置 DataGrid 控件的 DataSource 属性，如图 11.38 所示。

为该 DataGrid 列表控件绑定数据源，绑定方法为，在 DataSource 栏中选择之前创建的 WHTax_TaxManagement（我的查询）。

④ 设置该 DataGrid 控件的“数据绑定列”属性项 DataColumns，单击该项后面的按钮，进入如图 11.39 所示界面。设置 FieldName 为 TaxManagementName 的数据绑定列的属性；在 Other 栏中输入“javascript：void（ShowMarker2（{0}，{1}））”，方法 ShowMarker2 由开发库“\libs\jslib\ZDComm. js”提供，实现根据坐标点显示标注功能。在 OtherInfo 栏中输入“PointX，PointY”，二者为另外两个数据绑定列，即数据库表中两个记录有 X、Y 坐标的字段，在运行时系统将二者的具体值有序填充到在 Other 栏中输入的“{0}、{1}”中；在 Type 栏中输入“URL”。

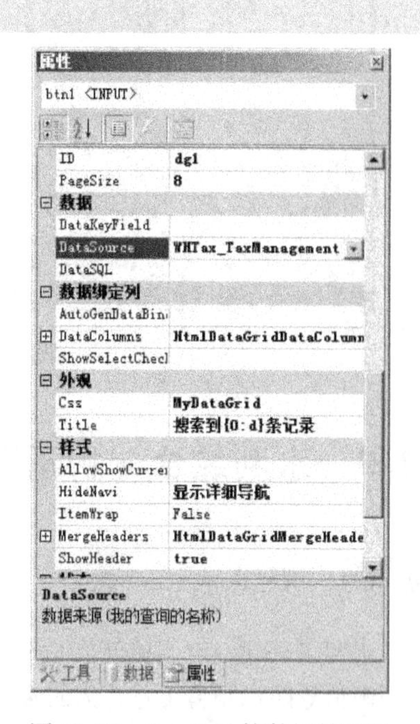

图 11.38　DataGrid 控件属性配置

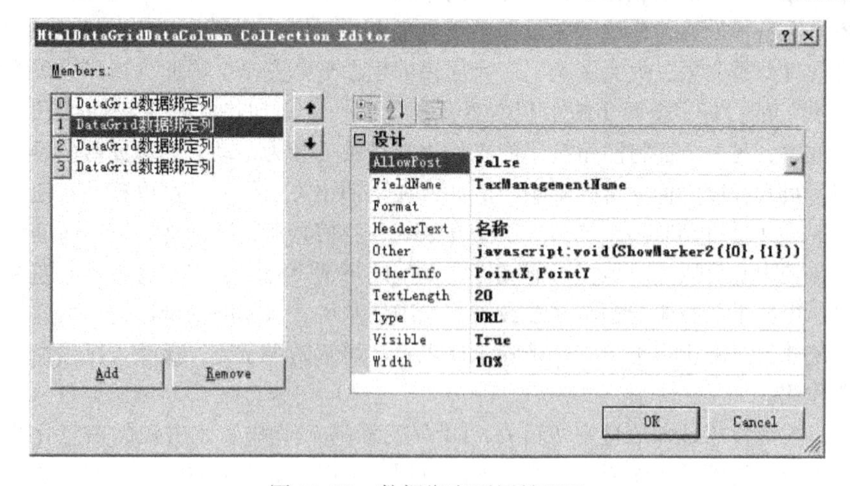

图 11.39　数据绑定列属性配置

最后，部署到框架主页，公共信息查询的效果如图 11.40 所示。

图 11.40　公共信息查询（关键字）

11.3　水利综合分析预警系统

11.3.1　概述

水利工程建设对国民经济发展和社会稳定的意义重大，防汛则是其中一个重要方面。水情、雨情等防汛预警工作，为防灾减灾争取了宝贵的时间，有效保障了人民生命财产的安全。

由于水利相关工程的信息化覆盖程度不高，因此在汛期或旱季大部分通过人工方法进行现场数据采集。在这样的工作环境下，数据采集有很大的延迟，一旦遇上反常状况，信息传递的准确性和高效性严重受限，大大影响了广大居民的生命财产安全。因此，近年来国家提出了建设“数字水利”的目标，全面实施水利信息化建设。一方面加快水利工程的信息化进程，提高其建设的效率；另一方面将防汛抗旱的工作逐步从被动转为主动，通过完善的预警机制和应急指挥系统，最大程度降低灾害的影响。例如，在汛期相关工作人员可以移动式地巡查水库水坝的运作状况，通过自动监测系统与人工交互系统，将信息清晰准确地在第一时间即时传送到监控中心；监控中心可以实时地对可能或正在发生的汛情、险情、灾情进行动态监视，随时了解现场情况，以便采取相应的预防和补救措施，确保水库、水坝的安全运行。由此可见，水利预警信息系统建设对减少洪水灾害，排除汛期隐患，缓解防洪压力，保障人民生命财产的安全等起到重要作用。

水利信息化建设与地理信息密切相关，GIS 在水利基础设施、水资源的信息化管理与监测等方面具有不容忽视的重要作用。通过 GIS 的应用，可以更好地从空间、时间上了解水利各方面的现状与变化发展，以及其规范管理，便于各级水利行政部门开展水情监测与管理、水利基础设施与水资源管理等多方面的工作。水利信息化建设内容丰富，范围较广。本章介绍的水利综合分析预警系统，以防汛预警应用为例，即从水利信息在线发布与监测等业务应用中选择一些常用功能，构建广谱性的水利信息发布系统，包括水情、雨情信息的发布与统计，以及台风监测预警等。该系统模拟广西壮族自治区历年的水利相关数据，结合 GIS 应用，通过图表、专题图、文字报告与动态推演等方式，直观展现广西壮族自治区历年与当前的水情、雨情状况，以及台风情况。

11.3.2 需求分析

在实际应用中，做好防汛预警工作，需要通过对各种数据的监测以及历史数据的分析，做出相应的决策，包括河道、水库等相关数据。夏天台风的来临会给沿海地区的经济以及生活带来严重的破坏，需要靠台风线路、风力等级、方向等数据确定群众疏散方案，以及防汛备战决策。这些数据的实时呈现以及历史数据的快速查询分析，便于及时响应与高效决策，很大程度上提高了办事效率，保障了人们的生活财产安全。

针对防汛预警的实际需求，水利综合分析预警系统主要包括以下几大功能模块：

（1）工情查询。水情信息、雨情信息的实时、历史数据查询统计以及地图地位，可以直观掌握每个水位点、地区的水情以及降雨状况。

（2）台风管理。台风路径的查询以及线路的轨迹回放，并根据台风数据确定应对方案。

（3）防汛管理。根据水位、雨情数据做出不同的决策以及进行汛情演示，包括洪水淹没分析演示以及发展趋势地图展示等。

11.3.3 系统总体设计

1. 实现模式

水利综合分析预警系统采用 MapGIS IGServer 开发平台基于 OpenLayers 的 JavaScript 开发方式实现，主要功能包括地图数据的显示操作、水利信息的查询定位，以及防汛预警的分析演示等。系统以 MapGIS IGServer 为支撑，选用 JavaScript 开发方式，结合 . NET 开发模式实现。

本系统开发环境如下。

- 操作系统：Windows 7/Windows Vista/Windows XP/Windows Server 2003 等。
- 开发工具：Microsoft Visual Studio 2010。
- Web 服务器：Internet 信息服务（IIS）管理器 6. 1 版本。
- GIS 平台：MapGIS IGServer 开发平台。
- 数据库：Microsoft SQL Server 2005。
- 浏览器：所有浏览器。

该系统的客户端使用 jQuery 的 JavaScript 框架，并采用了 HTML5 技术，改进了系统的可用性和用户体验，让客户端的呈现效果更加炫彩夺目，交互更加友好。系统的后台数据服务采用 ADO. NET 实现数据库交互，即通过 Ajax 技术实现客户端与数据服务层的数据交互，使用 Json 格式进行数据传输。整个系统的设计模式采用 MVC 的框架。该框架实现了应用程序的视图、数据、控制层的独立，改变其中一个都不会影响到其他两个。因此，依据这种设计思想能够构造良好的松耦合的构件，利于系统维护。

2. 数据组织

对于水利综合分析预警系统，涉及两大类数据，即地理数据与业务数据。根据该系统的具体应用，分别对这两类数据进行组织设计。

（1）地理数据。系统的地图加载采用第三方在线地图与 MapGIS 数据叠加方式，即底图使用 Google 的地形数据，上面叠加 MapGIS 的矢量数据，主要包括根据降雨量数据实时生成的降雨等值线与分布数据。Google 地形数据直接调用在线发布的地图服务，MapGIS 矢量数据则调用发布到 MapGIS IGServer 平台的矢量地图数据服务，均通过其 JavaScript 二次开发框架提供的图层控件加载。

（2）业务数据。根据水利综合分析预警系统的功能需求，其业务数据包含以下内容。

- 站点信息：监测站点的站号、名称、坐标、地址等基本信息，主要实现监测站点的地图定位等功能。
- 水位信息：河流、水库站点的实时数据、历史数据，用于实时展示以及历史数据统计分析以及防汛工作。
- 雨情信息：不同地区的实时以及历史降雨量数据，用于降雨等值线以及分布图的分析生成等。
- 台风信息：台风基本信息、台风的路径点、风力大小等数据，用于实现台风路径查询与轨迹回放等功能。
- 灾害点信息：灾害点的淹没区域以及撤退方案信息。
- 其他信息：权限管理等其他信息。

该系统的业务数据使用 Microsoft SQL Server 2005 关系数据库存储。整个系统采用了 MVC 框架，客户端通过 Ajax 向 . NET 服务端发送数据服务请求，服务端采用 ADO. NET 技术访问业务数据库，将数据结果以 Json 格式返回到客户端。

11.3.4 系统功能设计

水利综合分析预警系统提供的各种水利信息，使监控人员能够掌握实时与历史信息，并根据相关信息及时做出汛期预测及应对方案，提高工作效率。这些主要信息包括水位信息、雨情信息、台风信息、卫星云图及相关统计分析信息、预演方案等。根据应用需求分析，水利综合分析预警系统的详细功能模块如图 11.41 所示。

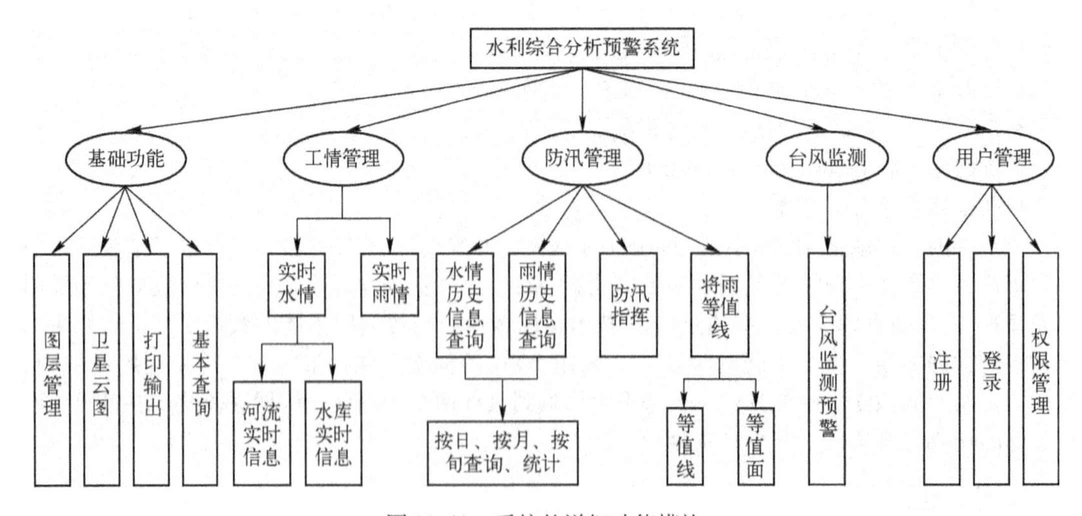

图 11.41　系统的详细功能模块

1. 基础功能模块

（1）图层管理。在本系统中，地理数据包含几种矢量数据的加载，即实时水情、雨情数据，降雨等值线与降雨分布图数据等。图层管理功能对这些矢量数据加载显示进行管理与控制，可以根据不同需要加载不同的矢量数据。

（2）卫星云图。卫星云图是实时的云图数据，根据需要手动显示某一时段的云图分布情况，或根据时间自动播放云图的变化走势。

（3）打印输出。在对历史数据的统计分析以及防汛指挥过程中会动态生成一些图片、文档等，通过此功能将这些信息打印成纸质资料，以供分析参考。

（4）基本查询。基本查询在水利系统中存储有河流、水库等站点的基本信息（站名、地址、联系方式等），通过基本查询，可查询矢量数据、地图定位显示。

2. 工情管理模块

该模块主要实现对水情、雨情的监控。根据正常值与实时数据的比较，在地图上用不同的标注提出警示，直观地显示了每个地点或地区的状况。与传统的监控比较，这种方式更直观，办事效率更高。

（1）实时水情。在系统的主页面，实时监控河流、水库的水位信息，并结合地图定位功能，直观地监控每个监测站点的水情。

（2）实时雨情。在系统的主页面，实时监控每个地区的雨量信息，并结合地图定位功能，直观地监控每个地区的雨情。

3. 防汛管理模块

此模块主要是对历史数据的查询统计分析，通过统计图直观地展现每个站点或地区的水利状况。

（1）水情历史信息查询。按日、按月、按旬三种方式，选择要查选的站点，查询选定站点的历史水位信息，并根据查询的数据生成对应的统计图表。

（2）雨情历史信息查询。按日、按月、按旬三种方式，选择要查选的站点，查询选定站点的历史雨量信息，并根据查询的数据生成对应的统计图表。

（3）防汛指挥。该模块主要实现灾害点防御与单兵巡检功能，用于防汛指挥工作中的辅助决策分析。

① 灾害点防御方案。通过查询关系数据库，获取灾害点的位置，在地图上展示洪水淹没范围，以及撤退方案。对于系统中未分析淹没区域以及撤退方案的灾害点，可在地图上手动绘制出淹没区域以及撤退线路。

② 单兵巡检。人工巡检每个水位点的水位信息，通过 GPS 移动设备将人的坐标信息以及检测点的水位信息更新到关系数据库，在地图上实时显示人工巡检的位置、水位信息以及巡检线路。

（4）降雨等值线、降雨分布图。该模块主要实现降雨等值线功能，包括降雨等值线与降雨等值面（即降雨分布图）。

4. 台风监测模块

台风监测模块主要记录台风基本信息、台风的线路信息以及台风的风力与风速等信息，根据台风的风力、风速、气压等因素预测台风的线路，提示预警并预测出未来的台风线路及风力等。

本模块主要实现台风监测预警功能，即通过时间查询出台风的信息，在地图上动态绘制出台风轨迹，并根据台风的风力大小在地图上使用不同标注颜色标绘出各个台风点。当鼠标单击该标注点时，冒泡显示台风的风力、风速、方向、气压等信息。

5. 用户管理模块

对于不同角色的用户，拥有相应的功能模块权限。该系统的用户角色分为游客、会员与管理员。游客可以查询水情、雨情、台风路径、降雨等值线等信息，但不能对数据进行操作；会员可以查看相关水利信息以及应对策略等；管理员拥有最高权限，可以操作系统各个功能模块，包括对系统用户的权限管理等。

11.3.5 系统实现

1. 框架设计

在系统开发中，框架设计是一个非常重要的部分，它是整个系统开发成败的关键之一。好的系统框架，可以使系统具备良好的兼容性、可移植性，维护方便。因此，水利综合分析预警系统采用主流的 MVC 框架设计。

MVC 框架分为以下三层。

- 模型（Model）：代表了商业规则和商业数据库，提供访问显示数据的操作，提供控制内部行为的操作及其他必要的操作接口。
- 视图（View）：用于管理信息的显示，提供用户交互界面，使用多个包含单页面显示的用户部件。
- 控制器（Controller）：从用户接收请求，将视图与模型匹配在一起，共同完成用户的请求。

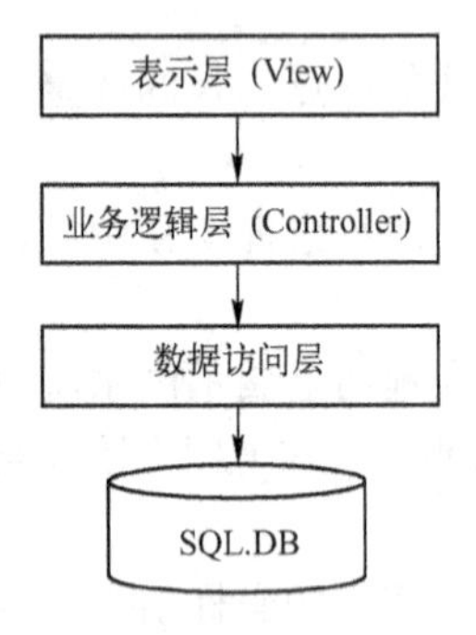

图 11.42　系统的三层框架设计

在本系统中采用 MVC 的框架，相应地将系统分为三层，即数据访问层、业务逻辑层、表示层，如图 11.42 所示。

（1）数据访问层。主要负责数据库的访问，实现对数据表的选择、更新等操作。在此系统中，数据访问层采用 ADO. NET 实现业务数据的访问操作，并没有采用 MVC 框架中的 Model 实现与数据库的交互。

（2）业务逻辑层。是系统框架中体现核心价值的部分，关注于业务规则的制定、业务流程的实现等与业务需求相关的系统设计，与系统所对应的业务（水利领域）逻辑有关。业务逻辑层扮演两个角色，对于数据访问层而言是数据调用者，对于表示层而言是被调用者。业务逻辑层对应到 MVC 框架中的 Controller，在这一层实现了访问数据层的各种接口。

（3）表示层。使用者与整个系统的交互，也就是视图（View）层。让用户的请求通过表示层经由业务逻辑层传递到数据访问层；同样，数据访问层返回响应结果，显示到表示层。在 JS 脚本中通过 Ajax 方式向业务逻辑层发送访问数据的 Request 请求，实现数据的显示。

2. 框架的实现

本系统采用 MVC 的框架设计，将系统分为数据访问层、业务逻辑层、表示层，每层的具体实现方法如下。

（1）数据访问层。在本系统中，数据库基于 Microsoft SQL Server 2005，采用 ADO. NET 类组数据访问接口，通过 Connection 类实现与数据库的连接，用 SqlDataAdapter 对象来执行查询、修改、插入、删除等命令。在这一层根据不同需求编写供业务逻辑层调用的数据接口，并编译成 DLL 库。

（2）业务逻辑层。主要是提供表示层访问数据层的调用接口。在 MVC 框架中，提供了 System. Web. Mvc 类，通过 Action/ActionResult 实现表示层访问数据层的接口，返回 JsonResult 对象。出于安全性考虑，数据访问采用 HttpPost 方式。MVC 框架中数据访问接口代码段见程序代码 11-9。

程序代码 11-9　MVC 框架数据访问接口代码段

```
[HttpPost]
public ActionResult GetWaterInfo(string type)
{
    //调用数据访问层的方法
    …
    //返回 JsonResult 数据
    return Json(对象);
}
```

（3）表示层。视图界面采用 HTML5 标准，通过 HTML 的 Document 对象、CSS 样式控制视图展现效果。功能流程实现采用 JQuery 的 JavaScript 脚本，通过 Ajax 技术向业务逻辑层发送 url 请求，返回结果为 JsonResult 对象，调用方式见程序代码 11-10，实现了表示层与业务逻辑层的交互。JQuery 提供了很多漂亮的第三方插件，包括 DataGrid、目录树、菜单等插件，实现了插件的缩放、拖拽等效果，使交互界面更加美观。

程序代码 11-10　Ajax 发送 url 请求格式代码

```
$.ajax({
        type:'POST',
        url:'Home/GetRainInfo? TimeStar =' + startDay.+'&…';
        dataType:'json',
        success:function(data) {
                …
        },
        error:function(XMLHttpRequest,textStatus,errorThrown) {
            try {
                    if(p.onError) p.onError(XMLHttpRequest,textStatus,errorThrown);
            } catch(e) {}
        }
});
```

上述系统的三层结构设计，各模块之间的交互关系如图 11.43 所示。这种分层的系统架构设计，具有很大优势：开发人员可以只关注整个结构中的其中一层，降低了层与层之间的依赖，有利于标准化，有利于各层的逻辑复用，达到分散关注、松散耦合、逻辑复用、标准定义的目的。

根据上述系统框架设计与实现方法，在 Microsoft Visual Studio 2010 环境中创建 Web 工程，搭建系统框架。水利综合分析预警系统项目框架如图 11.44 所示。

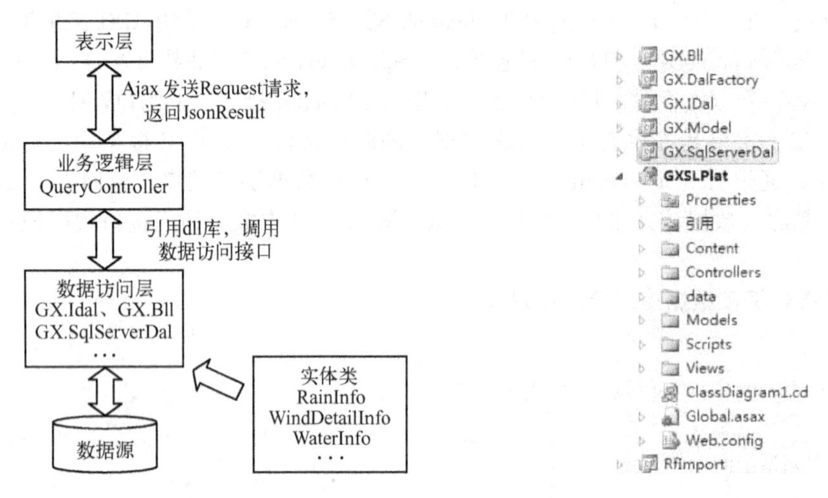

图 11.43　模块之间的交互关系　　　　图 11.44　水利综合分析预警系统框架

3. 功能模块实现

根据功能模块设计，水利综合分析预警系统分为六大功能模块，主界面如图 11.45 所示。本节将详细介绍几个主要功能的实现方法，包括水情查询统计、降雨等值线和台风路径监测功能，涵盖系统核心功能模块。

图 11.45　水利综合分析预警系统主界面

(1) 水情查询统计

水情查询功能，可查询水库、河流两类的水情信息，其流程与雨情查询类似，即在第三方插件 flexigrid 中显示结果，并在地图上添加标注。

水情查询在业务逻辑层提供其查询接口 QueryWaterInfo，在 flexigrid 插件中发送查询的 url 请求，构造的 url 串与雨情查询类似。例如，同时查询河流与水库信息，其构造的 url 串为“Home/QueryWaterInfo? Type = Both”。水情信息查询如图 11.46 所示。

图 11.46 水情信息查询

水情历史数据查询功能，效果如图 11.47 所示。水情历史数据查询的接口为 GetWaterHisInfos()，实现的关键代码见程序代码 11-11。

图 11.47 水情历史数据查询

程序代码 11-11　水位历史查询代码

```
/**水位历史信息查询*/
function QueryWaterInfos(startDay,endDay,SiteNum,til) {
//构造查询 url
    var url ='Home/GetWaterHisInfos? startday =' + startDay +'&endday =' + endDay +
            '&SiteNum =' + SiteNum;
    SetWaterDatas(url,til);//设置水位历史查询相关参数
}
/**水位历史信息*/
function SetWaterDatas(url,title) {
    var option = {},var title1 = title;
    option. title = title1;//设置创建 datagrid 插件的参数
    //列表对象
    var columns = [[{field:'Num',title:'序号 ',width:35,resizable:true},
            {field:'SiteNum',title:'站号 ',width:50,resizable:true},
            {field:'SiteName',title:'站名 ',width:50,align:'center',resizable:true},
            {field:'WaterPos',title:'水位 ',width:50,align:'center',resizable:true},
            {field:'TM',title:'日期 ',width:60,align:'center',resizable:true},
            {field:'SitePntX',title:'经度 ',width:60,align:'center',hidden:true},
            {field:'SitePntY',title:'纬度 ',width:60,align:'center',hidden:true},
            {field:'SiteAddress',title:'地址 ',width:60,align:'center',resizable:true}]];
    option. columns = columns;option. url = url;
    this. StaticType = "水位" this. InitDataForm(option);
}
```

与雨情查询统计类似，查询历史水情信息后，可以对这些历史数据进行统计分析，其效果如图 11.48 所示。在 InitDataForm 函数中实现查询统计，与雨情查询统计使用相同的统计分析控件。通过 StaticWate()实现水情统计功能，实现代码见程序代码 11-12。

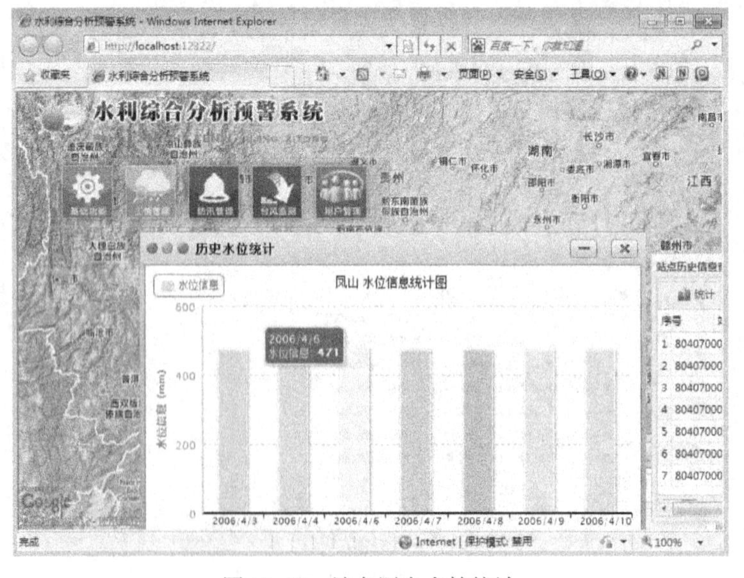

图 11.48　站点历史水情统计

程序代码 11-12　水位统计函数 StaticWater( )代码

```
/**水位历史信息统计*/
function StaticWater(data) {
    //处理结果
    var dataset = evald(data);
    var datas = [],serieData = [];
    serieData = dataset.catagra;
    datas = dataset.w;
    //设置创建统计插件的参数
    var option = packRfStatisData(datas,serieData,"column","水位信息");
    option.title = data[0].SiteName + "水位信息统计图";
    var chart;
    drawRfChart(chart,"",option,"水位信息(mm)")
}
```

（2）降雨等值线

降雨等值线是防汛管理模块中的一个子功能，通过等值线这种专题图的方式可以了解各地区某个时刻的雨量分布情况，以便进行旱情监测与洪涝监测。

基于 MapGIS IGServer 平台实现降雨等值线功能的方法为：首先根据业务数据库中各地区的每天的降雨量信息，使用 MapGIS 基础平台的生成等值线功能生成雨量分布矢量图层，包括线图层、区图层；然后使用 MapGIS IGServer 封装的 Openlayers 二次开发库（zdclient.js）中的 MapGIS 矢量图层接口（Zondy.Map.Layer），将生成的雨量分布图层叠加到地图上显示。在本系统中，根据不同时间生成的等值线图层不一样，因此用一个目录树管理这些专题图层（即线、区图层），可以手动选择某个图层显示，或者让图层自动播放显示，直观地展现随时间的变化各地区雨量分布的动态变化情况。本系统在 Google 地形图上叠加降雨等值线专题图，其效果如图 11.49 和图 11.50 所示。

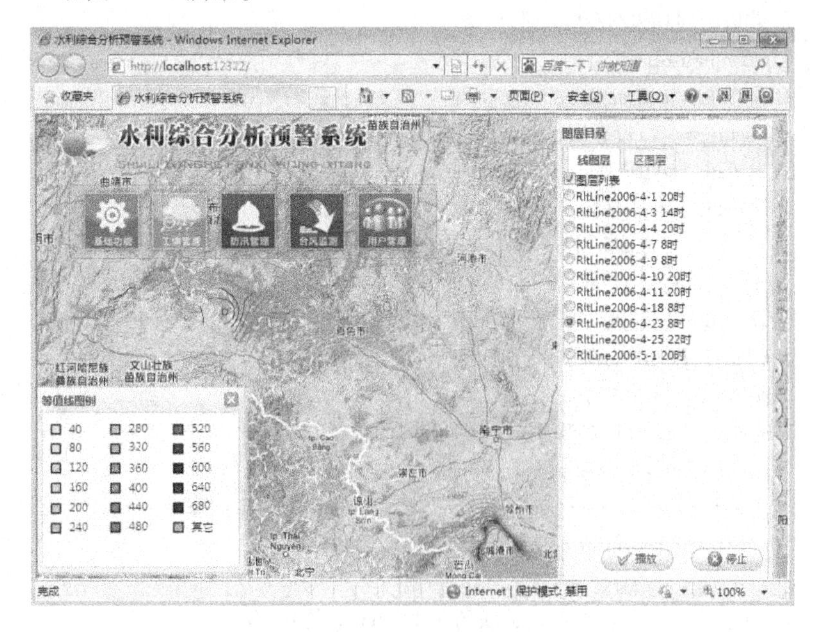

图 11.49　降雨等值线

图 11.50　降雨分布区域图

本系统中使用第三方目录树插件 zTree，在插件中提供了目录树节点的 raido 对象的单击事件，通过单击响应事件 checkBrand( )，获取要加载的图层名称，然后设置调用矢量图层的 GIS 数据服务请求的 url 串，传给 Zondy. Map. Layer( )，从而加载到 Openlayers 的 Map 对象中显示。创建目录树的关键代码见程序代码 11-13，加载对应专题图层的关键代码见程序代码 11-14。

程序代码 11-13　创建目录树的关键代码

```
/**设置目录树初始加载图层名称列表*/
function InitLayData(linMng,polygonMng) {
    var zTreeNodes = [];//节点列表
    //获取图层列表名称
    LineTmp = isoLineList;
    GeomTmp = isoGramList;
    var setting = {//设置属性,目录树 raido 对象及事件
        view:{addDiyDom:addDiyDom},
        data:{simpleData:{
                enable:true}
    }};
    //添加线图层节点
    n = {id:1,pId:0,name:"图层列表",open:true};
    zTreeNodes.push(n);
    for(var i = 0;i < LineTmp.length;i ++) {
        var name = LineTmp[i].mapname;
        n = {id:10 + (i + 1),pId:1,name:name,open:true,iconSkin:"icon01"};
        zTreeNodes.push(n);
    }
    //创建线图层目录树列表,关联到 id 为 linMng 的 div 层
```

```
    $ . fn. zTree. init( linMng, setting, zTreeNodes) ;
    //添加区图层节点
    var zTreeNodes1 = [ ];
    n = { id:2, pId:0, name:"图层列表", open:true};
    zTreeNodes1. push( n) ;
    for( var i = 0; i < GeomTmp. length; i ++ ) {
        var name = GeomTmp[ i]. mapname;
        n = { id:30 + ( i + 1) , pId:2, name:name, open:false, iconSkin:"icon02"};
        zTreeNodes1. push( n) ;
    }
    //创建区图层目录树列表,关联到 id 为 polygonMng 的 div 层
    $ . fn. zTree. init( polygonMng, setting, zTreeNodes1) ;
}
```

程序代码 11-14　加载对应专题图层的关键代码

```
/ ** radio 对象点击响应事件,加载选择的图层 * /
function checkBrand( treeNode, btn) {
    if( btn. attr( "checked" ) ) {
        var pObj = $ ( "#checkbox_" + treeNode. getParentNode( ). id) ;
        loadIsoLayer( treeNode. name) ;//从节点对象中获取图层名称,加载对应的图层
        if( !pObj. attr( "checked" ) ) {
            pObj. attr( "checked" , true) ;}
    }}
/ ** 加载图层方法,传入图层名称 * /
function loadIsoLayer( layername) {
    lastLayer = layername;
    //构造调用 GIS 服务器地图数据的 url 串
    // var layerSrc = "http://192. 168. 17. 53:6163/igs/rest/mrms/layer?
    gdbps = gdbp://MapGisLocal/GX/sfcls/RltLine2006 - 4 - 1 20 时" + layername;
    //初始化矢量图层对象,添加到 Map 对象中
    layer = new Zondy. Map. Layer( "MapGIS K10 VectorLayer" ,
        [ "http://192. 168. 17. 53:6163/igs/rest/mrms/layer? gdbps = gdbp:
        //MapGisLocal/GX/sfcls/" + layername] , { isBaseLayer:false} ) ;
    map. addLayers( [ layer] ) ;
}
```

（3）台风路径监测

台风路径监测，是在台风监测模块下实现的重要功能。首先，查询该区域台风的基本信息（台风 ID，名称等），然后选择查询结果中的一条记录查看对应台风的路径与其相关信息，即根据此台风的 ID 查询已经过的台风点（位置、风力、风速等）及预报信息（预报国家、预测经过点、风力、风速等），并在地图上动态绘制出已经过的台风线路（实线表示）、预报线路（虚线表示），根据风力用不同标注标志每个台风点。

查询台风的基本信息如图 11.51 所示。在业务逻辑层，台风基本信息查询接口是 GetWindBasicInfos，其查询请求的 url 串为“Home/GetWindBasicInfos”。与雨情查询、水情查询

相同，采用第三方插件 flexigrid 插件实现，即在 flexigrid 插件中发送查询请求并获取结果。

图 11.51　查询台风的基本信息

在台风信息窗口的查询结果列表中选择一行数据，单击左上角的“查看台风路劲信息”按钮，通过提供的台风已经过路径信息接口 GetWindDetailInfo 及预报信息查询接口 GetWindForecastInfo，根据此台风的 ID 查询其相关信息并在地图上用标注显示。已经过的台风线路信息如图 11.52 所示，台风预报线路信息如图 11.53 所示。查询已经过台风点的 url 为“Home/GetWindDetailInfo? windID = 200813”，查询台风预报信息的 url 为“Home/GetWindForecastInfo? windID = 200813”。该功能具体实现代码略，请参考程序代码 11-11。

图 11.52　已经过的台风线路信息

图 11.53　台风预报信息线路

在台风线路绘制中使用了轨迹回放的功能，即将获取的线路坐标保存在一个数组中，通过VS 提供的计时器 setTimeout( )，根据设置的时间长度（如 50ms）执行一次修改标注的坐标，实现线路的动画播放功能。功能实现的关键代码见程序代码 11-15。

程序代码 11-15　动画播放关键代码

```
/***绘制小车
 * dots{array(OpenLayers.LonLat)}路径序列化后的坐标序列(入口参数)
 * imgPath:小车图片路径(入口参数)
 * timeDis:时钟触发器时间间隔(入口参数)50ms
 * moving: 地图是否随小车移动的标志位(入口参数:true/false)
 */
function drawCarFunc(dots,imgPath,timeDis,moving) {
    this.timeSpan = timeDis;//时间间隔
    //清除 mark 层中所有的 mark
    windDeMarks.clearMarkers( );
    //创建一个小车的 mark,并添加到 mark 层中
    var icon = new OpenLayers.Icon(this.ImagePath,this.mSize);
    var marker = new OpenLayers.Marker(new OpenLayers.LonLat(dots[0].x,dots[0].y));
    windDeMarks.addMarker(marker);
    this.ImagePath = imgPath;//标注图片 url
    this.tickNum = 1;//线路坐标数组起始索引号
    //根据坐标点及间隔时间修改标注的坐标,绘制台风动画
    this.dynaDrawCar( );
}
/***通过时钟控制绘制台风动画*/
```

```
function dynaDrawCar( ) {
//索引号不超过存放坐标点的数组(pointList1)的长度
    if( this. tickNum < this. pointList1. length) {
        windDeMarks. clearMarkers( );//在 mark 层中清除上一次的标注点
        //创建标注对象
        var marker = new OpenLayers. Marker( new OpenLayers. LonLat( this. pointList1
        [ this. tickNum]. x,this. pointList1[ this. tickNum]. y) );
```

11.4 常州市园林绿化 GIS 系统

11.4.1 概述

随着经济的迅猛发展和人民生活的日益提高，城市建设的步伐也不断加快，在城市化水平也不断提高的同时，城市园林绿化和管理成为一个城市容、市貌的一个重要衡量标准，对风景名胜区、古树古木的管理也提上了日程。为了实现改善和提高城市生态环境质量的战略目标，园林绿化的信息化建设逐渐受到人们的重视。因此，充分运用地理信息系统、计算机、三维虚拟仿真技术、高速宽带网技术、计算机技术、数据库技术等现代信息技术建设园林绿化 GIS 系统是园林绿化建设的一项重要措施。

1. 基本目标

常州市园林绿化 GIS 系统采用地理信息系统、计算机、三维虚拟仿真、数据库、高速宽带网等高新技术，把社会绿化、古树名木、公园、风景名胜区等，以信息化的方式表现，通过整合基础空间数据库和园林绿化信息数据库，来提高业务水平和管理效率，并对园林绿化情况进行综合评价，为制定城市发展战略提供必要的园林绿化信息，为城市基础设施的建设添砖加瓦，更加利于促进常州市的经济发展。

2. 系统需求

常州市园林绿化 GIS 系统主要是要利用计算机、数据库、地理信息系统等技术，针对园林规划与管理中的各种信息进行综合管理，从而有效地研究、规划、开发、保护和管理绿色空间环境。该系统根据常州市园林绿化管理局日常工作和业务的特点，需要模拟和表达园林绿地系统的空间分布与结构，并对日常园林规划管理的各种基础资料、工程资料及相关文档实现自动化、规范化和标准化管理，为规划部门提供空间、非空间信息以及辅助决策与分析等服务。具体功能需求如下。

（1） 基础地理数据的管理

系统提供海量地形数据管理功能，方便、快捷实现地形图数据的查询、检索以及输出。

（2） 园林专题输入编辑

系统提供丰富、便捷的录入及编辑工具，进行园林信息数据的录入及编辑。

（3） 园林绿化信息查询统计

系统提供对园林各项数据的查询、统计、量算、定位、三维观察、图形输出、多媒体管理等多方面的管理。

（4）园林绿化拆迁成本核算

通过道路中线、道路边线，分析出拆迁的范围，为建设项目审批提供更科学的依据，提供辅助决策。

（5）园林工程建设管理

系统提供将园林工程资料利用 GIS 形式进行管理，通过查询绿地或其他设施，从而调用相关的工程资料。

（6）园林绿化企业信息管理

系统提供整个城市的绿化企业的信息资料管理，为了解绿化企业的各种资质和规模提供参考。

（7）园林绿化养护规程管理

系统提供绿化养护规程库、病害规程库、虫害规程库等的管理，为植物的绿化养护提供了有利的参考。

（8）园林绿化行政许可管理

系统提供通过业务的流程，实现了园林绿化各类行政许可事项的管理。

11.4.2 系统设计

1. 系统层次结构设计

园林绿化是城市市政管理的一个具体行业，在实现整个市政基础设施管理信息化中，为了全面整合现有各类市政信息资源和有效地集成市政各业务部门应用系统，可采用一种高效管理城市各类信息资源和满足各种应用与服务的基础信息支撑平台——数据中心集成开发平台作为各应用系统开发和运行平台进行建设。因此，针对园林绿化 GIS 系统的构建可采用三层结构体系进行设计开发，如图 11.54 所示。第一层是软/硬件基础层，它是管理运营平台运行的物质基础。其中，硬件包括网络设备、服务器、存储备份设备等，网络包括政府专网、Internet、GPRS 网络等，软件涉及操作系统、数据库管理系统、镜像及备份工具、GIS 平台、安全防护软件等。第二层是数据中心集成开发平台，它包括市政行业和综合应用系统搭建、配置及系统运行环境。第三层是应用与服务系统，是提供给用户的市政业务应用与服务系统。

数据中心根据城市对市政基础设施管理信息化要求，提取共性需求与功能，采用面向服务的架构思想，在数据中心中设计开发出相应的抽象功能模块，而每个功能模块又由若干基本功能单元构成，从下到上可分为三层（如图 11.54 所示）：第一层提供基础和通用的功能，如基础的异构数据的视图、GIS 功能、遥感功能、三维功能、处理数据的工作空间，保障数据安全性的权限管理模块等；第二层提供专业基础和通用功能，如市政基础设施数据模型管理、市政基础设施基础功能管理、市政基础设施基础方法管理等；第三层提供针对具体应用的专业功能，如市政行业分析和综合分析、不同行业业务功能、辅助决策等。另外，对特定业务领域提供标准的功能模块扩展接口，支持特定业务逻辑的集成，特定业务的功能开发完成后，也可以纳入功能仓库中，成为功能仓库的有机部分，从而实现特定业务功能的可重用性。

另外，数据中心功能模块与功能模块之间的连接是采用一种“松耦合”方式。“松耦合”方式是互连网的最佳耦合方式（结构灵活、可扩展性强），它受网络环境影响最小。操作采取面向“服务”方式进行，就是把“进行数据存取操作”变为“请求数据存取服务”，“数据存取服务”是所有“服务”的特例，充分体现“面向服务”的最新设计思想。

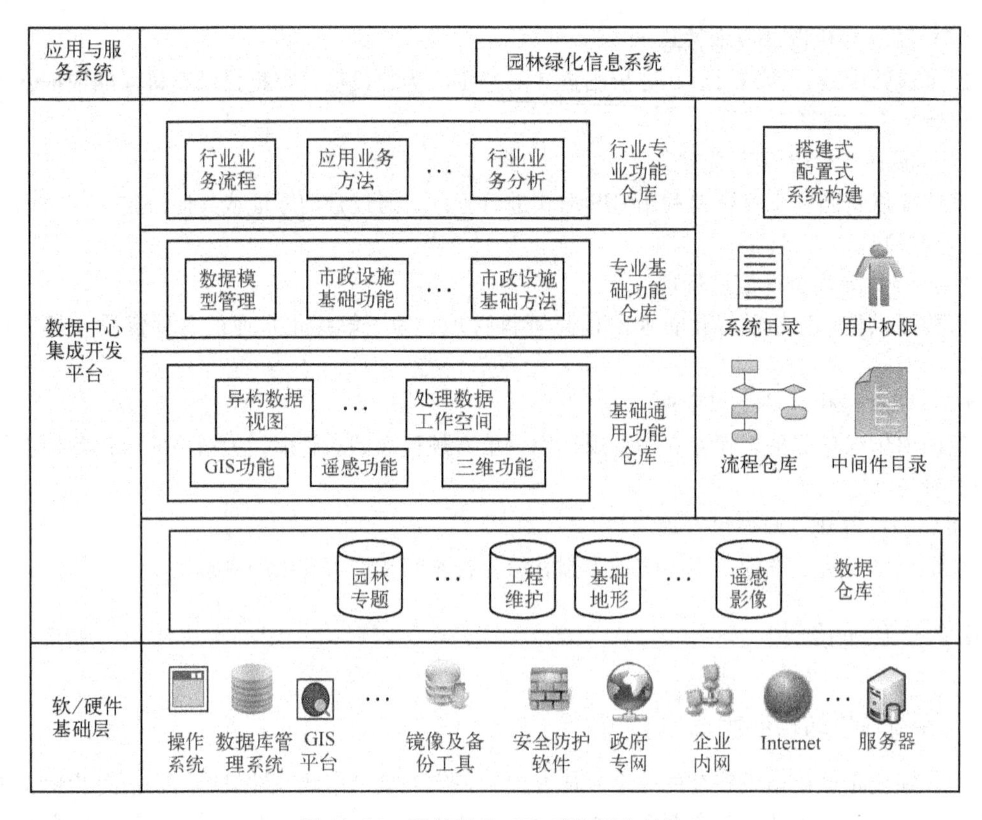

图 11.54　园林绿化 GIS 系统层次结构

2. 系统功能设计

根据系统的需求，常州市园林绿化 GIS 系统的功能模块主要包括基础数据管理模块、查询统计模块、指标计算模块、工程管理模块、拆迁成本核算模块、行政许可管理模块、绿化企业信息管理模块、绿化养护规程管理模块、三维观察模块、输入编辑模块、系统设置及帮助模块等，如图 11.55 所示。这些模块均是基于数据中心进行插件、配置和搭建式二次开发完成的。

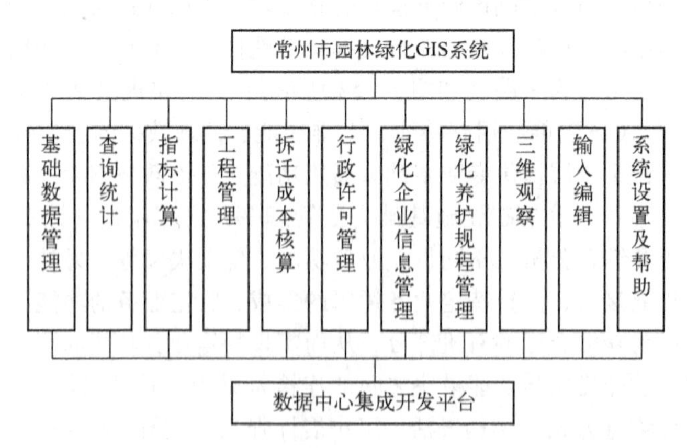

图 11.55　常州市园林绿化 GIS 系统功能模块

11.4.3 系统搭建

1. 专业基础功能构建

系统的专业基础功能包括：市政基础设施数据模型、市政基础设施元数据管理、市政基础设施基础功能库、市政基础设施基础方法库、市政基础设施数据交换组件等，如图 11.56 所示。其中，市政基础设施基础功能库包括数据管理基础功能库、数据更新基础功能库、数据分析基础功能库、市政设施三维模型、市政设施编码引擎等。

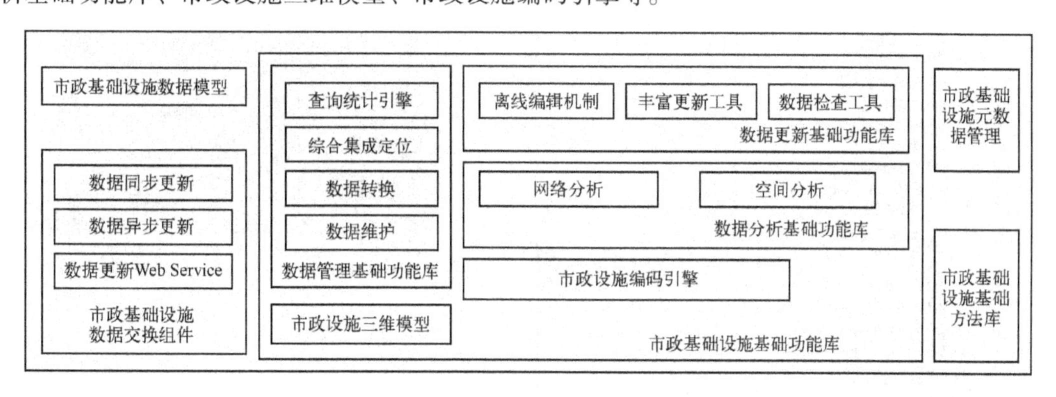

图 11.56 专业基础功能组成

专业基础功能均使用 C++ 等编程语言进行插件开发，如图 11.57 所示为利用 Visual Studio 2005 进行插件开发的开始界面，然后利用插件开发的相关接口标准规范开发相应的插件功能。当插件功能完成后，找到相应的注册文件（*.rgs），并按照插件注册标准进行编辑注册。

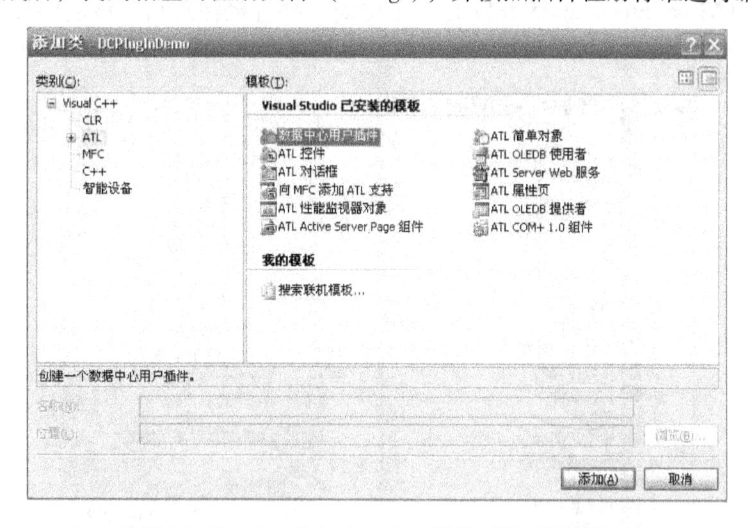

图 11.57 Visual Studio 2005 插件开发开始界面

（1）数据管理基础功能库

① 查询统计引擎：具备空间属性联合市政设施查询统计功能，能够按照自定义区域范围查询统计市政设施属性，区域范围定义包括：鼠标指定范围、键盘坐标范围、图幅范围、定位线范围等，能指定查询统计的任意条件，并可设定复合条件检索，查询条件由人机交互方式设

定。所有查询统计出来的数据可以直接输出成文本格式文档和 Excel 文档。统计图形能以直方图、饼图等方式输出。能够对地形图中的地形属性进行查询。

利用 Visual Studio 2005 开发的“统计图”和“统计窗口”插件经注册后，该功能插件即纳入功能库管理，如图 11.58（a）所示，该功能插件在应用程序中加载后如图 11.58（b）所示。

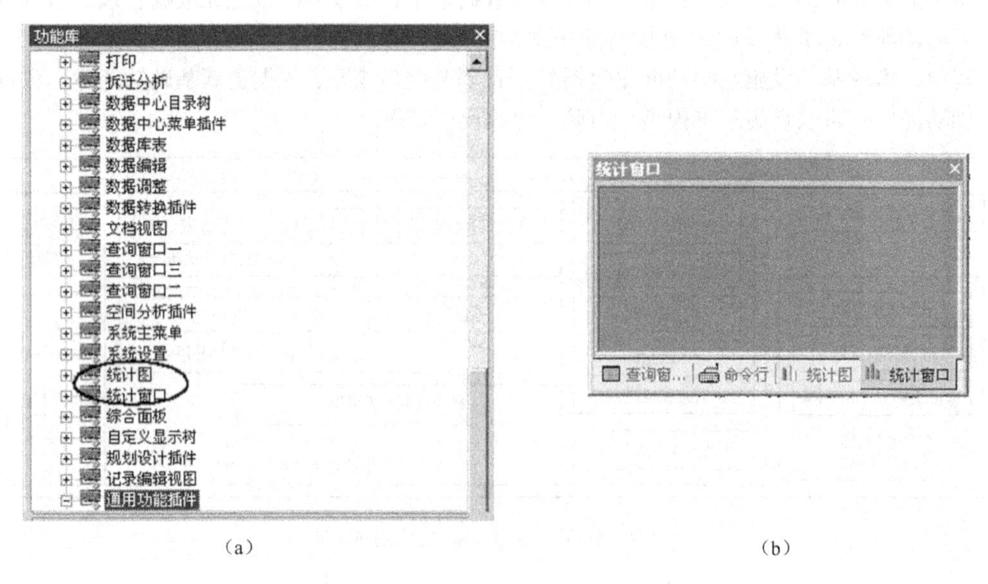

（a）　　　　（b）

图 11.58　统计图和统计窗口插件

② 综合集成定位：可提供坐标定位、鹰眼定位、地名定位、道路中心线定位、定位线定位等方式。利用 Visual Studio 2005 开发的“定位线”插件经注册后，该功能插件即纳入功能库管理，如图 11.59（a）所示，该功能插件在应用程序中加载后如图 11.59（b）所示。

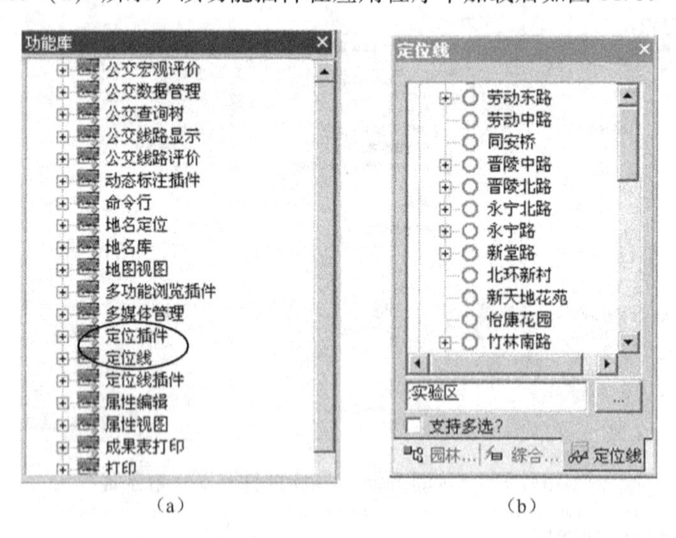

（a）　　　　（b）

图 11.59　定位线插件

（2）数据更新基础功能库

① 数据更新工具：数据更新包含数据录入、数据编辑、数据删除。数据录入提供丰富的

市政设施录入工具，包含市政设施空间数据和属性数据的录入，支持批量数据录入与单个设施输入，支持根据待录入的设施与已经存在的地图的参考相对关系来录入设施，解析录入的工具包括捕捉录入、平行线、垂直线、线段距离、两边拴点、两点拴点等。数据编辑支持单个或者批量设施空间位置的移动、拓扑关系的修改、图形的修改、属性的修改，可以根据表达式计算属性数据，支持批量的属性和图形替换。数据删除支持单个或者批量设施的删除。利用 Visual Studio 2005 开发的“数据编辑”功能插件经注册后，该功能插件即纳入功能库管理，如图 11.60 所示为功能库中部分数据编辑功能插件。

② 数据检查工具：对市政设施的空间位置、拓扑关系、属性重复及异常、图形进行检查。

（3）数据分析基础功能库

① 网络分析：提供市政设施常用的网络分析功能，包含最短路径分析、上下游追踪、动态分段等，为市政应用分析提供基础。

② 空间分析：提供市政设施常用的空间分析功能，包含缓冲区分析、等压线绘制等。利用 MapGIS 平台提供的基本空间分析组件，经工作流设计器搭建的空间分析功能即可纳入功能库管理，如图 11.61 所示为功能库中部分空间分析功能。

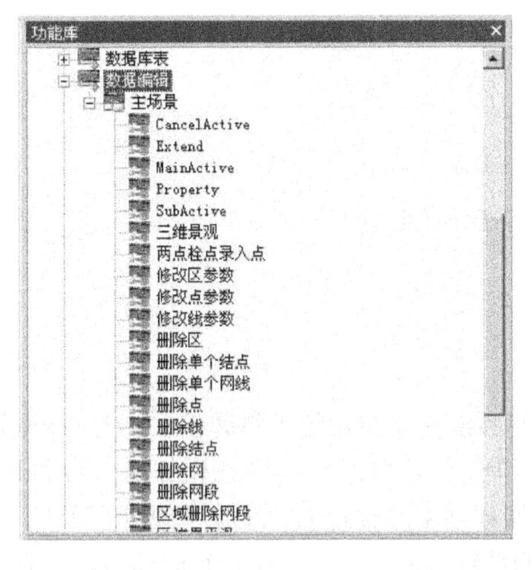

图 11.60　功能库中数据编辑功能插件

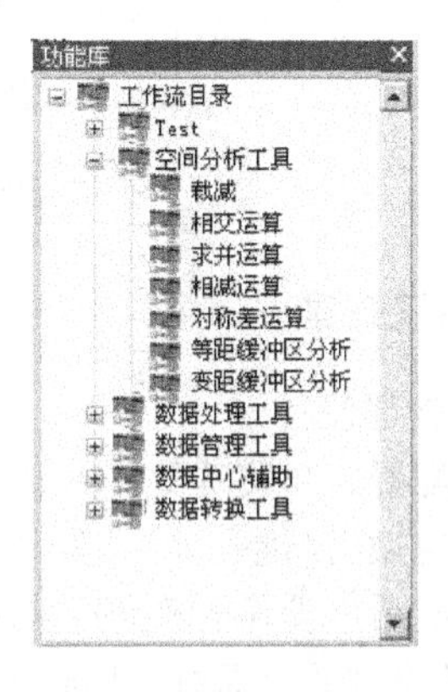

图 11.61　功能库中部分空间分析功能插件

（4）市政设施三维模型

可实现地上、地面、地下的三维建模，支持模型的渲染、动态漫游及模型输出等，同时提供横断面图、纵剖面图、立体图的生成和浏览。利用 Visual Studio 2005 开发的“三维视图”功能插件经注册后，该功能即纳入功能库管理，如图 11.62 所示为功能库中三维视图插件。

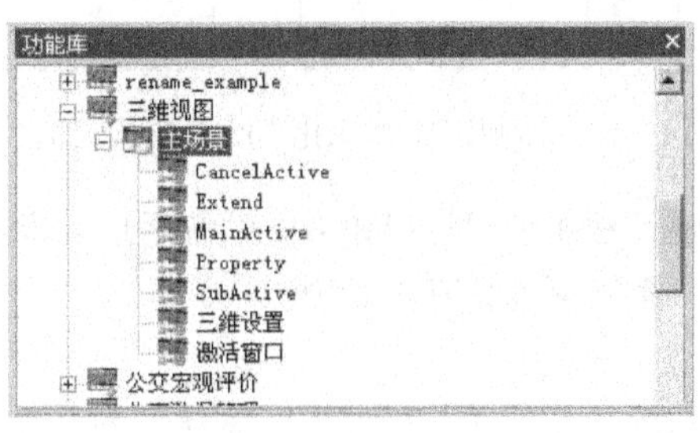

图 11.62　功能库中三维视图插件

2. 行业专业功能构建

系统的应用功能包括：市政基础设施应用功能库、业务流程库等功能。其中，市政基础设施应用功能库包含分析功能库、业务功能库及专题图功能等。

分析功能库包括：园林绿化拆迁成本核算、绿化分析、绿地对比分析、指标分析等。

业务功能库包括：园林工程管理、园林规划管理、园林养护等。

利用 Visual Studio 2005 开发的“拆迁分析”功能插件经注册后，该功能即纳入功能库管理，如图 11.63 所示为功能库中的拆迁分析插件。

图 11.63　功能库中的拆迁分析插件

3. 应用系统搭建

（1）系统构建流程

搭建式、配置式开发模型采用柔性设计理念，使系统能够被快捷地搭建出来，并且能适应需求的变化迅速做出调整，真正实现“零编程、巧组合、易搭建”的可视化开发。常州市园林绿化 GIS 系统用户或者技术支持采用配置工具，如数据中心设计器、工作流设计器及用户权限设计器，按照需求设计系统，形成 XML 文件存储的系统解决方案，系统运行时通过运行环境，将解决方案加载到可伸缩的框架中。常州市园林绿化 GIS 系统构建流程，如图 11.64 所示。

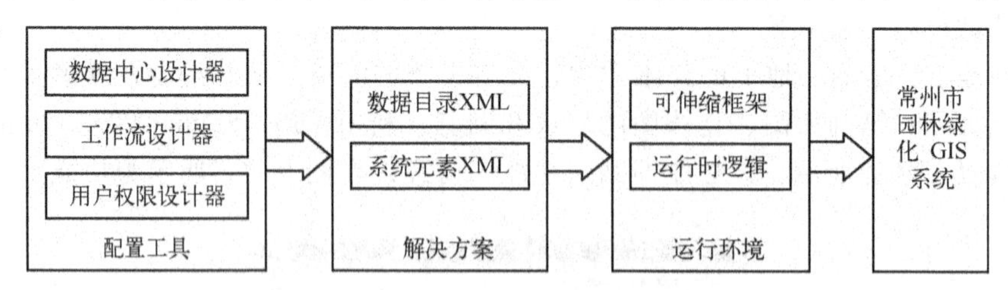

图 11.64　常州市园林绿化 GIS 系统构建流程

上述系统构建流程，增强了常州市园林绿化 GIS 系统适应需求不断变化的能力，使用户也可以参与到系统开发过程中，系统更加具有生命力。

（2）系统功能搭建

数字城市的各市政应用系统（包括园林绿化 GIS 系统）利用数据中心提供的集成设计器、工作流设计器、用户权限配置等工具可快速、高效地搭建各应用系统。利用集成设计器可以完成系统界面设计（如系统的右键快捷菜单、系统菜单、工具栏、状态栏、热键、交互以及各种系统视图的位置设置等）和数据的层次化数据目录配置；通过工作流设计器可以灵活地定义各业务流程；利用用户权限配置工具可以定义系统用户、用户角色、用户权限、用户部门、区域、设施类型，根据角色加载相关权限的菜单、工具栏，并在执行的过程中进行检查与限制，为用户搭建应用系统提供权限的分配，通用的权限根据用户的自定义，实现权限与应用业务系统融合。

（1）系统菜单配置

在数据中心集成开发平台的集成设计器中，首先在菜单设计器中定义常州市园林绿化 GIS 系统的各级菜单，根据不同的菜单功能配置相应的功能插件，并保存相应配置的信息。如图 11.65 所示为定义好“文件/打开”菜单后，在功能库中找到“打开文件”功能项，把该功能拖动到配置信息窗口后的视图。

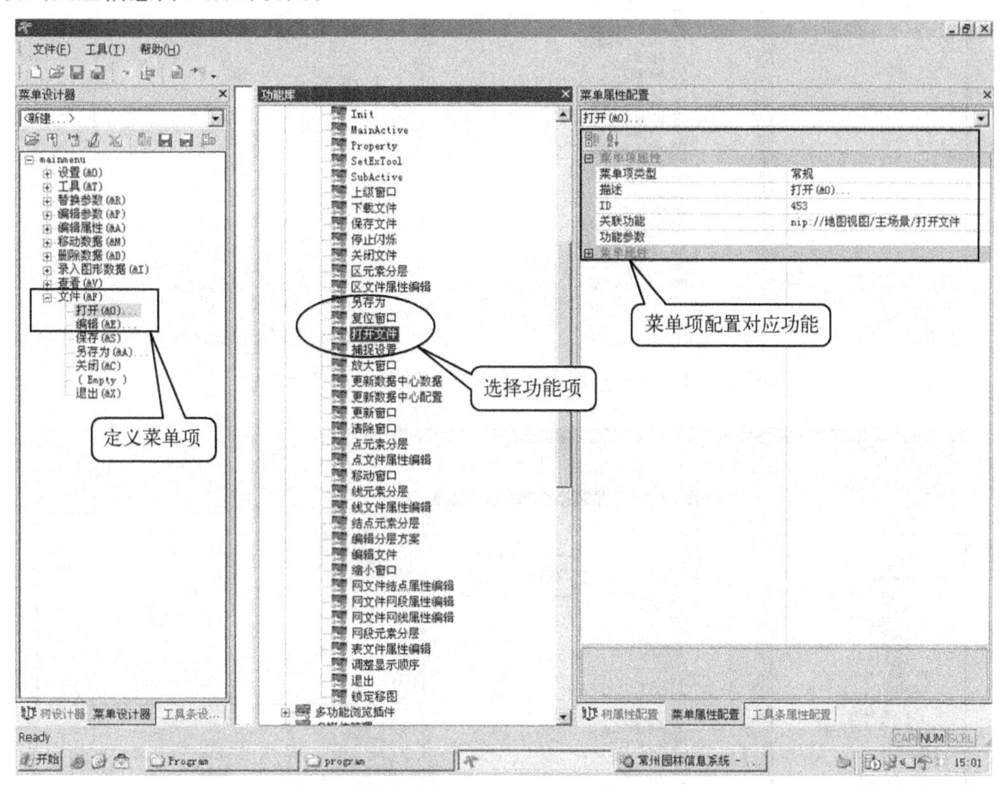

图 11.65　基于数据中心集成开发平台的系统菜单配置

（2）工具栏配置

在数据中心的集成设计器中，首先在菜单设计器中定义常州市园林绿化 GIS 系统的各种工具栏，根据不同工具栏的功能配置相应的功能项，并保存相应配置的信息。图 11.66 所示为定义“文件”工具栏的“打开”工具栏项后，在功能库中找到“打开文件”功能项，把该功能拖动到配置信息窗口后的视图。

（3）目录系统配置

在数据中心的集成设计器中，首先在目录系统设计器中定义常州市园林绿化 GIS 系统的各种分组数据信息，根据不同的分组数据目录节点配置相应的功能插件和数据源，并保存相应配置的信息。图 11.67 所示为定义数据目录的“地形图”节点后，在功能库中找到“GIS 插件”下的

"主场景"功能项，把该功能拖动到配置信息窗口中，并对该目录节点配置相应数据源的视图。

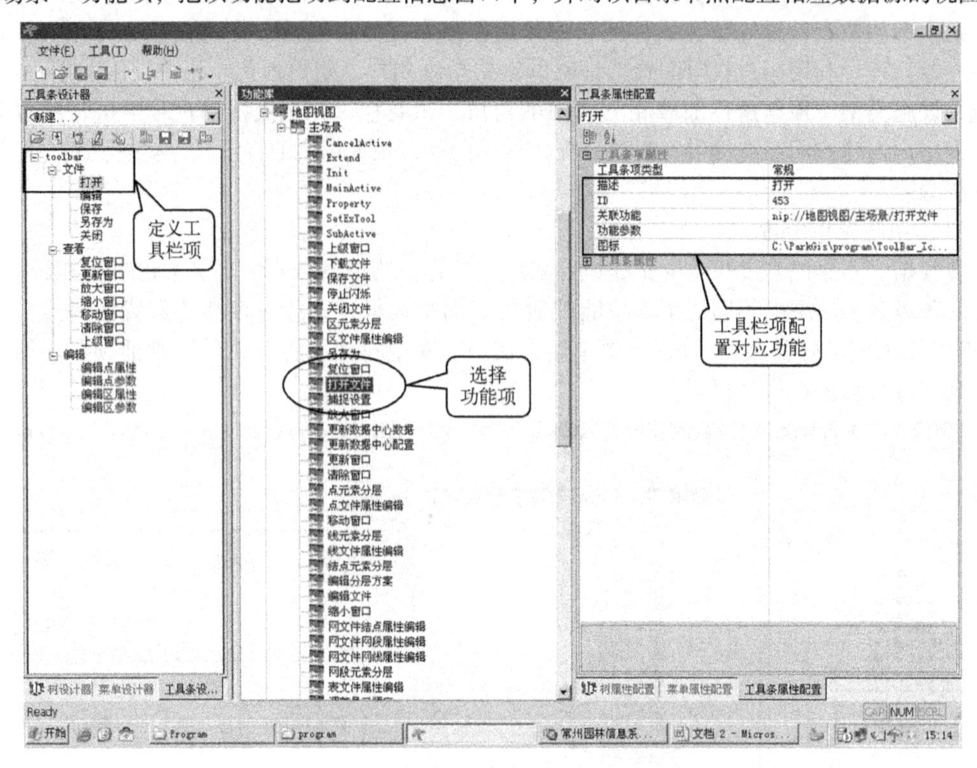

图 11.66 基于数据中心集成开发平台的工具栏配置

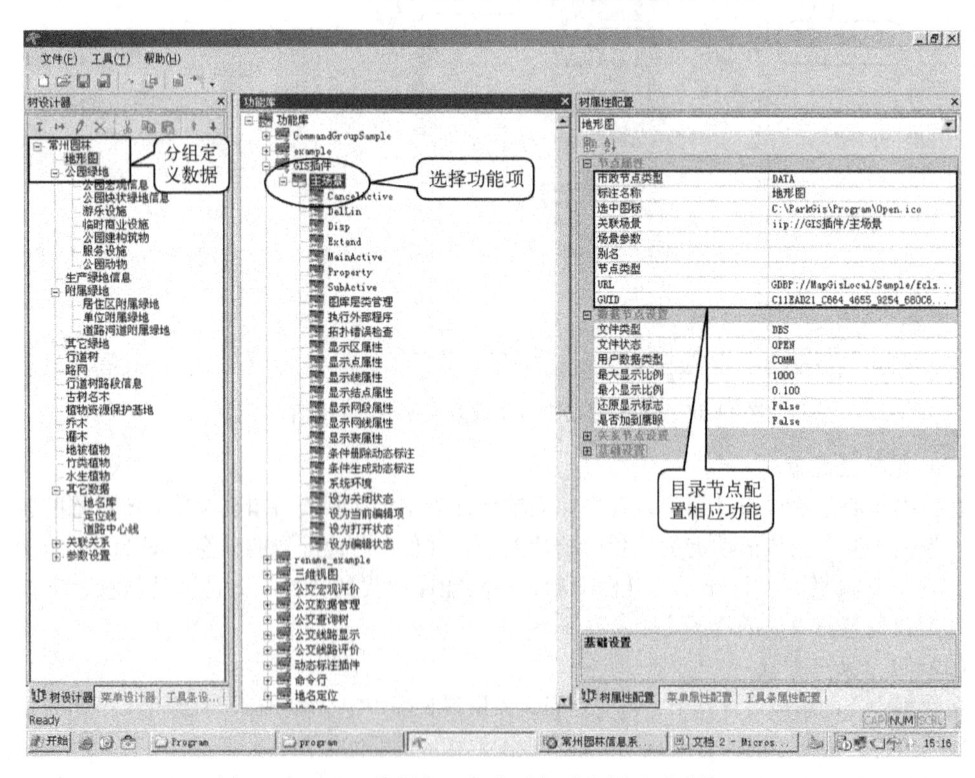

图 11.67 基于数据中心集成开发平台的目录系统配置

（4）系统权限配置

在数据中心的集成设计器中，首先设置和编辑常州市园林绿化 GIS 系统中的用户和角色，如图 11.68 所示，并设置数据权限和功能权限，如图 11.69 所示，以一致、安全的方式在独立的进程中对用户的功能及数据访问进行授权。

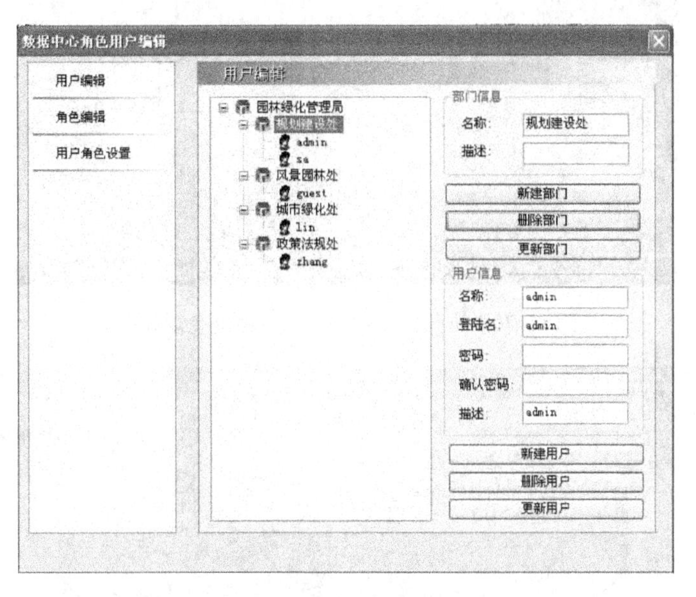

图 11.68　用户和角色设置

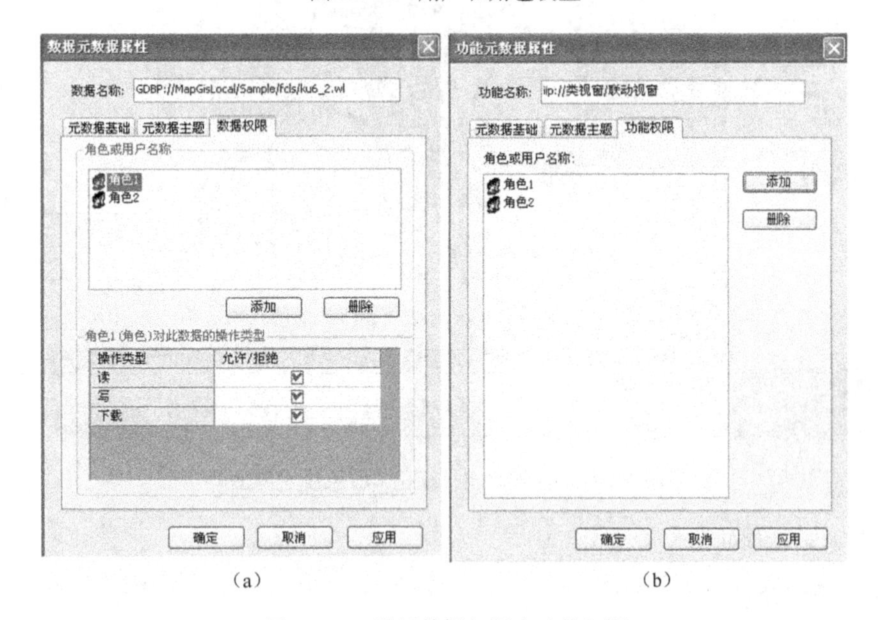

（a）　　　　　　　　　　　　（b）

图 11.69　设置数据权限和功能权限

11.4.4　系统功能

将以上基于数据中心搭建配置的的系统菜单、工具栏、目录系统等信息保存生成 *.XM 和 *.acf 等文件后，执行“AppLoad.exe　*.acf”命令，常州市园林绿化 GIS 系统即可运行。

如图11.70和图11.71所示分别是常州市园林绿化GIS系统登录界面和主界面。

图11.70 常州市园林绿化GIS系统登录界面

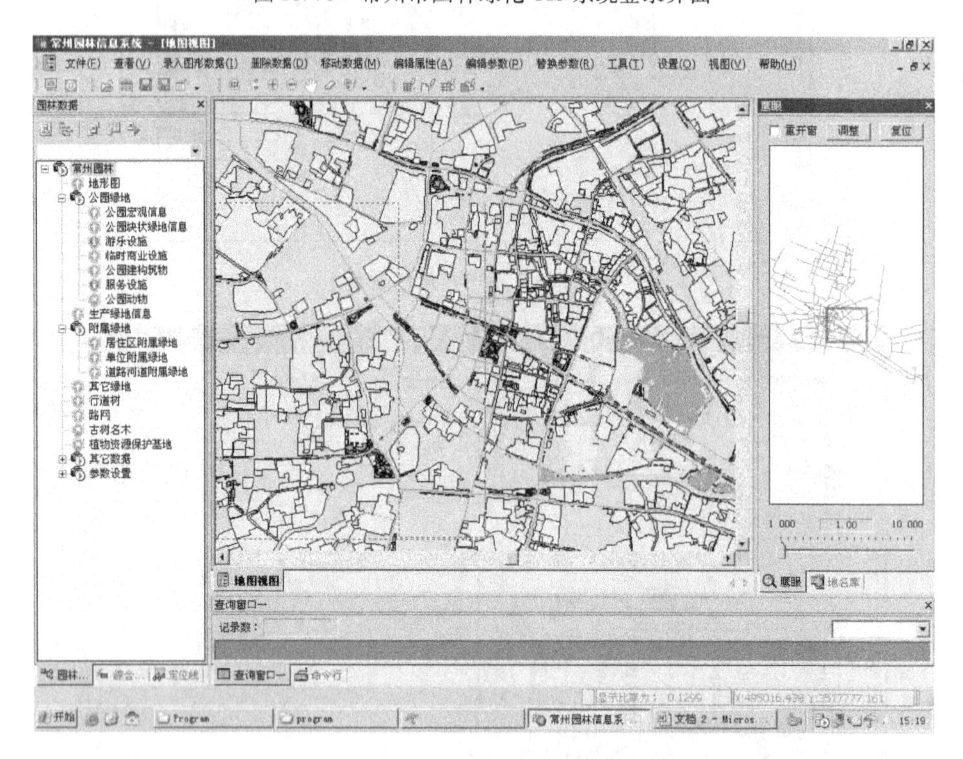

图11.71 常州市园林绿化GIS系统主界面

系统的主要功能如下。

1. 工作面板功能

工作面板集成了平常使用比较多的一些功能，如园林面板、综合面板、园林工程树、地名库面板等。

（1）园林面板：它实现对地形图数据、道路数据、高架数据、桥梁数据、综合、工程数据以及其他辅助数据的管理。

（2）综合面板：它实现对不同图层、不用范围、不同条件进行查询和统计，并可转到查询区域和输出统计表及不同统计图。同时，还可以以矢量方式、图片方式、dxf 方式裁剪出图，以方便对所关注区域进行查询、打印等操作。

（3）地名库面板：它起到地名定位的作用，输入任意地名，系统就会定位到相应位置。

2. 数据录入、编辑和删除

数据录入、编辑和删除提供公园绿地（包括公园绿地图形数据、绿地游乐设施、绿地商业设施、绿地服务设施、绿地重要建筑、绿地动物等）、附属绿地（包括居民地附属绿地、单位附属绿地、道路河道附属绿地等）、生产绿地、行道树、古树名木等录入、编辑和删除功能。其中，在录入的过程中，提供解析方式、准确坐标点方式、鼠标交互方式等形式的录入，录入时界面友好，操作简单。

3. 属性和参数编辑

属性和参数编辑功能提供公园绿地（包括公园绿地图形数据、绿地游乐设施、绿地商业设施、绿地服务设施、绿地重要建筑、绿地动物等）、附属绿地（包括居民地附属绿地、单位附属绿地、道路河道附属绿地等）、生产绿地、行道树、古树名木等属性和参数编辑功能，其界面如图 11.72 所示。

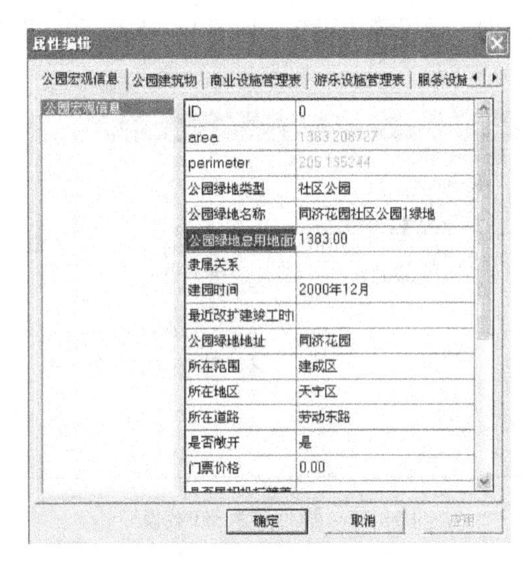

图 11.72　属性编辑界面

4. 常用工具

（1）基本分析工具

系统提供三维观察、基本量算（如折线量算、矩形量算和圆形量算等）和拆迁分析等功能。其中，拆迁分析通过道路中线、道路边线，分析出拆迁的范围、拆迁的费用等信息，如图 11.73 所示。

（2）工程建设等信息管理

系统提供园林工程建设管理、园林绿化企业信息管理和园林绿化养护规程管理等功能。其中，园林工程建设信息可利用 GIS 形式进行管理，并能够查询绿地或其他设施。如图 11.74 所示为工程属性编辑界面。

拆迁分析结果汇总

项目	数值	单位	单价(元)	费用(万元)
特殊建筑物	414.99	平方米	5000.00	207.4950
店面	241.10	平方米	3000.00	72.3300
套房	38762.68	平方米	2000.00	7752.5360
非套房	25125.06	平方米	1000.00	2512.5060
特殊房	0.00	平方米	1500.00	0
绿地	6186.11	平方米	30.00	18.5583
合计	70729.94			10563.4253

图 11.73　拆迁分析结构

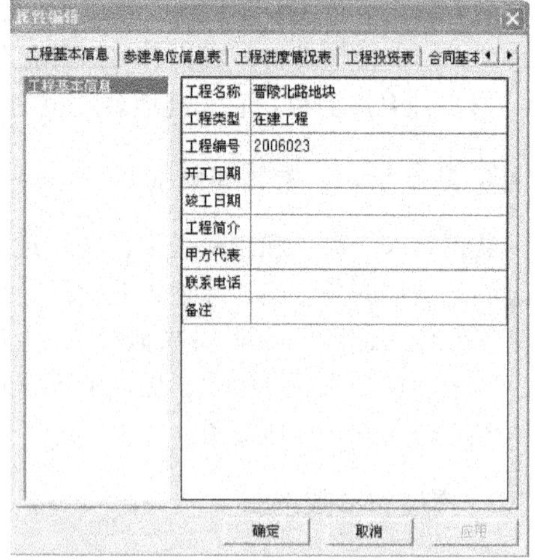

图 11.74　工程属性编辑界面

5. 其他功能

其他功能主要是系统帮助、设置等功能等，如图 11.75 所示。用户可根据需要装载和卸载相关插件。

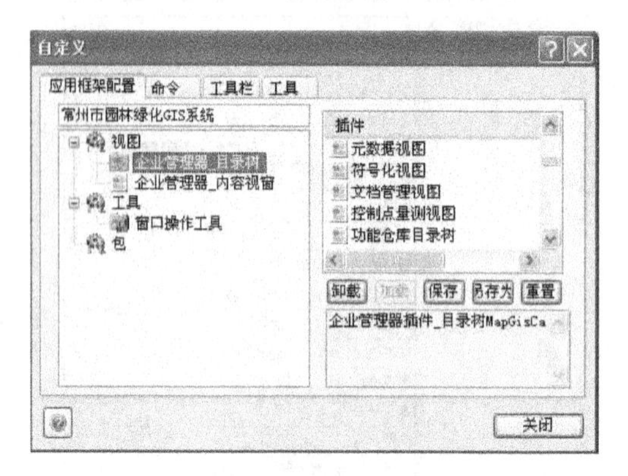

图 11.75　插件装载/卸载设置

参考文献

[1] 崔铁军. 地理空间数据库原理. 北京：科学出版社，2007.

[2] 边馥苓. 空间信息导论. 北京：测绘出版社，2006.

[3] 李建松. 地理信息系统原理. 武汉：武汉大学出版社，2006.

[4] 刘明德，林杰斌. 地理信息系统 GIS 理论与务实. 北京：清华大学出版社，2006.

[5] 袁博，邵进达. 地理信息系统基础与实践. 北京：国防工业出版社，2006.

[6] 周卫，孙毅中，盛业华等. 基础地理信息系统. 北京：科学出版社，2006.

[7] 朱选，刘素霞. 地理信息系统原理与技术. 上海：华东师范大学出版社，2006.

[8] 聂庆华. 地理信息系统及其在环境科学中的应用. 北京：高等教育出版社，2006.

[9] 张新长，马林兵. 地理信息系统数据库. 北京：科学出版社，2005.

[10] 许五弟. 地理信息系统构建与应用. 北京：中国建材工业出版社，2005.

[11] 韦玉春，陈锁忠. 地理建模原理与方法. 北京：科学出版社，2005.

[12] 陈正江，汤国安，任晓东. 地理信息系统设计与开发. 北京：科学出版社，2005.

[13] 孔云峰，林珲. GIS 分析、设计与项目管理. 北京：科学出版社，2005.

[14] 刘湘南，黄方，王平等. GIS 空间分析原理与方法. 北京：科学出版社，2005.

[15] Shashi Shekhar，Sanjay Chawla. 空间数据库. 谢昆青等译. 北京：机械工业出版社，2004.

[16] 龚健雅. 地理信息系统基础. 北京：科学出版，2004.

[17] 毕硕本，王桥，徐秀华. 地理信息系统软件工程的原理与方法. 北京：科学出版社，2003.

[18] 何建邦，闾国年，吴平生. 地理信息系统共享的原理与方法. 北京：科学出版社，2003.

[19] 李满春，任建武，陈刚等. GIS 设计与实现. 北京：科学出版社，2003.

[20] 刘南，刘仁义. 地理信息系统. 北京：高等教育出版社，2002.

[21] 闾国年，张书亮，龚敏霞等. 地理信息系统集成原理与方法. 北京：科学出版社，2003.

[22] 吴立新，史文中. 地理信息系统原理与算法. 北京：科学出版社，2003.

[23] 黄杏元，马劲松，汤勤. 地理信息系统概论. 北京：高等教育出版社，2001.

[24] 王家耀. 空间信息系统原理. 北京：科学出版社，2001.

[25] 邬伦等，地理信息系统——原理、方法和应用. 北京：科学出版社，2001.

[26] 吴信才等. 地理信息系统原理与方法. 北京：电子工业出版社，2001.

[27] 陈述彭，鲁学军，周成虎. 地理信息系统导论. 北京：科学出版社，2000.

[28] 张超. 地理信息系统实习教程. 北京：高等教育出版社，2000.

[29] 汤国安，赵牡丹. 地理信息系统. 北京：科学出版社，2000.

[30] 萨师煊，王珊. 数据库系统该概论（第三版）. 北京：高等教育出版社，2000.

[31] 蓝运超，黄正东，谢榕. 城市信息系统. 武汉：武汉测绘科技大学出版社，1999.

[32] 阎正，蒋景瞳，何建邦等. 城市地理信息系统标准化指南. 北京：科学出版社，1998.

[33] 陈俊，宫鹏．实用地理信息系统．北京：科学出版社，1998.
[34] 陆守一等．地理信息系统实用教程．北京：中国林业出版社，1998.
[35] 边馥苓．地理信息系统原理与方法．北京：测绘出版社，1996.
[36] 吴冲龙等．地质矿产点源信息系统设计原理及应用．武汉：中国地质大学出版社，1996.
[37] 张超等．地理信息系统．北京：高等教育出版社，1995.
[38] 宋小冬，叶嘉安．地理信息系统及其在城市规划与管理中的应用．北京：科学出版社，1995.
[39] 邬伦等．地理信息系统教程．北京：北京大学出版社，1994.
[40] 李德仁等．地理信息系统导论．北京：测绘出版社，1993.
[41] 毋河海．地图数据库系统．北京：测绘出版社，1991.
[42] 吴信才等．地理信息系统原理与方法（第三版）．北京：电子工业出版社，2014.
[43] 吴立新，龚健雅．关于空间数据与空间数据模型的思考——中国 GIS 协会理论与方法研讨会（北京，2004）总结与分析．地理信息世界，2005.
[44] 吴信才．面向网络的新一代地理信息系统．北京：科学出版社，2009.
[45] 吴信才等．MapGIS IGServer 原理与方法．北京：电子工业出版社，2012.
[46] 吴信才等．基于 JavaScript 的 WebGIS 开发．北京：电子工业出版社，2013.
[47] 吴信才等．搭建式 GIS 开发．北京：电子工业出版社，2013.
[48] Newkirk R. T. Municipal Information System: Challenges and Opportunities. Plan Canada, 1987.
[49] Tomtinson R F. Current and Potential Uses of Geographical Information Systems: the North American Experience. International Journal of Geographical Information Systems, 1987.
[50] Chen Shupeng. Geo - informatics and Regional Sustainable Development. Beijing: Surveying and Mapping Publication, 1995.
[51] Goodchild M F. Geographic Data Modeling. Computers and Geosciences, 1992.
[52] I. Gabet, G. Grandon, L. Renoward. Automatic Generation of High Resolution Urban Zone Digital Elevation Models. Photogrammetry and Remote Sensing, 1997.